中国传媒大学“十一五”规划教材

广播电视自动监控技术

周春来 著

中国广播电视出版社
CHINA RADIO & TELEVISION PUBLISHING HOUSE

图书在版编目（CIP）数据

广播电视自动监控技术/周春来著. —北京：中国广播电视出版社，2009.7
中国传媒大学“十一五”规划教材
ISBN 978-7-5043-5833-2

Ⅰ.广… Ⅱ.周… Ⅲ.广播电视—自动化监测系统—高等学校—教材 Ⅳ.TN93 TN94

中国版本图书馆CIP数据核字（2009）第089760号

内容简介

本书介绍了广播电视自动监控技术。全书共分9章，内容包括监控基本电路、发射机监控电路分析、数据采集前向通道、Windows下驱动程序原理与设计方法、网络化监控技术、广播电视播控系统、广播电视发射台自动监控系统设计以及智能监控相关的技术。本书以广播电视监控系统为对象，围绕监控技术展开相关的叙述，包括硬件开发、软件编程、系统集成等内容，叙述详尽，分析深入，理论联系实际。

读者对象：全国大专院校自动化、测控技术等相关专业师生；从事监控系统应用与设计的工程技术人员。

广播电视自动监控技术
周春来 著

责任编辑 王本玉
封面设计 郭运娟
版式设计 张智勇
责任校对 张莲芳

出版发行 中国广播电视出版社
电　　话 010-86093580 010-86093583
社　　址 北京市西城区真武庙二条9号
邮　　编 100045
网　　址 www. crtp. com. cn
电子信箱 crtp8@ sina. com

经　　销 全国各地新华书店
印　　刷 高碑店市鑫宏源印刷包装有限责任公司

开　　本 787毫米×1092毫米 1/16
字　　数 386(千)字
印　　张 17
版　　次 2009年7月第1版 2009年7月第1次印刷
印　　数 5000册

书　　号 ISBN 978-7-5043-5833-2
定　　价 32.00元

前　言

自动监控技术是自动化技术的重要组成部分，在工农业、军事、航空航天等各个领域都得到了广泛的应用。广播电视自动监控技术是自动监控技术在广播电视领域的具体应用。广播电视自动监控技术既有一般自动监控技术的共性，也有自己的特殊性。如果抛开具体的监控对象——广播电视系统涉及的内容，本书介绍的自动监控技术对于其他领域也是适用的。不同的被监控对象其状态信号不同，采集状态信号的方法各异，但信号处理方法则是大同小异。用自动监控技术组成的自动监控系统是一个信息处理系统。监控的过程就是一个信息的获取、传输、加工、应用的过程，因此，自动监控研究的主要技术内容是相同的。

本书内容包括：第1章介绍了监控的基本概念，分析了广播电视监控的特点以及技术发展现状。第2章介绍了常用的监控基本电路，这是构成监控系统的基础。第3章分析了发射机的监控电路，有助于理解基本电路的应用。第4章介绍信号采集前向通道常用的方式及相关的硬件。第5章介绍设备驱动程序相关的概念与方法，讲述了与硬件相关的底层软件的开发方法。第6章介绍网络化监控系统所涉及的相关技术。第7章分析广播电视播控系统的构成以及相关的设计。第8章讲述广播电视发射台自动监控系统的构成与设计。第9章介绍了智能监控技术中的智能分析与计算，给大家展示监控技术目前研究的一个热点。

学习自动监控技术的目的是设计自动监控系统去完成特定的任务。设计一个实际监控系统不仅有硬件方面的实现问题，还有软件的开发。从工程的角度看，还是一个系统集成的问题。进行系统集成时，系统中的很多硬件、软件可以采用商品化的产品，或选用或定制。但是对于具体的监控要求，可能没有现成的产品，需要自己开发。本书围绕广播电视系统这个对象，对设计自动监控系统涉及的硬件、软件技术与系统集成技术给出了一个完整的描述，阅读以后读者可以对相关的技术问题有整体的把握，并应用到系统开发中去。对于从事实际工作的技术人员或即将走上工作岗位的学生，通过学习掌握开发的思路和途径，可以省去一些自己摸索的时间。是否能够达到这个要求，尚需实践检验。

本书是在中国传媒大学讲授“广播电视自动监控技术”课程的基础上，结合作者多年的科研开发经验写成的。在内容上，力求把设计自动监控系统涉及的问题加以说明，使之自成体系，使读者阅读以后知道如何去做。书中讲述的基本技术方法不仅适用于开发广播电视自动监控系统，对于开发其他领域的监控系统同样适用。自动监控技术是一个实践性很强的技术，仅仅阅读无法掌握其中的技术精髓，需要进行实践。要想学会游泳，必须下水练习。

一本书的写作离不开众人的智慧，本书参考了相关的资料、论文和文献，本书的最后列出了主要的参考文献，在此谨向这些文献的原作者表示谢意！

中国传媒大学教改资金对本书给予立项支持，在此表示衷心感谢！

衷心感谢中国传媒大学信息工程学院、中国广播电视出版社和王本玉编辑对本书出版的支持。希望本书的出版对我国广播电视行业技术进步起到一点推动作用。由于时间仓促加之作者的水平有限，恳请读者提出宝贵意见，不吝赐教！

作　者

2008 年 12 月于北京

电子邮箱：clzou@ cuc. edu. cn

目　录

第1章

绪 论

1.1 自动监控

监控是监测和控制的简称。自动化技术在工农业、军事、航空航天等各个领域的成功应用,无一不和监测控制技术的大量应用相关。自动监控是随着自动控制技术、微电子学、计算机科学、通信技术、网络技术等科学技术的进步而发展起来的。所谓自动监控,就是采用各种测量装置,不用人工直接干预获得被监控对象的信息,然后通过控制装置使被监控对象按照预定的规律运行。监控涉及信息获取技术、通信技术和信息处理技术。因此,自动监控技术可以看成是自动控制、计算机、通信、网络、智能控制等技术的综合应用。

在广播电视领域监控技术也无处不在。节目的自动播出、设备的控制、“无人值班,有人留守,定期维护”的实现都离不开监控技术。因此,研究广播电视监控技术对保证优质、安全播出就显得十分重要。

在广播电视领域,与监控相近的术语有:测量、监测。常讲的技术是广播电视测量、广播电视监测。

广播电视测量是广播电视中的基本技术。广播电视信号有严格的技术指标及相关技术标准,根据这些标准采用各种仪器对视频、音频、射频信号进行测量,是广播电视测量技术研究的内容。所用的专用设备有场强测量仪、频谱分析仪、失真度测量仪、调制度测量仪,等等。

广播电视监测是对广播电视系统运行状态的一种客观度量,监测的目的是掌握系统的运行状态,确定节目播出的质量。监测关注的是播出后信号的质量,重点关注技术指标是否有足够的裕度,是否远离临界状态。

从以上的说明可以看出,测量侧重于设备是否满足设计要求,系统运行后是否正常。因此,测量的指标要求能够反映系统的实际工作能力。发射机等设备测量的国家标准、部颁标准中的技术指标,都是在一定假负载的条件下进行测试的,只要求反映设备本身具有的性质,一般不考虑运行中的实际效果。而监测注重的是系统在运行中的外部表现,尤其是临界情况下的表现。因此这两者都和广播电视自动监控密切相关,但同时又有很大区别。同时应该看到,实际工作中,测量和监测两者的技术交叉很多,测量技术是监测技术的基础,监测系统往往使用测量技术提供的手段,考察技术指标的变化情况,以期达到更好的播出效果。

那么,广播电视监控技术与广播电视监测技术之间的关系是什么呢?广播电视监控是在广播电视监测基础上的进一步发展。从广播电视监测来说,一般关心的是技术指标的数值,如果发现超出正常范围,通常的做法是给出报警并记录下来就完成了任务。对于监控来说,发现问题只是一个必要的检测过程,重要的是要在发现异常的情况下给出控制信息并设法纠正这个错误。用控制理论负反馈的概念来说明,就是要用误差纠正系统的偏差,使之回归到正常状态。换句话说,常规的广播电视监测是一个开环的测量过程,而广播电视监控技术要形成一个闭环的控制过程,使系统更加可控,系统的鲁棒性更好。

因此,研究广播电视监控技术的目的是以控制理论为基础,以系统工程思想为指导,综合运用各种先进技术构成一个技术指标先进、运行安全可靠的广播电视系统。

综上所述,可以看出监测、测量、监控三个不同的概念有以下区别:

第一个区别:监控和监测的目的不同。监测发生在节目播出以后,是从用户的角度来看系统的服务质量,当获得测试结果以后,监测的目标也就达到了。而对于监控,测试仅仅是数据获取的一个步骤,控制目标还远远没有达到。以“节目中断”这种故障来说,监测系统使用接收机,在射频解调后的视频信号中建立同步基准,用来控制显示设备的行、场扫描。如果出现射频中断现象,内部同步就失去基准源。因此,对于监测来讲,只要检测到同步的丢失,就能够判断出节目中断了,只要准确记录下发生的时间就完成了任务。但对于监控来说,需要准确找出故障产生的源头。因此,可以说监测只是知其然,不一定知道所以然。而监控要求一定知道所以然。

第二个区别:监测偏重于结果,而监控偏重于从结果中去找原因,然后去消除产生的原因。这就是反馈控制的基本原理在自动监控中的应用。要从结果中去反向推理找出原因,然后加以控制,纠正错误。或者至少给出报警信息以及系统错误发生的基本故障推理。

第三个区别:监测的结果分析往往是离线进行的,也就是说,分析系统发生故障的原因是事后进行的,而监控是一个在线处理过程。

第四个区别:监测偏重于记录,而监控偏重于分析。由于目的不同,采用的技术手段不同。构成监测系统的是各种记录设备,如:图像卡、语音卡、大容量录音录像设备等。而监控系统则通过传感器、信号分离电路、信号变换电路、信号运算电路等直接获取系统的状态信息,进行在线分析,得到系统的运行指标,一旦发现问题,给出控制信息,同时记录报警。

第五个区别:监测很多方面与人工干预分不开,而监控更强调系统分析的自动化。如内容的监测是监测强调的一个方面,而实现内容的监测,主要依赖于人工观看。监控则强调自动识别,机器代替人自动获取信息。

以上强调的是监测和监控的区别。当然,二者也有相同的地方,如:都需要进行记录管理、日志管理、数据库管理,等等。

以上区别使得现实中的监控设备与测量设备有很大差异。由于广播电视有明确的技术标准体系,因此各种视频、音频、射频电视信号的测量设备品种齐全,有专业厂家生产。而监控则没有统一的规范,其设备的开发依据是客户的需求,系统差异性很大,通用性不强,标准化程度较低,尚没有形成产业化的产品门类,其技术也在不断发展之中。

1.2　监控系统的任务

监控系统的任务可以从广播电视节目播出的整个流程中来说明。图 1－1 是广播电视节目播出系统的流程图。

在图 1－1 中的上半部分，是传统的广播电视节目的播出系统流程，由节目的制作、节目的播出与传输、节目的接收与重现等几部分组成。这是一个开环系统，是一个从前端向后端传递的过程。图 1－1 中的下半部分，是监控网络，负责各个环节技术指标的监测与控制。如果详细划分，控制网络实际上是存在于各个环节之中的。

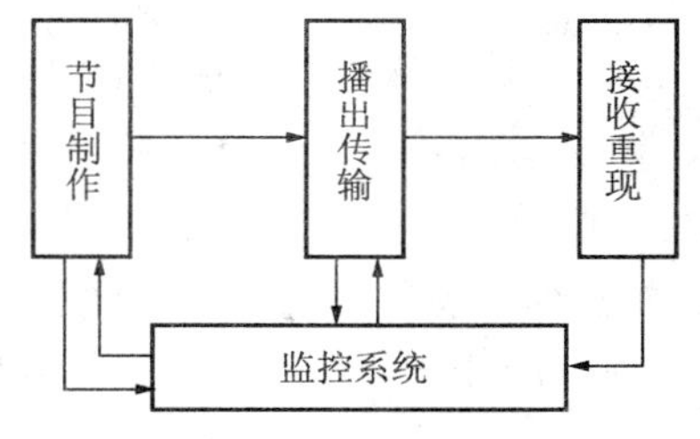

图 1－1　广播电视节目播出系统流程

节目制作可以分成前期制作和后期制作两部分，如图 1－2 所示。在节目的前期制作中，节目的来源有：广播/电视演播室制作的节目，接收外来节目源转播的节目，或通过现场直播制作的节目。无论哪种节目来源，节目在播出前都要通过节目后期制作进行一定的编辑和剪辑处理，并制作成播出磁盘磁带，存入盘带资料库准备播出备用。对于现场直播的情况，后期制作主要是现场机位的调度、组织、非线性编辑、延时、回放等技术的处理。

制作好的节目信号源通过播出网络进入播出与传输环节。播出和传输是广播电视系统中的两个重要环节。由于电视节目是全天候连续播出，因此要求播控系统的可靠性非常高。早期的电视节目主要靠人工控制进行播出，播出质量难以保证。现在播控系统基本上是的自动化方式。自动播控系统实现了实时的节目自动调度、自动播放、自动切换，达到定时播出、顺序播出，提高了播出的规范化程度和播出质量。

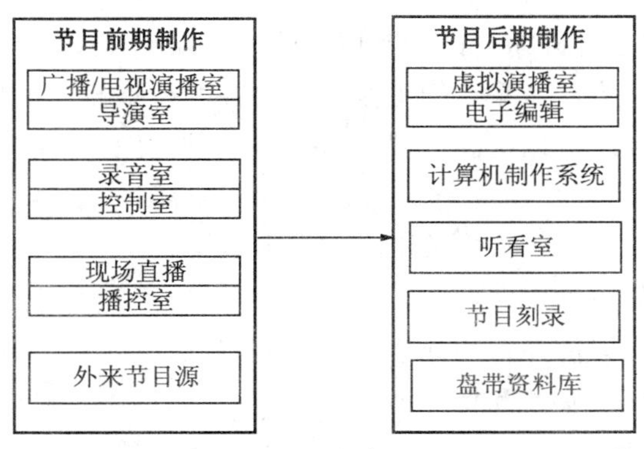

图 1－2　节目制作

广播电视播出系统的示意图如图 1－3 所示，由节目源、中心播控室和发射机房等三大部分组成。

节目源主要包括演播室、导演控制室、电影幻灯室、放像室、录像编辑室等几部分。节目来源中还包括通过卫星和地面微波传送来的其他电视台的节目。从信号构成角度分析，可以分成视频和音频两大部分。

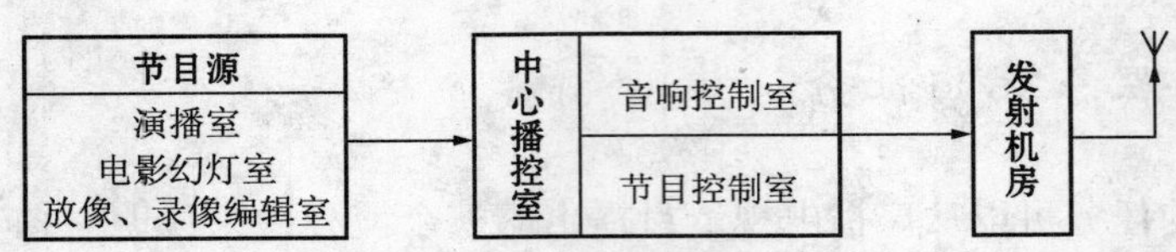

图1-3 广播电视播出系统的组成

中心播控室是电视播出的中心。各种信号同时送到播控中心。播出导演根据节目表,通过播出切换设备从各路输入信号中选择信号播出。信号经过叠加字幕和台标后,由视频分配器分成多路全电视信号经过调制送到发射机播出。播出的信号可以回送到图像监视器进行质量监看,以便发现问题及时进行调整。

在节目制作时,管理人员能实时动态监视所有节目制作情况,规划优化机房的使用。管理人员通过电视制作机房监控系统可以完成对设备使用的管理。如:自动计算设备使用费用,自动做出统计报表,实现设备管理自动化。

制作人员通过监控系统对视频信号幅度、音频信号幅度进行检测来控制信号的输入强度。对超过峰值1V的电视信号进行数码显示,语音报警提示,以便制作人员及时调整,控制节目质量。因为视频幅度超限、电视信号幅度过大的信号经发射台发送,用户接收后会产生过调制,接收机解调出来的图像信号出现负像,伴音将出现严重的场频哼声,接收效果变差。以前剪辑部门对信号的监测手段是采用示波器来监看视频信号幅度,不仅费用高,而且视频幅度超限难以有效地观测和控制,质量问题频频发生。如果采用自动监控系统,就可以有效地控制信号的幅度,提高节目制作质量,保证达到电视广播的质量要求。

在发射机房,发射机播出时的功率控制、定时开关机控制、自动倒机等更离不开自动监控系统。

综合以上分析,对于监控系统的任务可以归纳为以下几点:

①采集系统的状态数据。系统的工作状态由各种传感器以及测控电路进行测量,并用系统的技术指标来反映。以提高电视节目播出质量为例,电视节目播出的质量不仅与发射机的工作状态有关,而且与在剪辑、制作过程中的信号控制有关。为了提高节目剪辑、制作质量,需要采集各个环节中关键点的状态数据。

②完成系统资源的调度以及实现设备控制。电视节目播出需要大量的系统资源以及各个部门密切配合。以演播室的导演控制为例,演播室内至少有三台摄像机从不同的机位进行拍摄,得到全景、中景和特写镜头,供艺术导演选用。演播室内有数十个话筒输入点,供不同的方位拾取节目伴音。同时,演播室还有布景、道具、乐器、灯光、空调系统。如何对这些系统资源进行调度、调整,以达到最佳的画面效果、最小的环境噪音以及最好的混响时间是监控系统的任务。如果考虑到演播时摄像机控制台、编码器、监视器、视频切换设备、同步机和录像机等资源的统一调度,控制问题会更复杂。

③进行故障检测与错误诊断。广播电视系统在运行中出现错误是难免的,尤其是发射机,其故障率是广播电视系统中诸设备中故障率最高的。从系统维护的准确性、快速性、方便性等方面来讲,及时排除设备的故障,减少平均修复时间,对提高系统运行的安

全性和稳定性具有十分重要的意义。因而需要在监控系统中设计一个故障检测与错误诊断系统，有效地对系统各关键部位进行监测，准确地对故障进行定位并提供维修指南，以帮助技术人员准确、快速排除故障。

④提供网络化的人机交互手段。计算机网络技术是影响社会生活、生产运行方式的高新技术，广播电视行业的工作方式也愈来愈受其影响。依托于计算机及网络技术，新闻记者获取最新消息后可以快速进行稿件的采编及发送；制作人员可以协同完成电视节目的非线性编辑和制作；播控人员可以实现电视字幕的插播及自动播控；技术人员可以通过网络，远程对设备进行遥测遥控。这一切，极大地促进了广播电视技术的发展，影响了广播电视工作者的作业与思维方式。网络化的广播电视监控是广播电视行业监控技术发展的趋势，今后的监控系统就是建立在网络技术之上的系统。

1.3　自动监控系统的构成、基本结构与类型

广播电视自动监控系统的组成如图1－4所示。在图1－4中，广播电视设备的运行状态由各类传感器、检测元件进行实时测量，经过处理后变成监控主机能够识别的设备状态数据，经过接口电路传送到监控主机。播出节目信号中的音频、视频信号由检测电路自动检测后，变换为音频、视频状态数据，经过接口电路传送到监控主机。监控主机再依据得到的设备数据信号以及播出效果数据进行推理分析，判断出目前的工作状态是否正常。如果不正常，就要给出处理的办法。一般来讲，要进行报警和自动进行切换，保证节目播出不中断，同时，记录发生问题的设备，以便管理人员进行维护。

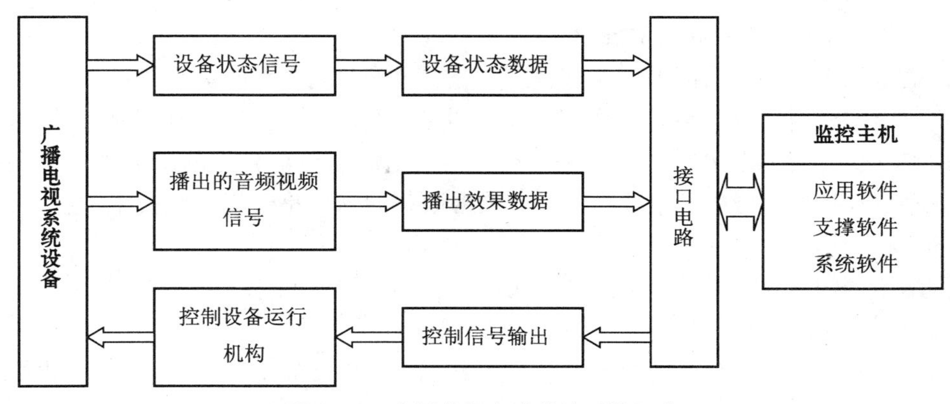

图1－4　广播电视自动监控系统组成

一般来说，一个监控系统应该具有以下功能：

①采集设备工况数据。要求系统能够对设备的运行状态实时进行检测、采样，并进行必要的处理。

②处理功能。采集到的信号要进行处理，分析、判断，得到设备、播出是否正常的信息。处理功能包括：存储历史数据、工况分析、播出质量分析、故障诊断、设备失效预测、故障报警等。对于监督系统，系统报警，要求人工对于出现的故障进行处理。对于监控系统，系统应该根据采集的信号，自动进行处理。

③控制功能。控制功能根据系统采集到的故障信号和预先制定的控制策略给出控制输出，进行故障处理。如：切换播出设备、启动备用设备接替故障设备，等等。

常见的监控系统有以下几种结构形式。

1.3.1 单机控制的监控系统

单机控制的监控系统是一种相对简单的系统，主要由单台微机以及相应的接口电路板组成，如图 1－5 所示。

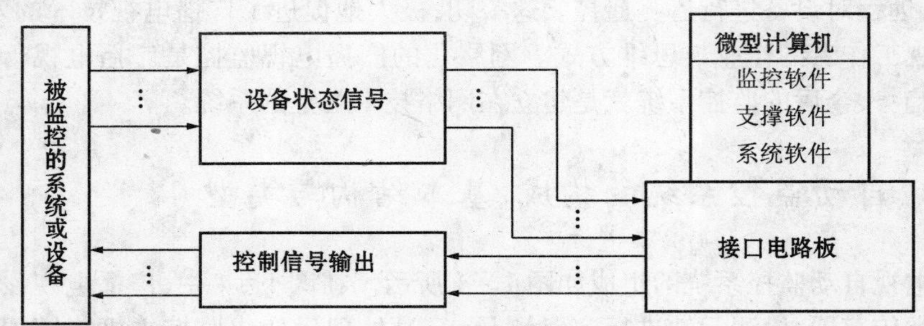

图 1－5 单机控制的监控系统的结构组成

单机控制的监控系统由一台微机完成系统的监控功能。接口电路板负责采集被监控的系统参数，采集到的设备状态信号送到微机接口板上，接口板负责输入信号的处理。监控软件读取信号数据，分析判断，发出控制命令。

1.3.2 网络结构的监控系统

广播电视发射台一般都担负着多套节目的播出任务，播出设备的数量很大，用单台计算机只能进行个别设备的监控，要完成一个电台、电视台的控制，需用多台计算机组成一个监控网络。网络结构的监控系统是在工业数据通信与计算机网络的基础上发展起来的一种自动控制领域的网络技术。工业数据通信的基础是现场总线技术，这是自动化领域的一种现场通信技术。

网络结构的监控系统有以下几种形式：

1. 集散控制系统

集散控制系统是一种分层控制的监控系统，又叫做分布式控制系统，分散式控制系统。集散控制系统是随着计算机网络技术的发展而发展起来的。

在 20 世纪 50 年代以前，生产过程使用的检测控制仪表都安装在生产现场且数目很少，操作人员通过巡检了解设备的状态，控制只限于单台机器。随着生产规模的扩大，控制对象的增加，出现了单元组合式仪表和集中控制室。不同类型的单元组合式仪表可以互相组合，产生了控制系统的概念。

计算机的普及使生产过程应用计算机进行监控成为可能。70 年代中期，Honeywell 公司为流程工业推出了第一套集散控制系统（Distributed Control System，DCS），其目标是取代常规仪表。这是一种由数字调节器、可编程控制器 PLC 以及计算机构成的分级递阶控制系统，结构见图 1－6 所示。

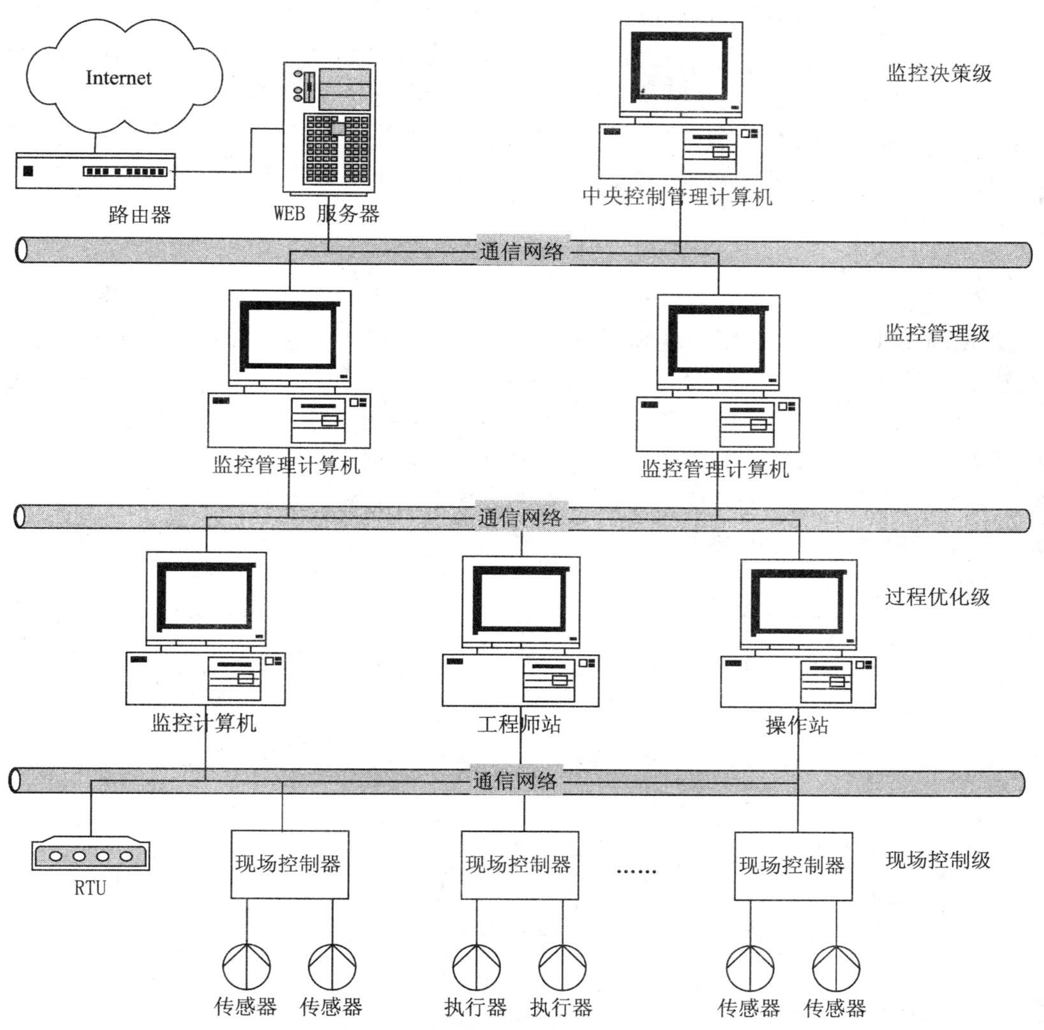

图 1－6　分级递阶控制系统

在 DCS 系统中，在现场使用的测量变送仪表一般为模拟仪表，完成设备的监测、控制。

集散控制系统是针对大型工业开发的，Honeywell 针对的是石油、化工工业、Foxboro 和美国西屋是针对电厂、化工等行业；日本的恒河针对冶金行业。因此，系统的开放性较差，相互之间兼容不好。

一般把集散控制系统分为四层，每一层为一级。最高层为监控决策层。对于生产过程来说，这一层是全厂或全公司生产过程的总体协调、决策级，把全厂或公司的生产、计划、财务、市场营销等统一管理起来，实现总体调度和协调。

第二层是监控管理层。对于生产过程，这一层主要为决策者提供有关信息，负责计划的协调和生产的管理。

第三层是过程优化层。对于生产过程是负责监视控制对象的所有信息，集中操作，集中显示，设定工作参数，优化系统的组态。

第四层是现场控制层。负责设备状态的采集和控制。

当然，以上的四层划分不过是为了说明问题并根据大型集散控制系统的特点而作出的说明。集散控制系统在体系结构上的特点是层次化，操作管理集中，控制分散。由于控制分散，有效地把控制失效的风险降低，提高了系统的可靠性。集散控制系统对于大型、复杂的控制过程和控制对象是优先考虑的方案，是计算机监控系统的一个重要发展方向。

2. 现场总线系统

现场总线(fieldbus)是一种应用于生产现场的数据通讯技术。随着技术的发展，现在使用"现场总线"一词已不限于现场的数据通讯技术，一般用来表示工业数据通讯和控制网络。

控制网络的网络节点是分散在生产现场的测量控制仪表，如：可编程控制器、变送器、电机、开关、阀门等，把这些节点通过现场总线连接起来，在现场的多个测量及控制设备之间与监控计算机之间实现工业数据通讯。常用的现场总线有：CAN、FF、PROFIBUS等。基于 CAN 总线的监控系统结构见图 1－7 所示。

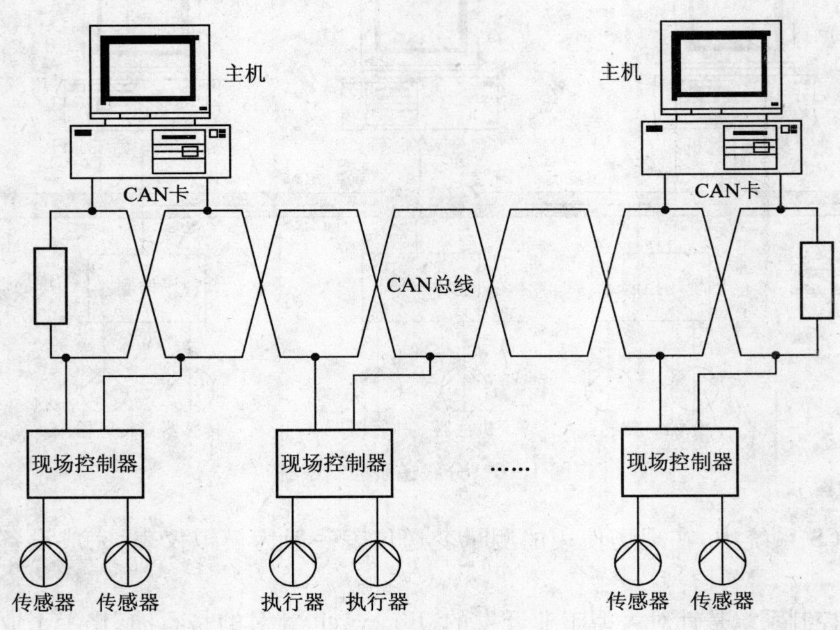

图 1－7　CAN 总线的监控系统结构

3. 基于 Internet 的网络化系统

利用现场总线和各种仪器接口总线可以组成一个本地的监控系统，满足大型企业局部的测控要求。但无法满足地理上分布很大的全局性的监控要求，如：航空航天、气象、广播电视等，往往要求建立全国性的监控系统。基于 Internet 的网络化系统可以满足这类要求。基于 Internet 的网络化监控系统是一种分布式的测控网络，是社会需求及技术发展的必然产物。其结构见图 1－8 所示。

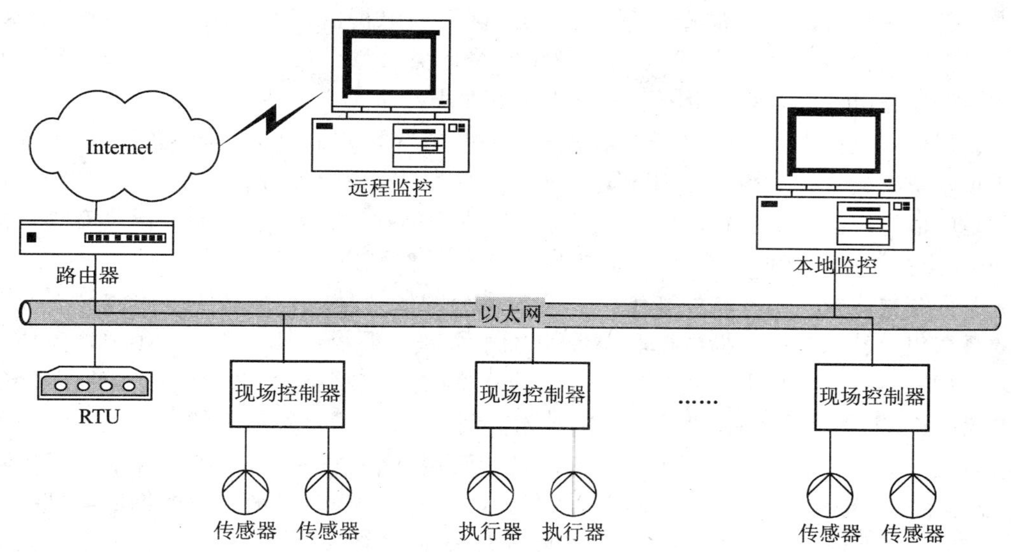

图1－8 基于 Internet 的网络化监控系统

1.4 广播电视自动监控系统涉及的主要技术

设计广播电视监控系统，至少要求掌握以下几方面的技术：

①信号处理技术。信号处理涉及到模拟信号处理、数字信号处理以及开关信号处理等几类信号。

模拟信号是随时间连续变化的信号，在研究的时间段内，信号的幅值是连续的。在工业控制领域，由传感器获得的系统状态变量一般都转换为模拟信号输出。一种是低电压信号输出；另一种是 0～10mA 或 4～20mA 的电流信号输出。模拟信号经过采样、A/D 变换以后输入到计算机，在计算机内进行线性化处理、标度变换，作为进一步分析处理的数据。

数字信号是在离散时间上取值的信号，其幅值和时间都是离散的。对于二进制仅取 0 和 1 两个数值。

开关信号是各种开关器件给出的控制信号，如：电器开关、继电器触点等给出的信号。

从监控系统涉及的技术来说，主要研究信号处理中的采样、量化、滤波、编码、变换等方面的技术。

②信息获取技术。从大量的数据中获取有用的信息是信息获取技术研究的主要内容。这方面的研究通常称之为知识发现，常用的方法是数据挖掘。挖掘出的知识可以用规则、决策树、网络权值和公式等方法表示，可以用来分析、判定、评价系统状态，进行故障诊断。

③网络技术。网络技术对于分布式监控系统来说是必不可少的。网络化测量和控制是现代监控技术的主要特点之一。利用网络实现远程数据的采集、测量、监控、故障诊断，在国防、航空航天、气象、制造等各个领域都有迫切的需求。网络化测控技术在广播

电视监控领域也有迫切的需求，组建统一的全国广播电视监控系统网络是时代的要求。在网络基础上构建测控系统，可以用于评估网络服务质量，进行故障分析、入侵报警、预防性维护设备、远距离诊断和维修，提高设备的使用寿命，保证优质播出。

④智能控制技术。智能控制理论是一个新兴的学科领域。主要研究解决用传统的方法难以解决的复杂系统的控制问题。应用智能控制理论，设计出具有智能行为的监控系统是广播电视自动监控技术追求的目标。应用智能控制技术，可以研究出具有学习能力的、专家控制的智能监控系统，提高监控的技术水平和工作效率。

⑤系统集成技术——软件和硬件。监控系统的设计是一种综合了各个领域专业知识的系统集成技术。以广播电视监控系统为例，要设计监控系统，第一，必须要熟悉监控对象。如：广播发射机、电视发射机的原理、信号的流程、正常信号和故障信号的差别，等等。第二，要熟悉信号采集、获取方面的技术。第三，要熟悉计算机总线方面的技术以及能够开发计算机接口硬件。第四，要熟悉设计底层软件——设备驱动程序的开发。第五，要熟悉实时操作系统及实时监控软件开发的特点。第六，熟悉有关数据库管理软件开发相关的软件技术。当然，还可以举出很多涉及的技术与知识。仅仅从说明的几点来看，要求学习监控技术的人员，尤其是监控系统的设计者应该具有比较宽广的知识面，应该具备系统的概念，能够综合运用所学的知识，以系统的眼光来分析用户的需求，合理设计系统的结构和进行系统硬件、软件的开发。

1.5 广播电视自动监控系统的特点及基本要求

自动监测控制系统是一种实时的计算机系统，需要系统对监控对象出现的问题及时做出响应。在工业控制领域，也有实时性的要求，如：炼钢中炉温的控制，在一定的时间内，需要保持温度在一个恒定值。当出现偏离时，需要进行调整。由于此类系统的时间常数很大，调整时间可能需要几秒或几十秒方可满足要求。但是，在广播电视领域，系统处理的信号变化非常迅速，数据采集可能需要精确到微秒级。因此，监控系统的反应就必须非常迅速。概括起来，广播电视自动监控系统的特点有：

①实时性。实时性反映了监控系统对被控对象出现的事件的响应能力，是衡量监控系统性能的一个重要指标。系统一旦响应了被监控系统出现的事件，说明系统已经根据采集到的信号，推断出被控系统的状态并做出了必要的处理，如图 1－9 所示。因此，广播电视自动监控系统的实时性是对系统基本的也是最重要的要求。

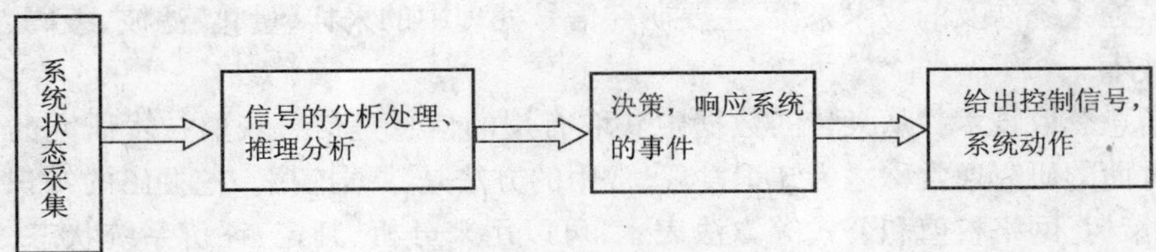

图 1－9 监控系统响应事件的过程

②复杂性。广播电视监控技术的复杂性体现在技术性问题和管理性问题交织在一起，系统的设计需要考虑的问题比较多。在工业控制领域，考虑的是生产流程，生产的状

态以各种物料的状态参数,在什么条件下进行控制其过程基本是确定的。但是在广播电视系统中,不仅要关心设备的状态,而且要关心操作者的操控意图,作业流程随时会发生改变。

③可靠性。可靠性指的是监控系统稳定、无故障运行的能力。广播电视设备在运行,监控系统在跟踪系统的运行状态并实时记录、分析系统的状态。如果监控系统本身出现问题,就会产生严重的后果。如:对被监控系统状态的误判、错误报警、错误动作。为了保证监控系统稳定可靠地工作,需要采取多种措施,如:

- 提高控制系统整机及元件可靠性级别,保证平均无故障时间 MTBF 指标较高。
- 采用抗干扰措施。广播发射现场干扰非常严重,要保证控制系统可靠地工作,必须在各个环节采用抗干扰措施。
- 部件冗余。如:双机热备份、冷备份,关键控制部件冗余配置,保证出现问题自动替换。
- 软件采用容错设计技术,检错纠错、异常处理等。

自动监控系统在广播电视行业中的应用有一些自身的特点。广播电视系统构成可以分成三个部分:信源、信道、信宿。信源部分产生图像、声音、数据等信息;信道部分进行信息的传输;信宿部分接收信息。

信源部分主要产生在演播中心。演播中心播控系统的作用就是要保证播出的电视信号的高可靠性和节目播出的高质量。电视节目播出控制,在早期主要依赖人工手动来完成切换控制。目前的播控系统采用了多台服务器、工作站、微机构成的播控主体,使用磁带和光盘作为节目源,实时地对各录像机进行自动调度、自动播放、自动切换,实现节目定时、顺序以及插播。播出中,需要进行分级监控。目前的做法是实时进行主观评价以及利用综合测试仪进行定量的技术监测,使播出的视频、音频技术质量达到要求。播控中心监控系统的发展目标是利用自动化技术实现播控的完全自动化。

广播电视监控技术研究的第一个目标是实现播控的完全自动化;第二个目标是监测编码调制部分的状态,实现发射机监控系统的完全自动化;第三个目标是实现信号传输状态的监控。完成以上三个目标以后,构成一个覆盖整个广播电视系统的闭环控制系统,实现节目安全、优质播出。

1.6　国内外自动监测系统的概况及发展趋势

我国的第一座广播电视监测台是1955年在上海建立的。以后又陆续建成了北京573监测台、海南、新疆、东北监测站。随着广播电视事业的不断发展,为了维护空中电波和网、台播出秩序,促进广播电视传输和播出质量的提高,1994年广电总局成立了广播电视监测中心,并先后制定了《全国广播电视监测网总体规划》、《全国广播电视监测网“十五”计划和2010年远景规划》。

国家广电总局《广播影视科技“十五”计划和2010年远景规划》要求建立健全现代化的广播电视监测体系、网络安全保障和质量监督体系,建立以总局监测台为主体、地方监测台(站)为补充,本地与远程遥控相结合的我国广播电视监测网。为贯彻落实监测网总体规划,地方广电部门相继建立或加强了监测台(中心),到目前为止,已有24个省(自治区、直辖市）建立了监测台（中心），29 个省（自治区、直辖市）建立了有线电视监测分中心。与此同时，总局直属监测台在逐年完善监测功能，更新监测设备的基础上，新建内蒙古 203 监测台和西藏 202 监测台，改扩建新疆 201 监测台和海南监测台，初步改善了全国直属监测台数量少且布局不合理的状况。

1998 年以前，我国广播电视监测业务还只停留在监测本地区的中短波、调频、开路电视和部分卫星电视广播的播出质量和效果，大多采用人工监测、主观评价的方法。但随着网络，通讯，音、视频数字压缩，远程遥控遥测等技术的不断发展和成熟，给广播电视监测的自动化、网络化发展提供了可靠的技术保证。

目前，广播电视监测业务已经从监测本地区的中短波、调频、开路电视和部分卫星电视广播的播出质量和效果扩展到通过各种通讯网络、遥控异地接收设备，对有线、无线、卫星广播电视全方位的监测系统，监测的地域已从国内向国外拓展。

从自动化程度角度，监测可粗分为人工监测和自动监测，目前国内包括中央、省、直辖市在内的大部分监测机构主要采用的是人工和自动共存的模式，地市级的广播电视监测机构大多采用人工监测的单一方式，部分城市也采用人工与自动相结合的方式。

监测技术的发展经历了从人工监测到人工自动监测再到完全自动化监测的发展过程。早期的监测完全是人工监看、监听并记录。一般采用录像机、录音机等磁性记录设备进行记录。超大规模集成电路及计算机技术的发展使视音频压缩技术日益成熟，以计算机存储为代表的非线性存储技术的发展使硬盘录像正在逐步替代录像机、录音机，网络技术的发展使远程实时监控成为现实；光电技术的应用使得大功率高压设备技术指标的隔离检测成为可能。

国外广播电视监控技术发展与国内有很大的差异。在国外发达国家，广播电视台使用的设备自动化程度非常高，已全面进入数字化、网络化时代，播出设备本身往往各具完善的自动化遥控、遥测功能，设备播出运行与监测往往是一体的。发射机配备有遥测、遥控接口，通过标准配置的接口接入位于主控室的计算机（某些设备本身成套就包括计算机终端设备），运行厂方提供的软件就可完成远程操作、远程监测等一系列工作，不需要另外配置监测设备。同时，由于管理体制的差异，电视节目的播出是市场化运作，由媒体本身负责播出质量，不需要第三方进行监测。

我国广播电视行业有行业主管部门，播出情况的监督由行业设立专门的监测机构加以制约，监测与播出是完全脱节的两个过程，因而无法在设备采购、使用时全盘考虑，只能视情况需要选择合适的监测方式。

另外，由于我国幅员辽阔，加上各地的经济发展不平衡，设备的技术水平也不相同。中央电视台、各省台设备比较先进，地（市）级单位则较差。由于设备陆续购置，导致实际运行的设备种类繁多，有的电视台可能同时配备了几个时代的产品。如 20 世纪 80 年代国产电子管、速调管产品，20 世纪 80 年代早期老式的模拟录像机，现代的各种数字制作、收录设备。就是进口设备中自动化程度比较高的设备，如：全固态发射机，为了降低成本，进口时舍弃了自动化较高的选件：发射机的遥控、遥测选件。因而各单位要实施监测必然需要开发或另购监测设备，尤其需要同时监测多种指标的综合性监测设备。

广播电视监控技术从播出效果监测开始，向着从节目的制作控制、播出控制、传输控制以及信息安全、播出安全方向发展。提高节目的制作播出水平，保证播出的可靠性以及安全性是广播电视监控技术研究的方向。

从技术发展趋势看，大型测控系统利用 Internet 实现远程数据采集、测量、控制、故障诊断是一种必然趋势。尤其是在广播电视播出网络覆盖全国，对网络化技术的需求更加迫切。采用网络化测控系统以后，至少带来如下的好处：

①实时掌握全局信息，及时作出决策；

②现场用普通仪器采集数据，远端精密仪器进行处理，降低了系统的造价；

③实现了采集的数据、设备资源的跨越空间共享；

④实现了预防性的故障分析、维护以及远距离的诊断和维修，提高了系统运行的安全性和可靠性。

目前，计算机技术、智能控制技术和微电子技术发展日新月异，新方法、新技术和新器件层出不穷，这些对自动监控技术的发展都是强有力的促进。牢固掌握监控系统的基本概念、基本理论以及基本方法，关心科技的发展，注意掌握最新的技术动态，是根据设计要求设计出高性价比的监控系统的必由之路。

思考题与习题

1. 什么是自动监控？自动监控包含哪几种关键技术？
2. 什么是广播电视测量？什么是广播电视监测？
3. 说明广播电视监控技术的任务及与广播电视测量、广播电视监测的区别。
4. 简要说明自动监控系统的基本概念和关键技术。
5. 自动监控系统的基本功能是什么？
6. 基于微型的监控系统哪几种结构形式？请画出其基本结构图，并说明其原理。
7. 说明广播电视自动监控系统涉及的主要技术。
8. 广播电视自动监控系统的特点和主要要求是什么？

第 2 章 监控基本电路

2.1 温度测量电路

温度是国际单位制(SI)七个基本物理量之一,是反映系统工作状态的重要物理量。温度的检测方法有接触式测温和非接触式测温两大类。接触式测温传感器和被测对象直接接触,接触愈紧密测量的结果愈准确。但有时接触式测温可能破坏被测对象本身的状态,产生误差。非接触式测温传感器不与被测对象接触,对被测对象的状态影响较小,适应范围更广。

2.1.1 热电偶原理

热电偶利用热电效应原理测温。两种不同的导体或半导体材料 A 和 B 组成的闭合回路,当两个端点所处的温度不同时,回路中产生热电势。这种现象被称为热电效应或塞贝克效应,如图 2-1 所示。两种导体或半导体材料组成的回路称为热电偶。A 和 B 接点的温度分别为 t 和 t_0,闭合回路中的热电势由式(2-1)给出。

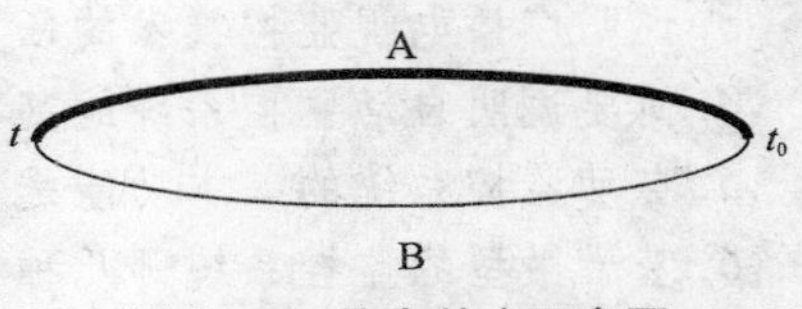

图 2-1 热电效应示意图

$$E_{AB}(t,t_0)=\int_{t_0}^{t}S_{AB}dt=e_{AB}(t)-e_{AB}(t_0) \tag{2-1}$$

式中:S_{AB}是与材料 A、B 和接点的温度有关的系数,称为塞贝克系数;$t>t_0$。

温度高的一端 t 称为热端或测量端,在测温时置于需要测温处;温度低的一端 t_0 称为冷端或参比端,保持温度恒定。

当构成回路的材料和温度 t_0 确定后,$e_{AB}(t_0)$为常数。在 $t_0=0$ 时测出不同材料构成的热电偶在不同温度 t 时的热电动势并列成表,就是热电偶的分度表。

热电偶已经系列化、标准化。我国从 1988 年 1 月 1 日起按照国际电工委员会(IEC)国际标准生产热电偶,分成 S、B、E、K、R、J、T 七个系列,见表 2-1。标准化的热电偶有统一的分度表。表 2-2 列出了七个系列的热电偶分度表,从表中可以看出热电偶的电动势的大致变化情况。在实际测温中,需要使用划分更细的分度表。

J 型热电偶是铁-康铜热电偶,T 型热电偶是铜-康铜热电偶,它们通常与显示仪表、记录仪表或计算机等连接,可直接测量气体、液体、溶液及固体表面的温度。封装形式:装配热电偶、铠装热电偶、装配铠装结合热电偶。

表 2－1　标准热电偶的特性参数

名称	分度号	材料成分及金属丝直径(mm)	不同等级产品的测温范围及误差(℃)						特点及适用气氛
			Ⅰ		Ⅱ		Ⅲ		
			范围	偏差	范围	偏差	范围	偏差	
铂铑 10－铂	S	正极:Pt90% Rh10% 负极:Pt100% 直径:0.35～0.5mm	0～1100 1100～1600	±1 ±[1＋(t－1100)×0.003]	0～600 600～1600	±1.5 ±0.25%t	0～1600 ≤600 >600	±0.5%t ±3℃ ±0.5%t	测温上限高,精度高。适应氧化或中性气氛介质中。
铂铑 30－铂铑 6	B	正极:Pt70% Rh30% 负极:Pt94%,Rh6% 直径:0.3～0.5mm	－	－	600～1700	±0.25%t	600～800 800～1700	±4 ±0.5%t	特点及使用环境同 S。不宜在还原气氛中使用。
铂铑 13－铂	R	正极:Pt87% Rh13% 负极:Pt100% 直径:0.35～0.5mm	0～1100 1100～1600	±1 ±[1＋(t－1100)×0.003]	0～600 600～1600	±1.5 ±0.25%t	－	－	特点及使用环境同 S。不宜在高温还原气氛中使用。
铁康铜	J	正极:Fe100% 负极:Cu60% Ni40% 直径:0.3～3.2mm	－40～750	±1.5 或 ±0.4%t	－40～750	±2.5 或 ±0.75%t	－	－	灵敏度高。能在还原气氛中使用抗氧化能力差。
镍铬－镍硅	K	正极:Ni89% Cr10% Fe1% 负极: Ni97%　Si2. 5%　Mn0. 5% 直径:0.3～3.2mm	－40～750	±1.5 或 ±0.4%t	－40～750	±2.5% 或 ±0.75%t	－	－	灵敏度高。高温抗氧化能力强。
镍铬－康铜	E	正极:Ni89% Cr10% Fe1% 负极:Cu60% Ni40% 直径:0.3～3.2mm	－40～800	±1.5 或 ±0.4%t	－40～900	±2.5 或 ±0.75%t	－200～＋40	±2.5 或 1.5%t	灵敏度高。能在中性或还原气氛中使用。抗氧化能力差。
铜－康铜	T	正极:Cu100% 负极:Cu60% Ni40% 直径:0.2～1.6mm	－40～350	±0.5 或 ±0.4%t	－40～350	±1.0 或 ±0.75%t	－200～＋40	±1 或 1.5%t	灵敏度高。能在中性或还原气氛中使用。抗氧化能力差。

表中:t 为测量的温度。

表2-2 热电偶分度表(单位:mV)

温度℃	热电偶分度号						
	S	B	R	J	K	E	T
-270	-	-	-	-	-6.458	-9.835	-6.258
-200	-	-	-	-7.890	-5.891	-8.825	-5.603
-100	-	-	-	-4.633	-3.554	-5.237	-3.379
0	0	0	0	0	0	0	0
100	0.646	0.033	0.647	5.269	4.096	6.319	4.279
200	1.441	0.178	1.469	10.779	8.138	13.421	9.288
300	2.323	0.431	2.401	16.327	12.209	21.036	14.862
400	3.259	0.787	3.408	21.848	16.397	28.946	20.872
500	4.233	1.242	4.471	27.393	20.644	37.005	-
600	5.239	1.792	5.583	33.102	24.905	45.093	-
700	6.275	2.431	6.743	39.132	29.129	53.112	-
800	7.345	3.154	7.950	45.494	33.275	61.017	-
900	8.449	3.957	9.205	51.877	37.326	68.787	-

2.1.2 集成温度传感器构成的测量电路

集成温度传感器由于线性好、灵敏度高、精度适中、体积小、使用方便等优点,所以得到了广泛应用。其输出形式有电压输出和电流输出两种。电压输出型的灵敏度一般为10mV/K,电流输出型的灵敏度一般为1μA/K。

集成温度传感器利用公式(2-2)的关系实现温度的检测,即

$$V_{BE} = \frac{KIT}{q}\ln I \qquad (2-2)$$

式中,V_{BE}:晶体管的b-e结压降;I:发射极电流;T:热力学温度;K:波尔兹曼常数;q:电子电荷绝对值。

流过器件的电流I_r(μA)等于器件所处环境的热力学温度(开尔文)度数,即:

$$\frac{I_r}{T} = 1\mu A/K$$

式中:I_r:流过器件的电流,单位为μA;T:热力学温度,单位为K。

1. 集成温度传感器芯片AD590

AD590是美国模拟器件(Analog Devies)公司生产的单片集成两端温度传感器。它的主要特性如下:

①线性电流输出:1μA/K;

②测温范围为-55℃~+150℃;

③单一电源供电,电压范围为4V~30V;

④输出阻抗大于10MΩ;

⑤能够经受住 44V 正向电压和 20V 反向电压，电压反向或器件接反不会造成损坏；

⑥精度高。AD590 有 I、J、K、L、M 五档产品，其中 M 档精度最高，测温范围为 -55℃ ~ +150℃，非线性误差为 ±0.3℃。

AD590 有三种封装形式：扁平（PLATPACK）、TO-52、SOIC-8，如图 2-2 所示。

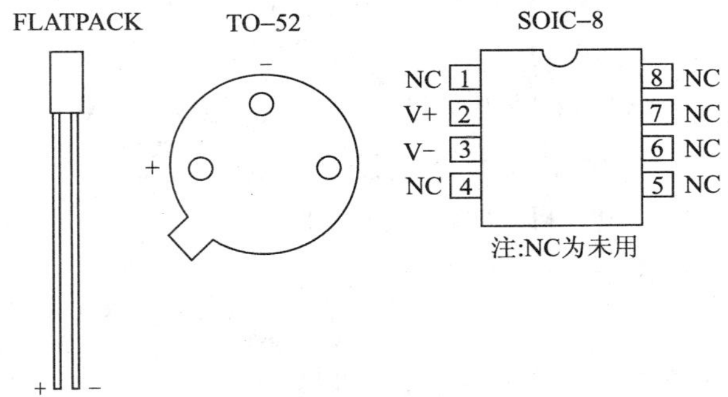

图 2-2 AD590 的封装形式

AD590 是一个两端器件，当外加一定的工作电压后，它的输出电流 i_T 只与器件所在的环境温度有关。常见的应用是把电流转换成电压，这需要外接一个电阻。令 R_T 为外接电阻，则有：$V_T = iR_T = (t_0 + 273.15)KR_T = t_0KR_T + 273.15KR_T$，$V_T$ 为 R_T 两端的电压；K 为温度系数（1μA/K）。如果这个电压和热电偶的热端电压相串联，当 $t_0KR_T = E(t_0, 0)$，则有：$E(t,0) = E(t,t_0) + E(t_0,0)$，补偿了环境温度的影响。具体应用见图 2-3 所示。

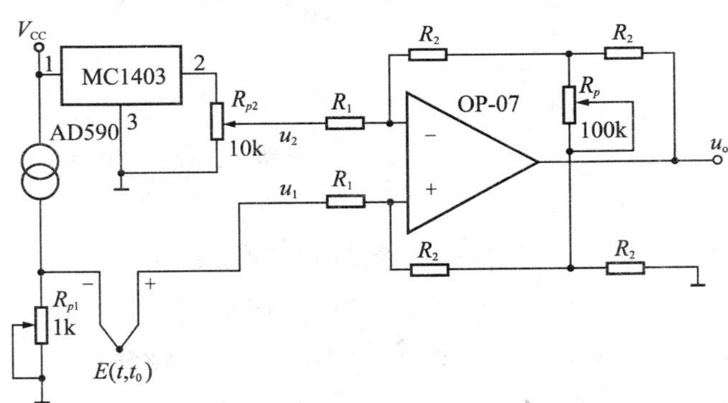

图 2-3 E 型热电偶测温电路

图 2-3 是采用 AD590 进行温度补偿的分度号为 E 型测温电路。在图 2-3 中，由 MC1403 低电压参考电压源构成了增益调整电路的参考电压。MC1403 的输入电压范围为 4.5V ~ 40V，输出电压为 2.5V ± 25mV。高精度运算放大器 OP-07 和电阻 R_1、R_2、R_P 组成了手动增益调整电路。电阻 R_1 可取 22k，R_2 可取 220k。其输出和输入之间的关系为：

$$u_o = 2\frac{R_2}{R_1}\left(1 + \frac{R_2}{R_P}\right)(u_1 - u_2) \tag{2-3}$$

改变 R_p 可改变电路增益，但 R_p 和增益之间为非线性关系，一般用于局部调整。

由图 2－3，放大器的输入电压 u_1 为：

$$u_1 = (t_0 + 273.15)K \times R_{p1} + E(t,t_0) = t_0KR_{p1} + 273.15KR_{p1} + E(t,t_0)$$

如果调整 R_{p1} 的值，使 $t_0KR_{p1} = E(t_0,0)$；调整 R_{p2} 的值使 $u_2 = 273.5KR_{p1}$，则放大器的输入电压 $u_1 - u_2 = e(t,t_0) + E(t_0,0) = E(t,0)$，实现了温度补偿。调整放大倍数为 100，可实现 661℃时 5V 输出。因此，该电路的输出为 0V～5V，测温范围为：0℃～661℃。

2. 集成温度传感器 MAX6611

集成温度传感器 MAX6611 采用二极管作为温度传感器，将调理电路、放大器、基准电压源等集成在芯片内部，使用时无需标定。对于电子系统的温度监控来说，可以把它安装到被监控的电路板上。因此非常适合用作系统的温度监控。

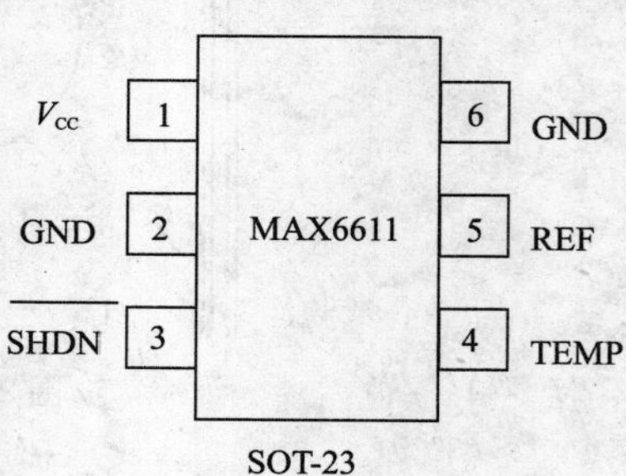

图 2－4　MAX6611 管脚功能

MAX6611 为 6 管脚 SOT－23 封装，其管脚排列如图2－4 所示。

管脚功能如下：

管脚 1：(Vcc) 电源正端，4.5～5.5V。

管脚 2：(GND) 电源负端，地。

管脚 3：($\overline{\text{SHDN}}$) 控制端，低电平有效。

管脚 4：(TEMP) 模拟电压输出端，输出与温度成线性正比关系。

管脚 5：(REF) 基准电压输出端(4.095V)，驱动电流最大为 1mA。

管脚 6：(GND) 与管脚 2 连接在一起。

当 MAX6611 直接与 A/D 转换器连接时，参考电压和温度传感器增益相配合，直接确定了 A/D 转换器最低位的分辨率。如：参考输出为 4.096V 时，8 位的 A/D 转换器与 MAX6611 连接使用，最低位表示 1℃(16mV/bit)，10 位的 A/D 转换器最低位为 0.25℃(4mV/bit)。MAX6611 的 TEMP 端提供的输出电压和温度的关系为：

$$V_{TEMP} = 1.2\text{V} + (T℃ \times 16\text{mV}/℃)$$

输出电压的斜率是：$(V_{REF}/256)$/℃，即：16mV/℃。MAX6611 的 TEMP 输出可以驱动 0.2μF 的电容负载，REF 输出可以驱动 1μF 的电容负载。

使用 MAX6611 进行温度测量时，需要把器件安装在测量现场或靠近现场的地方。因此，对于电路板的温度监测来说，这是最方便的。在广播电视监控系统中，当需要监测发射机电路板的温度或某个容易发热的重要器件时，使用 MAX6611 构成自动检测电路是非常方便的。安装时，MAX6611 尽量靠近被监测对象。

MAX6611 的典型应用电路如图 2－5 所示。

在图 2－5 中，MAX6611 的输出直接连接到微处理器的 A/D 转换接口，将 MAX6611 的输出模拟电压转换成数字信号。MAX6611－REF 输出 4.095V 电压到 A/D 转换的 REF IN 端，为 A/D 转换提供基准电压。

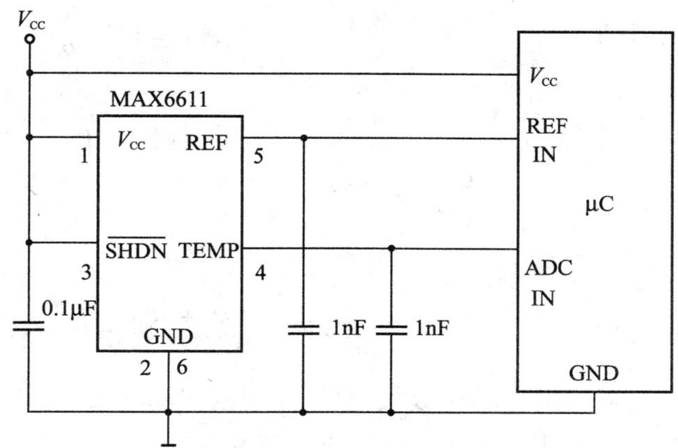

图2-5 MAX6611的典型应用电路

2.2 模拟信号处理电路

2.2.1 放大器

传感器输出的信号一般比较小,需要采用放大器进行放大。电参量的传感器常常需要电桥进行信号转换,并通过放大器进行信号放大。电桥放大器有单端输入和差动输入两类。

1. 高共模抑制比放大电路

传感器输出的信号一般都包含共模电压以及干扰,需要采用差动放大器进行抑制。目前广泛应用的是三运放组成的高共模抑制比放大电路,基本结构如图2-6所示。

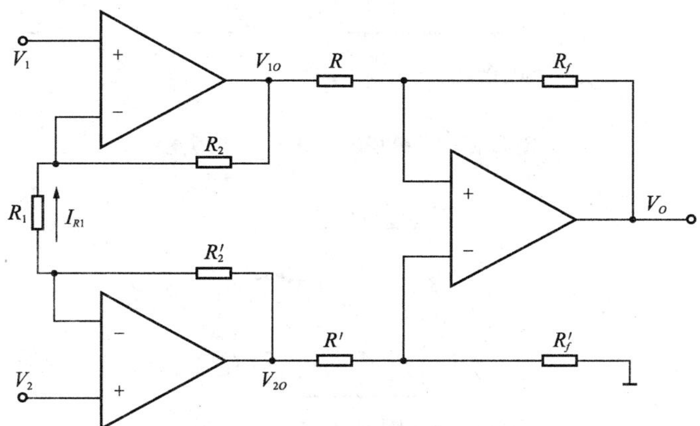

图2-6 三运放高共模抑制比放大电路

在图2-6中,如果取 $R_2 = R_2'$, $R_f = R_f'$, $R' = R + \Delta R$ 则有:

$$\frac{V_1 - V_{1o}}{R_2} = \frac{V_{2o} - V_2}{R_2'} = \frac{V_2 - V_1}{R_1}$$

根据已知条件，得到： $V_{1o}=\left(1+\frac{R_2}{R_1}\right)V_1-\frac{R_2}{R_1}V_2, V_{2o}=\left(1+\frac{R_2}{R_1}\right)V_2-\frac{R_2}{R_1}V_1$

$$\therefore V_{2o}-V_{1o}=\left(1+\frac{R_2}{R_1}\right)(V_2-V_1)+\frac{R_2}{R_1}(V_2-V_1)=\left(1+2\frac{R_2}{R_1}\right)(V_2-V_1)$$

差模增益 K_d 为：$K_d=\frac{V_{2o}-V_{1o}}{V_2-V_1}=1+2\frac{R_2}{R_1}$

输出电压 V_o 根据电路图有：

$$V_{1o}-\frac{V_{1o}-V_o}{R+R_f}R=V_{2o}\frac{R_f}{R'+R_f}, \text{解出：} V_o=\left(\frac{R+R_f}{R}\right)\frac{R_f}{R_f+R'}V_{2o}-\frac{R_f}{R}V_{1o}$$

图 2－7 是三运放高共模抑制比放大电路原理图。Burr－Brown 公司的产品型号是 INA128/129，图 2－8 是 INA128/129 的电路原理图及管脚图。

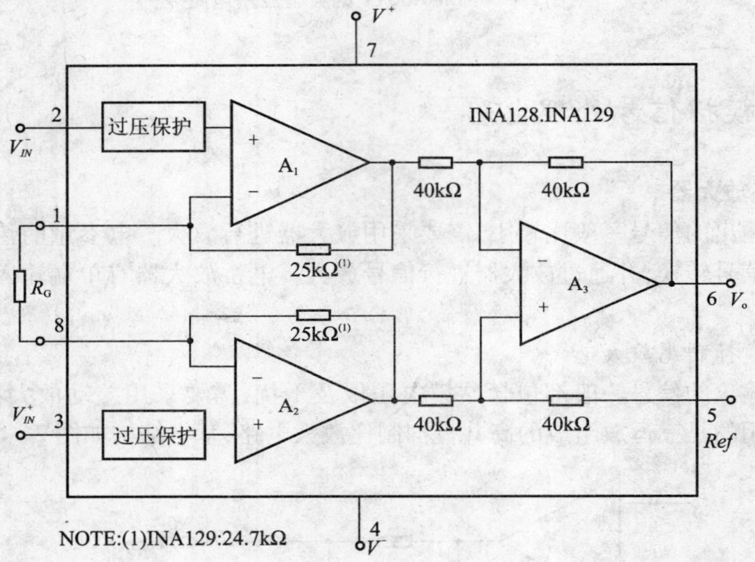

图 2－7 INA128/129 电路原理图

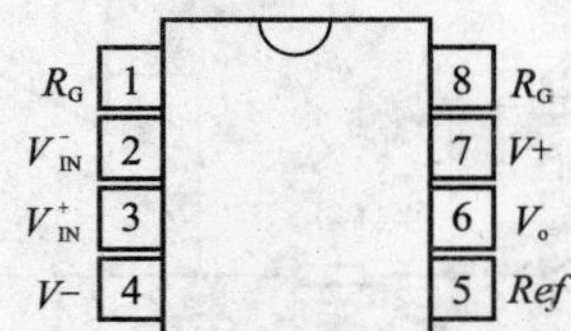

图 2－8 INA128/129 管脚图

INA128/129 有 8 管脚的 DIP 封装和 SO－8 表面安装封装。其技术参数为：

①低失调电压：不大于 50μV；

②低温度漂移：不大于 0.5μV/℃；

③低输入电流：不大于 5nA；

④高共模抑制比 CMR：大于 120dB；

⑤输入保护电压：±40V；

⑥工作电源：±2.25V ~ ±18V；

⑦静态电流：700μA；

⑧工作温度范围：-40℃ ~ +85℃。

根据公式和原理图，INA128 增益为：$G = 1 + \frac{50k\Omega}{R_G}$；INA128 增益为：$G = 1 + \frac{49.4k\Omega}{R_G}$。$R_G$ 为外接电阻的阻值。表 2-3 列出了常用的增益和电阻值之间的关系。

表 2-3　放大倍数和实际电阻值之间的关系

增益(V/V)	INA128		1NA129	
	R_G(Ω)	实际电阻值 1% R_G(Ω)	R_G(Ω)	实际电阻值 1% R_G(Ω)
1	不接	不接	不接	不接
2	50.00k	49.9k	49.4k	49.9k
5	12.50k	12.4k	12.35k	12.4k
10	5.556k	5.62k	5489	5.49k
20	2.632k	2.61k	2600	2.61k
50	1.02k	1.02k	1008	1k
100	505.1	511	499	499
200	251.3	249	248	249
500	100.2	100	99	100
1000	50.05	49.9	49.5	49.9
2000	25.01	24.9	24.7	24.9
5000	10.00	10	9.88	9.76
10000	5.001	4.99	4.94	4.87

INA128/129 的基本连接方法如图 2-9 所示，简化图如图 2-10 所示。

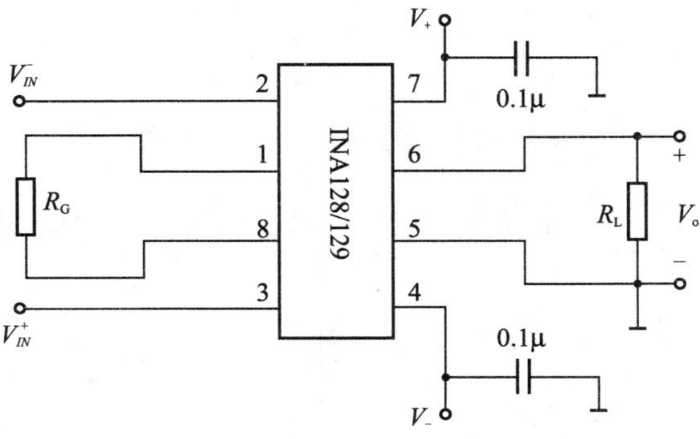

图 2-9　INA128/129 的基本连接方法

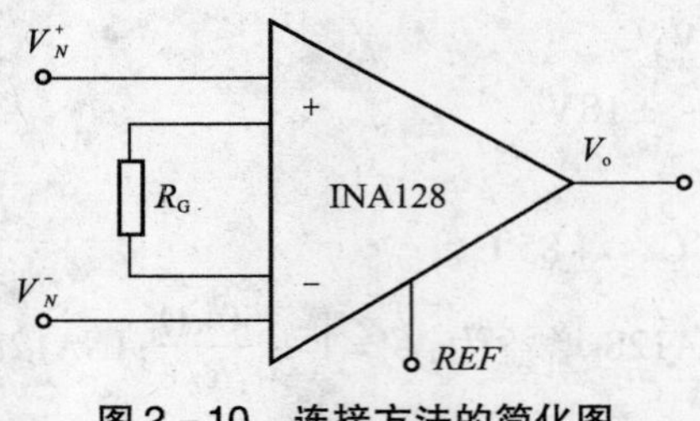

图 2 – 10　连接方法的简化图

2. 电桥放大器

采用 INA128 构成的常用电路——电桥放大器见图 2 – 11 所示。

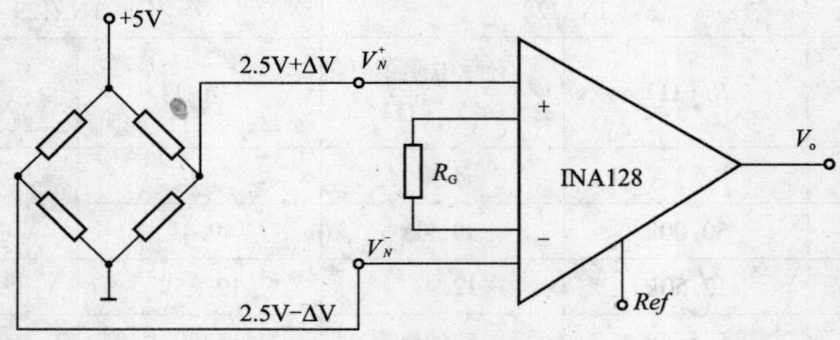

图 2 – 11　INA128 组成的电桥放大器

3. 电压电流转换器

图 2 – 12 采用 INA128 构成的差分电压/电流转换器。运算放大器 A_1 可以采用的放大器型号及 I_B 的误差见表 2 – 4。电流 I_o 的计算公式为：$I_o = \frac{V_{IN}}{R_1}G$。其中 G 为 INA128 的增益。

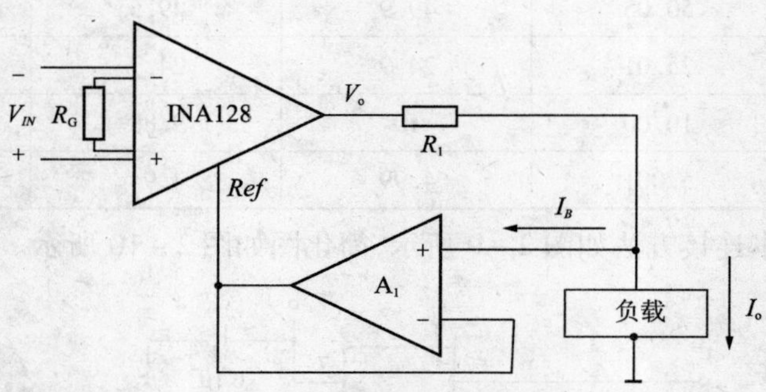

图 2 – 12　差分电压/电流转换器

表 2 – 4　差分电压/电流转换器运算放大器 A_1 可选型号及 I_B

A_1 型号	I_B 误差
OPA177	±1.5nA
OPA131	±50pA
OPA602	±1pA
OPA128	±75fA

4. 隔离放大器

在高共模电压环境下的小信号测量中经常使用隔离放大器,这样可以提高共模抑制比,同时保护电子仪器设备和人身安全。如:信号采集现场干扰比较大,对信号采集的精度要求比较高,就需要在模拟信号进入系统之前进行隔离放大。隔离放大器有多家公司的产品,有的产品还提供了内置 DC/DC 变换器,如 BB 公司的 ISO103、ISO107、ISO113、ISO212、ISO213;AD 公司的 AD202、AD204,简化了监控电路设计。

隔离放大器按耦合方式的不同,可以分为变压器耦合、电容耦合和光电耦合三种。

采用变压器耦合的隔离放大器有:BURR - BROWN 公司的 ISO212、3656;Analog Devices 公司的 AD202、AD204、AD210、AD215。

采用电容耦合的隔离放大器有:BB 公司的 ISO102、ISO103、ISO106、ISO107、ISO113、ISO120、ISO121、ISO122、ISO175。

采用光电耦合的隔离放大器有:BB 公司的 ISO100、ISO130、3650、3652 ;惠普公司的 HCPL7800/7800A/7800B。

下面介绍 BURR - BROWN 公司的 ISO 122 隔离放大器,其管脚见图 2 - 13,内部结构见图 2 - 14。

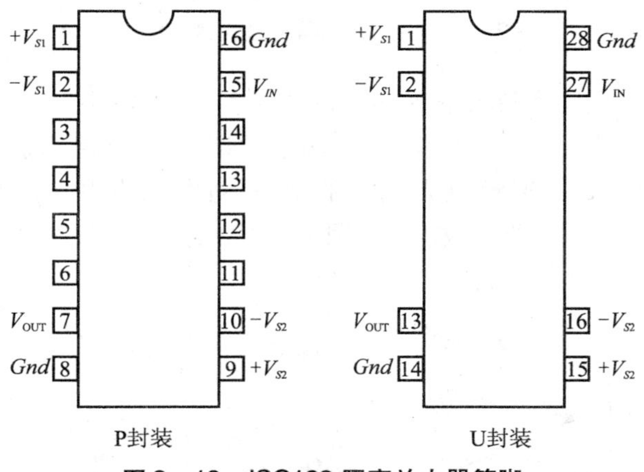

图 2 - 13 ISO122 隔离放大器管脚

ISO122 是采用调制解调技术的精密隔离放大器,不需要外接其他元件就可以工作,使用非常容易。其非线性度优于 0.020%;信号带宽 50kHz。输入侧和输出侧各需要一组 ±15V 电源(±4.5 ~ ±18V)。ISO122 有 DIP 16 管脚封装和 28 - 脚的表面安装封装。

ISO122 可以应用在工业过程控制、电机和可控硅电路、电力监控、基于 PC 的数据采集、测试设备等应用领域。

ISO122 隔离放大器的输入部分经过占空比调制(duty - cycle modulation)传输过隔离部分到达输出。输出部分接收到调制信号以后,消除纹波解调成模拟电源信号。原理结构图见图 2 - 14。图中,A_1 是输入放大器,该放大器对输入的电流与开关电流源 ±100μA 的差值进行积分。当输入电压为 0 时,积分朝一个方向增加,当达到比较器的阈值时,比较器和传感放大器切换电流源,这样产生一个占空比为 50% 的三角波。内部振荡器驱动电流源开关的频率为 500kHz。最终在输出电容上产生的是调制矩形波。

检测放大器检测经过差分电容传输的信号，驱动电流源进入积分器 A_2。输出阶段，占空比调制电流和通过 200kΩ 反馈电阻反馈的电流之间平衡的结果在输出端 V_{OUT} 脚产生一个和输入 V_{IN} 端相同的平均值。输出反馈回路的采样保持器用来消除在解调过程中产生的纹波电压。

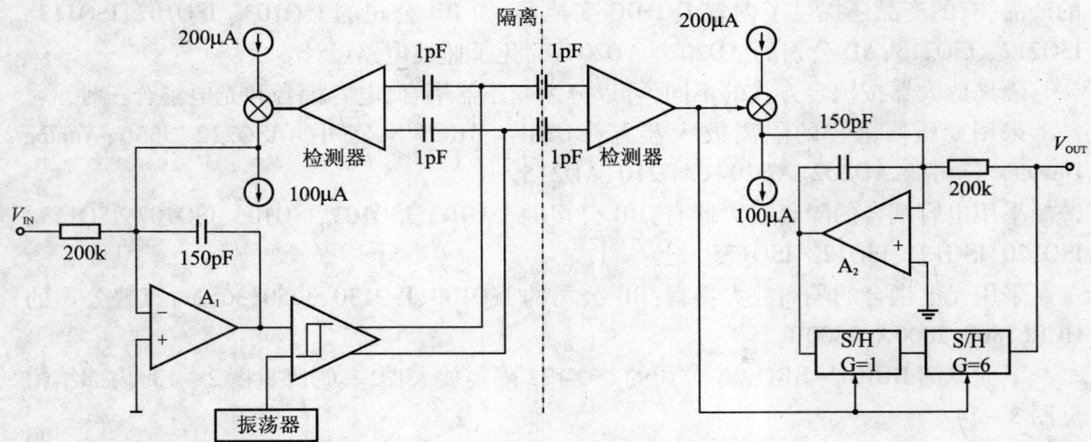

图 2－14　ISO122 隔离放大器方框图

采用 ISO122 构成的隔离放大器基本电路见图 2－15。图中，每个电源的输入管脚连接 1μF 的钽电容，同时尽可能靠近放大器。内部的调制/解调频率已经由振荡器设置成 500kHz。为了减小由 DC－DC 变换器输入的噪声，对电源使用 π 型滤波器。ISO122 的输出有 20mV 的 500kHz 的纹波。这个纹波用由运算放大器构成的 100kHz 截止频率的双极低通滤波器消除。

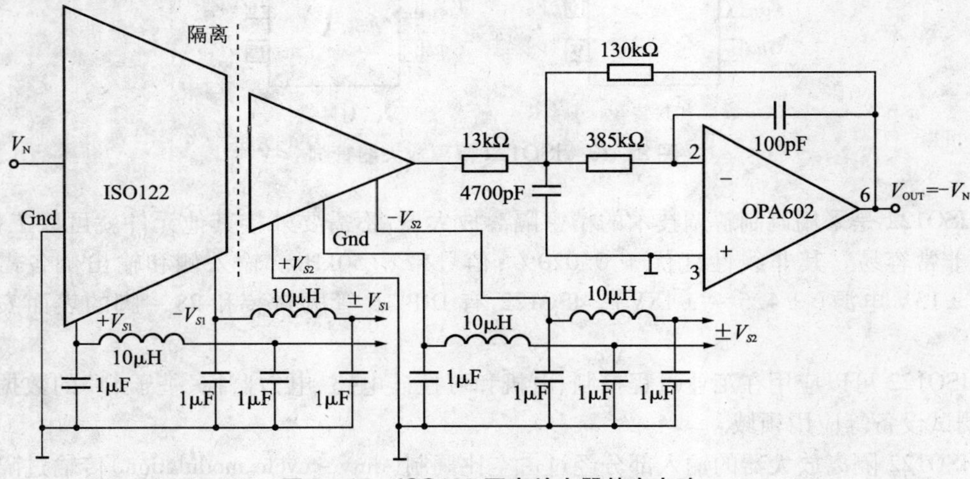

图 2－15　ISO122 隔离放大器基本电路

使用隔离放大器应注意以下事项：

(1) 消除噪声

采用了调制解调的隔离放大器在调制解调过程中不可避免地会产生一些噪声，噪声也会来自电源和被测对象。为了滤除噪声，在信号输入隔离放大器之前和从隔离放大器输出之后，应该设置滤波电路。滤波器的参数应根据隔离放大器调制器的固有频率设置。在靠近隔离放大器的地方应设置电源去耦电容或者加 π 型滤波器。

(2)电源选择

大多数隔离放大器没有内置 DC/DC 变换器，需要外部供给电源。选择 DC/DC 变换器时，要考虑隔离放大器的调制方式、调制频率。简单的办法是选择生产厂家推荐的搭配，或者根据生产厂家推荐的 DC/DC 变换器的技术参数进行配置。

(3)降低辐射

变压器耦合隔离放大器是一个电磁辐射源。如果周围的电路对电磁辐射敏感，就应予以屏蔽。

(4)输入信号频率

选用调制解调的隔离放大器时应注意信号的频率。如：ISO122 放大器使用 500kHz 的调制频率。当输入信号的频率在 250kHz 以下时，该放大器和线性放大器相同。如果频率高于 250kHz，该放大器的性能像一个采样放大器，特性变坏。

2.3　开关量输入输出电路

除了模拟信号之外，监控系统中的输入信号还有开关量信号，如表示机械限位开关状态、控制继电器的触点闭合/打开、表示电路是否合闸等信号。与开关量类似的信号是数字信号，如表示测量电机转速的信号、频率的计数信号，等等。对于此类信号，由于信号电平和波形差别很大，一般不能直接输入到微处理器中去，需要经过电平变换、去抖动、整形等步骤，然后才能送到微处理器中进行处理。这部分信号处理电路一般称为数字量输入通道。下面介绍其典型电路。

2.3.1　开关量输入电路

开关量输入到监控系统中有两种方法：一种是把一些开关量组合到输入端口，由微型计算机的输入指令进行输入；另一种是对于要求实时处理的开关量输入，通过中断进行处理。这时多个开关量通过“或逻辑”产生中断请求，由中断处理程序进行查询处理。

开关量有“干接点”和“湿接点”之分。“干接点”指的是不带电的开关量。如：控制电器中的辅助触点。而“湿接点”是带电的开关量。对于“干接点”的输入，要求接口电路引出带电的信号接到这些触点的一端，而触点接通后构成信号的回路。图 2－16 是一个通用的开关量输入电路原理图。

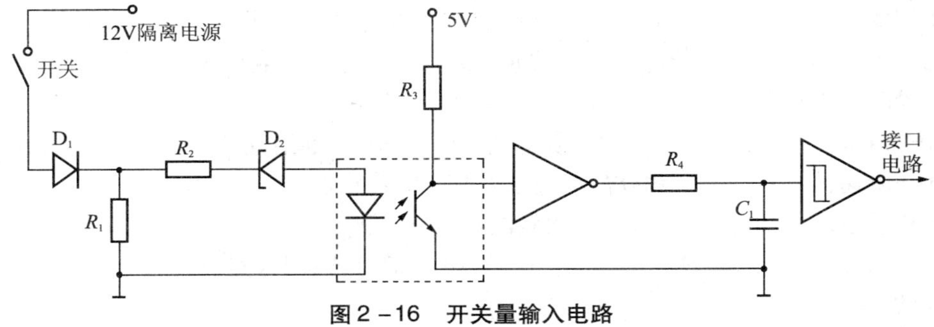

图 2－16　开关量输入电路

图中,D_1 为反向保护二极管;R_1 为泄流电阻;R_2 为限流电阻;R_3 为光敏三极管集电极电阻;D_2 为阈值开关二极管,消除噪声;光敏三极管将开关量和数字电路进行电的隔离;反相器将开关量变成 TTL 电平信号;电阻 R_4、电容 C_1 以及施密特触发器了消颤网络,可以防止触点抖动造成电平的错误。从图 2-16 可以知道,当开关闭合时,接口电路得到逻辑低电平信号;当开关打开时,得到一个逻辑高电平信号。

2.3.2 开关量输出电路

输出开关量是监控系统控制对象的一种手段。在监控系统中,开关量的输出一般用于控制系统的执行机构,常常和强电(大电流、高电压)控制电路联系在一起。合理设计开关量输出电路非常重要。不当的设计可能会对控制系统造成严重干扰,导致系统不能正常工作。因此,需要在设计上采用一些抗干扰措施。

1.系统的抗干扰措施

常用的抗干扰措施有以下几种。

(1)干扰隔离技术

常用的隔离有光电隔离和电磁隔离。光电隔离采用光电耦合技术实现干扰源和微处理器电路的分离。如图 2-16 的开关量输入电路,通过光电耦合器件实现了开关量和系统的电气隔离。这种隔离技术主要用于抑制各种噪声干扰,如尖峰脉冲干扰。光电隔离常应用于数字量信号、开关量信号。应用于模拟信号时,可能引起非线性误差。

电磁隔离是通过电磁耦合实现模拟信号和电源信号之间的隔离。电磁隔离常用的手段是隔离放大器、交流变压器、AC/DC 变换器或 DC/DC 变换器等电路。

(2)滤波技术

滤波技术常用在长线的传输上,采用 *RC* 滤波器实现干扰信号的消除。滤波器的参数需要考虑信号的带宽进行设计。

(3)屏蔽技术

屏蔽分为设备的屏蔽和传输线的屏蔽。这是一种常用的抗干扰手段。设备的屏蔽需要把设备用金属外罩密封起来,同时外罩可靠连接到信号地。传输线屏蔽采用双绞线或多芯屏蔽电缆。屏蔽电缆的屏蔽层在设备端接地,达到抗干扰的效果。

(4)软件技术

软件抗干扰有两个方面的应用,一是在数据采集方面,软件实现抗干扰是一种数字滤波技术。一是在系统鲁棒性方面,采用软件抗干扰技术防止程序“跑飞”,造成死机。

在数据采集方面的应用,对复杂的情况需要复杂的算法。一般的微处理器可以采用简单实用的方法,也可以达到不错的效果。常用的方法有以下几种。

①算术平均值法。对于连续的采样值,取采样点的平均值作为该采样区间的数值,可以减少随机干扰。

②中值法。对于连续的采样值,取多个采样值的中间值作为该采样区间的数值。

③一阶递推数字滤波。用软件的方法实现 *RC* 低通滤波。

在防止系统软件跑飞方面,常用的做法有以下几种。

①指令冗余。在程序中合理安排一些冗余的指令,或对关键指令重复安排,保证指令的准确执行。

②软件陷阱。在非程序区,安排无条件转移指令,转向系统复位的入口,强迫系统恢复到正常状态。

③看门狗。监控系统的程序采用的是循环执行的方式,在一个固定的时间内完成一个基本循环。“看门狗”技术的要点就是在一定的时间内定时执行一些操作,说明程序是正常执行的。如:定时重新设置计数器。如果这个规定的操作超出了设定的时间还没有完成,说明程序已经脱离了正常的运行顺序,进入了死循环。这时产生了相应中断处理,在中断中强迫系统复位,回到初始化的位置重新执行,保证系统不间断运行。看门狗可以用硬件实现,也可以用软件实现,还可以用两者结合的方式实现。

2. 常用的开关量输出电路

开关量输出电路一般由输出端口译码电路、输出锁存器、输出驱动电路等组成。输出端口译码电路提供了处理器对端口的访问;输出锁存器用于保持输出的开关量在下一次输出到来之前保持不变;驱动电路用于提供足够的驱动执行机构的功率。开关量输出电路一般结构见图 2－17。

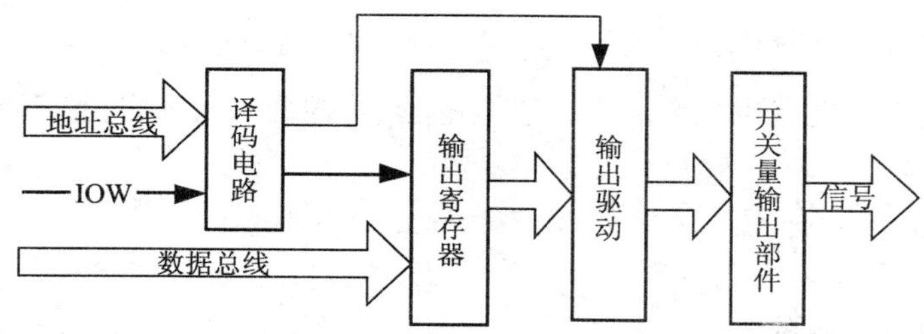

图2－17　开关量输出电路一般结构

输出寄存器的每一位表示一个开关量,可用数字“0”和“1”表示通/断或有/无。寄存器的字长等于数据总线宽度,如16位的数据总线,一次可以输出16个开关量。译码电路提供一个选通信号,用来选通需要输出的寄存器。

驱动电路提供了大电流的输出,可以用译码电路的输出控制输出电路的工作状态。开关量输出部件是实际给出信号驱动执行机构的元件。下面说明几种常用的输出电路。

(1)功率晶体管输出电路

图2－18表示的电路采用达林顿晶体管输出驱动直流负载。如需要一次输出8个开关信号,可以用8个电路并联使用。

市场上有封装多个达林顿晶体管的集成电路。MC1412是菲利浦公司生产的一款7个NPN型达林顿晶体管的集成器件,为双列直插16脚封装,其管脚功能见图2－19。该芯片有比较强的驱动能力,可以用于驱动继电器。其主要参数为:

①输入电压30V,输出电压50V。

②集电极电流500mA,基极电流25mA。

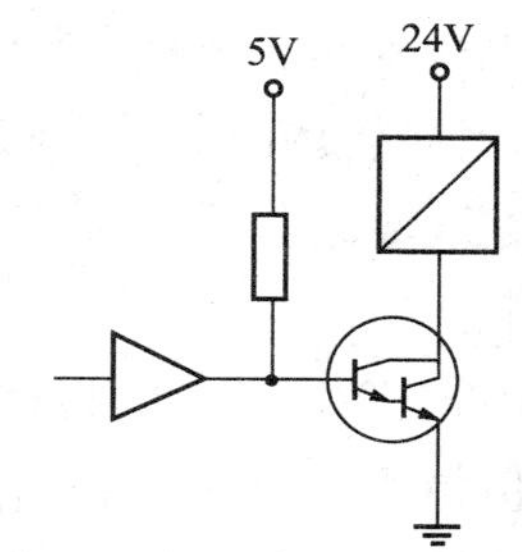

图2－18　达林顿晶体管输出电路

(2)继电器输出电路

当需要输出驱动的负载重、速度比较慢时,可以采用继电器作为输出电路。如图2－20所示。驱动电流约为20mA，电压为＋5V，输入高压约为24V～30V，电流为0.5A～1A。当输出开关量为1时，线圈通电，继电器的触点闭合。继电器线圈并联二极管用以防止关断时电流反冲。继电器输出触点并联的齐纳二极管起到防止冲击、防止火花、去干扰和保护触点等作用。

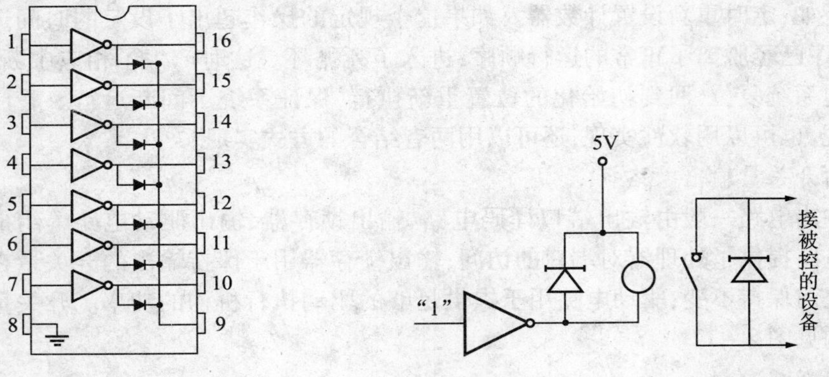

图2－19 MC1412管脚封装　　**图2－20 继电器输出电路**

开关量输出电路也可以采用固态继电器、可控硅来实现，这里不再介绍。

2.4 音频信号电路

2.4.1 音频信号调幅电路

广播电视信号需要经过调制后才能发射出去。调制可以分成连续波调制和脉冲波调制。连续波调制信号的调制一般使用高频正弦信号。正弦信号有三个参数：幅值、频率、相位。采用这三个参数的调制方法分别为调幅、调频和调相。脉冲波调制分为：脉幅、脉宽、脉位三种方式。

调幅是中波声音广播采用的方式。调幅的方法就是用调制信号去控制高频载波信号的幅值。凡是能实现将调制信号频谱搬移到载波一侧或两侧的过程，称为振幅调制。调幅按频谱结构又可分为：普通调幅波（AM）；双边带调制波（DSB）；单边带调制波（SSB）等三种。按照电路的实现方式又可分为：高电平调制电路、低电平调制电路两大类。

高电平调制电路有集电极调幅和基极调幅两种电路形式；低电平调制电路有二极管调制器、三极管调制器和集成模拟调制器三种类型。本书只介绍集成模拟调制器的调制和解调实现电路。下面以单音调制为例说明调制过程。

设载波信号为：$v_c = V_{cm}\cos\omega_c t$，调制信号为：$v_\Omega = V_{\Omega m}\cos\Omega t$，见图2－21。

从图2－21可以看到，为了实现调幅波，在调制信号之上叠加了一个直流电压使信号的幅值始终大于零。

采用线性调幅的表达式为：$V_{AM} = V_m(t)\cos\omega_c t = V_{cm}(1 + M_a\cos\Omega t)\cos\omega_c t$

其中：$M_a = \dfrac{K_a V_{\Omega m}}{V_{cm}} = \dfrac{V_{m\max} - V_{m\min}}{V_{m\max} + V_{m\min}}$称为振幅调制的调制度，如图2－22所示。

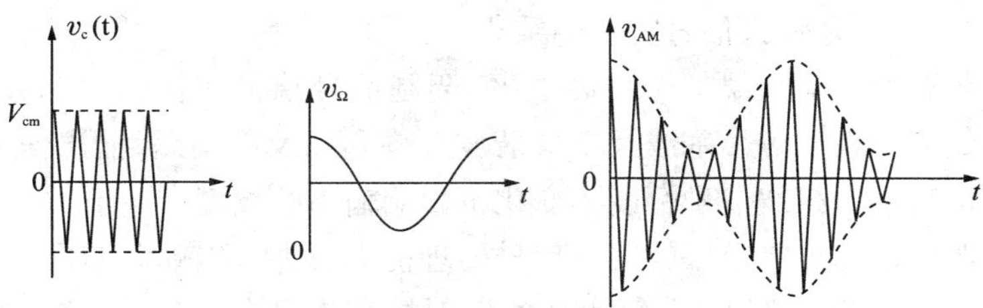

图2-21　单音调幅的原理图

调幅的本质是实现频谱线性搬移,可用乘法器实现。

集成乘法器 MC1496 是调制解调集成芯片,内部有 8 个三极管,平衡式输入和输出。共模抑制比典型值高达 -85dB,典型的载波抑制在 0.5MHz 为 -65dB, 在 10MHz 为 -50dB。有 DIP-14 和 SOIC-14 两种封装。图 2-23 是 MC1496 的管脚图。

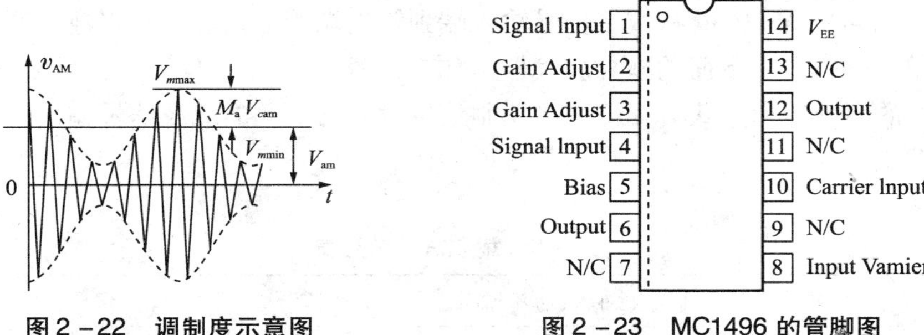

图2-22　调制度示意图　　图2-23　MC1496 的管脚图

MC1496 的内部电路图如图 2-24 所示。

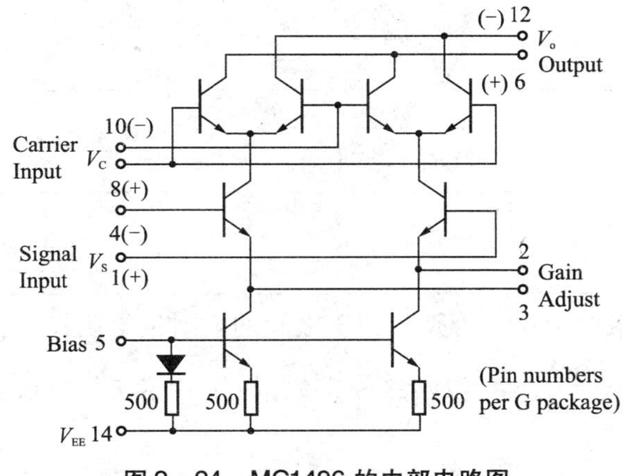

图2-24　MC1496 的内部电路图

在电路图上方的对称差分放大器可以工作于线性方式或饱和方式。下方的差分放大器对于多数应用来说工作于线性方式。

当电路的两个输入信号的电平都不大的时候,输出信号中包含输入信号频率和与频率差,输出信号的幅度是输入信号幅度的乘积。

当电路的载波输入信号端工作在高电平,调制信号端工作在线性部分,输出信号中包含输入信号频率与载波信号基波及奇次谐波频率和以及频率差,输出信号的幅度是调制信号幅度的常数倍。载波信号幅度的变化不影响输出的幅度。

差分放大器使该芯片有很好的线性信号处理能力,最大的输入电压在线性工作方式时为25mV 峰值。由于上部的差分放大器的发射极是连接在一起的,这个在任何情况下信号输入电压都能够加到载波输入端。

下面的差分放大器用于连接外部发射极电阻,因此设计者可以调整线性信号的处理范围。线性工作时最大的输入电压峰值(伏)可以用以下表达式求出:

$$V = I_5 \times R_E$$

这个表达式用来求出在给定的输入电压幅度时计算需要的电阻 R_E 的最小值。其中 I_5 是流过管脚 5 的偏置电流,推荐值为 1mA。

设计者通常对 MC1496 从调制信号输入端到输出端的增益参数感兴趣。这个增益只有当 MC1496 电路图中下面的差分放大器工作在线性方式时才有意义。当然,这种方式是 MC1496 的多数应用方式。在低电平调制信号输入与不同的载波信号输出时的近似增益表达式见表 2 -5。

表 2 -5　载波信号增益表

载波输入信号(Vc)	近似的电压增益	输出信号频率
低电平 DC	$\dfrac{R_L V_C}{2(R_E+2r_e)\left(\dfrac{KT}{q}\right)}$	f_M
高电平 DC	$\dfrac{R_L}{R_E+2r_e}$	f_M
低电平 AC	$\dfrac{R_L V_C(\mathrm{rms})}{2\sqrt{2}(R_E+2r_e)\left(\dfrac{KT}{q}\right)}$	$fc \pm f_M$
高电平 AC	$\dfrac{0.637R_L}{R_E+2r_e}$	$fc \pm f_M$, $3fc \pm f_M$, $5fc \pm f_M$, …

注:表中,R_L:负载电阻;R_E:管脚 2 和 3 之间的发射极电阻;r_e:三极管动态发射极电阻,在 25℃时为 $r_e = \dfrac{26\mathrm{mV}}{I_5(\mathrm{mA})}$;$K$:波尔兹曼常数;$T$:用开尔文为单位表示的温度;$q$:电子电量。

几点说明:

①在表中,调制信号假定为低电平 V_M,V_C 是载波输入电压。

②当输出信号包含有多个频率时,给出的增益表达式对 f_c+f_M 和 f_c-f_M 均有效。

③所有的增益表达式均对单端输出的情况,当输出为差分连接输出时,表达式的增益要乘以 2。

双边带抑制载波调制是 MC1496 的基本应用。其实现电路见图 2－25。

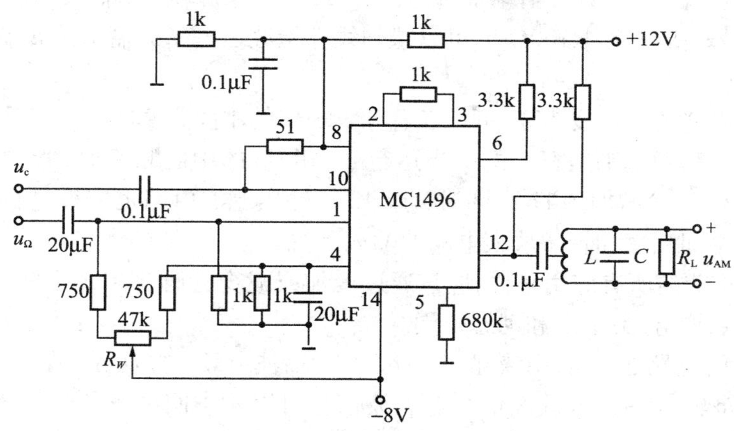

图 2－25　用集成电路 MC1496 实现的双边带调制电路

在图 2－25 中，u_c 是载波信号输入端，u_Ω 为调制信号输入端，u_{AM} 为调制信号的输出端。电路图中的可变电阻 R_W 用来调节调制度，LC 为带通滤波器。

2.4.2　音频信号解调电路

广播电视信号经过调制后，如果需要监测调制、发射效果，需要从已经调制的信号中恢复原来的声音、图像或其他信息。从已调信号中检测出调制信号的过程称为解调或检波。检波有包络检波和同步检波之分。调幅信号的解调只要能够检测出已调制信号的包络线就能实现。因此这种方法称为包络检波。包络检波是建立在整流原理的基础上的。同步检波主要解调 DSB、SSB 波，也可解调 AM 波。

采用 MC1496 也可以构成非常出色的 SSB 检波器，见图 2－26 乘法器式相敏检波电路。

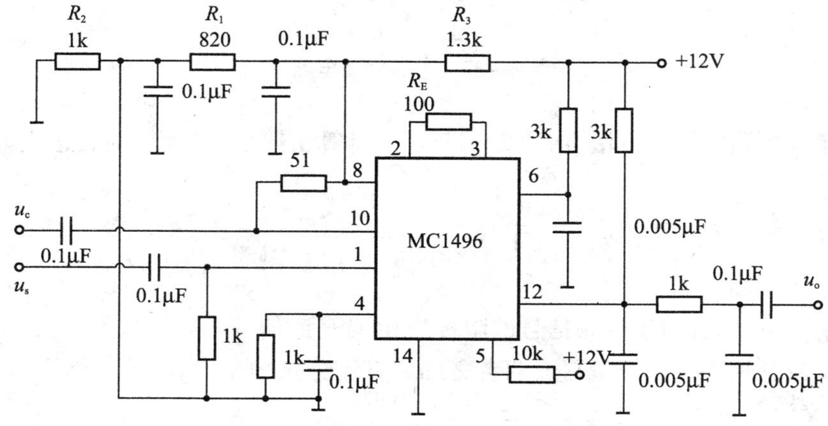

图 2－26　乘法器式相敏检波电路

R_1、R_2、R_3 对集成电路中的压控吉尔伯特电路 $T_1 \sim T_4$ 进行偏置，并防止 $T_1 \sim T_4$ 进入饱和，其他电阻保证 $T_5 \sim T_6$ 工作在放大区。+12V 单电源供电，能采用电阻分压网络；u_s 为很小的信号，所以 $R_E = 100\Omega$ 即可以得到线性检波。电路的输出端 u_o 输出解调的音频信号。

这个检波电路的灵敏度为 3.0μV，工作于 9MHz 的中间频率时动态范围达 90dB。检波电路对于整个高频范围是宽带的。当运行于 50kHz 的中间频率时，管脚 8 和 10 连接的电容应该从 0.1μF 增加到 1μF，同时管脚 12 的输出滤波电路也应该进行适当的调整，以适应特定的中间频率和音频放大电路的输入阻抗。

对于 MC1492 的所有应用来说，应该通过增加或减少管脚 2 和 3 之间连接的发射极电阻来调整电路增益、灵敏度和动态范围。

图 2－26 的电路也可以用来解调一般的调幅波 AM。方法是：在 *Us* 输入端接入 AM 信号，在 *Uc* 输入端接入载波信号。载波信号可以从中间频率信号导出或由本地电路产生。载波信号可以是调制信号也可以是未调制信号，前提是载波信号的电平应该足够高，使 MC1492 电路中的上部差分放大电路工作在饱和状态，推荐的输入电平是 300mVrms。

2.4.3 包络对消电路

包络对消电路用于消除检波后得到的包络信号中的交流分量，得到反映载波大小的直流信号分量。电路原理图见图 2－27。

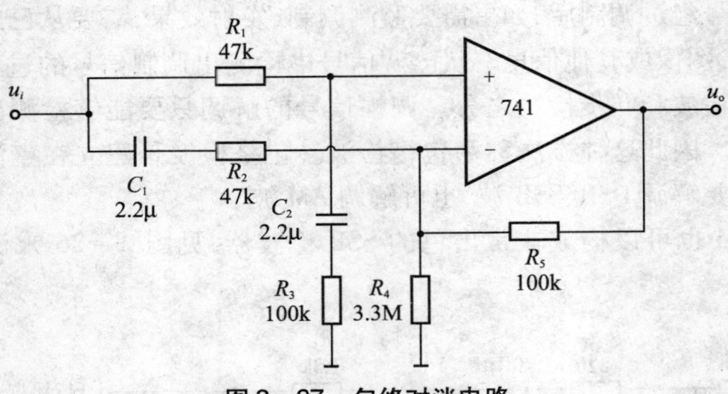

图 2－27 包络对消电路

根据运放电路的计算方法，由图 2－27，可以计算出输出信号 U_o 的表达式为：

$$U_o(s) = U_i\left[\left(1 + \frac{R_5}{\left(R_2 + \frac{1}{sC_1}\right)//R_4}\right)\frac{R_3 + \frac{1}{sC_2}}{R_1 + R_3 + \frac{1}{sC_2}} - \frac{R_5}{\left(R_2 + \frac{1}{sC_1}\right)//R_4}\right]$$

理想情况下，电容对于音频信号的阻抗为 0，对直流信号的阻抗为无穷大。因此上式可以按照交流分量和直流分量写成两者之和。直流分量输出 $U_{Od} \approx U_{id}$，即近似为输入的直流分量；交流分量为：

$$U_{Od}(s) = U_i\left(1 + \frac{R_5}{R_2//R_4}\right)\frac{R_3}{R_1 + R_3} - U_i\frac{R_5}{R_2//R_4}$$

代入有关参数，$U_{Od}(s)=U_i\left(1+\frac{R_5}{R_2//R_4}\right)\frac{R_3}{R_1+R_3}-U_i\frac{R_5}{R_2//R_4}\approx 0$，即该电路的输出近似为直流分量 $U_{od}=U_{id}$。也就是说，该电路的输出为反映载波大小的直流分量，因此称为包络对消电路。

2.5　功率信号检测电路

广播电视发射机监控系统中需要监控的一项重要指标就是发射机的发射功率，下面介绍其主要的检测电路。

2.5.1　入射功率反射功率检测电路

入射功率指的是发射机通过天线辐射的高频功率。反射功率指的是当发射机的天馈系统与发射机输出之间的阻抗不匹配时产生的反射功率以及其他频率信号产生的回馈信号所形成的功率。反射功率过大，一是设备的有效发射功率降低，另外容易导致设备的损坏。

入射功率、反射功率取样电路原理图见图 2－28。该电路由电流取样、电压取样、检波电路组成。

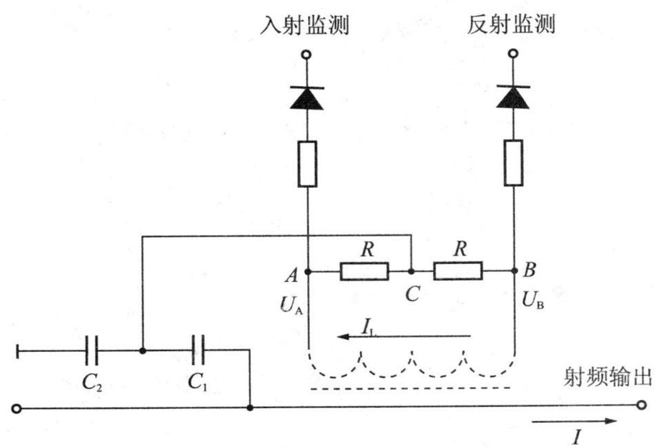

图 2－28　入射功率、反射功率取样电路

在图 2－28 中，线圈表示高频电流互感器。射频输出经过高频电流互感器取样，得到 $I_L=nI$，其中 n 为互感器变比。

发射机输出端口的电压和电流分别是入射波电压和反射波电压以及入射波电流和反射波电流的叠加。即：

$$\dot{U}=\dot{U}_r+\dot{U}_f$$

$$\dot{I}=\dot{I}_r-\dot{I}_f=(\dot{U}_r-\dot{U}_f)/Z \qquad (2-4)$$

其中：下标 r 表示入射，f 表示反射，Z 表示馈线的特性阻抗。

通过电容 C_1 和 C_2 组成的分压电路得到和输出端口成比例的电压 U_C。

$$\dot{U}_C = \frac{\dot{U}C_1}{C_1 + C_2} = \frac{C_1}{C_1 + C_2}(\dot{U}_r + \dot{U}_f) \tag{2-5}$$

按照图 2－28 所示的电流参考方向，结合(2－4)式，得到电阻两端的电压为：

$$\dot{U}_R = \dot{I}_L R = \dot{I}R/n = (\dot{U}_r - \dot{U}_f)R/(nZ)$$

A、B 两端的电压幅度相等、相位相反。如果调整参数，使得 $\frac{R}{nZ} = \frac{C_1}{C_1 + C_2} = K$，则有：$\dot{U}_C = K(\dot{U}_r + \dot{U}_f)$，从而可以得到：

$$2K\dot{U}_r = \dot{U}_C + \dot{U}_R,\ 2K\dot{U}_f = \dot{U}_C - \dot{U}_R \tag{2-6}$$

进一步，如果 $\dot{U}_C$、$\dot{U}_R$ 的相位一致，则可以利用(2－6)式，通过简单的代数运算求出入射电压和反射电压。

2.5.2 连续脉冲识别电路

在监测发射机电流过荷、反射功率超限时，需要区分故障是偶然的突发故障还是连续性故障。对突发性的故障，当引起故障的信号消失后，发射机还可以正常工作。而出现连续性的故障，则发射机不能正常工作。连续脉冲识别电路用于判断是否有连续性故障发生。

连续脉冲识别电路见图 2－29。该电路由三部分组成：基准电压电路、秒脉冲积分电路和电压比较器。

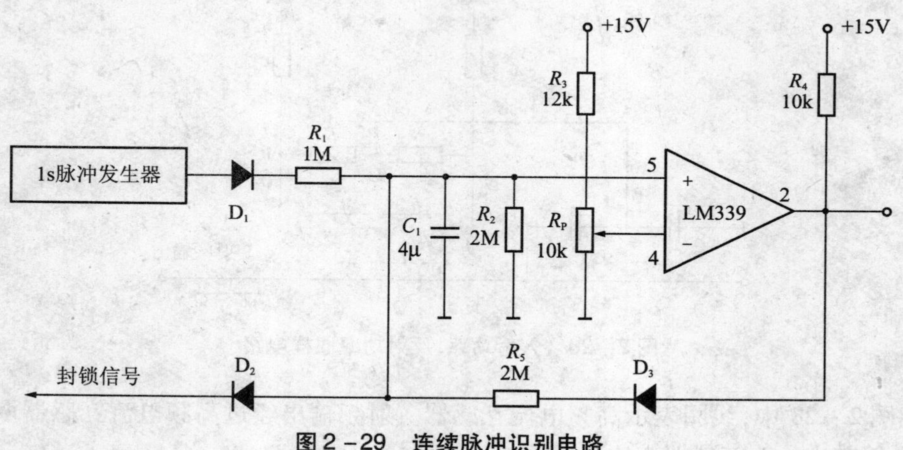

图 2－29　连续脉冲识别电路

基准电压由 +15V 电源、电阻分压器组成。通过调整电位器，为电压比较器提供一个基准电压。

秒脉冲积分电路由 D_1、R_1、C_1、R_2 组成。当 1s 脉冲发生器输出高电平时，通过 R_1 和 C_1 充电，时间常数为 4s。当输出低电平时，积分电路通过 R_2 放电，时间常数为 8s。

1s 脉冲发生器的一次输出表示一次过荷或一次驻波过大，如果不是连续发生这种情况，随着时间的推移，充电的电荷慢慢释放，电压比较器输出为低电平，如果有连续性故障发生，电容 C_1 上的充电电荷逐渐累计，最终使电压超过基准电压，比较器输出为高电平。该输出通过 D_3、R_5 和 R_2 分压大约 7V 左右反馈到输入端，使输出锁定在高电平。该高电平通过 D_2 输出，作为封锁信号。

2.5.3　信号封锁电路

监控系统中封锁电路的角色非常重要。如在发射机的控制系统中，监控电路的控制命令很多是通过封锁电路来完成的。封锁电路的作用就是发出控制动作，完成系统状态的转换。

1. 电源封锁电路

图 2－30 是一个简单的主电源控制封锁电路，电路的原理很简单，由三输入端的与门电路组成电源封锁电路。封锁信号由与门的三个输入端决定，分别是“380V 交流超限”、“功放及主机门开关”和“低整电源超限”。当任何一个输入为低电平时，则产生封锁信号。这时无论主电源是否合闸（合闸时“主电源合闸控制”为高电平），三输入与门的输出都为低电平，经过反相器后输出为高电平。该高电平使主电源启动继电器的线圈失电，从而通过继电器的触点使交流接触器打开，切断主整电源。

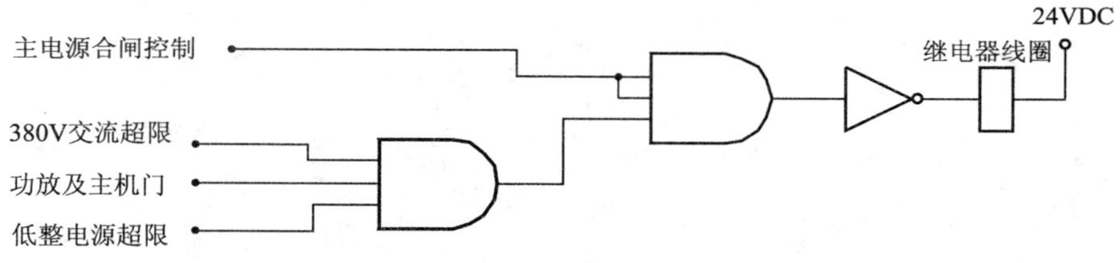

图 2－30　主电源控制封锁电路

2. 射频激励封锁电路

电路见图 2－31。对射频激励的封锁是通过切断对放大器输入的激励信号来实现的。如图所示，当反相器输出为高电平时，经电阻 R_1、R_2 分压使开关三极管 Q 饱和导通，使激励信号输入接地，封锁了放大器的输入。当反相器输出为低电平时，开关三极管截止，不影响射频信号的传输。

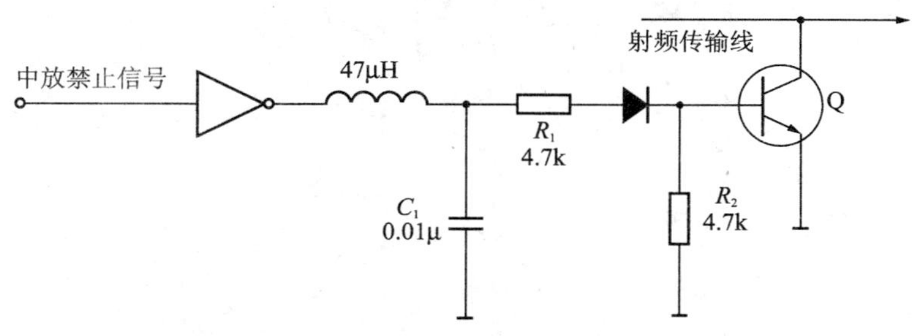

图 2－31　射频激励封锁电路

思考题与习题

1. 设计一个采用热电偶检测温度的监控电路，当温度超过设定值时，发出报警信号。

2. 采用 Burr - Brown 公司的 INA128 设计一个高共模抑制比放大电路。要求增益为 50 倍。设计出原理电路并确定所用器件的参数。

3. 什么是开关量？开关量检测的基本电路形式是什么？

4. 设计一个采集 10 个开关状态的输入电路。

5. 采用达林顿晶体管设计一个控制 10 个 220V 电源开关的输出电路。

6. 系统抗干扰有哪些基本方法和措施？

7. 什么是软件陷阱？一般把软件陷阱安排在什么地方？

8. 什么是看门狗技术？在监控系统中如何使用看门狗技术？

9. 试设计一个电路实现对发射机的入射功率和反射功率的检测？

10. 分析连续脉冲识别电路，画出其各点波形。

第 3 章

发射机监控电路分析

广播电视系统包括新闻图像的采编、节目的加工制作、播控中心的播出控制、节目的传输发送、监听监视等各个环节。在地面广播中，广播、电视发射机是产生和发射无线电波、播出节目的设备，也是广播电台、电视台发送设备中的主要组成设备。现在生产的发射机是按照无人值守的工作方式设计的，为了保证播出的服务质量，一般采用双机工作，一主一备方式。基本控制要求是每天定时开、关机。一般发射机安装的位置与控制中心不在一起，因此需要进行远程遥控，于是发展起发射机的监控系统。发射机一般在机器面板上有状态的指示，同时又有通信接口，用于传输远端监控主机的控制命令和设备的状态。本章从研究广播电视监控技术需要的角度，选择调频立体声广播发射机、中波广播发射机，分析其基本原理及主要的监控电路，使读者对于广播电视发射机监控电路有一个基本的了解。

3.1　调频广播发射机基本结构

3.1.1　调频立体声广播原理

广播发射机的调制方式主要有两种：调幅和调频。调频的方式用音频调制信号对载波的频率进行调制，使载波的频率随调制信号而变化，而载波的幅度保持不变。

目前，广泛使用的调频方法主要是间接调频法和直接调频法。间接调频是借助调相实现调频。脉冲调相式间接调频法是利用锯齿波电压上升部分进行调制，在保证调制线性的情况下能得到较大的调制指数。过去生产的国产调频发射机基本上采用脉冲调制式间接调频法。其主要优点是中心频率的稳定性很高，不需要稳频措施。

直接调频法是用调制信号直接控制振荡器的振荡频率，使其按调制信号变化规律线性变化。常用的是采用变容二极管直接调频法，实现电路简单，调制线性较好，但中心频率稳定性差，需要进行稳频。现在的调频发射机大多采用变容二极管电路直接调频。

设载波信号的表达式为：

$$u_c(t) = U_C\cos\omega_C t \tag{3-1}$$

调制单音频信号为：

$$u_\Omega(t) = U_\Omega\cos\Omega t \tag{3-2}$$

其中，U_C：载波信号的最大幅值；ω_C：载波信号的角频率；U_Ω：调制信号的最大幅值；Ω：调制音频的角频率。

当用（3-2）式对（3-1）进行频率调制时，根据定义，调频波的频率应该以载频频率为基准，随调制信号的幅值进行变化，即：

$$\omega(t) = \omega_C + K_f u_\Omega(t) = \omega_C + \Delta\omega(t)\cos\Omega t$$

式中，K_f 是一个比例常数；$\Delta\omega(t)$ 是与调制电压幅度有关的瞬时角频率偏移，其偏移的最大值叫做最大偏移，习惯上称为频偏，它与调制电压振幅成正比，$\Delta\omega = K_f U_\Omega$。在调频广播发射机中，主信号标准频偏为 ±75kHz，最大频偏为 ±100kHz。

调频波的表达式为：

$$u_f(t) = U_C\cos(\omega_C t + m_f\sin\Omega t) \tag{3-3}$$

式中，$m_f = \frac{\Delta\omega}{\Omega}$称为调频指数，单位为弧度，是调频波的最大相位偏移。

调频波的频谱可以将式(3－3)用三角公式展开并表示成 n 阶第一类贝塞尔函数得到。分析表明：它们由载频 ω_C 和无数对边频 $\omega_C \pm n\Omega$ 组成。相邻边频之间的间隔等于调制信号频率 Ω，第 n 条谱线和载频之差为 $n\Omega$。当 $n > (m_f + 1)$ 时，边频的幅度小于 0.1。因此，一般调频频谱以下式计算：

$$B = 2(m_f + 1)F \tag{3-4}$$

或：$B = 2(\Delta f + F)$。

式中，B：频带宽度，F：调制频率，Δf 为频偏。

以上是单一频率信号的情况，当调制信号有多种频率成分时，上式应改为：

$$B = 2(m_f + 1)F_{max}，及\ B = 2(\Delta f_m + F_{max})$$

式中：B：频带宽度，F_{max}：最高调制频率，Δf_m 为最大频偏。

从以上公式可以看出，调频波的频带宽度主要取决于调制信号的最高频率。当频带宽度一定时，调制频率高时，调频指数低；调制频率低时，调频指数高。调频指数低对接收的影响是频率的高端信噪比比较低。因此，在发射机中通过预加重网络来改善高端信噪比。即将音频信号的高频部分在发射端予以提升称为预加重。调频广播的提升频率约为 3.2kHz，时间常数为 50μs。典型的预加重网络为 RC 网络，如图 3－1 所示。图中，$R_1 \gg R_2$，$R_1 C = 50\mu s$。

为了还原声音效果，在接收端经过鉴频器解调之后，用去加重网络对信号进行恢复，如图 3－2 所示。

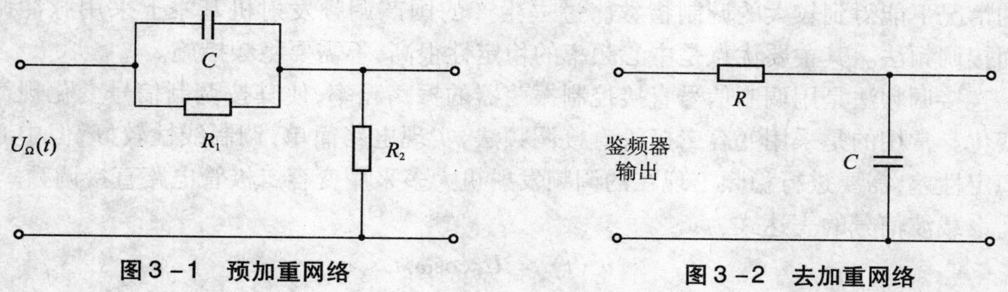

图 3－1 预加重网络　　图 3－2 去加重网络

调频立体声广播需要解决的关键问题是在发送端如何把左(L)右(R)两个声道分别录制的音频信号送到调制器，同时在接收端恢复解调出左右两路信号。对于立体声调频广播，1966 年国际无线电咨询委员会（CCIR，现名 ITU－R）推荐了两种优选制式：抑制副载波调幅的“导频制”和双边带调幅的“极化调制制”，两种制式都兼容普通单声道调频广播。目前，国际上使用最为广泛的制式是导频制，我国也采用导频制。

调频－调幅导频制的广播制式把左右两个声道的信号之和，简称 M 信号（$M=L+R$）作为主信号，其频谱范围为 30Hz～15kHz；将差信号 S（$S=L-R$）作为副载频用抑制载波的调幅方式调制在 38kHz 上，因此形成频段 38±15kHz 的调幅差信号，因此这种方式是 AM－FM 方式。为了在接收机中解出差信号，在信号频谱的和、差之中，发射一个 19kHz 的导频信号，接收机中利用倍频器引导出 38kHz 副载波，因此这种制式称为导频制。导频制的完整立体声调制信号一般称为立体声复合信号，表达式为：

$$u_a(t) = (L+R) + (L-R)\sin\omega_S t + P\sin\frac{\omega_S}{2}t$$

式中，ω_S：副载波的角频率（$f_S=38\text{kHz}$）；P：导频信号电压的幅值。

3.1.2　调频广播发射机基本结构

调频广播发射机的特点是：信号保真度高、信噪比高、线性失真小以及无串扰现象，并且可以实现立体声广播和多路广播。我国的调频广播在进入 20 世纪 80 年代以后迅速发展起来。中央和省级调频台大部分采用 10kW 功率等级的电子管发射机，中小城市多采用 300W～5kW 的电子管发射机，县级城镇则采用 10W～100W 的小功率调频发射机。随着技术的进步，新型的调频发射机也不断推出，如全固态调频发射机和采用数字调频激励器的调频发射机。我国目前已经能够生产 500W～10kW 的各种等级的全固态调频立体声广播发射机。

调频发射机系统的核心是调频激励器。调频激励器对输入的音频及附加信道信号进行处理，合成基带信号；基带信号调制到 VHF 波段的载波上，并经激励器功放放大输出。在不需要大的发射功率的情况下，调频激励器也可直接作为射频输出信号进行发射输出。调频激励器同时还有发射机故障处理及报警功能，能够监控本身以及发射机的工作状态，在发射机运行出现故障时能进行自身调整和报警。

调频激励器有数字式和模拟式两种类型的产品。数字调频激励器采用数字信号处理（DSP）和直接数字频率合成（DDS）技术对数字音频进行处理，失真小、信噪比高，适合于构成单频同步广播系统。

模拟调频激励器采用模拟信号处理及频率调制技术。模拟调频技术经过 60 多年的发展和完善，各项指标不断提高，模拟和数字在技术指标上已经差别不大。而且，部分采用模拟载波调频技术的激励器支持数字格式的音频输入，有数字音频接口，应用 DSP 技术对音频信号进行编码，编码后的复合信号经 DA 转换后再进行调频调制，满足了数字化的要求。因此模拟激励器仍然是目前产品的主流。

调频激励器的原理框图如图 3－3 所示。分为音频处理单元、调频调制器、激励器功放、监控单元、电源单元等几个部分。

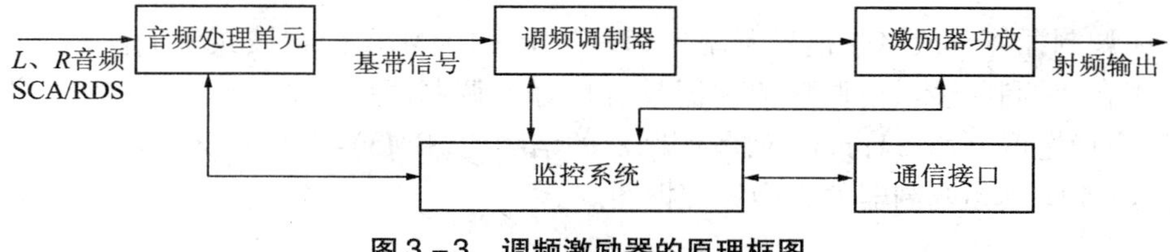

图 3－3　调频激励器的原理框图

1. 音频处理单元

音频处理单元的主要功能是完成立体声编码。音频处理单元一般同时提供 MONO / STEREO / MPX 信号及附加信道信号(SCA/RDS)的输入接口。有的还提供可选的数字音频接口,以支持 AES/EBU、S/PDIF 数字式输入。

导频制调频激励器音频处理单元的典型原理框图如图 3 -4 所示,其各个部分的功能分述如下。

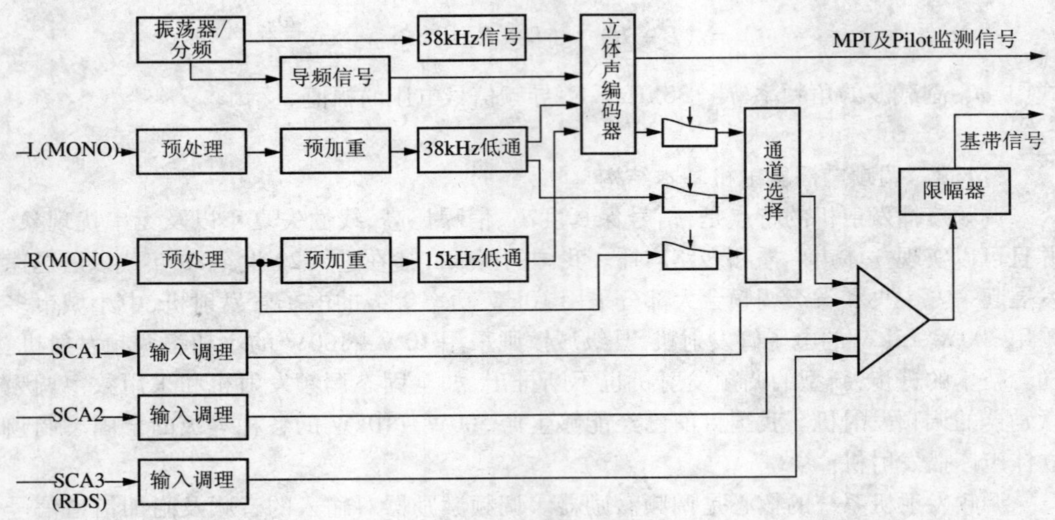

图 3 -4 音频处理单元原理框图

①音频预处理:对输入的左右(L、R)声道的音频信号进行幅度调整,选择输入阻抗方式(平衡或不平衡),设置可控音频衰减器的衰减量。可控音频衰减器能使在一定电平范围内的音频信号,均可设置为标称值,即参考电平。标称电平输入时,输出的基带信号对载波的调制频偏为 75kHz。

②预加重:通过模拟开关控制预加重常数的选择,常见调频激励器均提供 0、50μs、75μs 等常数选择。

③15kHz 低通:保证音频信号(30Hz ~ 15kHz)通过,滤除音频以外的信号,同时抑止导频及以上频点(≥19kHz)。目前,技术先进的激励器在 30kHz ~ 15kHz 的频率响应达到 < ±0.1dB,而对 19kHz 以上频点的抑制度 >50dB。

④立体声编码器:对 L、R 声道信号进行处理并与 19kHz 导频混合。编码后的信号包括左右路信号和 M、抑制副载波(38kHz)调幅后的左右路信号差 S 以及导频信号。

⑤限幅器:用于控制复合基带信号的输出幅度,使总调制频偏不至过大。

2. 调频调制器

调频调制器将合成基带信号调制到 87.5MHz ~ 108MHz 的载波频率上。采用集成锁相环频率合成调制技术,使调频调制器具有良好的调制跟踪特性,容易进行频率设置和控制,频率稳定度可达 ±1ppm。调频调制器的信噪比(RMS)超过 80dB。

图 3 -5 是调频调制器的典型原理框图。

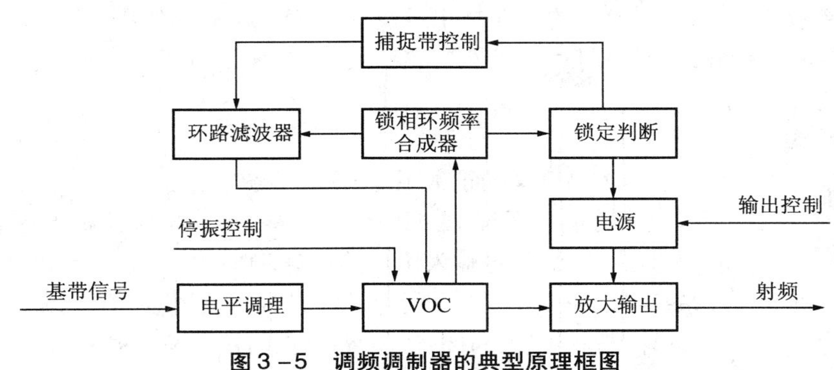

图3－5 调频调制器的典型原理框图

各部分的说明如下：

①电平调理：调整音频处理模块送入的合成基带信号的幅度，在标称音频输入时，基带信号的总调制度为100%（75kHz频偏）。

②VCO：变容二极管直接调频，产生所需的振荡信号。

③锁相环频率合成器：包括分频器、鉴相器等功能。VCO振荡频率经分频后与基准频率鉴相比较，其输出差拍电压送入环路滤波器，锁定后鉴相器输出直流信号，并给出锁定指示。

④环路滤波器：滤除鉴相器输出差拍信号中的和频成分及高频干扰，使送到VCO中的信号振荡频率逼近锁定值。

⑤捕捉带控制：用来快速稳定保持在锁定状态。锁定过程中，采用较宽的捕捉频带快速锁定。锁定后，减小捕捉带以提高抗干扰能力。

⑥放大输出：放大VCO的输出功率以推动激励器功放，提高信号传输中的抗干扰能力。

3. 激励器功放

对已调制载波进行功率放大，并经低通滤波器或带通滤波器及定向耦合器后输出。其典型原理框图如图3－6所示。

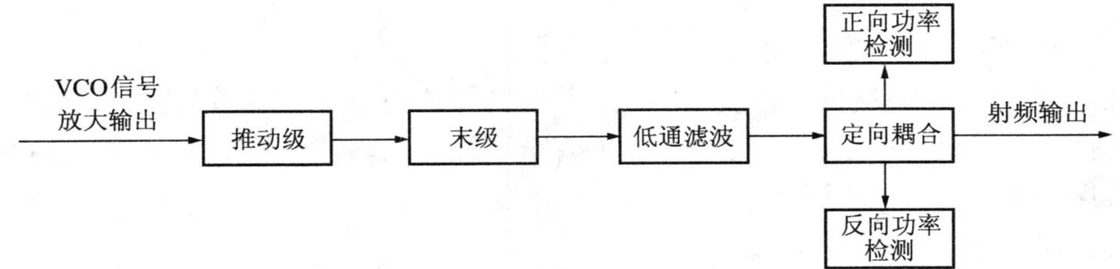

图3－6 激励器功放框图

各部分功能为：

①推动级和末级：完成对载波功率的放大，末级功放管通常工作在丙类状态。对末级可以对激励器提供功率设置及ALC控制功能。

②低通滤波器（或带通滤波器）：滤除载波中的高次谐波。

③定向耦合器：常见的是微带定向耦合器，也可以采用传输线定向耦合器或直接电容耦合方式。

④功率检波环节：检测射频的正向功率及反射功率。在常见的激励器功放中，广泛使用二极管峰值检波；也有使用对数线性功率检波器，其输出电压与 dBm 表示的 RF 功率呈精确线性关系。

4. 监控系统

监控系统负责维持和监控激励器的正常工作，保障系统工作于最佳状态。监控系统提供 LCD 或 LED 显示器，实时显示系统工作状态及工作参数。控制面板上还有开关和按键，可以通过开关控制发射机，用按键输入用户的信息，对工作参数进行设置和对工作状态进行查询。监控系统可以完成发射机与外部设备的通讯，提供所有控制功能。通信接口有的为 RS－232，也有的提供以太网接口。配备以太网接口的发射机都支持 TCP/IP 协议，支持网络管理协议 SNMP。有的还支持 Web 浏览器。通过监控单元的通信接口，可以从远端获取发射机的状态参数，实现远程维护和遥测遥控。

5. 电源单元

激励器还有电源单元，它提供了各部分工作需要的电源。电源模块也在控制系统的监控之下。

3.2 调频广播发射机的控制系统

为了保证调频发射机正常工作，在发射机的设计中都有控制、保护以及报警系统。如：为了保证设备安全，发射机的开关机都必须按照规定的顺序进行，一个步骤接一个步骤。在前一个步骤未完成前，不能执行下一个步骤。为了反映系统的运行状态，有信号指示和报警系统。这些就是发射机本身配备的自动控制系统。从调频发射机的发展历史看，控制系统的功能从简单到复杂，自动化程度在不断提高。如果从控制系统使用的控制器件分，其发展历程可以分成三个阶段：第一个阶段是使用传统的继电器方式的控制系统；第二个阶段是使用分离元件构成的逻辑控制系统；第三个阶段是使用微处理器以及集成电路构成的控制系统。

3.2.1 继电器方式的控制系统

在 80 年代，调频发射机以电子管为主，其控制保护功能比较简单。控制程序和电路主要为保证发射机的安全，尤其是电子管的安全而设计的。其中一个主要功能是执行开关机程序。发射机开机程序是：

①接通总电源；

②电源电压符合要求启动冷却系统；

③冷却系统正常加灯丝电源；

④电子管预热一定时间，加栅偏压和低压；

⑤加高压和帘栅压。

以上的步骤是互相连锁控制的，上一个步骤不能完成，下一个步骤就不能执行。

关机的过程与上述程序相反。只是在关闭灯丝电源后，要保持冷却系统工作一段时间，确保系统冷却后再切断总电源。

为了保证以上控制功能，控制电路的原理图如图 3－7 所示。

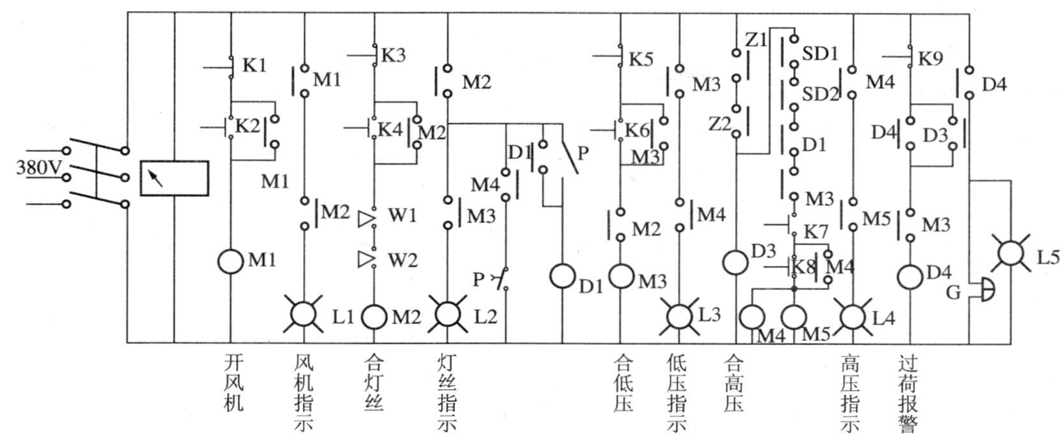

图 3-7　控制电路原理图

开机的控制过程为:

①当主电源开关闭合后,电压表指示出电压的数值。

②K1 是常闭按钮,K2 是常开按钮。K2 上并联的是交流接触器 M1 的常开触点,K2 的下方串联着交流接触器 M1 的线圈。按下 K2 开启风机,交流接触器 M1 的线圈接通电源,交流接触器闭合,其主触头控制的供电回路接通风机的电源;同时其常开触点 M1 闭合。这时,K2 释放后,交流接触器仍然保持闭合。在风机的指示回路中,串联了开灯丝的交流接触器的常闭触点 M2,因此风机回路一旦接通,其风机指示电路的指示灯 L1 就点亮,指示风机已经开启。

③灯丝控制回路中有常闭按钮 K3;常开按钮 K4,K4 上并联的是控制灯丝电源的交流接触器 M2 的常开触点;风接点 W1 和 W2 以及 M2 的线圈。风接点 W1 和 W2 的接通条件是风机工作正常,保证风速达到冷却的要求。在满足这些条件后,需要开启灯丝时,只要按下 K4,就会形成回路,控制灯丝电源的交流接触器 M2 线圈得到电流,其主触头控制的供电回路给各级灯丝及偏压供电。在灯丝的指示回路中,有接触器的常开触点 M2,低压接触器的常闭触点 M3,因此灯丝指示灯 L2 亮。M2 动作使常闭触点打开,因此,风机指示回路的 M2 常闭触点断开,风机指示灯 L1 熄灭。

④灯丝指示回路并联了两条支路。一条支路连接到 M2 的常开触点。在该支路上,有 M4 常闭触点和延时继电器 P。当 M2 的常开触点闭合后,延时继电器工作,经过预先设定的时间后,接通其连接在另一条支路的开关 P,使继电器 D1 的线圈得到电压而常开触点 D1 闭合。

⑤合低压回路由常闭按钮 K5,常开按钮 K6,和接触器 M2 的常开触点及接触器 M3 线圈组成。当合灯丝步骤完成以后,M2 的常开触点已经闭合,这时如果按下 K6,该回路导通,接触器 M3 线圈得到电压,接触器 M3 闭合,通过其主触头接通低压电源。低压指示回路由 M3 的常开触点、M4 的常闭触点及指示灯 L3 组成。M3 通电使 M3 的常开触点闭合,指示灯 L3 亮,说明低压已经加上。同时由于 M3 的闭合,使常闭触点 M3 打开,灯丝指示灯 L2 熄灭。

⑥合高压回路有过流继电器 Z1、Z2 的常闭触点和继电器 D3 的线圈。过流继电器

Z1、Z2 连接有一条支路，该支路串联了门开关 SD1、SD2，继电器 D1、M3、M4（与常开按钮 K8 并联）的常开触点、常闭触点 K7 以及继电器 M4 的线圈（与继电器 M5 的线圈并联）。常开按钮 K8 是上高压按钮。根据电路图，高压能够加上去的条件是：发射机不发生过负荷，过流继电器 Z1、Z2 的常闭触点闭合；发射机的各门关好，门开关 SD1、SD2 闭合；低压已经加上，D1、M3 闭合。这时按下 K8，继电器 M4、M5 的线圈有电流流过，使 M4、M5 的触点闭合，M4、M5 的主触头接通高压电源，帘栅电源接通。同时，高压指示灯 L4 亮，说明高压已经加上。同时由于继电器 M4 动作，M4 的常闭触点打开，使低压指示灯熄灭。M4 的动作同时切断延时继电器的电源。

⑦当发射机发生过负荷时，过流继电器 Z1、Z2 的任一个动作将切断 M4、M5 和 D3 线圈的电压，使过荷报警回路的 D3 常闭触点接通，因为接触器 M3 处于工作状态，M3 的常开触点闭合，因此继电器 D4 线圈得到电压工作，报警回路导通，报警铃响，报警指示灯亮。说明发射机发生了过负荷。常闭开关 K9 按下可以解除报警。

关机的控制过程与开机相反，具体过程为：

①关高压；

②关低压；

③关灯丝；

④关风机。

其具体过程可以参照电路图进行分析，不再赘述。

在以上的逻辑控制中，风接点 W1 和 W2、低压控制回路中的接触器 M2 的常开触点和高压控制回路中的接触器 M3 构成了连锁功能。这个连锁功能的硬件原理如下。

风接点的作用是防止风机有故障的情况下，电子管工作在无风的情况下过热损坏。具体的实现方法是：在风机的风道里安装风叶，风叶的轴上安装有水银接点。无风的时候，水银接点是断开的。当风速达到要求，风叶轴转动 90 度左右接通水银接点。这就是合灯丝回路中的风接点 W1 和 W2。

门开关是安装在机箱门上的微动开关，当门关好后，微动开关是闭合的。如果门未关好，开关打开，高压就加不上去。

过流继电器一般是串联在大型电子管的阴极和帘栅极电路中。如在 10kW 的调频发射机的末级、末前级的电子管的阴极和帘栅极电路中，串接了过流继电器。当阴流或帘栅流超过规定的数值时，继电器动作，使常闭触点打开，切断高压，起到保护作用。

连锁的作用就是利用风接点、门开关和接触器 M2、M3 互相制约，达到保护发射机系统的目的。效果是：风机的风量不够，风接点断开，灯丝电压就加不上；灯丝不工作，低压就加不上；低压加不上，高压就加不上。关机的连锁过程也是通过风接点 WI 和 W2 以及接触器 M2 实现的。当风机接点断开时，可以导致发射机的高压、低压以及灯丝全部关闭，保护了系统。

继电器方式的控制系统是发射机监控系统中最基本的系统。控制系统在这里起到了执行开机程序、给出状态信号以及保护系统等三项功能。由于当时技术条件的限制，监控的能力还相当有限。如：在交流供电方面，主要依靠空气自动开关；发现过流切断高压并响铃报警；在发射机的工作状态方面，有栅极偏压、帘栅压和板压指示仪表；输出功率和反射功率用入射功率表和反射功率表来指示。其报警及处理方面还没有形成一个系统。因此这种控制系统的发射机是需要人工值机的,需要值班人员随时注意发生的各种可能状态,并做出判断和处理。

目前随着技术的发展,控制系统愈来愈复杂,但这三项基本的功能仍然是调频发射机控制系统设计的基本目标。

3.2.2　分离元件的逻辑控制系统

为了实现无人值机,随着发射机自动化技术的发展,在发射机的控制系统中,采用了分离元件构成的逻辑控制系统。在开关机方面,实现了定时开关机、遥控开关机。在保护报警方面增加了烟雾报警、温度报警等功能。具有分离元件的逻辑控制系统的发射机过去称为自动化机。

自动化机的特点是:用三极管组成的逻辑单元电路代替了部分继电器的控制功能,能够实现无人值班的要求,并能够根据故障的性质实现关故障机倒备用机,实现了比较复杂的逻辑控制功能。

控制系统的主要功能有三项:正常开机;正常关机;故障关机。其正常开机和正常关机的控制逻辑与继电器方式的控制系统基本相同。不同之处在于:一是用逻辑器件代替继电器来实现逻辑关系;二是增加了开关机方式。开关机方式有四种:人工、定时、遥控与备用开机和稳压电源关机。具体实现方式这里不再详细分析。自动化机在故障关机方面比继电器方式控制系统的发射机丰富了许多,有三次过负荷关机并倒备份机的功能、稳压电源故障关机以及烟雾关机等功能。下面主要分析三次过负荷保护功能的实现方法。

三次过负荷保护电路的逻辑图如图 3－8 所示。在图中,记忆电路的逻辑功能为:当记忆清除端为逻辑“1”时,记忆输入端的逻辑状态记忆在正输出端,即使记忆输入撤销,记忆状态不变。当记忆清除端为“0”时,无论记忆输入端为“0”或“1”,记忆正输出端为“0”,负输出端为“1”。

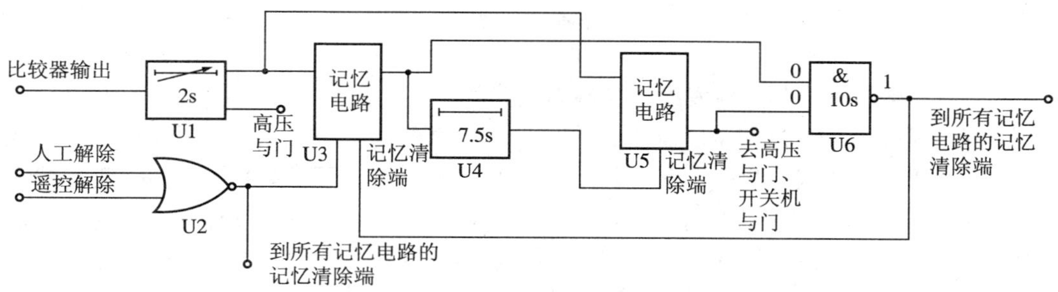

图 3－8　三次过负荷保护逻辑电路

在无过负荷的情况下,电路中各个逻辑单元的状态如下:

单稳态电路 U1 的输入端是逻辑“0”信号。这个信号来自风机故障、温度过高、末级阴流或栅帘过流、功率或驻波比越限等监测信号的比较器输出。在无任何故障情况下,该信号为“0”。单稳态电路 U1 不翻转,其正输出端为“0”,这个信号加到记忆电路 U3 和 U5 的输入端。U1 反向输出端为“1”,这个信号加到高压控制与门(图中未画出),允许系统上高压。

与非门 U2 的输入为过负荷解除信号，正常情况下均为“0”，因此 U2 输出“1”，这个信号用来更新所有的记忆电路的输出，包括 U3。

U4 是延时电路，对信号“0”，不延时，直接把“0”送到 U5 的记忆清除端，U5 反向端输出为“1”。

U6 是与非门延时电路，输入有两个信号，一个是 U3 的正输出（此时为“0”），另一个是 U5 的负端输出。因此，目前 U6 的输出为“1”。这个信号输出给 U3 的记忆清除端，同时加到控制电路所有的比较输出记忆电路的记忆清除端。

在发生过负荷的情况下，电路中各个逻辑单元的状态如下：

此时，触发单稳电路 U1 的输入为“1”（比较器的输出为“1”），U1 翻转，正端输出“1”，反端输出“0”，这个过程维持 2 秒钟，然后恢复到原来的状态。

U1 的反端输出“0”关闭了高压控制与门，使高压切断，切断的时间也是 2 秒，然后高压与门重新开放，自动上高压。

U1 正端输出“1”送到 U3 的输入端，因为此时记忆清除端为“1”，使 U3 记忆并输出“1”信号，该信号送到 U4 的延时电路，同时送到 U6。因为 U5 的清除端仍然处于“0”，反向输出端为“1”。因此，此时 U6 的两个输入均为“1”，经过 10 秒钟的延时，U6 输出“0”，用来清除 U3 的记忆，同时清除所有比较器输出的记忆。即：发生一次过负荷，封锁高压 2 秒钟，经过 10 秒钟将过负荷指示、报警指示灯全部熄灭。

如果过负荷连续四次发生，延时电路 U4 对来自 U3 的第一个“1”信号经过 7.5 秒的延时达到了 U5 的记忆清除端，此时 U1 的输出仍然为“1”，因此，U5 记忆端的信号为“1”，正端输出为“1”，负端为“0”。这个信号封锁了高压与门和开关机与门，使故障机关机，只留下稳压电源。

由于互相闭锁的原因，故障机的关机使备份机自动开启，实现了倒机。

U5 负端“0”信号同时送给了 U6，使 U6 的输出为“1”，使 U3 和所有的记忆电路处于记忆状态。过负荷指示灯和报警电路指示灯点亮。要使故障机恢复备份状态，必须使用人工解除或遥控解除端，使故障机重新恢复正常开机，处于备份状态。

3.2.3 全固态调频广播发射机控制电路分析

随着广播事业的发展和电子器件的进步，全固态调频立体声广播发射机正在逐步替代真空电子管调频广播发射机。在全固态广播发射机中，系统的开关机控制、保护、工作状态的指示以及报警系统构成了发射机的控制系统。其基本原理和控制过程与电子管发射机大同小异，但采用了先进的 CMOS 逻辑电路，集成运算放大器等器件。其各部分的功能为：

①控制系统的开关机控制电路完成风机电源、48V 电源的控制。

②故障处理电路完成关键工作状态的检测及反馈控制，以保证发射机的正常工作，并用指示灯指示工作状态。

③射频检波电路监测射频发射功率、反射的功率的大小，并转换成相应的电平信号用于控制显示。

从工作原理来看，固态发射机的控制电路逻辑功能和分离元件的控制系统是相同的，不同之处是控制电路的器件用集成电路来实现。下面以美国 Broadcast Electronics 公司生产的 1kW 固态调频发射机 FM－1C1 为例，分析其电路原理及控制方式。图 3－9 是该发射机系统的原理框图。

FM－1C1 调频发射机的控制和监控采用 CMOS 数字电路实现。控制器由以下几种控制电路板构成:①开关机电路板;②控制器电路板;③仪表开关电路板;④仪表显示电路板。控制器提供开关机控制;升降功率控制;自动功率控制操作;指定功率操作。

6 个开关指示器显示发射机控制的功能状态。一块 LCD 显示器提供 8 种发射机状态参数指示。

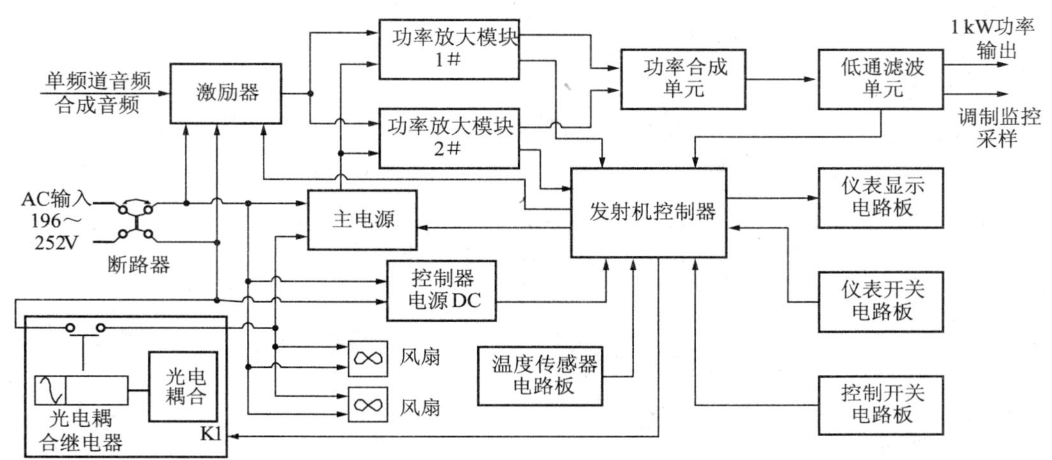

图 3－9 FM－1C1 1kW 固态调频发射机的原理框图

控制器电路板设计成可以和任何远程控制器件连接。发射机通过光电耦合器进行逻辑控制,控制电平可以设置成正逻辑或负逻辑。

仪表开关电路板提供开关机、升降功率、复位等功能。该电路板给控制器电路板提供信号,并通过控制器控制功放逻辑电路、激励器以及远程遥控接口。

下面介绍开关机电路的控制过程,参考图 3－10。

1. 开关机电路板控制分析

(1)发射机开机控制

发射机可以用遥控方式或本地方式开机。本地开机用开关 S3 控制。当按下 S3 时,给继电器 K1 提供一个低电平信号。远程控制通过光电耦合器 U4 和反相器 U10B 和 U12A 实现。U4 可以用正逻辑也可以用负逻辑控制,用跳线 J1 选择。图中为正逻辑。当 U4 激活,发出一个低电平信号给反相器 U10B 和 U12A, U12A 输出一个低电平去控制继电器 K1 的线圈。

继电器 K1 的作用是:①当激励器的自动频率控制 AFC(Automatic Frequency Control)信号没有工作时,使发射机不能工作;②产生一个发射机开关机命令;当电路产生一个低电平信号时,K1 对晶体管 Q1 和反相器 U11B 发出一个高电平信号。K1 的高电平使发射机的开关机电路开始启动。U11B 输出一个低电平到反相器 U11C、U12F 和 U11E。U11C 输出一个高电平给反相器 U11D、U12G 和晶体管 Q2。U12F 输出一个高电平熄灭关机指示灯。Q1 输出一个低电平封锁功率放大器单元。U12G 输出一个低电平点亮开机指示灯。Q2 输出低电平状态信号到远程控制接口。U11D 输出一个低电平到控制板上的自动功率控制电路并封锁功率放大器电源的输出。

(2)发射机关机控制

关机控制的过程和开机类似。发射机关机控制电路由关机开关 S4、光电耦合器 U5 反相器 U10C 和 U12B 构成。开关 S4 给出一个低电平信号。当使用本地控制时,该低电平信号送给继电器 K1。遥控关机控制由光电耦合器 U5 和反相器 U10C、U12B 构成。U5 激活时,一个低电平送给反相器 U10C 和 U12B。U12B 输出一个低电平给 K1 的控制线圈。

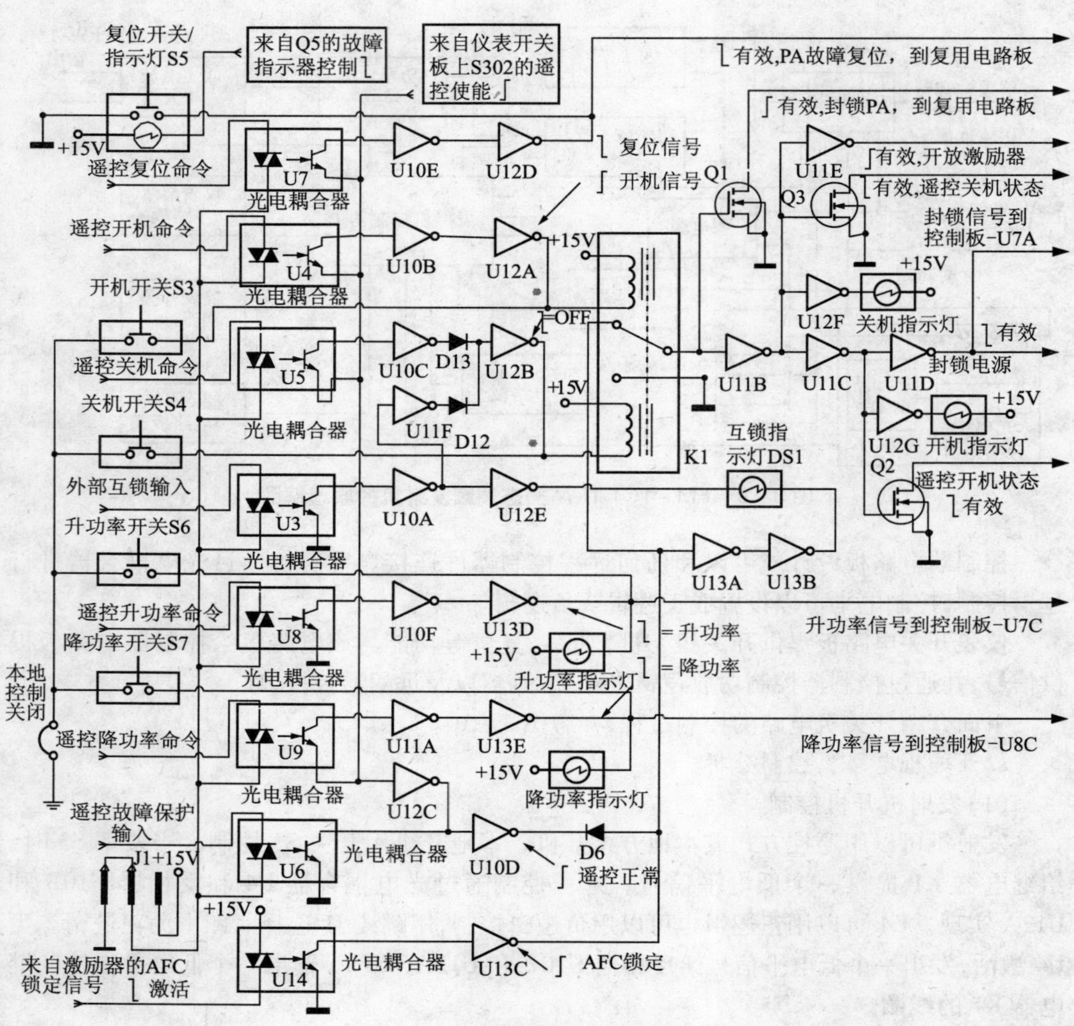

图 3-10 开关机电路板原理图

(3)遥控允许/禁止电路

控制器仪表开关电路板上的开关 S302(参见图 3-17)用来允许和禁止远程控制电路。当允许远程控制时,S302 对开关机控制电路板上的反相器 U12C 输出一个高电平信号。U12C 输出一个低电平信号给 U10D。U10D 对继电器 K1 输出一个高电平信号。高电平信号信号允许发射机开关机电路产生一个开机过程。当远程控制关闭时,S302 对 U12C 输出一个低电平,U12C 对 U10D 输出一个高电平;U10D 输出一个低电平给 K1。该低电平防止了开关机电路发射机进入开机过程。

(4)远程控制故障保护输入电路

控制器开关机电路板带有远程控制保护输入。如果远程控制单元被关闭,发射机设置为输入为关机状态。故障保护输入作用到光电耦合器 U6。U6 可以用跳线 J1 选择正或负电平激活。

当远程控制单元开放时,来自远程控制单元的使能命令作用到 U6。U6 输出一个低电平给 U10D。U10D 输出一个高电平给 K1。这个高电平使发射机的开关机电路能够进行开机过程。

当远程控制单元被关闭,高电平作用到 U10D。U10D 对 K1 输出一个低电平,低电平将发射机的开关机电路配置成可以进行关机过程。

(5)AFC 锁定输入电路

从激励器来的自动频率控制(AFC)状态信号输入到光电耦合器 U14。当激励器的频率锁定时,一个低电平信号加到 U14。U14 输出一个低电平到反相器 U13C。U13C 输出高电平给 K1。该高电平允许发射机进行开机过程。如果激励器频率没有锁定,一个高电平送到 U13C,U13C 输出一个低电平给 K1,该电平将使发射机进入关机过程。

(6)复位电路

复位电路将功率放大器模块的发射机故障检测电路复位。复位控制可以本地或远程遥控进行。本地复位用开关 S5(有指示器灯)操作,远程复位由光电耦合器 U7 产生。当远程发出复位命令时,该命令作用到 U7,U7 输出一个低电平给反相器 U10E 和 U12D。U12D 输出一个低电平复位故障检测电路。

(7)外部互锁电路

外部互锁电路用于外部设备的连接,如测试负载。外部互锁命令由光电耦合器 U3 产生。当外部互锁合上时,该信号输入给 U3。U3 对反相器 U10A 和 U12E 输出一个低电平。U12E 输出一个低电平点亮互锁指示灯 DS1。当外部互锁打开,该信号作用到 U3,高电平通过反相器作用到 U10A 和 U11F。U11F 输出高电平将发射机设置成关机。U12E 输出高电平熄灭互锁指示灯 DS1。

(8)发射机升功率电路

该电路由升功率开关 S6、光电耦合器 U8 和反相器 U10F 和 U13D 组成。本地升功率用 S6 控制。S6 产生一个低电平信号到控制电路板上的自动功率控制电路。远程功率控制由光电耦合器 U8、反相器 U10F 和 U13D 组成。当 U8 激活,U13D 输出一个低电平给控制器电路板上的自动功率控制电路。

(9)发射机降功率电路

该电路由开关 S7 和光电耦合器 U9、反相器 U11A 和 U13E 构成。该电路原理和升功率类似。

2. 控制器电路板控制分析

控制电路板由自动功率控制电路、8 个仪表放大/缓冲电路和故障处理电路组成。自动功率控制电路响应本地或遥控命令控制发射机的功率输出。仪表放大/缓冲电路处理发射机信号,输出给仪表显示电路板。故障处理电路监测发射机参数,当出现功率放大器故障、温度过高以及高反射功率状态时,产生故障信号。

(1)自动功率控制电路

自动功率控制电路由升降计数器 U9/U10/U11、锁存器 U12 到 U15、D/A 转换器 U16、与非门 U8B/U8C/U8D、反相器 U8A/U7C/U7A/U7E、晶体管 Q1/Q4 和定时器 U17 组成。自动功率控制电路响应本地及远程升降功率命令控制发射机的功率输出、控制高反射功率以及高温度状态,见图 3-11。

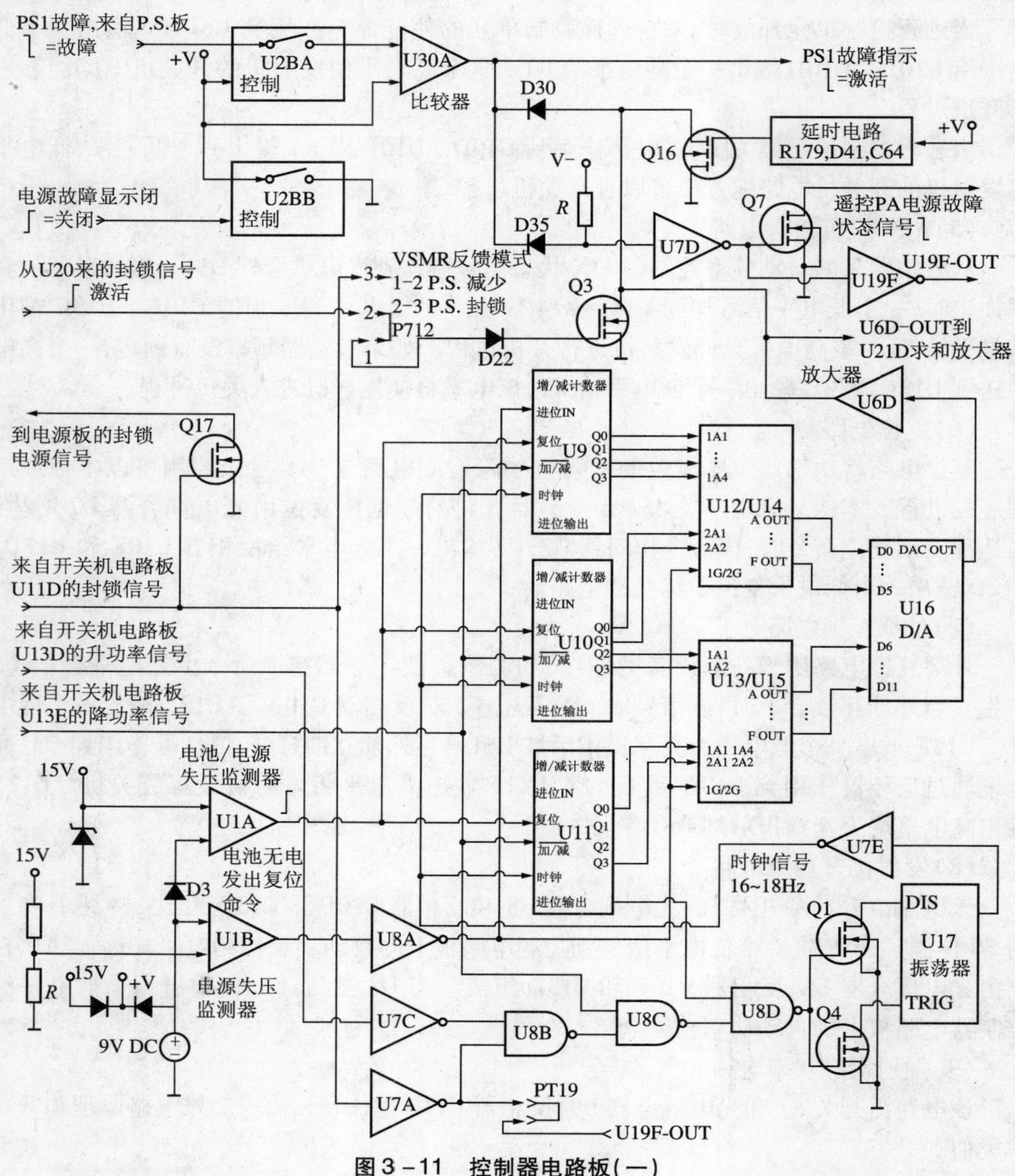

图 3-11 控制器电路板(一)

①升功率操作:当发射机开机时,来自控制器开关机电路板上 U11D 输出一个低电平给反相器 U7A,U7A 输出高电平给与非门 U8B。当本地、远程升功率命令发出后,一个低电平作用到反相器 U7C,U7C 输出一个高电平给与非门 U8B。此时 U8B 的两个输入均为高电平,U8B 输出低电平给 U8C。此时,U8C 的另一个输入端是降功率命令的输出为高

电平,即没有降功率信号发出,因此U8C输出高电平给U8D。由于降功率信号输出高电平给升/降计数器U9/U10/U11的计数控制端,使计数器为加法计数。U8D输出高电平到由定时器U17、反相器U7E和晶体管Q1和Q4组成的振荡器电路。振荡器设计成能够根据升功率开关快速或精细调整功率等级。当精细调整输出功率时,升功率开关按下,振荡器输出为16Hz。当粗调整功率时,按下升功率开关并保持不动,振荡器输出150Hz,功率将快速增加。

振荡器的输出给反相器U7E并加到升降计数器的时钟输入端。计数器计数并把计数通过U15输出到锁存器U12。该锁存器的输出给D/A转换器U16,U16把计数值转换成直流电压输出。该电压通过U6D放大。U6D输出的直流电压经过放大器U21D求和,见图3-12。如果没有VSWR或温度过高状态,U21D输出直流功率控制电压到功率放大器功率板。功率板通过输出适当的直流电压到功率放大模块增加功率模块的输出功率。

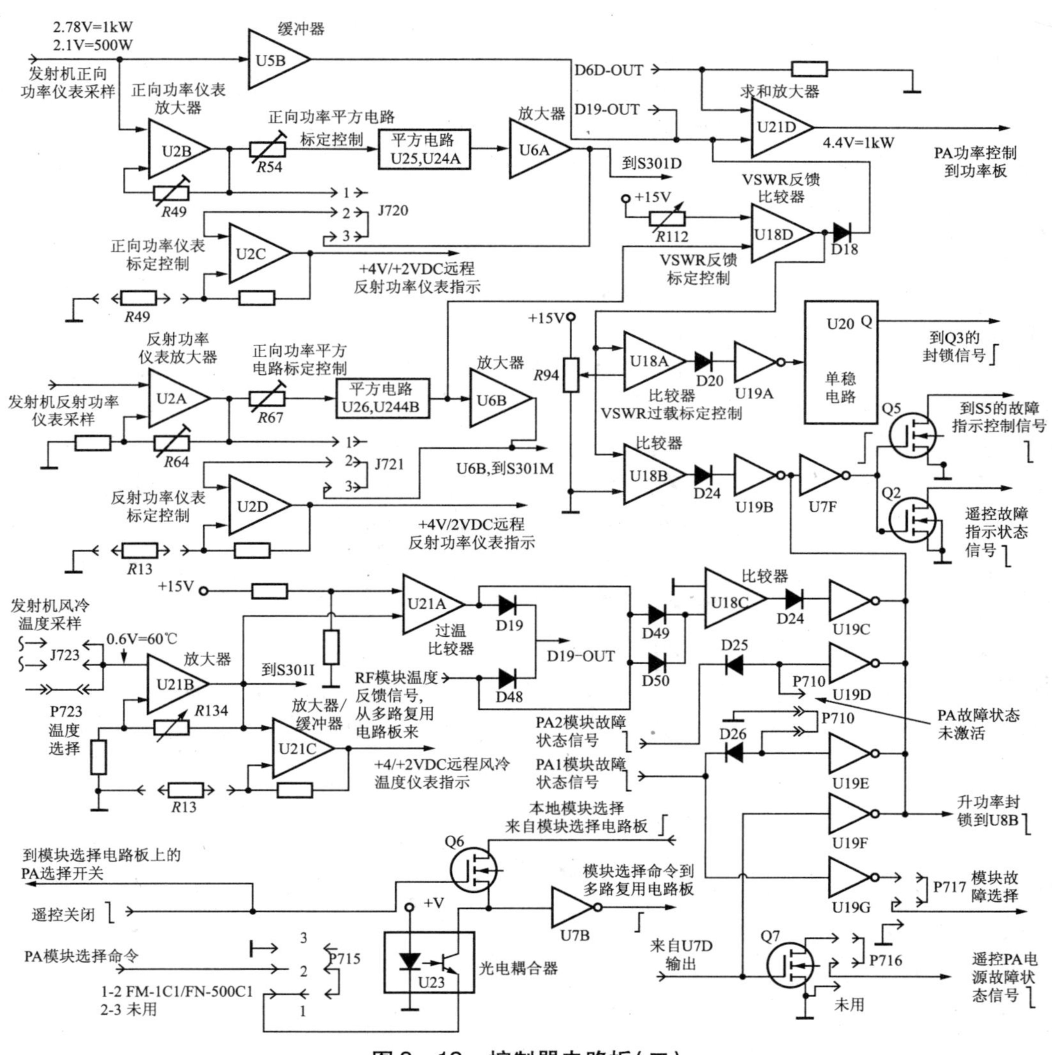

图3-12　控制器电路板(二)

②降低功率操作:当发射机开机后,来自开关机电路板上的U11D输出一个低电平给反相器U7A。当本地、远程降功率命令发出后,一个低电平作用到与非门U8C和升/降计数器U9/U10/U11。该低电平使计数器为减法计数。U8C输出一个高电平给与非门U8D,U8D输出高电平给由定时器U17、反相器U7E和晶体管Q1和Q4组成的振荡器电路。振荡器能够根据降功率开关快速或精细调整功率等级。当精细调整输出功率时,降功率开关按下,振荡器输出为16Hz。当粗调整功率时,按下降功率开关并保持不动,振荡器输出150Hz,功率将快速减少。

(2)仪表放大器/缓冲电路

控制器电路板配备了8个仪表放大/缓冲电路。PA1/PA2电流仪表电路、PA1/PA2正向功率仪表电路和PA电压仪表电路的工作方式相同。这里只讨论PA电压放大/缓冲电路,见图3-13。

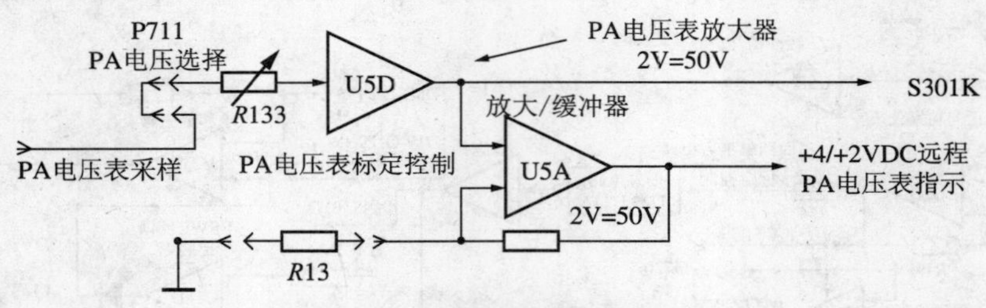

图3-13 PA电压放大/缓冲电路

①功率放大器:来自功率放大(PA)主板的功率放大的电压取样通过电位器*R*133送到放大器U5D。U5D是一个同相放大器,增益近似为1。U5D的输出给仪表开关S301K和放大缓冲器U5A。U5A是一个同相放大器,增益由电阻*R*13确定。*R*13由期望的远程遥控电压仪表显示需要决定是否安装。对+4V等于50V的直流远程全量程的PA电压仪表显示,安装*R*13。因此,U5A的近似增益为2。对+2V的远程满量程的仪表显示,*R*13不安装。此时,U5A的增益近似为1。U5A的输出送到控制器RFI滤波电路板上。

②温度电路:从温度传感器电路板来的直流取样电压送到同相放大器U21B,见图3-14。U21B的增益由电阻器*R*134确定。*R*134标定了空气温度电路。U21B的输出送给仪表开关电路板和温度比较器U21A以及放大缓冲器U21C。U21C是一个同相放大器,增益由电阻*R*13确定。对+4V等于60℃的直流远程全量程的温度仪表显示,安装*R*13。对+2V的远程满量程的仪表显示,*R*13不安装。此时,U21C的增益近似为1。U21C的输出送到控制器RFI滤波电路板上。

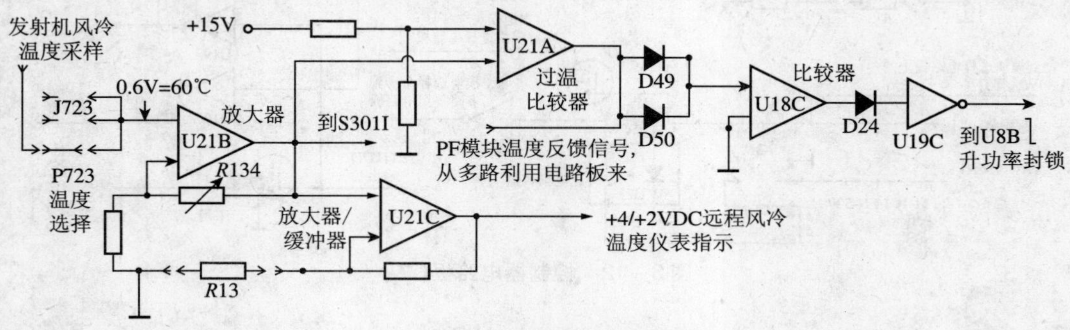

图3-14 温度控制电路

③反射功率仪表电路：送到同相仪表放大器 U2A 的直流反射功率取样电压来自低通滤波单元，U2A 的增益由电位器 *R*64 确定，参看图 3－15。*R*64 用来标定反射功率电路。U2A 的输出送到由积分电路 U26 和 U24B 组成的平方电路。该电路的功能是把电压取样转换成功率取样。平方电路的输出送到放大器 U6B 和 VSWR 反馈比较器 U18D 以及放大缓冲器 U2D。U2D 是一个同相放大器，增益由电阻 *R*13 确定。对＋4V 等于 40W 的远程全量程的功率仪表，安装 *R*13。此时，U2D 的增益近似为 2。对＋2V 的远程满量程的仪表指示，*R*13 不安装。此时，U2D 的增益近似为 1。U2D 的输出送到控制器 RFI 滤波电路板上。U6B 是一个同相放大器，其输出送控制器仪表开关电路板。跳线 J721 选择电路的反馈路径。J721 的 2－3 位置选择功率取样到远程仪表终端。

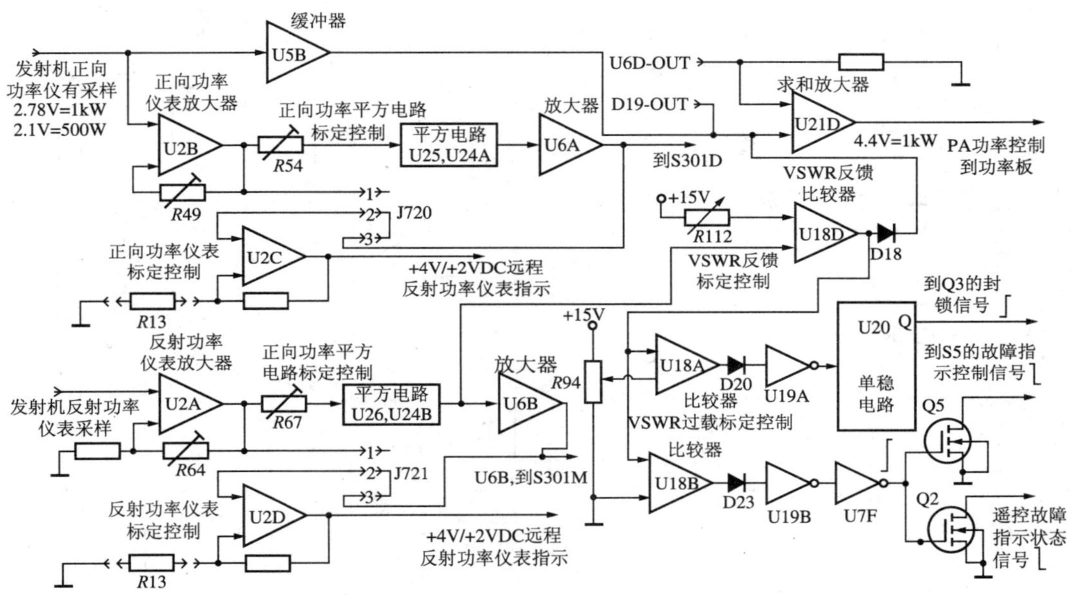

图 3－15　正向功率、反向功率仪表电路

④正向功率仪表电路：送到同相仪表放大器 U2B 的直流正向功率取样电压来自低通滤波单元，U2B 的增益由电位器 *R*49 确定。*R*49 用来标定正向功率电路。U2B 的输出送到由积分电路 U25 和 U24A 组成的平方电路。该电路的功能是把电压取样转换成功率取样。平方电路的输出送到放大器 U6A 和放大缓冲器 U2C。U2C 是一个同相放大器，增益由电阻 *R*13 确定。对＋4V 等于 1000W 的远程全量程的功率仪表，安装 *R*13。此时，U2C 的增益近似为 2。对＋2V 的远程满量程的仪表显示，不安装 *R*13。此时，U2C 的增益近似为 1。U2C 的输出送到控制器 RFI 滤波电路板上。U6A 是一个同相放大器，其输出送控制器仪表开关电路板。正向功率取样也送到缓冲器 U5B。U5B 的输出送到求和放大器 U21D。该信号用来确定晶体管输出功率等级。跳线 J720 选择电路的反馈路径。跳线 J720 的 2－3 位置选择选择功率取样到远程仪表终端。

(3) 发射机故障检测电路

发射机故障检测电路由 VSWR 反馈比较器 U18D、温度比较器 U21A、VSWR 过载比较器 U18A、比较器 U18B/U18C 以及反相器 U19A/U19B/U19C/U19D/U19E/U7F、单稳态触发器 U20 和晶体管 Q5/Q2 组成。该电路用来监控晶体管功率放大器模块、发射机温度、反射功率以及功率电源。当检测到故障时,故障指示灯亮并封锁或降低发射机的输出功率。实际上,这个电路由图 3－14 温度控制电路、图 3－15 正向功率、反向功率仪表电路等功能电路组成,为了方便阅读,重新把完整的电路画出,见图 3－16 所示。

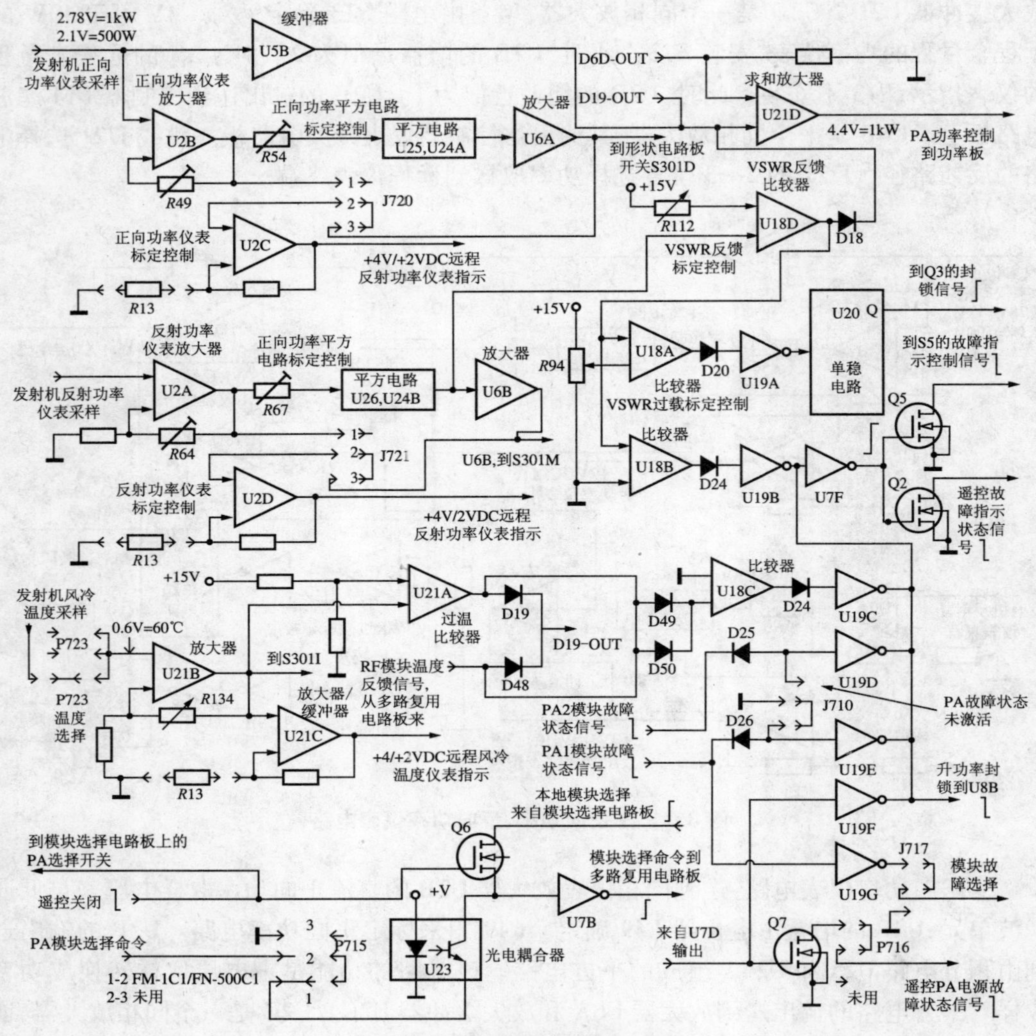

图 3－16 发射机故障检测电路

①VSWR 比较器:来自 U2A 的直流反射功率取样加到 VSWR 比较器 U18D。U18D 将输入的电压与来自 VSWR 反馈标定电阻 $R112$ 的参考电压进行比较,当超过参考电压值时,U18D 输出一个 +0.7V～15V 电压到比较器 U18B 和 U18A,同时输出电压到求和放大器 U21D。U21D 响应该信号,发出降低发射机功率信号到功率电路板以降低输出功率。当 U18B 的输入为正电压时,输出变成高电平。该高电平送到反相器 U19B 和 U7F 使本地和远程的故障指示灯亮。正电压送到 U18A 与来自 VSWR 过载标定电阻 $R94$ 的参考电压进行比较,当高于参考电压时,U18A 输出高电平给反相器 U19A,U19A 输出低电平触发单稳电路 U20。U20 输出高电平给晶体管 Q3 封锁发射机的输出。

②PA 模块故障电路：从多路复用电路板来的高电平 PA 模块故障信号加到反相器 U19E。U19E 输出低电平到反相器 U7F。U7F 输出高电平给晶体管 Q5/Q2。Q5/Q2 输出低电平点亮本地和远程的故障指示灯。

③供电故障电路：当发生电源故障时，如电源 1（参见图 3－11），低电平信号通过开关 U28A 加到比较器 U30A，U30A 输出低电平到反相器 U7D。U7D 输出高电平到反相器 U19F。U19F 输出低电平到与非门 U8B 封锁了升功率命令。跳线 P719 可以选择手动或自动封锁升功率。自动升功率封锁使控制器可以响应反射功率和故障状态，封锁升功率命令。在手动升功率封锁模式，控制器电路不工作，允许用手动的方式控制升功率。系统运行时应该把跳线放置在自动控制的位置。

3. 控制器仪表开关电路板

控制器仪表开关电路板配置了仪表开关 S301 和远程控制使能/禁止开关 S302。S301 是一个互锁的 8 位置开关，当有按键按下时把采样信号送到仪表显示电路板。当一个模块的正向功率开关被按下，正向功率采样信号通过功率仪表标定控制电阻 $R135$ 送到控制电路板上的同相放大器 U6C。U6C 的输出通过 $R78$ 加到由 U24C/D 和 U27 组成的平方电路，把电压采样转换成功率采样。平方电路的输出返回到开关 S301。S301 把正向功率采样通过仪表缓冲器 U5C 送到仪表显示电路板。S302 用来使能/禁止远程控制输入。高电平使能远程控制输入，低电平禁止远程控制输入。参见图 3－17。

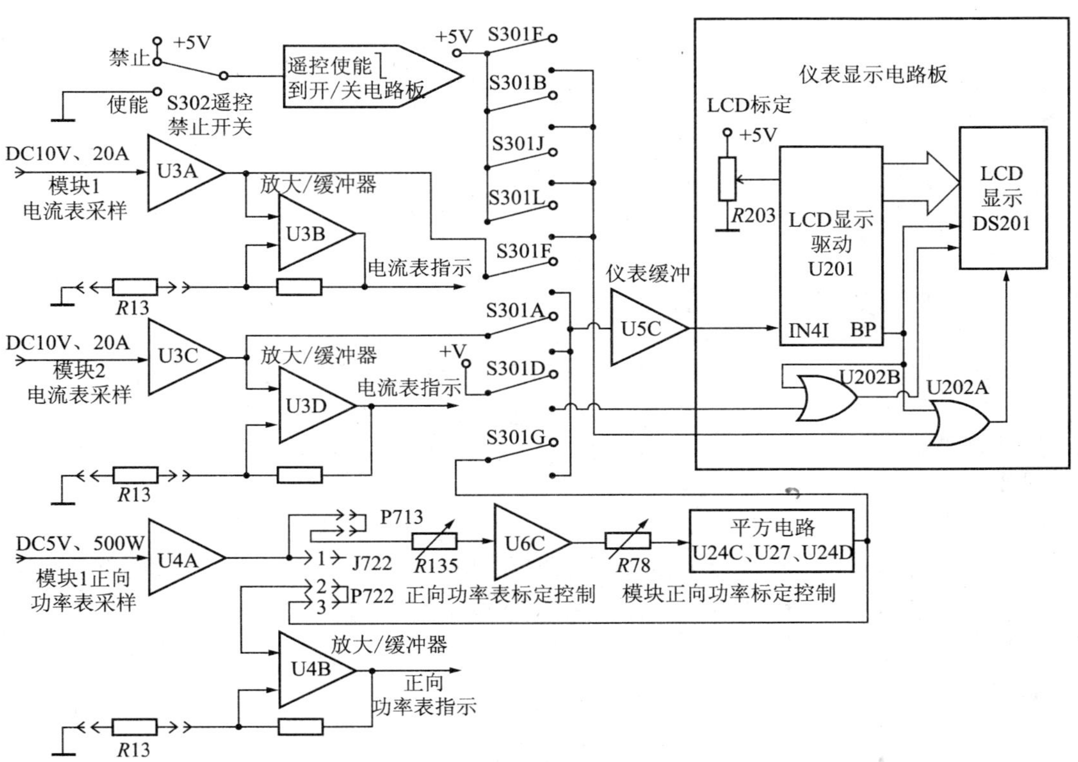

图 3－17　控制仪表开关电路板及仪表显示电路板

4. 仪表显示电路板

控制器仪表显示电路板由 LCD 仪表显示器和仪表驱动电路组成，见图 3 – 17 所示。来自 U5C 的仪表采样送到集成电路 U201。U201 是 LCD 显示驱动器。U201 通过电位器 *R*203 标定。U201 的输出加到 LCD 显示 DS201。异或门 U202A 控制 LCD 以十进制进行显示。

3.3 中波发射机监控电路

3.3.1 中波发射机工作原理

广播发射机根据服务的范围有不同的功率等级，大功率中短波调幅广播发射机以振幅调制为基本的调制方式。中波波段为：535kHz ~ 1605kHz，短波波段在 3.2MHz ~ 26.1MHz。大功率发射机的单机功率在 50kW 以上，多用于省级以上的广播发射台，地市级发射台一般使用中小功率的发射机，功率一般在 50kW 以下。随着技术的进步，大功率发射机中半导体器件占据了主导地位，电子管的使用在不断减少。目前，国内使用广泛的调幅广播发射机为乙类板调式发射机和脉宽调制式（PDM）发射机，其组成为：射频、音频、电源、控制保护、冷却等五部分。图 3 – 18 是脉宽调制式调幅广播发射机的原理框图（冷却部分没有画出）。

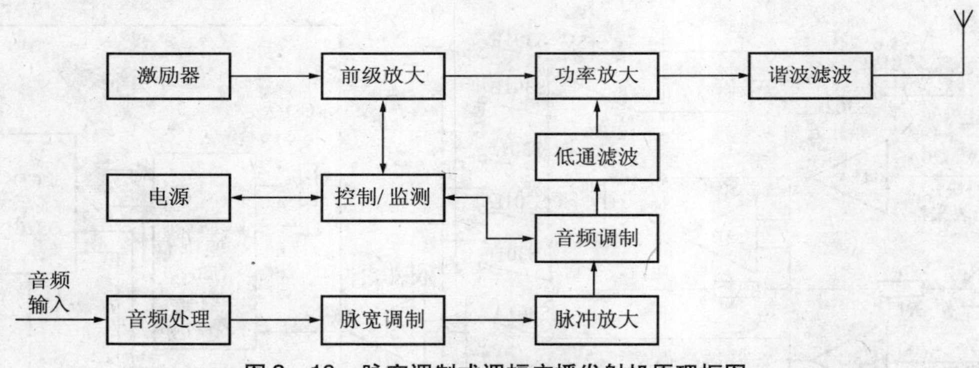

图 3 – 18　脉宽调制式调幅广播发射机原理框图

激励器用于产生射频信号，经过前级放大用来推动功率放大器。在功率放大中射频信号受到音频信号的调制，经过射频规律合成器的合成，经过谐波滤波输出网络变成正弦波发射出去。这部分是发射机的高频部分。

音频输入信号通过改变脉冲的占空比对一定频率的脉冲串进行调制，使脉冲宽度的变化正比于音频调制信号的幅度变化。脉冲调制输出的等幅调宽脉冲串经过低通滤波滤除脉冲调宽过程中产生的谐波分量后，形成高电平的音频调制信号，对射频信号进行调制。这部分是发射机的低频部分。

控制/监测部分负责发射机的运行控制，执行发射机的开关机逻辑以及输出功率控制、主备机切换控制，同时给出工作状态信号、报警信号。

下面以上海明珠广播电视科技有限公司生产的 TS – 03C 全固态 PDM 中波发射机为例分析控制监测器的基本功能以及相关信号的自动获取电路。

3.3.2 控制监测器的基本功能

发射机中的控制监测器用来管理发射机的运行,监测系统的工作状态,在故障状态下保护发射机,使设备能够安全可靠运行。TS－03C 全固态 PDM 中波发射机的前面板有控制按钮、开关和指示灯,其控制显示器如图 3－19 所示。

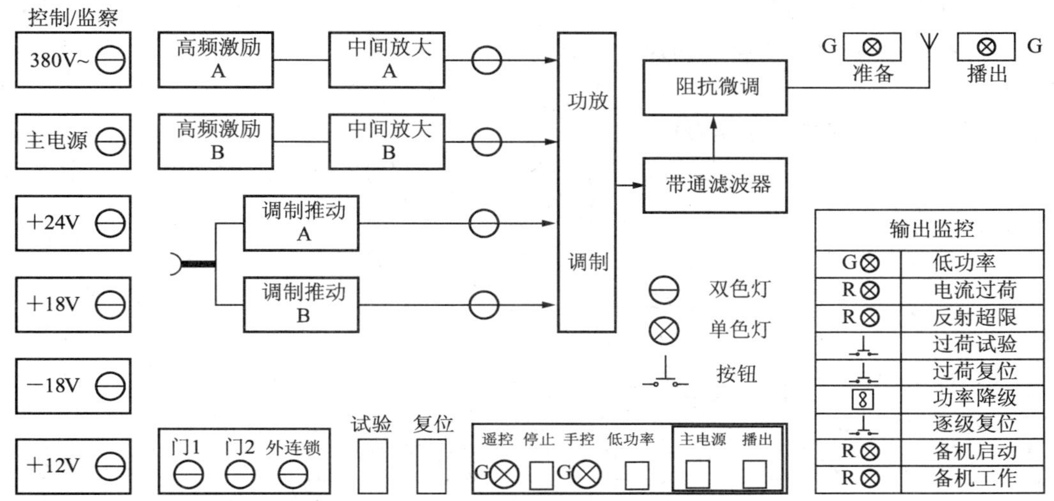

图 3－19 TS－03C 全固态 PDM 中波发射机控制显示器

控制监测器主要功能介绍如下。

1. 发射机的开关机逻辑和方式

为了保护发射机,发射机的开关机有一定的顺序。正常情况下为:开低压→开高压→开播出。前一步执行情况对下一步有制约作用。同时,主机的开启制约着备机使备机不能投入运行。

发射机的开启方式分成:遥控、手控两种方式。遥控开机是在值班控制室远程通过遥控接口控制发射机的开机。又可分成:遥开低功率、遥开高压、遥开播出等。手控方式是在发射机前进行相应的操作。

2. 功率控制

①开机功率:开机的过程中,如果出现交流电源、低压直流电源、功放连锁门等不正常的情况,切断－140V 主电源,不能上高功率。

②播出功率:播出中出现功率下降到规定值以下,封锁主机功率输出并报警。

3. 技术指标的监测与控制

①正向功率:监测发射机输出的直流“正向功率”,当低于预定数值时发出故障报警信号,封锁发射机的输出。

②反射功率:监测发射机输出功率的反射功率,当超过预定值时,产生电压驻波比(VSWR)故障指示。

③电源:电源的监测分为交流和直流两部分。交流电压主要是监测 380V 的线电压幅值是否在给定的正常值之内,否则给出报警。

直流电压监测有对 -140V 主电源的监测以及对电子线路中需要的 +24V、±18V、+12V 低压电源的监测。当直流低压不正常时，发射机不能开机工作。

(4)高频推动、中放控制：监测高频激励、前级放大的功能是否正常。

(5)调制推动：监测调制推动器的功能是否正常，当该部分正常后，开机的准备结束，进入播出过程。

4. 提供系统维护功能

如：进行过荷实验、主备份切换实验等。

3.3.3 开关机控制电路及相关信号

开关机的程序流程如图 3-20 所示。控制电路可分成：控制方式选择电路、主电源控制电路、播出控制电路、故障保护电路等几部分。

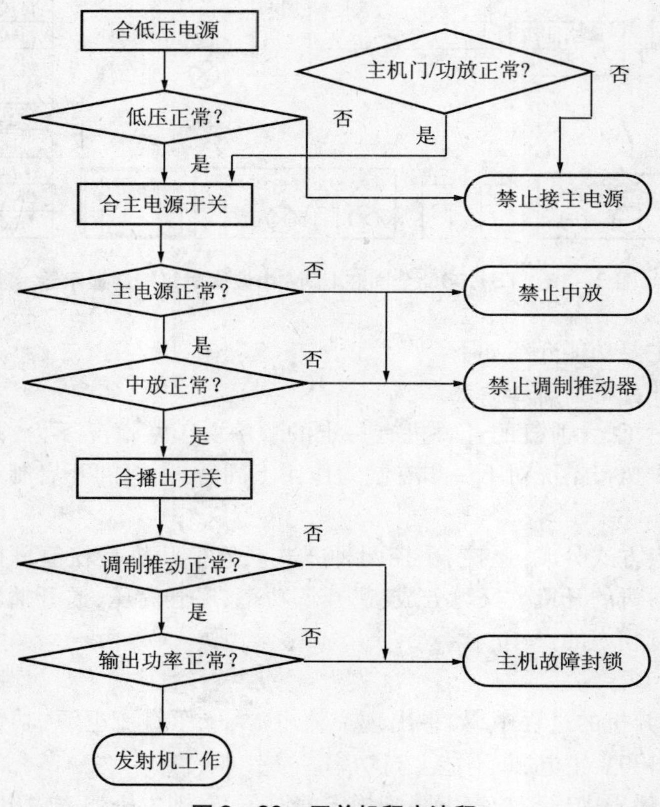

图 3-20 开关机程序流程

1. 控制方式选择电路

电路的原理图见图 3-21。发射机控制面板上的开关 1K5 用于选择控制方式。1K5 的一端接在 +15V 电源上，为控制电路提供电源，*RC* 电路用于消除开关闭合时的抖动。当 1K5 置于“手动”或“遥控”端时，都能够给出控制信号并使面板上对应的 LED 指示灯亮。

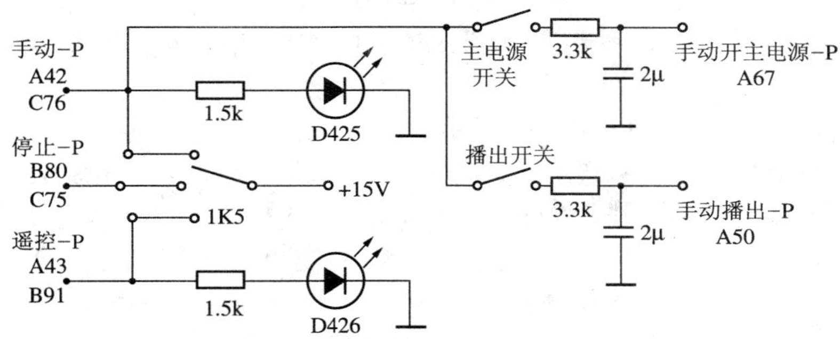

图3-21 控制方式选择电路

2. 主整电源控制电路

主整电源控制电路用于控制 -140V 的主整电源的闭合与断开。主电源的闭合可以由发射机控制面板上的“主电源”开关控制或由遥控操作给出的低电平控制，见图3-21。当手动开主电源时，主电源开关闭合，信号点 A67 为高电平。遥控开主电源时，给出一个低电平信号，光电耦合器 U105A 导通，U120D 输出高电平（见图3-22）。两种情况都会在或门 U123D 的输入端产生一个逻辑“高”电平信号，其输出端产生一个逻辑“高”电平信号。如果这时“主机门”、“外电越限”、“功放连锁”以及“低压越限”均没有发生，与门 U120C 的输出为逻辑“高”电平。此时，与门 U120B 的输入均为“高”电平，输出为“高”电平加到 U108 的反向驱动器 MC1412 的输入端，MC1412 的输出经过 A27 脚连接到中间继电器 JQX-10，启动两个主交流接触器 K1 和 K2，使主整电源分两步接通。

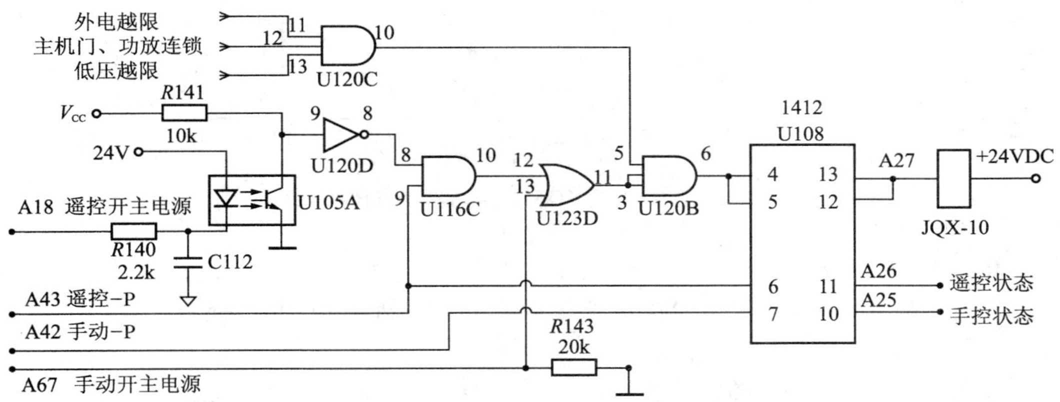

图3-22 主整电源控制电路

K1 闭合，上主整一档，K1 的辅助接点接通风机电源 A 相，风机工作。经过延时继电器一定时间的延时，交流接触器 K2 闭合，上主整二档，主整电源的闭合动作完成。

K2 闭合，K2 的两个辅助接点给出两个低电平，一个低电平用于解除主电源报警禁止和高频推动检测禁止，见图3-23。另外一个低电平用于解除激励封锁。

解除主电源报警禁止的工作过程为：K2 辅助接点给出的低电平使光电耦合器 U106B 工作，使 U126D 输出高电平，打开主机故障禁止门 U118，使主机故障封锁 - AB 工作。

主整电源闭合后，提供 DC - 132V 给中放。同时主电源监测电路工作。若主电源正常，监测电路输出高电平给 U119A 的输入端 1 和 2；如果中放正常，"中放使能 - AB"为高电平，连接到 U119A 的输入端 8，U119A 输出高电平。U119A 输出的高电平使 U118A 的输入 1 为高电平。在"播出" 开关闭合前，U125A 输出也为高电平，因此，U118A 的输出为高电平，经过四缓冲器 4041（U113）的 D 端 - 11 管脚使面板上的"准备"绿灯亮；同时通过 U109 - 15 管脚输出低电平作为"准备状态 - X"提供给外部接口板 9A5，作为遥控时判断发射机状态信号。U119A 输出的高电平的另外一个作用是打开禁止门 U119C，使在"播出" 开关闭合后，U119C 输出"调制推动控制 - AB"高电平信号。

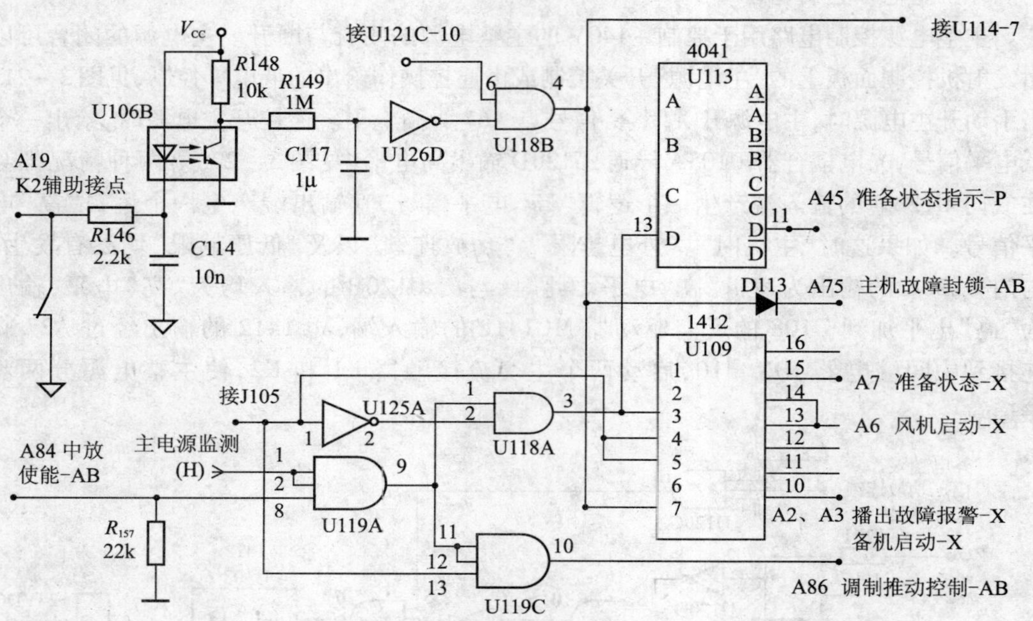

图 3 - 23 主整电源控制电路的控制信号

3. 播出控制电路

播出控制是对调制推动器产生调宽脉冲的输出控制。有两种控制方式——手动方式和遥控方式。

在图 3 - 24 中，手动控制时，合上"手动开播出"开关，从"控制方式选择"来的 + 15V 电压通过二极管 D108 输出。遥控方式时，"遥控播出 - X"给出一个低电平信号，使 U106A 导通，U124E - 10 输出高电平，使 U116D - 13 为高电平，因为工作在遥控方式，U116D - 12 也为高电平，因此 U116D 输出高电平，二极管 D115 导通输出高电平。这样，无论手动还是遥控的任何一路工作都使 J105 为高电平。该信号经反相器 U125A 变成低电平（参见图 3 - 23），使 U118A 输出低电平，准备状态指示灯熄灭；U109 - 15 输出 A7 的"准备状态 - X"为高电平。

通过以上分析已经知道(参见图3－23),在主电源供电正常的情况下,主电源监测为高电平,"A84 中放使能－AB"为高电平,U119A 的输出为高电平,因此 U119C 的两个管脚 11、12 为高电平。现在 J105 为高电平,U119C 输出为高电平,即"A86 调制推动控制－AB"为高电平信号。该信号送到调制推动控制电路,使调制推动器主备交换控制电路工作。调制推动控制器为一主一备,两个都正常时,主交换控制继电器接通,将调宽脉冲送到调制/功放电路,发射机输出预先设定的功率。如果主备调制推动器都损坏,则发射机的功率输出被封锁。

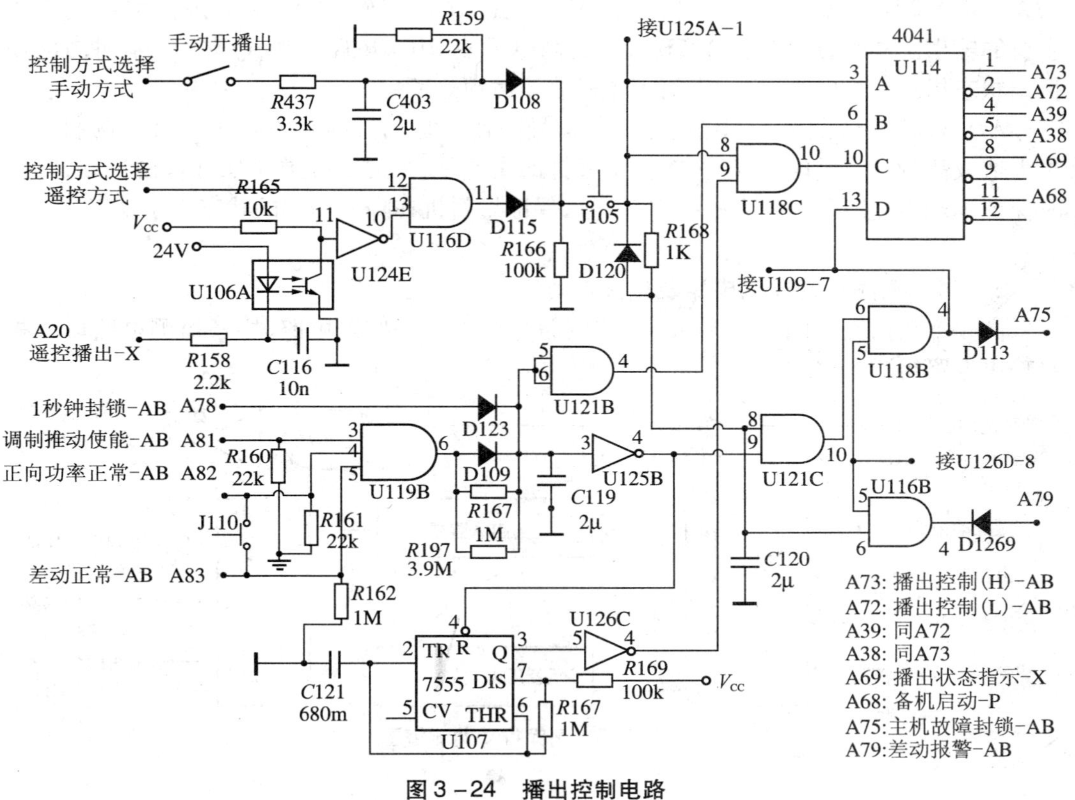

图3－24　播出控制电路

在图3－24中,时基电路7555(U107)组成了秒信号发生器,正常情况下不工作,管脚3为Q输出为低电平,该信号经反相器U126C到达与门U118C。由于此时J105为高电平,因此U118C的输出为高电平,U114(4041)的输出管脚8端输出高电平A69,使播出指示灯点亮。表明系统工作于播出状态。

系统处于播出状态以后,U114(4041)的输出管脚1输出A73"播出控制(H)－AB"为高电平。该信号用于锁存功率等级,同时禁止"试验"、"复位"功能。也就是说,设定功率等级必须在关掉播出以后,不能在系统运行状态下进行。同样的"试验"、"复位"功能也不能在"播出"状态下进行。A72"播出控制(L)－AB"信号的用于禁止"过荷"试验。

A75是主机故障封锁信号。在闭合"播出"开关之前,J105输出为低电平,封锁了U121C。当闭合"播出"开关,J105输出为高电平,该信号经过 *R*168 和 *C*120 组成的 *RC* 电路延时2秒钟后,U121C的第8管脚为高电平,开放了A75"主机故障封锁－AB"的输出。延时的目的是保证开机时所有的参数能够正常建立起来，以免发生误封锁。

A79“差动报警 - AB”用于双机工作时，给备机发送控制信号。主机主电源没有闭合或播出开关没有闭合时，U116B 为低电平，该信号为备机产生控制信号，启动备机。

A75“主机故障封锁 - AB”信号为高电平有效信号。当主备调制推动器都出现故障时，A81“调制推动使能 - AB”为低电平；当正向功率出现故障时，A82“正向功率正常 - AB”为低电平。只要任何一种情况发生，与门 U119B 输出为低电平，*R*167、*R*197、*C*119 组成的 *RC* 电路对信号延时 1.6 秒后，反相器 U125B 输出为高电平，由于此时 U121C 的管脚 8 的输入为高电平，因此 A75“主机故障封锁 - AB”为高电平信号，封锁了主机的输出。同时，反相器 U125B 输出的高电平使 U107 电路工作，Q 端的秒脉冲方波使播出状态指示绿灯闪烁，提示发生了主机故障封锁故障。

A78 为“1 秒钟封锁 - AB”信号。该信号的作用是当反射功率瞬时过大或调制信号过大造成高频电流瞬时过流时，产生 1 秒钟的高电平，瞬时封锁调制器和调制推动器，同时保证不产生“主机故障封锁 - AB”信号，保证发射机在降低功率的状态下正常工作。

3.3.4　高频推动监测电路及相关信号

高频推动监测框图见图 3 - 25。该电路主要由电平监测电路、主备监测电路以及报警输出电路组成。

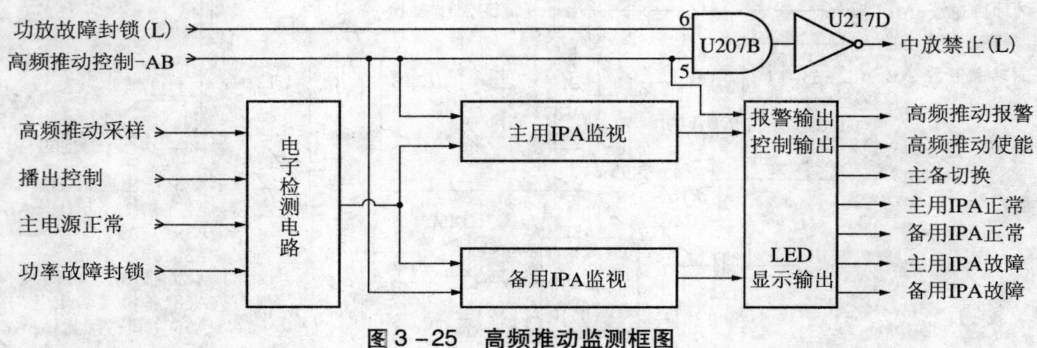

图 3 - 25　高频推动监测框图

3.3.5　调制推动监测电路及相关信号

调制推动器为一主一备配置。音频信号同时加到两个推动器的输入端，推动器输出的 PDM 脉冲分别送主备监测器，见图 3 - 26。该图说明调制推动器监测电路由监测控制电路、主备监测电路和输出驱动电路等几部分组成。

1. 监测控制电路

监测控制电路图见图 3 - 26。主要由或门 U213B 组成。U213B 的输入为“K2 辅助节点 - X”和“调制推动控制 - AB”。

K2 辅助节点 - X 来自交流配电设备，在主电源闭合之前为开路状态，光电耦合器 U225A 关断，或门 U213B 的输入管脚 6 为高电平。调制推动控制 - AB 也为高电平，因此或门 U213B 的输出为高电平，开放主备监测电路 U212C 和 U213D，使之可以监测主备调制推动器是否正常工作。

光电耦合器 U225A 的输出的高电平同时接到 U224B 的输入管脚 5，解除了对“试

验 - P”端信号的封锁，可以用试验按钮模拟主调制推动器的故障，检查调制推动器监测电路和交换电路是否正常。

当主电源闭合后，K2 辅助节点 - X 接地，经 *R*222 和 *C*290 除颤网络消除抖动后，光电耦合器 U225A 导通，输出的低电平封锁了“试验 - P”端信号。也就是说，主电源闭合后不能进行调制推动模拟故障试验。

“调制推动控制 - AB”信号来自控制/监测 A 板的主电源监测电路。当调制监测电路和主备切换控制电路处于正常工作状态时，该信号为高电平，否则为低电平。“主电源采样信号”、“中放使能信号”以及“播出”开关都影响该信号电平。其逻辑关系为：

闭合“主电源”开关，当电源信号的采样和监测正常后，“高频推动控制 - AB”信号有效，启动高频推动监测电路；高频推动激励信号正常，“中放使能 - AB”信号有效。此时，K2 辅助节点 - X 接地，光电耦合器 U225A 导通输出为低电平；而“调制推动控制 - AB”信号仍为低电平（播出开关还未闭合），因此或门 U213B 的输出为低电平。该低电平封锁了调制推动器监测电路的工作，发射机处于播出准备状态。

当“播出”开关闭合后，“调制推动控制 - AB”为高电平信号，使监测电路和主用调制推动器处于工作状态，发射机上表示调制推动器工作状态的绿灯点亮，发射机按照设定的功率输出。同时，监测电路输出 B52“调制推动使能 - AB”信号，开放正向功率检测。正常工作时，主备监测电路同时工作。

2. 调制推动器监测电路

调制推动器监测电路由监测禁止门电路 U207C 和保持电路 U212C 组成。保持电路 U212C 在上低压时已经复位，输出为低电平。禁止门电路 U207C 的输出在主用调制推动器工作正常时也为低电平。因此，U212C - 10 的输出为低电平。该低电平信号经反相器 U216B 送到 U209D 的 12 脚，U209D 的 13 脚来自“调制推动控制 - AB”为高电平，因此 U209D 的 11 脚输出高电平。该高电平送到与门 U209A 的第 2 管脚，与门 U209A 的第 1 管脚的输入在合播出以后和主机正常工作时均为高电平，因此与门 U209A 的第 3 管脚输出为高电平。该高电平经 RC 构成的微分电路产生一个微分信号，送到 50ms 封锁信号发生器，在合播出时触发产生一个 50ms 的封锁脉冲信号。与门 U209A 输出的高电平同时送到 U222 反相缓冲器 4、5 管脚，从 12、13 脚输出 B36“调制推动继电器 1 控制 - X”信号。

U209D 的 11 脚输出的高电平除了以上功能外，从图 3 - 26 可见，还分别送往其他输入端，产生 3 路信号：

①B25“调制推动 2 禁止 - X”信号：U209D 的 11 脚输出的高电平经 U208A 和电阻 *R*2127 输出后，产生此信号，去控制备用调制推动器中的继电器断开，禁止备用调制推动器输出。

②B77“调制推动 1 正常 - P”信号：U209D 的 11 脚输出的高电平送缓冲器 U204 的 13 脚，经 11 脚输出同相的此信号。此信号点亮面板上调制推动 A 的绿色指示灯。

③B52“调制推动使能 - AB”信号：U209D 的 11 脚输出的高电平送 U214C，开放 A 板的功率监测禁止门，开放正向功率监测。

在图 3 - 26 中，U212C、R228 和 D210 构成自保持电路。在闭合“播出开关”时或发射机正常工作时，如果主调制推动器存在故障，则“调制推动 1 故障 - X”产生高电平信号。这个信号由自保持电路保持下来，用于启动备用调制推动器工作并禁止主调制器的输出。具体说明如下：

①经 U204 输出，使 B79“调制推动 1 故障 – P”为高电平，点亮面板上的调制推动 AD 的故障指示红灯；同时经过 U213A、U222 输出 B38“调制推动报警 – X”信号。

②经 U216B、U209D、U208A 输出，使 B25“调制推动 2 禁止 – X”为低电平，即解除对备用调制推动器的封锁，使备用调制推动器可以投入工作。

③经 U216B、U209D、U209A、U222 输出，使 B36“调制推动继电器 1 控制 – X”为低电平，断开主用调制推动器；经 U209C、U209B、U222 输出，使 B35“调制推动继电器 2 控制 – X”为高电平，继电器 K2 闭合，使备用调制推动器工作。

④经 U209C、U208B 输出，使 B26“调制推动 1 禁止 – X”为高电平，禁止主调制推动器工作。该输出信号经 U204 缓冲输出，使 B76“调制推动 2 正常 – P”有效，点亮备用调制推动的绿色指示灯；同时该输出信号经或门 U214C，使 B52“调制推动使能 – AB”继续有效，其作用是允许备用调制推动器工作。

⑤经 U209C、U209B 和 $C209$、$R233$ 微分电路输出一个正向脉冲，触发 50ms 信号发生器产生一个 50ms 的封锁信号，该信号保证了主备设备的交换。

当备用调制器也出现故障时的信号逻辑关系，可按照图 3 – 26 进行分析，这里不再赘述。

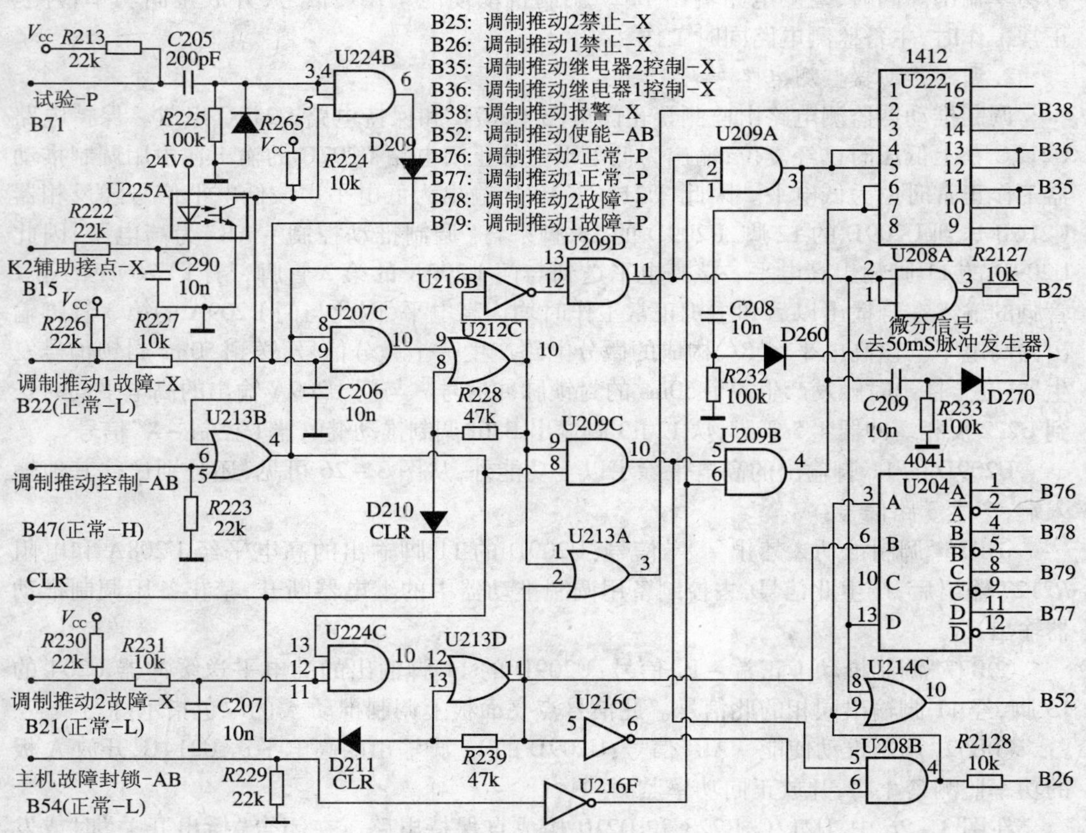

图 3 – 26 调制推动监测电路

3.3.6　正向功率监测电路

TS－03C PDM 发射机功率等级分成全功率、低功率和调试功率三种。全功率工作时，发射机输出最大载波功率。在低功率工作时，输出的功率是用户指定的低功率。设备出厂时设定的低功率为最大载波功率的一半。调试可在全功率或低功率状态下进行，因此当在全功率状态下进行调整时，调试功率在 0 到最大载波功率之间；在低功率状态下进行调整时，调试功率在 0 至设定的低功率之间。调整功率通过电位器进行。

发射机的正向功率监测电路由功率等级存储电路、功率监测电路以及显示输出电路等部分组成。

功率等级在调制推动器上设置。如果设置为全功率，那么手动低功率开关、调试功率开关都是打开的，遥控选择开关也是打开的（控制选择开关用于选择控制方式，当遥控时，此开关闭合）。由图 3－27 知道，此时四 D 锁存器 U227 的 3 个输入 D2、D1、D0 都是低电平。此时，闭合“播出”控制开关，给出一个“播出控制（H）”高电平信号。该信号送到 U227 的 CLK 端，把此时设置的功率值锁存，即输出 Q2、Q1、Q0 均为低电平。而 $\overline{Q}0$ 端为高电平。此高电平经电位器 RP202 和二极管 D219 送到电压比较器 U201B（－）端，参考比较电平为 3.7V，此电平为全功率情况下的功率监测提供了一个基准电压。

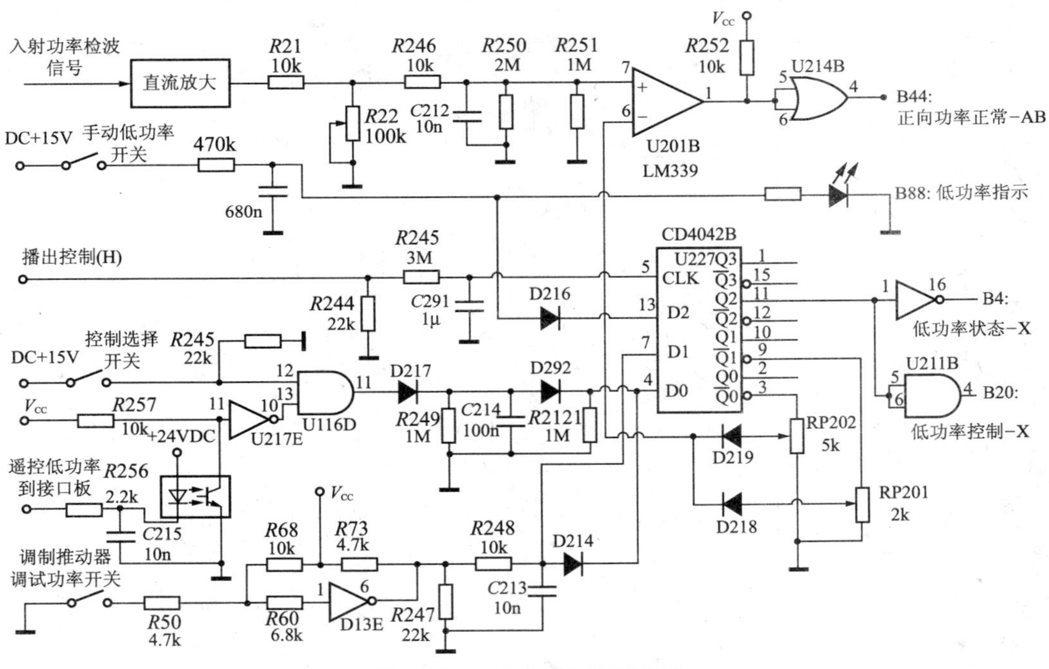

图 3－27　正向功率监测电路

电压比较器 U201B、U214B 以及辅助元件构成了正向功率监测电路。在全功率状态下，门限功率为 2kW，由定向耦合器检测的入射功率直流电平经过正向功率直流放大，到达 U201B 的＋端应不低于参考比较电平 3.7V，此时电压比较器 U201B 输出高电平，表示正向功率正常，否则给出正向功率不正常信号 B44。

思考题与习题

1. 画出调频立体声广播的原理框图，说明各部分的作用。

2. 简要说明调频立体声广播的控制系统的基本功能。

3. 说明采用继电器方式的控制广播发射机开关机过程的具体步骤。

4. 分析分离元件的逻辑控制系统中三次过负荷保护电路的工作过程。

5. 如果对分离元件的发射机进行自动化改造，实现远程开关机控制，应如何采集发射机的工作状态？

6. 采用单片机设计一个控制系统，实现对分离元件发射机遥测遥控。要求画出原理电路，说明各部分结构并画出单片机监控软件的流程。

7. 分析固态调频发射机中反射功率监控电路的工作过程。

8. 画出中波广播发射机的原理框图，说明各部分的作用。

9. 结合电路图分析，在进行正向功率监测时，播出开关已经闭合，此时调整发射机的功率设置，设置是否有效并说明原因。

10. 分析调制推动器监测电路的工作原理。

第 4 章

信号前向通道

4.1 前向通道的类型

将模拟信号转换成数字信号的信号采集电路一般称为信号前向通道。前向通道中包含有模拟多路开关、采样保持器、放大器等多种器件。前向通道常见的实现方式有两种：

①数据采集卡——需要 PC 机支持，卡内集成了模拟多路开关、采样保持器、放大器等多种器件；

②智能单元——可以独立运行，具有通信功能。

数据采集卡插在 PC 机的扩展槽中接入系统总线，是以 PC 为基础的数据采集系统的一个基本单元。目前常用的总线形式是 PCI。图 4－1 给出了典型的 PCI 总线 PC 机的体系结构。采用数据采集卡构成的前向通道的典型形式如图 4－2。

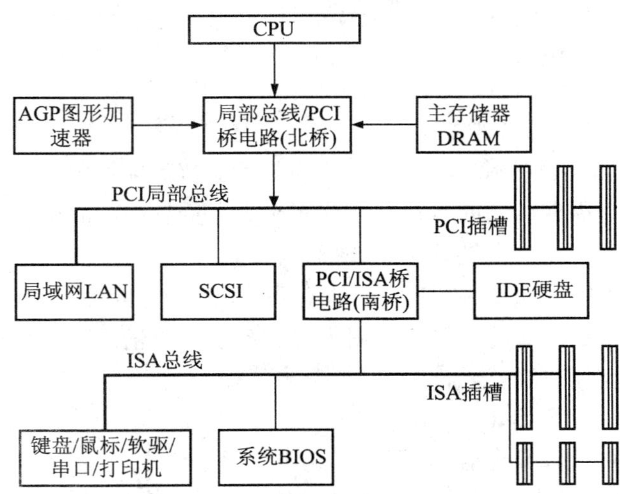

图 4－1 典型的 PCI 总线 PC 机的体系结构

智能单元构成的前向通道把数据采集和处理放在了现场，智能数据处理单元把数据处理的结果传输到上位机。两者之间通过通信线路相连，其结构如图 4－3。

下面分别介绍这两种形式的前向通道的系统组成以及软件编程方法。首先介绍系统总线 PCI 与开发 PCI 板卡的基本方法，然后介绍商品化的数据采集板卡，以及驱动程序－动态连接库 DLL 的开发和调用 DLL 的方法。使读者在阅读完本章以后，掌握系统前向通道硬件及软件设计和开发的基本方法。

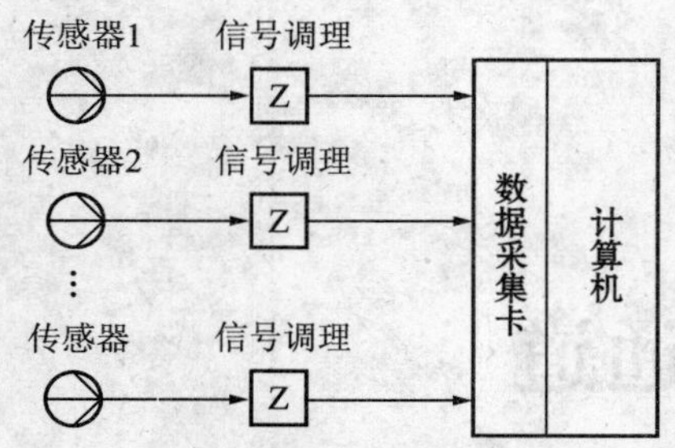

图4-2　数据采集卡构成的前向通道

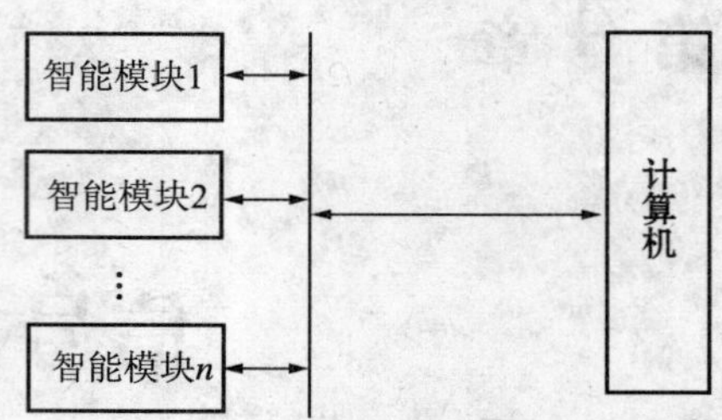

图4-3　智能单元构成的前向通道

4.2　系统总线——PCI

4.2.1　PCI总线

总线是信号传送的公共通道，由传输线（地址总线、数据总线、控制总线）、接口和仲裁部件组成。PCI（Peripheral Component Interconnect）总线是一种高性能局部总线（Local Bus），其总线规范由Intel公司发起，PCI SIG小组审议制定。局部总线是指总线来自处理器的延伸路线，能够与处理器同步操作。外设如果直接连接到局部总线上，就能以CPU的速度运行。

PCI总线是为了满足在多媒体、视频处理和网络传输中对系统数据传输越来越高的速率要求而提出的。PCI总线在高度集成的外设控制器、扩展板和处理器系统之间提供了一种内部连接机制。由于性能优越，同时没有专利的制约，目前成为微机主板的主流产品，广泛使用于个人计算机以及小型服务器中。

PCI总线具有以下几个重要特点：

①支持突发式（burst）传输，有效利用总线带宽。PCI总线的数据传输以帧为单位，每次传输由一个地址周期（Address Phase）和多个数据周期（Data Phase）组成。

②总线操作与处理器-存储器子系统操作并行。

③PCI插卡可以自动配置。PCI在地址空间、存储器空间之外，定义了配置空间，每个PCI设备中都有256字节的配置空间用来存放自动配置信息，BIOS利用配置信息实现存储地址、中断和定时信息的全自动配置与资源分配。

④中央集中式总线仲裁。

⑤总线规范独立于微处理器，通用性好。用户增添外围设备，不会导致性能下降。

⑥PCI设备可以完全作为主控设备控制总线。

PCI总线是32位或64位地址/数据复用的总线，数据传输速率可高达132MB/s。连接到PCI总线上的设备分为主设备和从设备（又叫目标设备）。传输发起方称为主设备，可以取得总线控制权，接收方称为从设备，没有总线控制权。主设备可以控制总线驱动地址、数据和控制信号，从设备不能启动总线操作，只能依赖主设备进行数据的传输。

PCI总线板卡有长卡和短卡两种规格，并有32位和64位两种接口，同时在电气规范中有5V和3.3V两种电源信号环境（两种电源信号环境对于给定板卡上的元件不能混用，但可以设计出5V、3.3V通用的板卡）。因此，考虑板卡的长短、接口位数、电源信号环境和是否通用等因素等不同的组合，可以设计出 12 种形式的板卡。

在当前使用的 PC 机主板上，都有与板卡进行通信的连接器。板卡上与连接器接触的部分俗称金手指。设计板卡时只需要考虑板卡的类型，金手指的尺寸会自动满足要求。基本的 32 位连接器有 120 条引脚，64 位扩展板有 184 条引脚。

4.2.2 PCI 总线信号

在设计板卡的时候，接口信号线可分成必选的和可选的两大类。

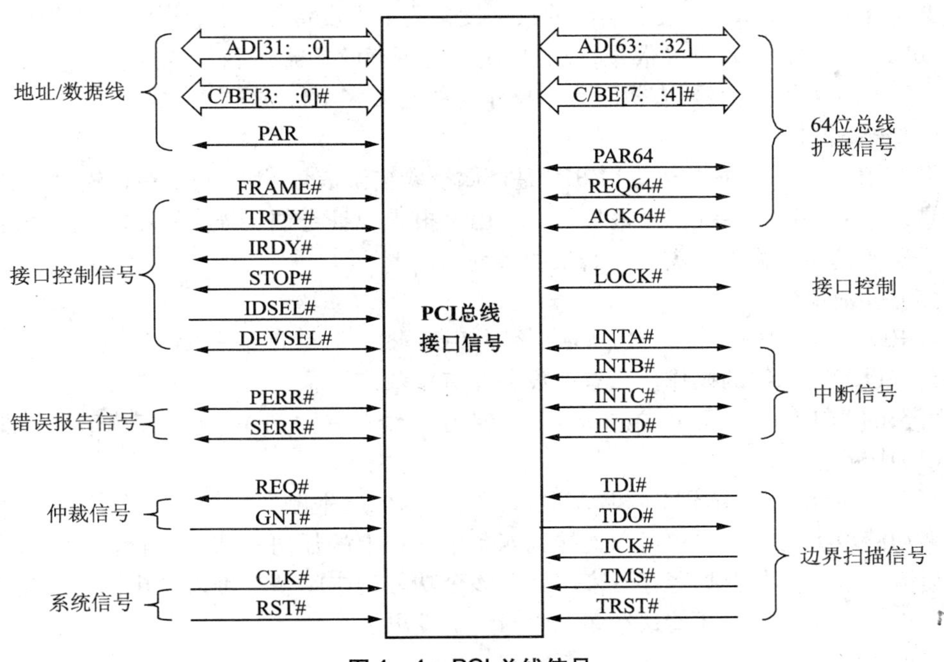

图 4 -4　PCI 总线信号

图 4 -4 中左侧信号为必选的 PCI 信号线：地址/数据信号、接口控制信号、错误报告信号、仲裁信号和系统信号等五类。右侧的信号为可选的信号。图中的信号凡标有"#"号的，表示低电平有效，未标的信号为高电平有效。

(1) 系统信号

系统时钟信号 CLK 和复位信号 RST#。CLK 提供了 PCI 总线上所有操作的时钟，是 PCI 的工作频率。PCI 信号，除 4 条中断信号和 RST#信号外，都是在 CLK 的上升沿采样。RST#为系统复位信号，用来使 PCI 的特性寄存器、配置寄存器等恢复到初始状态。

(2) 地址/数据信号 AD0 ~ AD31

PCI 总线的数据线和地址线复用。FRAME#信号有效的第一个时钟周期是地址期；数据期时，IRDY#和 TRDY#同时有效。IRDY#表示写数据有效，TRDY#表示读数据有效。

C/BE0 ~ C/BE3 是总线命令线和字节使能多路复用信号线。在地址期，传输总线命令；在数据传输期，传输字节使能信号，表示 AD0 ~ AD31 上哪些字节是有效数据。C/BE0 ~ C/BE3 分别对应最低位字节 0 和最高位字节 3。

(3)接口控制信号

有 FRAME#、IRDY#、TRDY#、IDSEL#、STOP#、DEVSEL#和 LOCK#信号。

PCI 总线的整个传输过程由 FRAME#、IRDY#和 TRDY#三个信号控制。FRAME#信号是帧周期信号,由主设备驱动,表示一次访问的开始和持续。IRDY#是主设备准备好信号,TRDY#是目标设备准备好信号。当 IRDY#和 TRDY#同时有效的一个时钟周期完成数据段的传输。如果 IRDY#有效,TRDY#无效则需要插入等待状态。

①IDSEL#为初始化设备选择信号,在参数配置时用作片选信号。

②STOP#为停止信号,表示当前的目标设备要求主设备停止当前传输。

③DEVSEL#为设备选择信号,说明总线上是否有设备被选中。

④LOCK#为锁定信号,有效时表示操作可能需要多个传输才能完成。

(4)错误报告信号

有 PERR#和 SERR#信号。PERR#是奇偶校验错误信号,用于表示在传输过程的奇偶校验错误。SERR#是系统错误报告信号。用于报告地址奇偶错误、特殊周期命令的数据奇偶错误及其他可能引起灾难性后果的系统错误。

(5) 仲裁信号

有 REQ#和 GNT#信号。REQ#是总线占用请求信号,表明设备要求使用总线。GNT#表明允许设备对总线的操作。只有主设备才有仲裁信号。

可选的 PCI 信号线可分成:中断控制、64 位总线扩展及 JTAG 边沿扫描信号等几种。

(1)中断控制信号

有 INTA#、INTB#、INTAC#和 INTD#共四种,为低电平触发信号,漏极开路方式驱动。一个多功能设备的中断请求可以连接到四条中断线上的任何一条,中断请求和中断线之间的对应关系由中断引脚寄存器来定义。多个功能的中断请求可以共用同一条中断线,但不允许一个功能的中断请求在多条中断线上发出。

(2)64 位总线扩展信号

如果选用 64 位的扩充特性,必须选用以下的 64 位总线扩展信号。

①AD32 ~ AD63:扩展的 32 位地址和数据多路复用线。

②C/BE4 ~ C/BE7:总线命令线和字节使能线复用信号。

③REQ64#:64 位传输请求。由当前主设备驱动,表示要采用 64 位数据传输通道。

④ACK64#:对 64 位传输请求的应答。

⑤PAR64#:奇偶双字节校验,对 AD32 ~ AD63 和 C/BE4 ~ C/BE7 的校验。

(3)JTAG 边沿扫描信号

使用 IEEE1149.1 标准,即:测试访问接口及边缘扫描结构(Test Access Port and Boundary Scan Architecture)是作为 PCI 设备的可选接口包括在 PCI 总线信号之内。有以下几条信号线:

①TCK:测试时钟。

②TDI:测试数据输入。

③TDO:测试输出。

④TMS:测试模式选择。

⑤TRST#:测试复位。

4.2.3　PCI 配置空间

连接到总线上的各类接口卡在设计时要使用计算机的 I/O 端口地址、存储器空间、中断矢量及 DMA 资源。为了避免资源使用上的冲突，ISA 总线接口卡采用跳线的方法解决；PCI 总线采用软件统筹分配资源的自动配置方法，通常称为即插即用。

为实现此功能，PCI 协议定义了配置空间。配置空间是映射到每块接口卡上的 256 字节的特殊功能寄存器。设计者事先在配置空间的指定位置写入需要申请使用的资源，主板上电后，由 PnP - BIOS 读取各卡的配置空间，对它们所需的资源进行统筹分配，再将分配结果写回对应的配置空间地址，完成自动配置。

为了实现自动配置，PCI2.2 规范定义了三种 PCI 配置空间的配置格式，分别为配置类型 0，配置类型 1 和配置类型 2。

配置类型 1 定义了两条 PCI 总线进行连接的 PCI - PCI 桥设备。

配置类型 2 定义了笔记本的插卡式总线，PCI - CardBus 桥。

配置类型 0 定义了 PCI 除类型 1 和 2 外的其他设备。各类板卡就是由类型 0 来定义。

配置空间由 256 字节的记录组成，分为头标区和设备区两部分。头标区占 64 个字节，其内容和具体设备无关。字节的存放为小端规则：低位字节在前，高位字节在后。头标区的前 16 个字节对各类设备的定义相同，其余的 48 个字节根据设备的不同可以有不同的定义。在头标区偏移为 0EH 的字节是类型域的定义，说明了 PCI 配置的布局。PCI2.2 规范只定义了一种头标区类型（00H）。头标区类型各个域的定义见表 4 - 1。

表 4 - 1　64 个字节的头标区定义

空间域的定义				偏移
设备标识		供应商标识		00H
状态寄存器		命令寄存器		04H
分类代码		版本号		08H、
内装自测试	头标区类型 00H	延时计数器	Cache 容量	0CH
基地址寄存器				10H
				14H
				18H
				1CH
				20H
				24H
PCI - CardBus				28H
子系统设备标识		子系统供应商标识		2CH
扩充 ROM 基地址				30H

续表

空间域的定义				偏移
保留				34H
保留				38H
最长等待时间	最短 GNT	中断引脚	中断线	3CH

所有 PCI 设备必须支持设备标识和供应商标识、命令和状态寄存器，对其他寄存器的支持是可选的。

"供应商标识"说明了设备的制造商，为了保证唯一性，供应商标识由 PCI SIG 发布。0FFFFH 是无效的供应商标识，可以作为设备不存在的标识。

"设备标识"说明了特定的设备。

"命令寄存器"用于对 PCI 总线设备的 PCI 操作进行控制。寄存器共 16 位，含义如下：

• 位 0：用于控制设备对 I/O 空间访问的响应。该位为 0，禁止设备响应对 I/O 空间的访问；该位为 1，允许设备响应对 I/O 空间的访问。

• 位 1：用于控制设备对存储器空间访问的响应。该位为 0，禁止设备响应对存储器空间的访问；该位为 1，允许设备响应对存储器空间的访问。

• 位 2：用于控制主设备的能否发出 PCI 周期。该位为 0，禁止发出 PCI 周期。

• 位 3：特殊周期控制。该位为 0，设备不响应任何特殊周期操作；为 1，响应特殊周期的操作。

• 位 4：使用高速缓存的写指令的允许位。该位为 0，主设备用存储器写代替。

• 位 5：VGA 调色板控制。该位为 0，设备处理对调色板的访问；为 1，设备进行特殊的调色板监听。VGA 兼容设备应该实现该位功能。

• 位 6：奇偶校验响应位。该位为 0，不处理奇偶校验错误；为 1，处理奇偶校验错误。系统复位后，该位为 0。有奇偶校验的设备应该实现该位。

• 位 7：等待周期控制。用来决定是否进行地址/数据分时操作。为 0，能够进行分时操作；为 1，可以进行分时操作。系统复位后，该位为 1。

• 位 8：SERR#允许。用于控制 SERR#驱动器。该位为 0，禁止 SERR#驱动器工作，该位为 1，允许 SERR#驱动器工作。系统复位后，该位为 0。

• 位 9：高速背对背传输。该位为 0，只允许对一个目标设备进行高速背对背传输；为 1，允许对所有的目标设备进行高速背对背传输。

• 位 10 ~ 位 15：保留位。

"状态寄存器"用于记录 PCI 总线的状态信息，该寄存器共 16 位，各位含义如下：

• 位 0 ~ 位 4：保留位。硬件上一般设置为 0。

• 位 5：只读位，为 0，设备工作于 33MHz；为 1，设备工作于 66MHz。

• 位 6：用户自定义位。该位为 1，表示设备实现了自己定义的功能。

• 位 7：只读位，快速背对背功能。表示目标设备是否可以接受快速背对背传输。

- 位 8:数据奇偶错,只在主设备上实现。为 1,说明发生了奇偶校验错。
- 位 9 ~ 位 10:只读位,编码表示 DEVSEL#译码速度。00——快速;01——中速;10——慢度;11——保留
- 位 11:目标废止标志。当目标设备以目标废止方式结束传输时,先将此位置 1。
- 位 12:接受目标废止。该位由主设备置为 1,表示已经接受了目标设备发出的目标废止操作。主设备必须实现此位。
- 位 13:接受主设备废止。当主设备以废止方式结束传输时置为 1(特殊周期除外)。主设备必须实现此位。
- 位 14:系统错误标志。当设备发出 SERR#时,此位置 1。
- 位 15:奇偶错标志。设备检测到一个奇偶错误时将此位置 1。

"版本号"规定了设备的版本。

"分类代码"有三个域,用于 PCI 总线设备通用功能及特殊编程接口。偏移为 0BH 域为基本类别码,其定义值见表 4 - 2;偏移为 0AH 域为子类别码;偏移为 09H 域为特殊寄存器级编程接口,用于设备无关软件与设备的通信。

表 4 - 2　分类代码中的基本类别码表

基本类别码	设备类型
00H	类别码定义前生产的设备
01H	大容量存储控制器
02H	网络控制器
03H	显示控制器
04H	多媒体设备
05H	存储器控制器
06H	桥设备
07H ~ FEH	保留
FFH	其他设备

基本类别码用于 Windows 系统或其他支持 PNP 的操作系统在查找新硬件时判别设备的类型。实际上,PCI 设备是在设备驱动程序的支持下工作的,如果正确安装了驱动程序,基本类别码的编码不影响设备的实际工作,但为了使开发更规范,应该遵循基本类别码表。

子类别码和编程接口的编码按基本类别码分类给出,所有未定义的编码均保留。子类别的编码很多。表 4 - 3 是基本类别 01H 大容量存储控制器的子类别编码及含义,其中特殊寄存器级编程接口没有定义。

表 4－3 大容量存储控制器的子类别及编程接口定义

基本类别	子类别	编程接口	意义
01H	00H	00H	SCSI 总线控制器
	01H	00H	IDE 控制器
	02H	00H	软盘控制器
	03H	00H	IPI 总线控制器
	80H	00H	其他大容量存储控制器

“子系统供应商标识”由 PCI SIG 统一管理，厂商从 PCI SIG 申请得到一个唯一的标识。

“子系统设备标识”由 PCI 接口芯片厂商自己定义。

以上说明的头标区定义的各个域：“供应商标识”、“设备标识”、“命令寄存器”、“状态寄存器”、“版本号”、“分类代码”、“头标区类型”、“子系统供应商标识”和“子系统设备标识”为操作系统提供了加载 PCI 设备驱动程序的信息，因此所有的 PCI 设备都要实现这些寄存器规定的操作。在头标区定义的另外一些域，是根据设备需要进行可选择的配置，它们是：“Cache 容量”、“延时计数器”、“内装自测试”、“中断线”、“中断引脚”、“最短 GNT”和“最长等待时间”。下面分别介绍这些域的意义。

“Cache 容量”说明行容量的双字节递增的数目。如果主设备使用存储器写和使失效命令，或者存储器支持 Cache 行换行寻址，那么必须实现这个域。

“延时计数器”说明了主设备的延迟计时值，单位是 PCI 总线时钟。系统复位置为 0。

“内装自测试”（Built－In Self－Test，BIST）说明了控制 BIST 和 BIST 的状态。各位的含义如下：

- 位 0～位 3：测试代码。为 0，表示设备通过了自测试；否则，表示失败编码。
- 位 4～位 5：保留位。必须设置为 0。
- 位 6：启动 BIST 标志。为 1，启动 BIST；完成 BIST，清 0。如果 2 秒后没有完成 BIST，则认为该设备失效。
- 位 7：BIST 支持位。该位为 1，设备支持 BIST；为 0，不支持 BIST。

对不支持 BIST 的设备进行“内装自测试”读操作总返回 0 值。

“中断线”用于说明设备的中断引脚连接到系统中断控制器的哪个中断上。操作系统用该信息判断中断优先级和中断矢量。使用中断引脚的设备必须实现该寄存器。

“中断引脚”说明设备用哪一个中断引脚。该值为 0，说明不使用中断引脚；为 1，说明使用 INTA#；为 2，说明使用 INTB#；为 3，说明使用 INTC#；为 4，说明使用 INTD#。

“最短 GNT”用来规定在 33MHz 的时钟条件下，设备所需的突发时间有多长。单位为 1/4ms。

“最长等待时间”用来规定该设备需要总线操作时间的最长时间。单位为 1/4ms。

“最短 GNT”和“最长等待时间”说明了“延时计数器”数值的设置。若为 0，则说明对“延时计数器”没有严格的要求。

4.2.4　PCI 地址映射

PCI 定义了三个物理空间:存储器空间,I/O 地址空间和配置空间。在 4.2.3 中介绍了配置空间头标区各个域的意义。在头标区还有“基地址寄存器”和“扩充 ROM 基地址”这两个域没有介绍,这两个域涉及到地址映射。

地址映射就是在地址空间内采用与设备无关的方式重新定位 PCI 设备。为了做到这一点,在配置空间的头标区设置了“基地址寄存器”。“基地址寄存器”指明了设备是映射到存储器空间还是映射到 I/O 空间,对映射的物理地址位置的要求等事项。

映射到 I/O 空间的“基地址寄存器”的格式如下:

31　　　　　　　　　　　　2	1	0
基地址	0	1

其中:位 0 由硬件设置为 1,表示映射到 I/O 空间;

位 1 是保留的,必须为 0;

位 2 ~ 位 31 用来映射设备到 I/O 地址空间。

映射到存储器空间的“基地址寄存器”有两种长度:32 位或 64 位。其格式如下:

4	3	2　　1	0
基地址			0

其中:位 0 由硬件设置为 0,表示映射到存储器空间;

位 1、位 2 表示映射类型:

00—基地址寄存器 32 位;

01—基地址寄存器 32 位,但必须映射到 1MB 以下的存储器地址空间;

10—基地址寄存器 64 位,可以映射到 64 位地址空间的任何地方;

11—保留。

位 3 为 1,表示数据可以预取。预取的 PCI 设备不参加 PCI 的缓存协议,在其地址范围内表现和正常的存储器类似。如果数据不能预取,就把该位清 0。

“基地址寄存器”在配置空间的头标区偏移为 10H 的位置。第一个“基地址寄存器”从偏移为 10H 的位置开始占用,实际使用的字节数和“基地址寄存器”的大小有关。第二个“基地址寄存器”紧接着第一个“基地址寄存器”放置。如:第一个“基地址寄存器”是 32 个字节,那么第二个“基地址寄存器”就从偏移 14H 开始。

“基地址寄存器”的高位部分决定了设备需要的地址空间范围。如:一个设备要求 1MB 的地址空间,应实现 32 位“基地址寄存器”的高 20 位,而把其他位用硬件方法置为 0。系统在引导的时候,写一个全 1 的代码到这个寄存器,由于设备不需要的位已经置 0,写入的 1 不能改变这些位的值,从而可以判断设备要求的地址空间。

头域中的“扩充 ROM 基地址”寄存器用于说明 PCI 设备是否要求自己局部的 EPROM 或 FLASH。其格式如下:

31　　　　　　　　11	10　　　　1	0
扩充ROM基地址(高21位)	保留	1

其中:位0表示是否支持对扩充的ROM进行访问。该位为0时,不支持;该位为1,支持。

位1~位10为保留位。

位11~位31对应扩充ROM基地址的高21位。

4.3 PCI总线接口卡设计方法

PCI总线接口板卡的设计相比ISA总线要复杂得多,除了要满足严格的时序要求外,还要实现即插即用和系统的自动配置功能。

常用的设计PCI总线接口电路有两种方法:一种是使用FPGA/CPLD等可编程器件实现PCI接口。这种方法的好处是比较灵活,可以根据应用的需要实现PCI规范的一个子集。其设计的主要内容为:PIC标准配置寄存器、PCI总线逻辑接口、用户设备逻辑接口、数据缓冲区等。由于PCI总线协议复杂,大量的工作要花费到逻辑验证和时序分析上,而且测试设备昂贵,因此这种方法开发成本高、难度大、周期长,适合大规模全定制或半定制ASIC的生产。另一种设计方法是采用专用的PCI接口芯片。采用专用的PCI接口芯片的方法省去了复杂的逻辑和时序的验证,甚至在不了解PCI规范细节的情况下,仍然可以完成接口板卡的设计。这是应用工程师首选的方法。

4.3.1 采用PCI接口芯片的接口卡设计方法

市场上有很多PCI接口芯片。如:AMCC公司的S5933(MASTER接口)、S5920(TARGET接口)系列;PLX公司的PCI9050、PCI9052、PCI9030、PCI9054、PCI9080、PCI9056和9054系列;Cypress公司的CY7C09449PV-AC等。国内类似芯片有南京沁恒公司的CH365。

下面以采用PLX公司的PCI9052开发CAN通信接口卡原理电路为例,说明采用专用PCI接口芯片开发接口卡的基本思路。

PCI9052是为开发PCI接口卡推出的目标设备接口芯片,为160脚PQFP塑封结构。PCI9052与PCI协议V2.1版兼容,支持低开发成本的目标接口设备,支持从ISA总线的板卡向PCI总线的板卡转换。

PCI9052由PCI总线接口、局部总线接口、串行EEPROM接口、ISA总线接口等四部分组成,见图4-5。

PLX9052提供完备的PCI从设备支持,PCI接口部分的47根信号线可以直接与PCI连接器连接。PLX9052提供三种类型的局部总线信号:标准ISA模式、复用模式和非复用模式的8/16/32位局部总线,可以通过编程配置。下面分别介绍其主要功能。

1. PCI9052复位

系统复位时,PCI总线的RST#使PCI9052内部寄存器复位,PCI9052给出响应信号RETRY。LOCAL总线上给出LRESET#信号。如果安装了EEPROM且前16位不为FFFFH,那么PCI9052用EEPROM的值对内部寄存器进行配置。否则使用默认值。

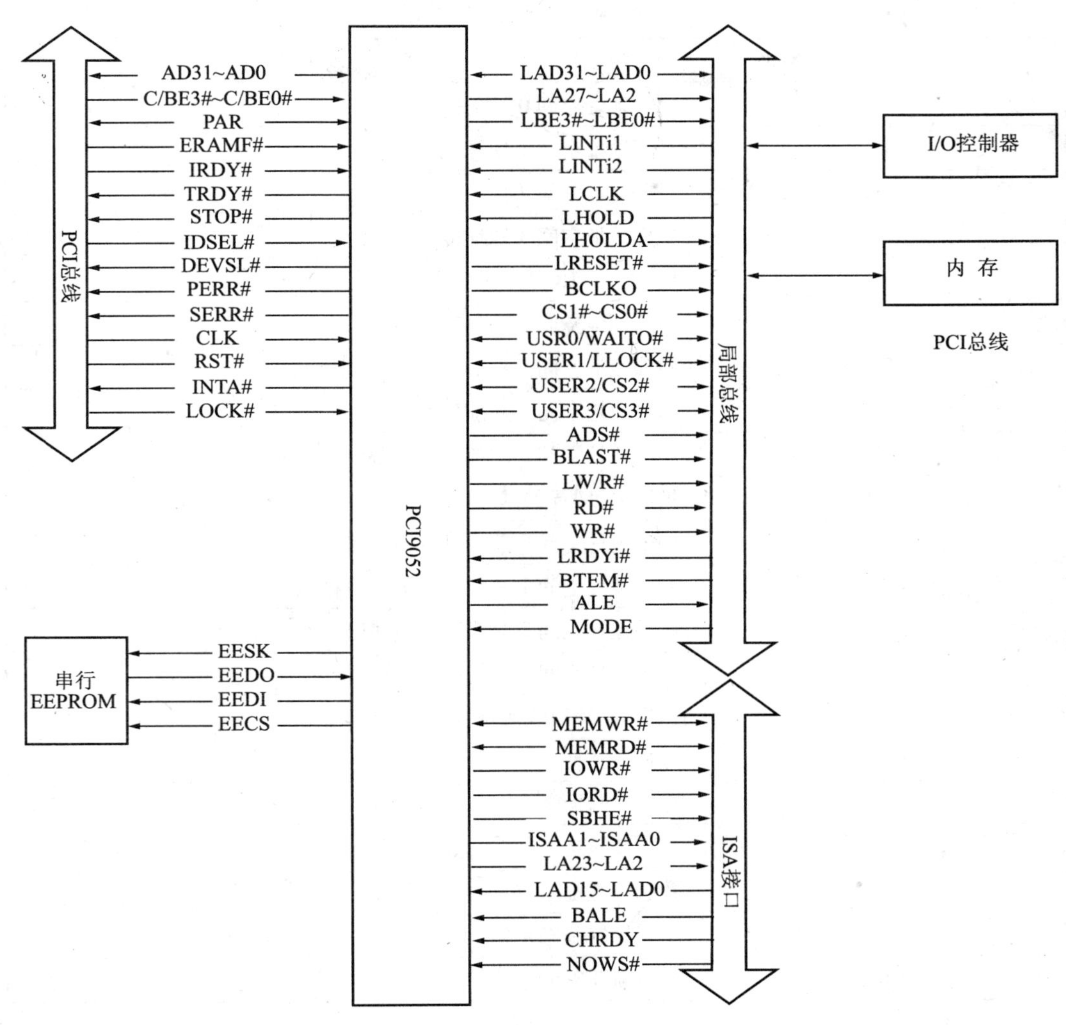

图4－5　PCI 9052 芯片接口

2. 片内寄存器

PCI9052 有两种片内寄存器：PCI 配置寄存器和局部配置寄存器。PCI 配置寄存器符合 PCI 规范 V2.1，实现了配置空间的头标区（见表4－1）。

局部配置寄存器见表4－4。复位后的各寄存器状态如下：

①地址范围寄存器（LAS0RR）为 0FF00000H；

②局部地址空间 0 的基地址寄存器（LAS0BA）为 00000001H；

③总线区域描述寄存器（LAS0BRD，LAS1BRD，LAS2BRD，LAS3BRD）均为 00800000H；

④扩展 ROM 地址范围寄存器（EROMBR）为 FFFF0000H；

⑤扩展 ROM 局部基址寄存器（EROMBA）为 00100000H；

⑥其余寄存器为 0。

表 4－4　局部配置寄存器

局部配置寄存器地址偏移	局部配置寄存器
00H	局部地址空间 0 地址范围
04H	局部地址空间 1 地址范围
08H	局部地址空间 2 地址范围
0CH	局部地址空间 3 地址范围
10H	局部扩展 ROM 地址范围
14H	局部地址空间 0 局部基址(重映射)
18H	局部地址空间 1 局部基址(重映射)
1CH	局部地址空间 2 局部基址(重映射)
20H	局部地址空间 3 局部基址(重映射)
24H	扩展 ROM 局部基址(重映射)
28H	局部地址空间 0 总线区域描述寄存器
2CH	局部地址空间 1 总线区域描述寄存器
30H	局部地址空间 2 总线区域描述寄存器
34H	局部地址空间 3 总线区域描述寄存器
38H	扩展 ROM 总线区域描述寄存器
3CH	片选 0 基址
40H	片选 1 基址
44H	片选 2 基址
48H	片选 3 基址
4CH	中断控制状态
50H	串行 EEPROM 控制;PCI 从设备响应;用户 I/O 控制;中断控制

3. 串行 EEPROM

串行 EEPROM 存储了 PCI9052 的配置信息,实现了配置空间头标区的参数,在板卡的设计中非常重要,为 PCI 的即插即用特性提供了前提。PCI BIOS 根据配置寄存器的内容,对系统资源进行统一分配,避免发生资源使用的冲突。PCI 的主设备可以对串行 EEPROM 进行读写操作。

4. 直接数据传输

PCI9052 支持 PCI 主设备直接访问局部总线上的设备。数据传输方式为内存映射的单次突发传输和 I/O 映射的单次传输。

5. PCI 中断

PCI 中断可以通过设置 INTCSR 寄存器实现。对于产生于局部总线上的中断,也可以通过设置 INTCSR 来将局部总线上产生的中断 LINTi1、LINTi2 转换为 PCI 总线上的中断。

6. ISA 总线

通过必要的配置和设置使能位,PCI9052 提供了基于 ISA 总线向 PCI 总线的直接转换。这给开发者提供了极大的方便。

采用 PLX9052 设计的 CAN 通信接口卡原理电路可以分成三个功能模块：PCI 接口、EEPROM 和局部总线，如图 4－6 所示。

PLX9052 提供三种类型的局部总线信号：标准 ISA 模式、复用模式和非复用模式，其中复用模式和 SJA1000 的接口最吻合。此模式的信号和 8051 CPU 输出的信号基本相同，可以直接与 SJA1000 及其他类似接口的芯片相连。这时的片选信号由 PLX9052 内部逻辑完成，不是由外部地址译码电路产生的。

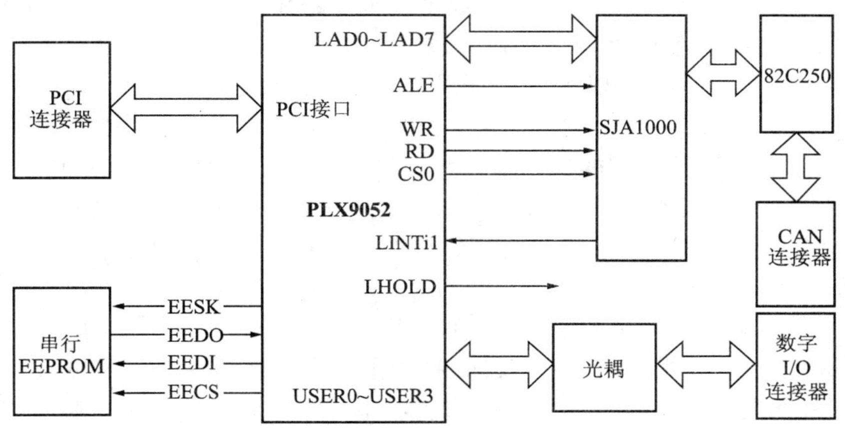

图 4－6　CAN 通信接口卡电路框图

在图 4－6 中，PLX9052 将 PCI 总线上的操作转换为对局部总线的操作，即通过 LAD0～LAD7、RD、WR、CS0 等信号对 SJA1000 的寄存器进行访问。

SJA1000 和 82C250 构成 CAN 总线接口电路，最高可支持 1MHz 的通信速率。

4.3.2　采用 PCI 开发板设计接口卡的方法

PCI 接口板卡也可以在商品化的 PCI 开发板上，利用开发工具进行硬件和软件的开发，不需要从头做起。这种方法的优点是可以利用经过检验的成熟的 PCI 开发板，系统主要部分已经完成，用户可以把注意力集中在需要自己实现的功能上，大大节省了开发时间。不利之处是其性能受到 PCI 接口板卡开发工具的制约。

4.3.3　PCI 接口卡驱动程序及软件设计

接口卡设计完成以后，需要开发设备驱动程序来访问接口卡。设备驱动程序是连接计算机硬件的软件接口，在驱动程序的支持下，用户应用程序以一种规范的方式访问硬件，而不必考虑对硬件的控制细节。控制硬件的细节由设备驱动程序完成。设备驱动程序是一个软件，安装以后成为操作系统的一部分。

写设备驱动程序对软件开发人员来说是一个挑战。正像只有真正动手写程序，并经历了被各种错误折磨得心情沮丧后，才能真正掌握软件开发的真谛。写驱动程序也是一样，要想真正掌握其中的技术要点，必须经过实践。本书的第 5 章专门介绍驱动程序开发的一些相关知识,为学习写驱动程序的人员提供一些基本的入门知识。从设计监控系统的角度看,如果现成的商品化板卡能够满足性能的要求,则可以省去开发驱动程序的麻烦。下面介绍使用商品化的板卡应用软件程序的开发方法。

4.3.4 商品化数据采集卡

PC 机是目前广泛使用的计算机。在工业现场测控应用中,广泛使用工业 PC。为了满足数据采集和控制的需要,国内外的许多厂商生产了各种性能、技术指标的数据采集板卡。此类板卡在一块印刷电路板上集成了模拟多路开关、A/D、D/A 转换电路、采样/保持电路、放大电路等各种功能,板卡的总线过去以 ISA 总线为主流,随着 PCI 总线计算机的流行,也出现了大量的 PCI 总线数据采集卡。有了数据采集卡,构成一个基本的数据采集系统相对容易了:把板卡插到计算机的扩展槽中,装上驱动,配上相应的处理软件,就构成了以计算机为基础的数据采集和处理系统。这样,数据输入通道中带有共性的转换处理问题就由板卡生产厂商解决了,从而用户把主要精力集中在系统的构成、算法及相关事务问题处理上。这样做的好处是提高了系统的开发研制的效率、节约了时间,同时提高了系统的可靠性。因为专业生产厂商提供的板卡一般是经过一定的现场运行改进后的产品,已经排除了系统中潜在的问题,相比用户自己从头开始研制、开发出的产品其可靠性要高。因此,如无必要,尽量采用通用的产品构成系统的数据采集通道。

商品化的数据采集卡有多种形式:模拟输入板卡;模拟、数字输入 - 数字输出板卡;模拟输入 - 模拟输出板卡等。一个 PCI 模拟输入 - 模拟输出板卡的工作原理框图如图 4 - 7 所示。

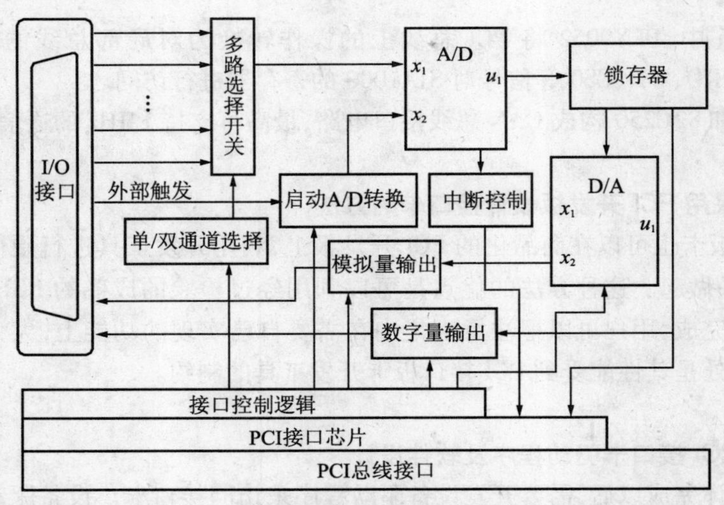

图 4 - 7 模拟输入 - 模拟输出板卡原理框图

以基于 PCI 总线的 HK - PCI812F 数据采集卡为例,板上装有 12bit 分辨率的 A/D 转换器和 8 入、8 出的开关量接口芯片。提供了 16 双/32 单的模拟输入通道和 8 入、8 出的开关量通道。A/D 输入信号范围: ±5V、0 ~ 5V、0 ~ 10V。支持软件查询方式、中断方式,两种方式的传输率均可达到 100K;提供读写采集卡的函数,可用于用户应用系统的开发。图 4 - 8 为 HK - PCI812F 的主要元件布局。图 4 - 8 中的符号含义如下:

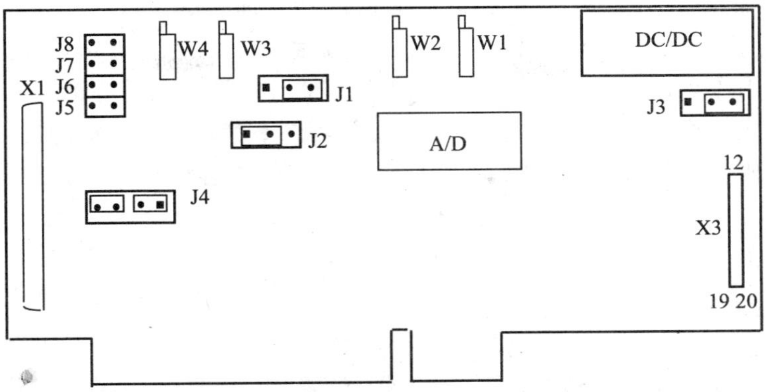

图4-8　HK-PCI812F的主要元件布局

X1:模拟量信号输入(DB37)引线插座;X3:开关量输入/输出信号(DB20)引线插座;W1:放大器满度调整电位器;W2:A/D电路双极性零点调整电位器;W3:A/D电路单极性零点调整电位器;W4:硬件增益调整电位器;J1、J2:模拟电压输入量程选择;J3:外触发电平选择;J4:输入方式选择;J5、J6、J7、J8:增益选择。

采用数据采集板卡构成监控系统,需要考虑:①选择板卡类型。主要考虑因素为:通道数目、输入信号的形式(电压/电流)及幅度、输入阻抗、采集时间、转换精度(以多少bit为单位)、工作环境温度、系统总线等。②利用厂商提供的驱动接口程序,实现板卡底层驱动。驱动程序一般是以WINFDOWS的动态连接库DLL的形式提供给用户,并描述了其中的函数原型。用户在自己的程序中调用厂商提供的功能函数,就可完成板卡的控制。

4.4　Windows编程环境及软件开发

在Windows下开发监控应用系统,目前常用的开发工具为VC++、VB和Delphi。本节主要以Delphi为开发工具,介绍开发监控应用系统相关的概念和方法。

4.4.1　Windows下的Delphi编程环境

Delphi是一个功能强大的可视化开发工具,使用Delhi可以快速便捷地编写Windows应用程序。应用Delphi开发应用程序的环境是一种集成开发环境(IDE)。在IDE的环境下,分布着系统菜单(Menu)、工具(Toolbars)、组件模板(Component)、对象浏览器(Object Inspector)、窗体(Form)和代码编辑器(Code Editor)等几个部分。图4-9给出了Delphi7的集成开发环境。其中,代码编辑器位于窗体之下,可以使用鼠标单击激活或使用F12键与窗体进行切换。

在IDE环境下开发应用程序的基本步骤是:

①开始一个新项目。启动Delphi7,进入集成开发环境,系统自动建立一个新项目,并命名为:Project1,这个项目具有Delphi7的缺省设置。也可以从菜单中选择File|New→Apllication命令创建新项目。

②按照程序设计要求创建程序界面——窗体。

③在窗体中放置需要的组件,并设计组件之间的关系。

④编写处理事件的程序。

⑤完成整体结构及全部窗体的设计,进行编译、链接,形成执行程序。

以上的步骤是一个大大简化的描述。但是，如果构造简单的程序，如：显示一行信息的程序，在简单点击鼠标和输入必要的信息后，就完成了。足以见到集成开发环境的威力。但读者千万不要以为所有的程序开发都这样简单，那就大错特错了。实际上，要想开发出一个出色的应用程序，有许多知识需要学习，只是 Delphi 给我们提供了一个容易的入门而已。限于篇幅和本书的宗旨，程序开发方面的内容请参阅相关的书籍。

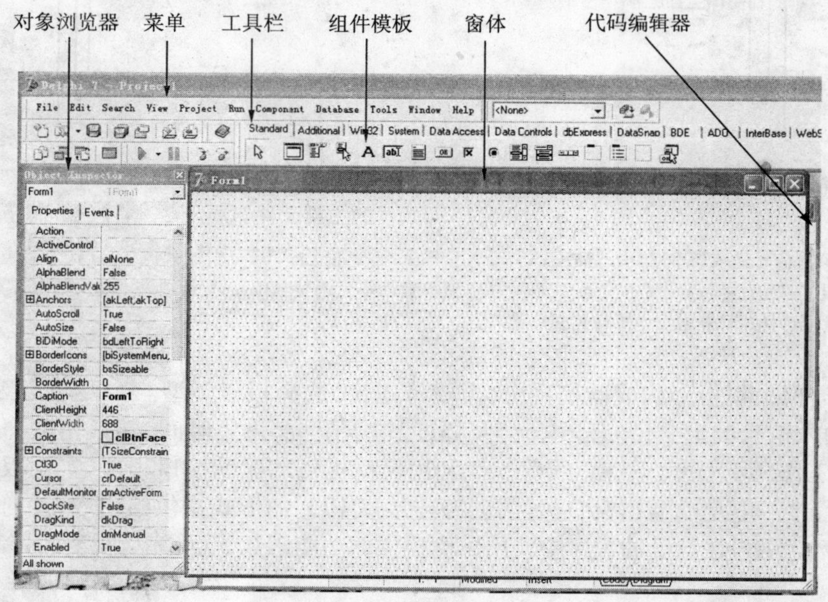

图 4-9 Delphi7 集成开发环境

4.4.2 动态连接库 DLL 的开发与调用

1. 动态链接库 DLL 的基本概念

板卡的驱动函数或例程在 Windows 操作系统下一般以动态链接库 DLL（Dynamic Link Library）的形式提供给用户。动态链接库 DLL 是一些过程的集合，含有共享的代码和资源，是 Windows 中程序的重要组成部分，Windows 就是由众多 DLL 组成的系统。如负责内存、进程和线程管理的 Kernel32. dll，负责创建窗口和处理 Win32 消息的用户接口的 User32. dll，负责处理图形的 GDI32. dll 等等都是动态链接库文件。还有 Windows API 函数、驱动程序文件、字体资源文件等。动态链接库的扩展名一般是 dll，也可以是 drv、sys，fon。动态链接库是可执行文件，其运行由可执行程序通过调用来实现，不能直接独立运行。

动态链接的概念是相对静态链接而言的。把由一个一个独立的程序或函数连接到一起，形成一个可执行文件的过程就是一种静态链接。静态链接形成的执行程序中包含了程序执行的全部代码。当多个由静态链接形成的程序在内存中同时运行时，如果在程序中包含有相同的子程序或函数，那么在内存中就会存在多个这些子程序或函数的相同拷贝，造成资源的浪费。而动态链接库装入内存后可以被系统中运行的程序使用，不必每个程序都加载一份拷贝。

使用动态链接的程序有以下特点：

①多个程序调用 dll 程序时，dll 在内存中只产生一个实例，可以有效地节省内存，共

享资源的代码,减小可执行文件的尺寸。

②隐藏实现细节,在保持 dll 调用接口、参数以及返回值不变的情况下,对 dll 的程序的修改不影响调用 dll 的应用程序。

③应用程序不是自包含的,当被调用的 dll 程序没有找到时,应用程序或中断运行(静态调用),或不能实现 dll 提供的功能(动态调用)。

dll 程序的开发与语言无关,只要遵守 dll 的接口规范,用不同的语言都可以开发出高效率的程序。当然,不同的语言引用 dll 其规则是不同的。由于已经出版的各种语言的程序编写指南很少从控制与数据采集的角度介绍 DLL 程序的编写与调用方法,为了方便读者掌握有关的设计开发方法,我们结合自己的开发经验,从板卡编程需要出发,介绍如何在 WINDOWS 下编写 dll 程序以及数据采集板卡的驱动程序。

2. 动态链接库 DLL 程序的编写方法

在 Delphi 7 中,提供了开发动态连接库的工程模板,使用该模板可以方便地开发出 DLL 程序框架。下面介绍具体的步骤。

(1)选择工程模板

在 Delphi 7 的菜单中选择中"File→New→Other...",如图 4－10 所示。

点击"Other...",出现如图 4－11 的选择模板界面。

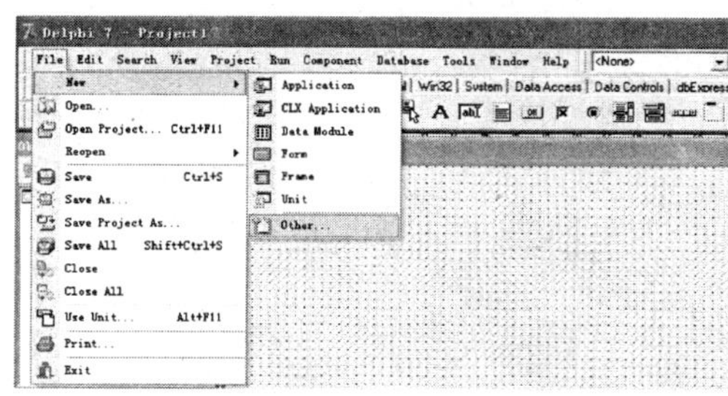

图 4－10 DLL 模板生成选择界面

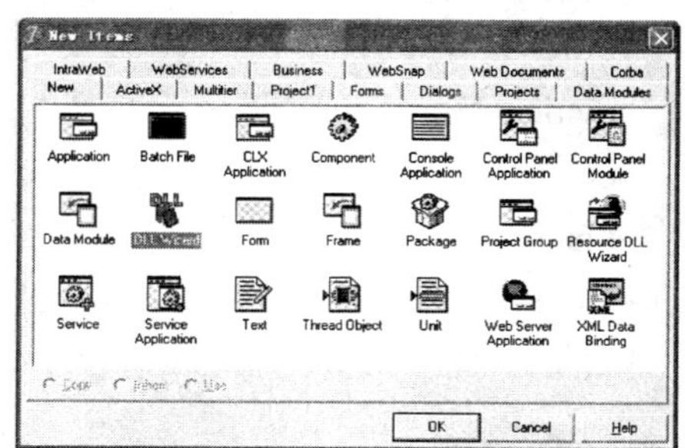

图 4－11 选择模板界面

选择"DLL Wizard", 点击"OK"按钮,出现如下工程文件代码:

```
library Project1;
{ Important note about DLL memory management: ShareMem must be the first unit in your library's USES clause AND your project's (select Project - View Source) USES clause if your DLL exports any procedures or functions that pass strings as parameters or function results. This applies to all strings passed to and from your DLL——even those that are nested in records and classes. ShareMem is the interface unit to the BORLNDMM.DLL shared memory manager, which must be deployed along with your DLL. To avoid using BORLNDMM.DLL, pass string information using PChar or ShortString parameters. }
uses SysUtils,
Classes;
{$R *.res}
begin
end.
```

DLL 工程文件代码的第一行为关键字 **library**，后面跟着工程文件的名称，这里是"Project1"。编译器在遇到关键字 **library** 时，编译生成的代码为 DLL 文件。在代码文件中的注释部分强调了关于 DLL 内存管理方面的要求：如果把 **string** 作为参数传递给函数或作为结果返回，需要在 **library** 中的 **uses** 部分，把 **ShareMem** 作为第一个单元。在注释部分说明了这样做的原因。当以适当的文件名保存以上工程代码后，**library** 后面跟着的工程名"Project1"也会自动修改。

(2)建立过程、函数代码

建立过程、函数代码的方法与普通过程、函数建立的方法相同。根据需要完成的功能，设计相应的算法，用代码加以实现。

为了让别的库和程序能够调用动态连接库中的函数，这些函数必须用显式的输出语句"exports"加以说明，格式为：

exports entry1, . . . , entryn;

exports 后的每一项：entry1, . . . , entryn 表示已经声明的过程、函数或变量。可以用单元的名称作为以上过程或函数的限定词，以便更加准确地标明这些项目。

下面的例子是名称为：MinMax 的动态连接库，有两个函数 Min and Max。

```
library MinMax;
function Min(X, Y: Integer): Integer; stdcall;
begin
  if X < Y then Min := X else Min := Y;
end;
function Max(X, Y: Integer): Integer; stdcall;
begin
  if X > Y then Max := X else Max := Y;
end;
exports
  Min,
  Max;
begin
end.
```

以上语句的最后两行表示这个执行这个库函数必须要执行的语句，这里不需要。

为了使用 Delphi 编写的动态连接库能够被其他语言的程序安全调用，可以在输出函数的声明部分 exports 指明是 stdcall，这样使用比较安全。因为 Delphi 默认的调用规则是 register 约定，其他语言可能不支持这种调用约定。

需要注意的是，如果在采用 DLL 不能在程序中包含 VisualCLX 组件。如果必须使用 VisualCLX 组件，就要使用 package。这是因为只有 package 才能管理共享库的启动和关闭问题。

可以使用 name 给输出的项目命名。如果不指定名字，则输出的项目名称与原来声明的名称、拼写方法和大小写一致。如下例：

```
exports
  Min name 'Minimum';
```

把上面定义的 Min 用 Minimum 重新命名，在应用程序中，调用函数 Min 时，就使用 Minimum。

如果函数或过程是重载的，在 exports 语句中必须列出参数。如：

```
exports
  Divide(X, Y: Integer) name 'Divide_Ints',
  Divide(X, Y: Real) name 'Divide_Reals';
```

(3) DLL 初始化

库的声明部分组成了初始化代码。这些代码在库加载时执行一次。初始化代码执行的典型任务是登记窗口类和初始化变量。库初始化代码可以使用 DllProc 变量安装一个入口程序。DllProc 变量同描述了退出过程的退出程序一样。当加载或卸载库时，执行入口点过程。

库初始化代码通过设置 ExitCode 变量为非 0 值发出出错信号。ExitCode 变量在 System 单元声明，默认值是 0，表示初始化成功。如果 ExitCode 的值非 0，库被卸载，应用程序得到一个加载失败的信息。与此类似，如果在执行初始化代码时产生一个未处理的异常，调用程序也会得到一个加载库失败的信息。如果调用的应用程序或库是用 Delphi 写的，异常可以用通常的 try...except 语句来处理。

在 Windows 中，如果调用的应用程序或库是用其他语言写的，异常可以作为操作系统的异常处理，异常代码是 $ 0EEDFADE。在操作系统异常记录 ExceptionInformation 矩阵的第一个入口是异常地址，第二个入口包含有异常的说明，Delphi 异常对象可以参考。

一般情况下，不要让异常从你的库中泄露出去 。在 Windows 中，Delphi 的异常映射到操作系统的异常模式，Linux 不存在异常模式。

如果库不使用 SysUtils 单元，异常的支持就关闭了。在这种情况下，当库中出现运行时错误时，调用的应用程序被终止。因为库没有办法知道调用是否来自 Delphi 程序，无法调用应用程序的退出程序，因此就简单地终止程序并从内存中清除。

在 Windows 中，如果 DLL 输出的例程传递的参数是长字串(long strings)或动态矩阵(dynamic arrays)或函数的结果(无论是直接、嵌入在记录或对象中)那么该 DLL 和 DLL 的客户应用程序必须使用 ShareMem 单元。如果应用程序或 DLL 用 New 或 GetMem 分配内存，在另一个模块中用 FreeMem 释放内存，也要使用 ShareMem 单元。ShareMem 单元应该是列出的过程或使用库单元语句中的第一个单元。

ShareMem 是 BORLANDMM. DLL 内存管理器的接口单元，可以使模块动态共享内存。BORLANDMM. DLL 必须使用 ShareMem 配置应用程序和 DLL。当应用程序或 DLL 使用 ShareMem 时，BORLANDMM. DLL 中的内存管理器接管了内存的管理。

在 Linux 中，用“uses glibc's malloc”来管理共享的内存。

下面是一个有初始化代码和入口过程的实例。

```
library Test;
var
```

```
  SaveDllProc: Pointer;
procedure LibExit(Reason: Integer);
begin
  if Reason = DLL_PROCESS_DETACH then
  begin
  ... // 库退出代码
  end;
  SaveDllProc(Reason); // 调用保存的入口过程
end;
begin
  ... // 库初始化代码
  SaveDllProc := DllProc; // 保存退出过程链
  DllProc := @LibExit; // 安装 LibExit 退出过程
end.
```

当库函数第一次加载到内存,或线程开始或停止,或库被卸载时,调用 DllProc。一个库的所有单元初始化部分在库的初始化代码之前执行,这些单元的最后部分在库的入口程序之后执行。

(4) DLL 文件生成

编译 DLL 和普通的工程一样,完成代码以后,可以编译连接生成动态连接库。生成的 DLL 可以在应用程序中调用,不能直接运行。

3.调用动态链接库 DLL 的方法

在应用程序中,DLL 可以直接调用。但是,DLL 是在程序运行时才连接到应用程序中去的。因此,当编译应用程序的时候,并不检查 DLL 是否存在,也不会报告相关的错误。

要调用定义在共享模块中的例程,必须引进例程。有两种方法可以完成这个任务:声明一个外部过程或函数(Delphi 语言不支持从共享库中引入变量);直接调用操作系统的功能。无论那种方法,例程都是在运行时才连接到应用程序中。

调用通信卡驱动程序就是调用 dll 程序,有两种调用方法:①静态调用;②动态调用。

静态调用是在程序的初始化时,将 dll 载入内存,把它转换为程序可以利用的函数。在需要使用 dll 中的函数时再进行调用。动态调用则在程序运行到需要 dll 中的函数时才动态地把 dll 载入内存,确定加载的函数地址,再进行调用。

(1)静态调用

静态调用用 external 伪指令声明要使用的过程或函数,这是最简单的调用方法。

静态调用动态链接库 DLL 的步骤为:

①声明外部函数或过程:使用 external 指令声明引入的过程或函数,语法如下:

procedure 过程名称(参数);stdcall; external'dll 文件名' name '对应 dll 文件中的过程名称';

function 函数名称(参数):函数类型; stdcall; external 'dll 文件名';name '对应 dll 文件中的函数名称';

以 T_HKCanInitState( )的静态调用为例，其声明格式如下：

```
function T_HKCanInitState (mDevHandle:PHKCANHANDLE;
                           nPort:Integer;CAN_bps:cardinal;
                           CAN_StationAddress :byte;
                           CAN_Mask :byte;
                           mRxEvent :Thandle
                  ): LongBool; stdcall; external 'HKcandll.dll';
```

如果在应用程序中加入了这个声明，当应用程序运行时，就加载 HKcandll. dll 一次。在程序的所有执行过程中，过程 T_HKCanInitState 总是指向共享库的同一入口点。

引入例程的声明可以直接放在调用例程的程序或单元里。为了维护方便，应该把所有的外部声明放在一个单独的单元中，其中包含有库的接口单元需要的常量和类型。

以上的语法中，name 是在引进一个例程时，给例程重新起名。如：

external stringConstant1 name stringConstant2;

其中：stringConstant1 是新起的例程名称，而 stringConstant2 是原来例程的名字。

②调用：仅由一个应用程序使用的 DLL 文件应该安装在应用程序所在的目录。由几个应用程序使用的 DLL 文件可以安装在使用 DLL 的程序能够访问的目录下。一个惯例是安装在 Windows 或 Windows\System，或 Windows\Command. 目录下。最好是创建一个专用的目录来存放通用的 DLL 文件，这样管理起来比较方便。静态调用查找 DLL 文件的顺序是：

- 当前进程所在的目录；
- 当前目录；
- Windows System 目录；
- Windows 目录；
- PATH 环境变量中包含的路径。

在使用 DLL 的单元中，加入函数声明语句即可以在程序中使用 DLL 中的过程或函数。函数声明语句可以放在 implementation 语句之后，如下所示：

```
unit EXAMPLE;
interface
uses
  Windows, Messages, SysUtils, Classes, Graphics, Controls, Forms, Dialogs,
  StdCtrls;
type
  TForm1 = class(TForm)
    Button1: TButton;
    procedure Button1Click(Sender: TObject);
  private
    { Private declarations }
  public
    { Public declarations }
```

```
  end;
var
  Form1: TForm1;
implementation
function T_HKCanInitState (mDevHandle:PHKCANHANDLE;
                           nPort:Integer;CAN_bps:cardinal;
                           CAN_StationAddress :byte;
                           CAN_Mask :byte;
                           mRxEvent :Thandle
  ): LongBool; stdcall; external ' HKcandll. dll ';
```

需要注意的是：

• 调用参数中要包含 stdcall；

• 用 Delphi 语言编写程序时不区分大小写，但动态连接库的调用是大小写敏感的。

静态调用实现的方法比较简单。在程序运行时就加载需要的 DLL 到内存，并一直保留到主程序的退出才从内存中卸载。因此，静态调用的运行速度比动态调用要快一些。如果 DLL 或 DLL 中包含的过程或函数不存在，主程序会自动终止进程，因此运行相对安全可靠。但静态调用不能在运行的时刻决定是否调用 DLL，也不能动态卸载 DLL，因此灵活性不足。

(2) 动态调用

动态调用可以弥补静态调用的不足。动态调用，顾名思义是在程序的运行时刻根据需要决定是否加载 DLL，不需要时，又从内存中卸载。动态调用，主要使用 Windows API 函数实现调用 DLL 及 DLL 中的过程或函数，因此如果加载的 DLL 不存在或调用 DLL 中的函数或过程不存在，引起的后果是 API 函数调用失败，程序仍然能继续运行。这是使用动态调用的一个优点。

动态调用使用的 Windows API 函数有三个：LoadLibrary，GetProcAddress 和 FreeLibrary，这些函数在 Delphi 的 Windows. pas 中声明。其说明为：

```
function LoadLibrary(lpLibFileName: PChar): HMODULE; stdcall;
function GetProcAddress(hModule: HMODULE; lpProcName: LPCSTR): FARPROC;
stdcall;
function FreeLibrary(hLibModule: HMODULE): BOOL; stdcall;
```

在以上三个函数中的 HMODULE 在 Delphi 的 System. pas 中定义为 Thandle。

其中：LoadLibrary 函数中的 lpLibFileName 指出了加载的 DLL 文件名，加载成功返回库模块的实例句柄，否则返回出错代码。在加载的过程中，按照静态调用中的文件查找顺序定位 DLL 文件，找到后，将 DLL 文件映射到进程的虚拟地址空间并设置引用计数。如果 DLL 的代码已经映射到另一个进程的虚拟地址空间，函数只返回 DLL 库模块的实例句柄，并增加 DLL 的引用计数。

GetProcAddress 函数用于获得给定的 DLL 文件中过程或函数的地址。HModule 是 LoadLibrary 返回的 DLL 文件实例句柄；lpProcName 是函数或过程名，其字符的大小写要和动态连接库文件 DLL 中 exports 语句中输出的函数或过程名称的大小写一致。调用

GetProcAddress 成功,返回函数或过程的入口地址,否则返回 nil。

FreeLibrary 函数从内存中卸载库文件。HLibModule 是 DLL 模块的实例句柄,执行这个函数将模块的引用计数减 1,如果为 0,则解除 DLL 文件到进程的虚拟空间的映射。

明确了以上关系,可以把在 Delphi 中动态调用 dll 归纳为以下几个步骤:

①声明需要使用的 DLL 文件中的过程或函数及类型。

②用 LoadLibrary 函数载入 DLL。

③用 GetProcAddress 获得需要引用的 DLL 函数地址,并进行类型转换,使 DLL 中的定义函数可以被程序使用。

④在程序中调用函数。

⑤不需要 DLL 时,释放 DLL。在程序中要保证 LoadLibrary 和 FreeLibrary 函数的使用一一对应,以确保在程序运行退出后没有 DLL 模块仍然留在内存中。

需要注意的是:动态调用不能使用入口点函数完成每个线程的初始化,否则会引起问题。因为在线程中可能需要调用入口点函数进行线程的初始化,如果此时尚未使用 LoadLibrary 函数就会出现问题。

下面以 CAN 卡的驱动函数 HKCANDLL. dll 为例,说明以上过程。

• 载入 dll 可以用以下语句实现:

```
CAN_Handle := LoadLibrary('HKCANDLL.dll');
```

其中,CAN_Handle 是一个整型变量,在 Delphi 中的定义为:"CAN_Handle:integer"。

• 获得函数地址并进行类型转换,可以用以下语句实现:

```
@HKCanInitState := GetProcAddress(CAN_Handle,'HKCanInitState');
```

以上语句是获得 dll 中的 HKCanInitState() 的函数地址,如果转换成功,后面的程序就可以使用 HKCanInitState() 函数了。

• 调用函数,方法如下:

```
Status := HKCanInitState(@g_mDevHandle, Port, CanBPS, CAN_StationAddress,
CAN_Mask, g_hReadEvent_port[0].handle);
```

这里 Status 是一个布尔型的变量。根据函数原型,HKCanInitState()是一个布尔型的函数,如果调用的结果是 TRUE,说明初始化设备端口成功。

以上是在 Delphi 中调用 dll 的一般步骤。以下是在程序中调用 HKCANDLL. dll 的程序代码,通过这些代码读者可以理解调用 dll 的基本步骤。

```
unit MainFrm;
interface
uses
  Windows, Messages, SysUtils, Variants, Classes, Graphics, Controls, Forms,
  Dialogs, StdCtrls ,SyncObjs,Goalvar;
type
  TMainForm = class(TForm)
……
  private
    { Private declarations }
```

```
    m_Handle :THandle;
    rsm_Handle :THandle;
  public
    { Public declarations }
  end;
var
  MainForm: TMainForm;

implementation

{ $ R *.dfm}

procedure TMainForm.FormCreate(Sender: TObject);
begin
   m_Handle := LoadLibrary('HKCANDLL.dll');
//用 loadLibrary 函数载入 dll
   if (m_Handle <=0)  then
      ShowMessage('打开 HKCANDLL.dll 动态链接库失败')
   else begin
      @HKCanOpen := GetProcAddress(m_Handle,'HKCanOpen');
//获得函数地址并进行类型转换,可以作为函数使用
      if(@HKCanOpen = nil) then
          ShowMessage('获取 HKCanOpen()函数句柄失败!');
      @HKCanClose := GetProcAddress(m_Handle,'HKCanClose');
      if(@HKCanClose = nil) then
          ShowMessage('获取 HKCanClose()函数句柄失败!');
      @HKCanInitState := GetProcAddress(m_Handle,'HKCanInitState');
      if(@HKCanInitState = nil) then
          ShowMessage('获取 HKCanInitState()函数句柄失败!');
      @HKCanSendFrame := GetProcAddress(m_Handle,'HKCanSendFrame');
      if(@HKCanSendFrame = nil) then
          ShowMessage('获取 HKCanSendFrame()函数句柄失败!');
      @HKCanReadFrame := GetProcAddress(m_Handle,'HKCanReadFrame');
      if(@HKCanReadFrame = nil) then
          ShowMessage('获取 HKCanReadFrame()函数句柄失败!');
      @HKCanAbortSend := GetProcAddress(m_Handle,'HKCanAbortSend');
      if(@HKCanAbortSend = nil) then
          ShowMessage('获取 HKCanAbortSend()函数句柄失败!');
      @HKCanGetLastError := GetProcAddress(m_Handle,'HKCanGetLastError');
```

```
        if(@ HKCanGetLastError  =  nil) then
            ShowMessage('获取 HKCanGetLastError()函数句柄失败！');
        end;
      rsm_Handle := LoadLibrary('HKDrvUI.dll');
//用 loadLibrary 函数载入 the dll of RSM module
    if (rsm_Handle <=0) then
        ShowMessage('打开 HKDrvUI.dll 动态链接库失败')
    else begin
        @ InitCanParameter := GetProcAddress(rsm_Handle,'InitCanParameter');
//获得函数地址并进行类型转换,可以作为函数使用
        if(@ InitCanParameter = nil) then
            ShowMessage('获取 InitCanParameter()函数句柄失败！');
        @ ClearCanCom := GetProcAddress(rsm_Handle,'ClearCanCom');
                if(@ ClearCanCom = nil) then
            ShowMessage('获取 InitCanParameter()函数句柄失败！');
        @ ReadData := GetProcAddress(rsm_Handle,'ReadData');
                if(@ ReadData = nil) then
            ShowMessage('获取 ReadData()函数句柄失败！');
        @ WriteData := GetProcAddress(rsm_Handle,'WriteData');
                if(@ WriteData = nil) then
            ShowMessage('获取 WriteData()函数句柄失败！');
          end;
end;
end.
```

下面以国内厂商生产的板卡为例,说明使用板卡的应用软件编写方法。

4.4.3　数据采集卡应用程序的编写

在 Delphi 中使用函数需要先定义函数,然后定义函数的变量,最后才是引用函数。如果厂商给出的函数原型用 C 语言写出,还需要把 C 语言的函数原型转化为用 Delphi 表示的函数。以上面的函数为例,在 Delphi 中重新写出其函数定义如下。

```
type
T_HKCanOpen =
Function (mDevHandle: PHKCANHANDLE ; InDriverName: pchar; DrvType: integer;
nDev:integer): LongBool;stdcall;
T_HKCanClose = Function(mDevHandle:PHKCANHANDLE):
LongBool;stdcall;
T_HKCanInitState = Function(mDevHandle:PHKCANHANDLE;
                            nPort:Integer;CAN_bps:cardinal;
                            CAN_StationAddress :byte;
```

```
                    CAN_Mask :byte;
                    mRxEvent :Thandle
                       ): LongBool;stdcall;
T_HKCanSendFrame = Function( mDevHandle:PHKCANHANDLE;
pSendFrame :PHKCANFRAME):integer;stdcall;
T_ HKCanReadFrame = Function ( mDevHandle: PHKCANHANDLE; nPort: integer;
pReadFrame:PHKCANFRAME):integer;stdcall;
```

下面以 HKCanInitState()为例,说明把 C 语言定义的函数转换为 Delphi 函数的方法。

HKCanInitState()C 函数原型为:

```
BOOL    HKCanInitState(  PHKCANHANDLE mDevHandle,
                          int          nPort,
                          UINT         CAN_bps,
                          UCHAR   CAN_StationAddress,
                          UCHAR   CAN_Mask,
                          HANDLE   mRxEvent
                          );
```

对应的 **HKCanInitState()Delphi** 函数定义为:

```
T_HKCanInitState = Function(mDevHandle:PHKCANHANDLE;
                   nPort:Integer;CAN_bps:cardinal;
                   CAN_StationAddress :byte;
                   CAN_Mask :byte;
                   mRxEvent :Thandle
                      ): LongBool;stdcall;
```

在 Delphi 中,用关键字 function 说明一个函数,括号中是函数的参数。而函数名称用等号(=)与关键字 function 联系。对比 C 语言中的定义,在函数的名称前面增加了"T_",这是 Delphi 语法要求的。同时注意在两种语言中对变量属性的定义的对应。另外,Delphi 中,dll 的函数声明的右括号后用说明函数属性;并增加关键字 stdcall,这是 Delphi 中 dll 调用的约定。如:上面的函数说明函数是布尔类型的 dll 函数(LongBool;stdcall)。

定义了函数以后,还需要定义与函数相同类型的变量,才能够真正调用函数。如以上函数,定义函数变量的方法是:

```
VAR
  //函数定义,在 HKCANDLL. DLL 中
  HKCanOpen          :T_HKCanOpen ;
  HKCanClose         :T_HKCanClose;
  HKCanInitState    :T_HKCanInitState;
  HKCanSendFrame    :T_HKCanSendFrame;
  HKCanReadFrame    :T_HKCanReadFrame;
  HKCanAbortSend    :T_HKCanAbortSend;
  HKCanGetLastError :T_HKCanGetLastError;
```

经过以上函数定义、函数变量定义，在程序中就可以直接使用函数了。

4.5 智能单元构成的前向通道

按照图4－2，智能单元组成的前向通道由现场的数据采集处理模块和通信总线构成。常用的通信总线有RS－232、RS－485以及CAN总线等。随着现场总线技术在自动化领域的应用不断深入，现场总线控制系统已经成为控制系统发展的主流方向，因此在自动控制的基础部分——数据采集现场采用现场总线是必然的选择。本节结合前向通道智能模块的介绍，说明现场总线技术及其在前向数据采集通道中的应用。

4.5.1 现场总线种类及标准

现场总线是用于过程控制现场仪表与控制室之间的一个标准的、开放的、双向的多站数字通信系统。随着计算机技术、通讯技术、集成电路技术的发展，以全数字式现场总线（FIELD BUS）为代表的互联规范，正在迅猛发展和扩大。由于采用现场总线将使控制系统结构简单，系统安装费用减少并且易于维护；用户可以自由选择不同厂商、不同品牌的现场设备达到最佳的系统集成等一系列的优点，现场总线技术正越来越受到人们的重视。据不完全统计，已有的各种类型的现场总线约40余种。常用的现场总线有：

①德国西门子公司为主的推出的ProfiBus，主要用于加工自动化、过程自动化以及纺织、楼宇自动化、PLC、低压开关等领域。

②国际标准组织——基金会现场总线FF（Fieldbus Foundation），主要用于自动化系统、特别是过程自动化系统而设计的。FF不仅仅是一种总线，还是一个自动化系统和网络系统。

③美国Echelon公司推出的LonWorks，是一种开放的控制网络平台技术，是连接日常设备的标准之一，为各种控制网络提供了端到端的解决方案。

④CAN（Controller Area Network）总线，又称为控制局域网，属于总线式通讯网络。德国Bosch公司1986年为解决现代汽车中测量部件之间的数据交换开发的串行数据通信总线。列入ISO国际标准——ISO11898，是工业数据通信的主流技术。

CAN总线的主要特点：

- 多主工作方式。CANBUS网络上任意一个节点均可在任意时刻主动向网络上的其他节点发送信息，而不分主从。可方便地构成多机备份系统及分布式监测、控制系统。
- 网络上的节点可分成不同的优先级以满足不同的实时要求。
- 采用非破坏性总线裁决技术，当两个节点同时向网络上传送信息时，优先级低的节点主动停止数据发送，而优先级高的节点可不受影响地继续传输数据。
- 通过报文滤波实现点对点，一点对多点及全局广播传送接收数据，无需专门调度。
- 通讯距离最远可达10km/5kbps，通讯速率最高可达1Mbps/40m。
- 网络节点数实际可达110个。每一帧的有效字节数为8个，传输时间短，受干扰的概率低。
- 每帧信息都有CRC校验及其他检错措施，数据出错率极低，可靠性极高。
- 通讯介质可采用双绞线、同轴电缆或光缆。

• 传输信息出错严重的节点可自动切断它与总线的联系，以使总线上的其他节点的操作不受影响。

• 有睡眠方式，降低功耗。

1991 年 9 月，Philips 半导体公司发布了 CAN V2.0 标准，分为 CAN V2.0A、CAN V2.0B。V2.0B 兼容 V2.0A，同时市面上的 CAN 控制器件几乎都支持 V2.0B。

4.5.2　CAN 总线的通信模型及帧结构

CAN 通信的参考模型分层结构见图 4－12。CAN 总线位于 ISO/OSI 参考模型的物理层和数据链路层。物理层定义了信号的传输方法，涉及位编码解码、位定时、同步，但没有定义驱动器/接收器特性。数据链路层包含有介质访问控制子层和逻辑链路控制子层。

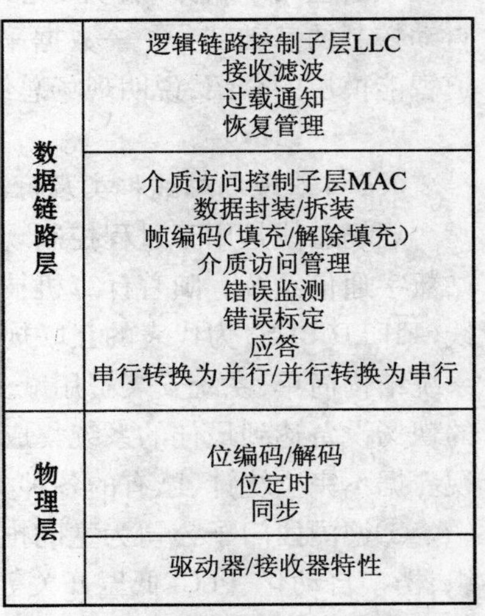

图 4－12　CAN 通信模型的分层结构

CAN 总线的上的数据位用“显性”（Dominant）和“隐性”（Recessive）两个互补的逻辑值表示“0”和“1”。在隐性状态下，CAN 总线收发器与总线之间的两个引脚 V_{CAN-H} 和 V_{CAN-L} 的电压位于平均电平附近，其差值 V_{diff} 近似为 0；在显性状态下，则差值 V_{diff} 大于最小阈值电压，如图 4－13 所示。

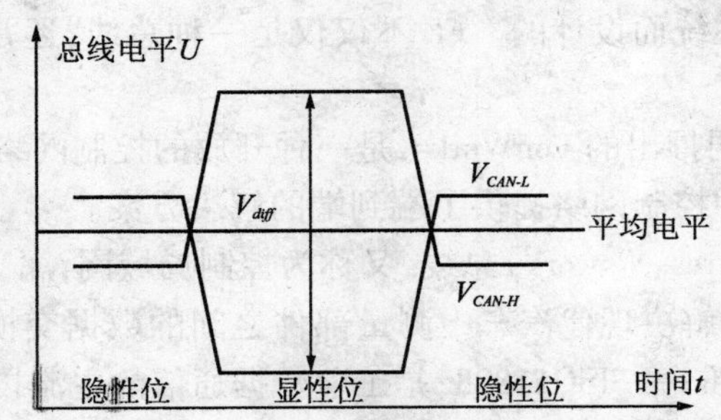

图 4－13　总线上的数据位表示方法

CAN 总线的报文传送帧结构见图 4－14。

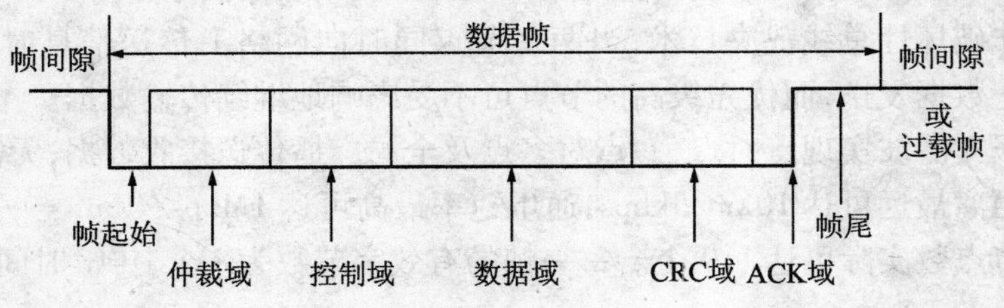

图 4－14　报文的帧结构

数据帧由 7 个不同的域组成。下面分别介绍这 7 个域。

①帧起始(SOF)标志数据帧的开始,由一个显性位组成。

②仲裁域有两种格式:标准格式和扩展格式,见图 4－15。

标准格式的仲裁域有 11 位的标识符和远程发送请求位 RTR 组成。在 CAN2.0A 标准中,标识符的发送顺序是从高位 ID.10 到低位 ID.0,ID.10 到 ID.4 这 7 位不能都是隐性位。RTR 在数据帧中必须是显性位,在远程帧中必须是隐性位。

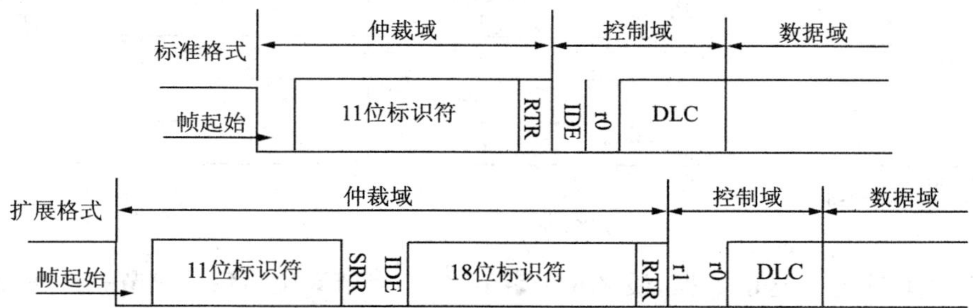

图 4－15　标准格式和扩展格式

在 CAN2.0B 标准中,标准格式的仲裁域的标识符为 ID.28 到 ID.18 以及 RTR 组成。扩展格式的仲裁域的标识符为 ID.28 到 ID.18 ,SRR,IDE 以及 18 位的标识符 ID.17 到 ID.0 和 RTR 组成。

SRR 是替代远程请求位,为隐性位。

IDE 是标识符扩展位,在标准格式里为显性位,在扩展格式里为隐性位。

③控制域由 6 位组成,见图 4－16。

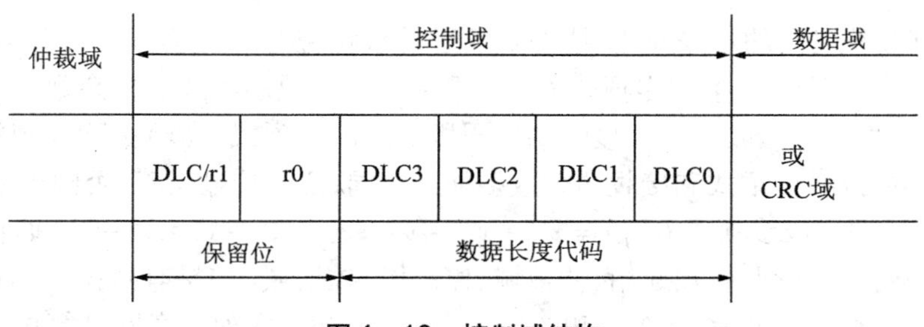

图 4－16　控制域结构

标准格式中,控制域包括数据代码长度 DLC、IDE 和保留位 r0。保留位必须为显性位。DLC 为 4 位,说明数据域的字节数,允许的数值是 0～8。扩展格式的有两个保留位 r1 和 r0。数据长度代码 DLC 的编码见表 4－5。

表 4－5　数据代码长度代码编码表

数据字节数	数据长度代码			
	DLC3	DLC2	DLC1	DLC0、
0	d	d	d	d
1	d	d	d	r

续表

数据字节数	数据长度代码			
	DLC3	DLC2	DLC1	DLC0、
2	d	d	r	d
3	d	d	r	r
4	d	r	d	d
5	d	r	d	r
6	d	r	r	d
7	d	r	r	r
8	r	d	d	d

表中：r——显性；d——隐性。

④数据域中是发送的数据，最多 8 个字节，每个字节 8 位。每个字节先发送最高位。

⑤CRC 域包含 CRC 序列和 CRC 定界符，其结构如图 4－17 所示。

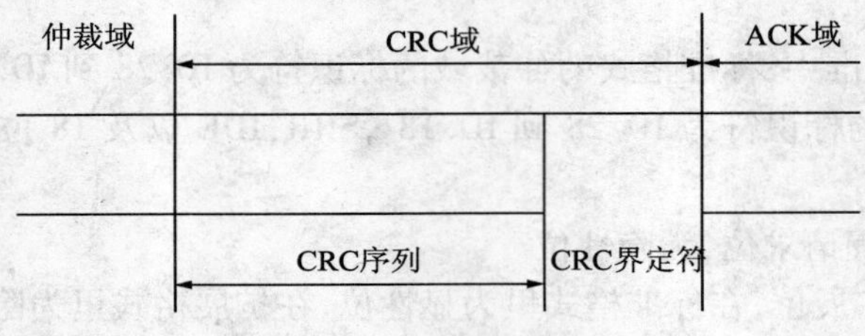

图 4－17　CRC 域结构

按照 CRC 检错码的生成办法，把需要发送的数据位序列作为一个多项式 $f(x)$ 的系数，除以通信双方约定的生成多项式 $f(x)$，得到一个余数多项式。把余数多项式加到数据多项式之后发送到接收端。在接收端用同样的生成多项式 $G(x)$ 去除收到的数据多项式，如果得到的余数多项式和接收的余数多项式相同，说明传输正确，否则出错。

CAN 总线的生成多项式 $G(x) = x^{15} + x^{14} + x^{10} + x^{8} + x^{7} + x^{4} + x^{3} + 1$。而构成发送数据多项式的数据位序列为：帧起始、仲裁域、控制域、数据域（如果有数据）。根据 CRC 算法，把这个数据位序列左移 15 位除以 $G(x)$，就得到 CRC 序列。实际计算中采用二进制的模 2 算法，即加法不进位，减法不借位，相当于异或运算。

CRC 界定符只有一个隐位。

⑥应答域 ACK 为两位，为应答间隙和应答界定符，见图 4－18。

⑦帧结束由连续 7 个隐性位组成。

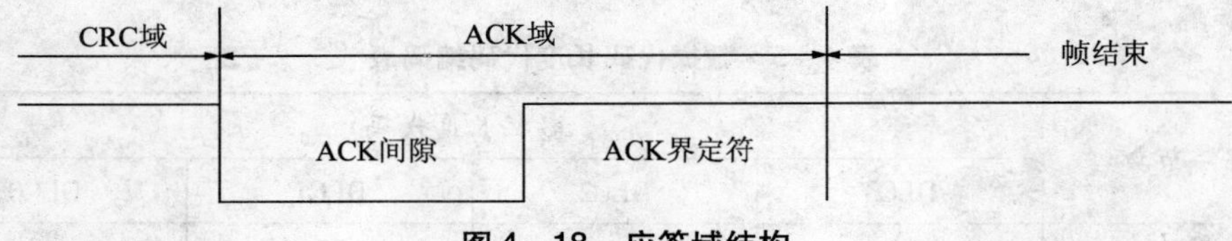

图 4－18　应答域结构

4.5.3　CAN 总线通信卡

实现 CAN 总线协议可以采用 CAN 总线通信卡。CAN 总线通信卡从功能上可分为两部分:PCI 总线接口部分和 CAN 网络通讯部分。

CAN 网络通讯部分主要实现 CAN 物理层和数据链路层协议,提供远距离的通信能力。硬件电路的设计任务:一是实现 CAN 通信控制器与微处理器之间接口电路设计;二是实现 CAN 总线收发器与物理总线之间接口电路的设计。

目前用于设计 CAN 总线通信卡的 CAN 总线器件有两大类:一类是独立的 CAN 控制器,如 SJA1000、82C200 及 Intel82526/82527 等;另一类是微控制器片内带有 CAN 控制器,如 P8XC582 及 16 位微控制器 87C196CA/CB 等。独立的 CAN 控制器设计的灵活性比较好,能够根据需要选择微处理器。带有 CAN 控制器的微处理器电路的设计简单,结构紧凑,开发效率高。图 4 – 19 是采用 80C51 系列单片机和 PHILIPS 公司的 SJA1000 CAN 控制器以及 82C250 总线收发器设计的 CAN 总线应用系统的原理框图。

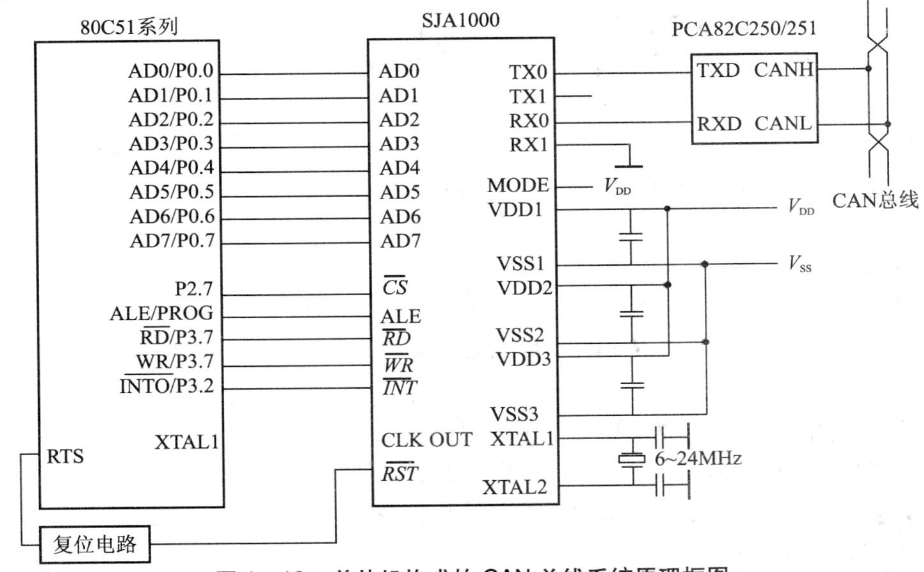

图 4 – 19　单片机构成的 CAN 总线系统原理框图

CAN 总线通信卡也是一种插在 PC 机中的板卡,有商品化的产品出售。其构成一般是以 CAN 控制器 SJA1000 为基础,加上辅助电路构成。使用 CAN 通信卡也需要安装板卡驱动程序,在 Win98、Win2000、Windows/XP 下为即插即用安装。按照用户手册进行安装并不复杂。

4.5.4　CAN 总线通信卡接口函数

从用户使用 CAN 总线通信接口卡的角度看,需要编程完成如下几个方面的功能:

①检测 CAN 通信卡是否存在;

②初始化 CAN 卡通信端口;

③发送、接收数据帧;

④不使用 CAN 通信卡时,释放 CAN 卡驱动占用的内存。

以 HK－CAN30B CAN 总线通信卡为例，产品用户手册给出如下函数原型：

1. HKCanOpen( )

函数原型：
```
BOOL HKCanOpen(
        PHKCANHANDLE mDevHandle,
        char * InDriverName,
        int Type,
        int nDev
        )
```

功能：检测 CAN 通信卡是否存在，打开设备。

返回值：TRUE　设备打开成功；FALSE　设备打开错误。

参数：mDevHandle　：　设备状态控制结构体（OUT）

　InDriverName　：　设备名称（IN）

　　HK－CAN10S 板卡　　“HKCAN10”

　　HK－CAN20C 板卡　　“HKCAN20”

　　HK－CAN30B 板卡　　“HKCAN30”

　nDev　：　设备序号（0－3）（IN）

　Type　：　设备驱动类型（IN）

　　DRIVER_SYS 0　　内核式驱动

　　DRIVER_VXD 1　　虚拟设备驱动

2. HKCanClose( )

函数原型：
```
BOOL HKCanClose(
        PHKCANHANDLE mDevHandle
        )
```

功能：关闭设备，释放驱动程序占用的内存。

返回值：TRUE 设备正确关闭；FALSE 设备关闭错误。

参数：mDevHandle：　设备状态控制结构体（IN）

3. HKCanInitState( )

函数原型：
```
BOOLHKCanInitState(
        PHKCANHANDLE mDevHandle,
        int      nPort,
        UINT     CAN_bps,
        UCHAR    CAN_StationAddress,
        UCHAR    CAN_Mask,
        HANDLE   mRxEvent
        );
```

功能：初始化设备端口。

返回值：TRUE 初始化设备端口成功；FALSE　初始化设备端口失败。

参数：

　mDevHandle：　设备状态控制结构体（IN）

nPort　：　设备端口号(取值为0、1)(IN)

CAN_bps :HK - CAN30B 通讯板的波特率。

下表列出五档波特率。

波特率	CAN_bps
1M	0xC0A3
500K	0xC1A3
250K	0xC3A3
125K	0xC7A3
50K	0xC7AF

CAN_StationAddress:为本站的站地址(IN)。

CAN_Mask:为通讯板的接收屏蔽字,与 CAN_StationAddress 共同作用决定本站可接收信息包(IN)。判定公式如下:

ID | CAN_MASK = = CAN_MASK | CAN_StationAddress

其中:ID 为信息包标识符的高 8 位。

例如:当 CAN_MASK =0xFF 时,则接收网络上的所有信息包;当 CAN_MASK =0 时,则只接收 ID 与 CAN_StationAddress 相等的信息包。

中断屏蔽字设置实例:

假设 CAN 总线上现共有三个站点,站地址分别设为:10、12、13,其中地址为 10 的站点需要接收标识为 10 和 11 的信息包,地址为 12 的站点只关心标识为 12 的信息包,地址为 13 的站点欲接收所有的信息包。因为 10 和 11 只在最低位不同(00001010 和 00001011),所以站点 10 的中断屏蔽字应设置为 00000001,既 0x01;站点 12 只关心与本身有关的信息包,其中断屏蔽字应为 0x00;而站点 13 则应设置为 0xFF。

mRxEvent :数据帧到达核心对象句柄,一般为事件。如果采用查询方式读取数据,可将此参数设为 NULL(IN)。

4. HKCanSendFrame( )

函数原型:BOOL HKCanSendFrame(

```
                PHKCANHANDLE mDevHandle,
                PHKCANFRAME pSendFrame
                )
```

功能:发送单帧数据。

返回值:TRUE　设备正确发送数据;FALSE 发送数据错误。

参数:mDevHandle:设备状态控制结构体(IN)

　　pSendFrame:发送数据帧指针(IN)

5. HKCanReadFrame( )

函数原型:int　HKCanReadFrame(

```
              PHKCANHANDLE    mDevHandle,
```

```
IntnPort,
PHKCANFRAME    pReadFrame
)
```

功能：读取一帧数据。

返回值：> =0：该值为缓冲区中剩余帧数（等于0表示缓冲区已读空）；<0：读取操作失败。

参数：mDevHandle： 设备状态控制结构体(IN)

nPort： CAN 端口号(IN)

pReadFrame ：接收数据帧指针(OUT)

6. HKCanReadFrameEx()

函数原型：

```
int    HKCanReadFrameEx(
        PHKCANHANDLE mDevHandle,
        int    nPort,
        PHKCANFRAME pReadFrame,
        int    * pReadnum
        )
```

功能：读取多个数据帧。

返回值：> =0：该值为缓冲区中剩余帧数（等于0表示缓冲区已读空）；<0：读取操作失败。

参数：mDevHandle：设备状态控制结构体(IN)

nPort ： CAN 端口号(IN)

pReadFrame ： 接收数据帧指针（大小应足够容纳指定帧数）(OUT)

pReadnum ： 读取帧数(IN)

利用以上函数，在 WINDOWS 环境下可以实现数据传输。具体的编程并不复杂。

4.5.5 CAN 总线智能模块构成的前向通道

采用 CAN 总线智能模块构成的前向通道是一个典型的智能分布式系统，其系统结构见图4－20。该系统由上位计算机、CAN 通信卡、智能模块、传感器、总线介质等部分组成。上位计算机在 PCI 或 ISA 总线中插入 CAN 通信卡，并安装了相应的驱动程序。智能模块可以采用51 系列单片机作为现场数据处理核心，构成智能处理控制单元。底层软件固化于片内，并采用看门狗电路保证了系统的稳定性。以实现模拟量采集为例，智能模块处理过程是，通过多路开关从多路模拟量中选择一路电压或电流信号，经输入端低通滤波、多路开关、仪表放大器、AD 转换后，经过光电耦合送到单片机。在单片机中经过软件滤波、平滑，通过 CAN 总线控制器封装后，经过 CAN 通信电缆送到上位机。由于智能模块由单片机进行底层数据的采集并做出了必要的处理，减轻了上位机处理数据的负担，满足了实时性的要求。对于被监控对象分布比较分散的情况，这是一种比较灵活和经济的方式。

监控系统上位机软件，应具有状态采集、发送控制命令、显示数据、趋势曲线、错误报警、故障诊断、数据存储管理等功能。

图 4－20　CAN 总线智能控制器构成的前向通道硬件结构

上位机编程的关键在 CAN 通信卡的通信程序的编写。CAN 通信卡把上位机连接到 CAN 总线上，实现了上位机数据到 CAN 总线的协议转换。其数据交换关系见图 4－21。

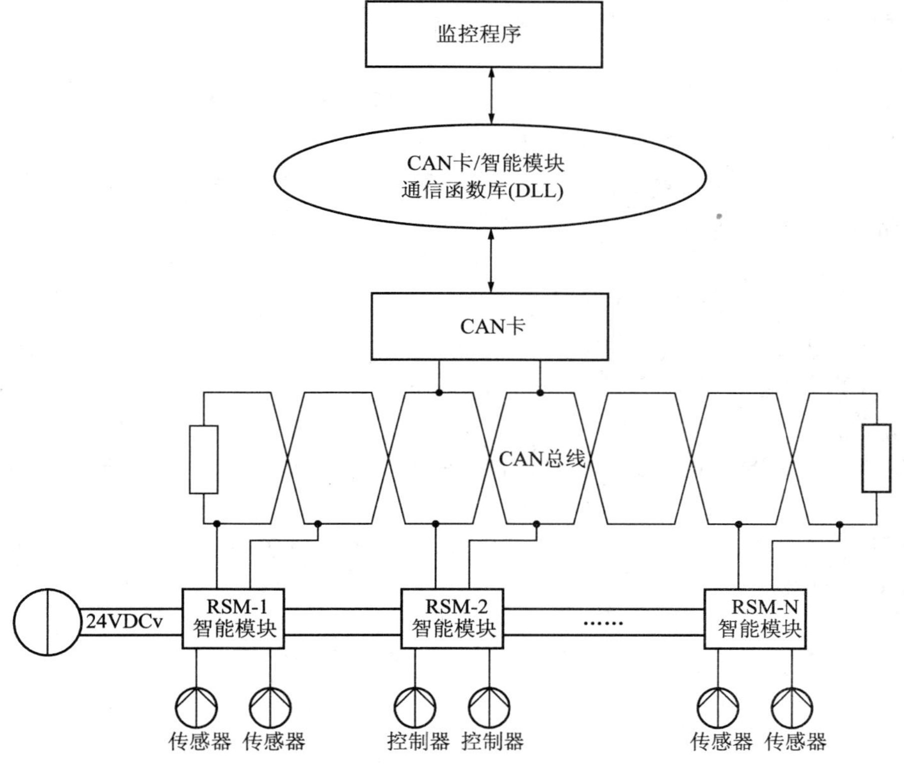

图 4－21　上位机与 CAN 总线的数据交换关系

在图 4－21 中，根据监控系统现场的需要，智能模块有的作为状态采集智能单元，接传感器进行现场状态数据的采集；有的智能模块作为控制单元，接控制器对被控对象进行控制。编程主要完成如下几个方面的功能：

①智能模块的初始化；

②CAN 通信卡驱动程序的加载和释放；

③读智能设备的输入端口数据；

④写控制端口，发送控制命令。

智能模块的 DLL 函数库主要给出以下函数：CAN 通讯卡初始化；读数据；发送数据；退出，释放 CAN 驱动程序所占用的系统资源等。这些函数的调用在上位机主程序中，实现对 CAN 通信板卡进行初始化及读写控制功能。

思考题与习题

1. 什么是前向通道？前向通道常见实现方式是什么形式？

2. PCI 总线有哪些主要信号？

3. 什么是 PCI 的配置空间？其作用是什么？

4. 采用 PCI 接口芯片设计 PCI 总线接口卡的基本框图结构是什么？试举一实例进行说明。

5. 画出数据采集卡的结构框图并说明各部分的作用。

6. 什么是动态链接库？其作用是什么？

7. 编写动态链接库 DLL 程序的基本步骤是什么？试用 Delphi 或 C 语言编写一个动态链接库 DLL 程序，计算变量 X 的平方。

8. 在应用程序中调用动态链接库 DLL 程序有那些方法，其特点是什么？说明不同的方法调用动态链接库 DLL 程序的基本步骤。

9. 什么是 CAN 总线？其数据位在总线上是如何表示的？

10. CAN 总线的报文传送的帧结构是什么？

11. 画出用微处理器实现的 CAN 总线应用系统原理框图，并说明各部分的作用。

12. 利用书中给定的 CAN 总线通信卡接口函数，用 Delphi 或 C 语言编写一个读写文件的应用程序。

13. 用 CAN 总线智能控制器构成的前向通道其结构形式是什么？画出结构图并说明各部分的作用。

14. 利用书中给的 DLL 函数，编写 CAN 总线智能控制器的应用软件，使用 WriteData()函数发出控制命令。

第 5 章

设备驱动程序

当自己动手开发连接到计算机总线上的接口板(或称适配器)实现特殊功能的时候,编写设备驱动程序是一个回避不了的问题。设备驱动程序是计算机硬件的软件接口,通过这个接口,应用程序对硬件进行控制。

编写设备驱动程序是软件开发中最具挑战性的任务之一。很多高级程序开发人员用汇编、用 C 语言在 DOS 和 Windows 下开发过大量的程序,但对设备驱动程序的开发却知之甚少。想尝试开发设备驱动程序的技术人员,望着微软公司厚厚的 Windows 2000 Driver Design Guide,里面扑面而来的术语,往往使人望而却步。本书的宗旨是研究广播电视自动监控领域涉及到的技术问题,写本章的基本假设是读者要开发独特功能的接口板,需要自己编写设备驱动程序,因此不得不研究设备驱动程序的开发方法。实事求是地说,开发 Windows 下的设备驱动程序不是一件轻松的工作。首先面临的是大量的术语。限于篇幅,要在本书中充分介绍这些术语和相关的技术是很困难的。因此,假定读者已经具备了一定的操作系统和软件开发的基本知识,熟悉微机原理和汇编语言方面的知识。在介绍中,尽量以不需要背景知识的方式进行叙述,以期望读者对设备驱动程序的开发有个基本的认识和了解。

5.1　DOS 设备驱动程序概述

众所周知,在 DOS 系统下,应用程序可以调用系统提供的“服务程序”对内存、硬、软盘进行读写操作。标准的 DOS 可以管理和控制一组标准的 PC 设备,如:键盘、显示器、磁盘及串行、并行接口。这些标准的设备驱动程序一般都是操作系统中设备管理程序的一部分,对用户是不可见的。在 DOS2.0 之前,没有提供一个一致的访问外部设备的方法。当增加一个新设备时,必须修改设备管理程序。这限制了 DOS 对新设备的支持。

从 DOS2.0 开始,DOS 制定了编写设备驱动程序的规则,提出了一个一致的连接到 DOS 的接口。遵守这个规则,用户可以把设备驱动程序补充到 DOS 中去,使 DOS 把新增的设备按照原有设备的同样方法进行处理。但这些规则在“DOS 技术参考手册”中没有作明确的介绍。这可能是导致一些人认为 DOS 下没有设备驱动程序这个概念的原因。有鉴于此,我们首先简单介绍 DOS 下设备驱动程序的概念,再详细介绍 Windows 下设备驱动程序的原理及开发方法。这样做的好处是读者可以把握设备驱动程序技术发展的脉络,而且了解 DOS 下的设备驱动程序的工作过程,有助于理解 Windows 下的设备驱动程序。

5.1.1　DOS 设备驱动程序基本原理

图 5－1 是 DOS 管理程序的概念模型。DOS 的最里面的部分为内核(Kernel)，提供了管理和控制 PC 资源的功能。内核包括：内存管理、内核管理、文件管理、系统引导等部分。内存管理提供了对执行程序空间的管理；内核管理对应于应用程序 I/O 的请求；内核的文件管理提供了组织数据的功能，DOS 引导时，核心部分负责本身的初始化工作。

一般用户使用计算机由 COMMAND. COM 命令处理程序进行处理，应用程序可以通过服务程序接口使用 DOS 提供的系统服务调用、BIOS 调用完成 I/O 请求。

设备驱动程序为 DOS 提供了设备管理功能。每个驱动程序控制一个设备，并都使用 BIOS 子程序。DOS 允许应用程序控制一组标准的设备：键盘、显示器、磁盘和串并行适配器件(接口卡)，给这些标准设备分配了一个唯一的名字，如：CON——键盘/显示器；COM1——串口 1；NUL——空设备；A——第一个磁盘机，等等。

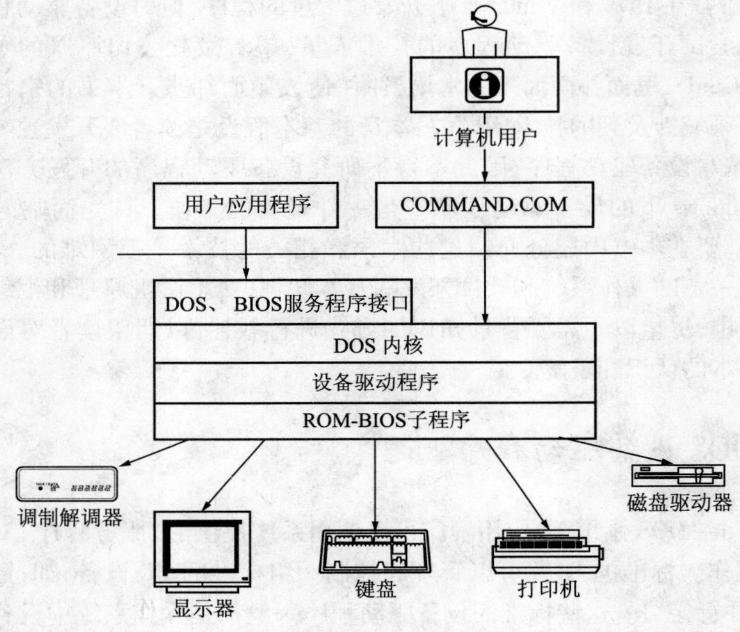

图 5－1　DOS 管理程序的 DOS 概念模型

DOS 访问设备和访问文件一样，都叫做“打开”文件或设备。DOS 服务于一个访问设备的请求时，把访问设备的要求，按照一组标准的规则转换成一系列简单的驱动命令传递给设备驱动程序。

DOS 设备驱动程序是 DOS 的一部分。按照微软的设计规范开发设备驱动程序，DOS 就能够认可这些新设备并将它们与其他标准设备集合在一起。新增设备变成了 DOS 的标准设备，可以在应用程序中或命令级上进行访问。

为 DOS 增加设备驱动程序的目的是：①支持非标准的 DOS 设备；②扩充或增加原来驱动程序的功能。

5.1.2　设备链表

DOS 设备驱动程序的管理是通过一个“设备驱动程序清单”进行的。这个清单是一个设备连接链表，叫做设备链(Device chain)，见图 5 –2(a)。清单以 NUL 设备开始，然后是 CON 等，最后以 –1 结束清单。一个新的驱动程序安装后，DOS 总是把它插在 NUL 设备之后。DOS 查找设备是从 NUL 开始的，当找到后就停止查找。采用这个检索机制，可以增加新设备或替换原来标准的驱动程序。图 5 –2(b)表示添加一个名称为 NEW 的新设备后设备链的变化。

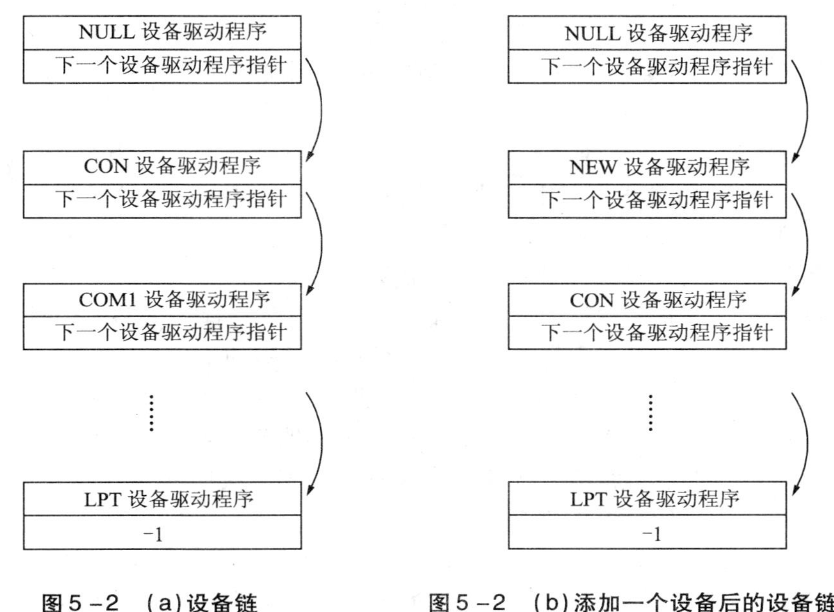

图 5 –2　(a)设备链　　图 5 –2　(b)添加一个设备后的设备链

5.1.3　设驱动程序结构框架

一个设备驱动程序包括五个部分：设备头(Device Header)；数据存储和局部过程(Data Storage and Local Procedures)；策略过程(STRATEGY Procedure)；中断过程(INTERRUPT Procedure)；命令处理(Command Processing)。

设备头是给 DOS 使用的信息。包括：设备驱动程序名称和指向下一个驱动程序的指针。数据存储和局部过程部分包含有局部数据变量及子程序。策略过程和中断过程用来处理 DOS 传递给设备驱动程序的命令。命令处理部分是实际的处理 DOS 每一条命令的代码。

5.1.4　DOS 和设备驱动程序的通信

DOS 调用驱动程序时，向设备驱动程序传送一个“请求头”(Request Header)的数据块，其格式如表 5 –1。

表 5-1 请求头的数据结构

数据域	长 度(Byte)	作 用
1	1	表示请求头的长度
2	1	命令代码
3	1	设备单元号
4	2	完成时返回的状态字
5	8	DOS 保留
6	不定	命令的数据

设备单元号表示有多个同类设备时是哪个设备。如:有两个磁盘,A:用 0 表示;B:用 1 表示。

当程序提出的请求涉及到设备驱动程序,DOS 会自动设置这个请求头。请求头存放在 DOS 保留的内存空间,根据调用提供的信息建立。在发出控制命令时把请求头的地址传送给驱动程序。ES 寄存器传递的是段地址;BX 寄存器传递的是偏移地址。

DOS 处理程序请求对设备的操作,将调用两次设备驱动程序。第一次,将控制传送给策略过程;第二次在中断过程指定的地址处调用设备驱动程序。第一次的策略过程是初始化程序的一组命令,第二次的中断过程使用策略过程的信息处理 DOS 的命令请求。采用两次处理的好处是对设备的操作分出优先级别,为一次执行多个任务提供了条件。尽管 DOS 是单任务操作系统,但是这种设计机制为实现多任务提供了条件。

两次执行任务的安排为:第一次执行按照到达的先后次序处理链接策略;第二次执行按照优先级来排序,优先级高的首先执行。

DOS 下的设备分成两类:字符设备、块设备。字符设备一次传送一个字节的数据;块设备一次传输一组数据。对两类设备控制命令是有区别的,表 5-2 列出了设备的控制命令。

表 5-2 对驱动程序的控制标准命令集

命令编号	命令作用	命令描述
0	初始化	驱动程序装入内存,马上使用该命令调用驱动程序。
1	存储介质检查	只适用于块设备。
2	获得 BIOS 参数块	只适用于块设备。
3	IOCTL 输入	用于 I/O 控制。将控制信息返回给与设备有关的程序。
4	输入	指示驱动器从一个设备读数据,并返回给 DOS。
5#	不破坏输入	用来确定设备上(缓冲器)是否有可读的数据。
6#	输入状态	检查设备状态。
7#	输入废除	清除与设备相关的缓冲器废除任何输入。
8	输出	通知驱动程序为设备写一组指定数量的数据。
9	带校验输出	DOS 的 Verify 开关为 ON,“写”后读回数据。

续表

命令编号	命令作用	命令描述
10#	输出状态	检查输出设备状态。
11#	输出废除	通知设备废除当前输出设备上的数据。
12	IOCTL 输出	DOS 传给驱动程序需要的用来控制设备的数据。
13 *	设备打开	记录设备被打开的全部次数。
14 *	设备关闭	关闭设备。
15 *	可移动存储介质	只适用于块设备。
16# *	输出	输出数据直到设备忙为止。
17 - 18 **	未定义	
19 *	通用 I/O 控制	只适用于块设备。
20 - 22 **	未定义	
23 **	获得逻辑设备	用于块设备,得到一个设备单元的多个驱动器字母。
24 **	设置逻辑设备	用于块设备,为一个设备单元指定多个驱动器字母。

注:#表示该命令只适用于字符设备; * 表示该命令适用于 DOS 3.0 以上版本; ** 表示该命令适用于 DOS 3.2 以上版本。

5.1.5　设备驱动程序实例

编写 DOS 设备驱动程序一般包括以下几个部分:

①驱动程序的注释。这部分内容为说明程序的作用;编写时间,作者;修改原则,修改信息等内容。

②主过程代码。

③DOS 要求的设备头。对 DOS 定义了五个关键值。第一个值说明设备驱动程序后面是否跟有其他的设备驱动程序。第二个值告诉设备的类型:字符还是块设备。第三、四项是设备驱动程序的策略过程和中断过程的地址。第五个值是设备驱动程序的设备名。

④设备驱动程序的工作空间。定义了驱动程序的一些变量。

⑤策略过程代码。

⑥中断过程代码。

⑦局部过程代码。

⑧DOS 命令处理。处理表 5 - 2 中列出的命令,是驱动程序的核心。

⑨错误出口。处理发生错误的代码。

⑩公共出口代码。成功完成操作,返回状态信息。

⑪程序结束代码。

下面以一个简单的设备驱动程序为例,说明设备驱动程序的编写及各部分的组成。这个驱动程序可以使机器发出蜂鸣声并在显示器上显示一行信息。其各部分组成如下。

1. 驱动程序的注释和主过程代码

```
    cseg   segment   para   public   'code'
    simple   proc   far
    assume   cs:cseg, es:cseg, ds:cseg
; main procedure code
    begin:
```

该部分主要用来指示编译器对源程序进行编译时如何处理。"begin"标号是驱动程序的入口地址。

2. 设备头

设备头可以定义如下：

```
;DEVICE HEADER REQUIRED BY DOS
next_dev      dd     -1              ;no other device driver
attribute     dw     8000h           ;character device
strategy      dw     dev_strategy    ;address of first dos call
interrupt     dw     dev_int         ; address of sencond dos call
dev_name db          'SIMPLE  $ '    ;name of device
```

在这个定义中，第一个值说明设备驱动程序后面没有其他的设备驱动程序。第二个值告诉设备的类型是字符设备。第三、四项是设备驱动程序的策略过程和中断过程的地址。第五个值是设备驱动程序的设备名——SIMPLE $。名字不能为 NUL，同时要求等于 8 个字符，因此定义中在字符的最后加了一个空格符，构成 8 个字符。定义中的属性字的定义见表 5－3。

表 5－3 属性字的含义

位(bit)	设置为 1 的含义
0	标准输入设备
1	标准输出设备
2	NULL 设备
3	时钟设备
4	特殊设备
5～10	保留，必须为 0
11	支持 OPEN/CLOSE/REMOVEABLE/MEDIA 的设备
12	保留，必须为 0
13	非 IBM 格式
14	IOCTL
15	字符设备，块设备为 0

3. 工作空间

中断程序需要两个变量；程序需要一个在初始化时打印信息的变量。这三个变量定义在设备头之后。

```
;work space for example program
rh_off    dw     ?             ;request header offset
rh_seg    dw     ?             ;request header segment
          db     07h
          db     'The simple device driver!',0dh,0ah,07h, '$'
```

DOS 在内存中建立一个请求头时,将 EX:BX 的地址传送给设备驱动程序,策略程序把这个地址保存在 rh_seg 和 rh_off 中。

4. 策略过程代码

```
;strategy procedure
dev_strategy:                          ;first call from DOS
     mov     cs:rh_seg, ss             ;save request header ptr segment
     mov     cs:rh_off, bx             ; save request header ptr offset
     ret
```

这个程序是 DOS 第一次调用设备驱动程序的代码。把请求头的地址保存在定义的变量中。

5. 中断过程代码

```
;interrupt procedure
dev_int:                                ;second call from DOS
          cld
          push    ds
          push    es
push      ax
push      bx
push      cx
push      dx
push      di
push      si
     ;perform branch based on the command passed in the request header
               mov     al, es:[bx]+2    ;get command code
               cmp     al,0             ;check for 0
               jnz     exit3            ;no, go to error exit
               rol     al,1             ;get offset into table
               lea     di, cmdtab       ;get address of command table
               mov     ah, 0
               add     di, ax           ;add offset
               jmp     word ptr[di]     ;jump indirect
     ;command table; the driver only processing a command - initialization
     cmdtab    label   byte
               dw      init             ;initialization
```

在这个设备驱动程序中，只处理初始化命令，命令代码为0。如果需要处理所有的命令代码，应该在表中依次列出。程序中的“rol　al,1”语句是为了检索过程地址表。

6. 局部过程代码

局部过程是一些辅助执行设备驱动程序功能的子程序。本例子只有一个初始化过程。这里的功能是发出蜂鸣声，显示信息，再发出蜂鸣声。

```
;the initial procedure
    initial      proc      near
         lea          dx, msg1                ;initialization
         mov          ah, 9
         int          21h                     ;dos call
         ret
    initialendp
```

DOS 使用命令编码0（初始化命令）调用这个设备驱动程序。本例中可以看到显示如下信息：

Simple Device Driver!

需要注意的是：DOS 调用只有在处理初始化命令时才能使用，允许的功能调用的功能号是 01h ~ 0ch 及 30h。使用其他的功能号将导致“死机”。

7. DOS 命令处理

该部分包含有处理命令代码的程序，本部分只处理了命令0。

```
; dos command processing
;command  =  0, initialization
   init:          call         initial          ;display a message
                  jmp          exit2
```

在处理完命令后，要返回一个状态字。状态字的含义如表5－4所示。状态字各位可以组合表示特定的状态。本例中，有两种可能发生的错误。一种是设备驱动程序装入时，DOS 用命令0调用设备时，设备驱动程序发生错误。一种是 DOS 使用命令0以外的其他命令调用设备驱动程序时发生错误，因为没有相应的命令处理程序。

如：用 DOS 命令级的语句将一个文件的内容拷贝到 SIMPLE　$。

COPY　　SIMPLE. ASM　SIMPLE　$

DOS 使用命令代码8（输出或写）调用设备驱动程序，因为 Simple 中没有对应的命令处理程序，引起一个错误。

表5－4　命令处理状态字

名　称	位	说　明
ERROR	15	驱动程序设置指示错误，错误码见表5－5。
	14 ~ 10	保留。
BUSY	9	需要时，驱动程序设置，防止进一步操作。
DONE	8	驱动程序必须设置。
ERROR－CODE	7 ~ 0	标准的 DOS 错误代码。

表5－5 标准错误代码

16进制码	说明
0	写保护错误
1	不认识的单元
2	驱动程序没有准备好
3	不认识的命令
4	CRC错误
5	驱动程序请求的结构长度错误
6	寻找错误
7	不认识的介质
8	没有发现扇区
9	打印机无纸
A	写失败
B	读失败
C	一般性失败

8. 错误出口

出现错误时，需要通知DOS，DOS将错误信息返回给提出请求的程序。本例中，将控制传给exit3。

```
; error EXIT
        ;set done flag, error flag, and unknown command error code
        exit3:mov    es:word ptr 3[bx], 8103h
              jmp    exitl           ;restore environment
```

对照表5－4的状态字表，程序中的8103h表示设置了DONE，ERROR；并将ERROR－CODE设置为3，对照表5－5，表示出现了"不认识的命令"错误。

9. 公共出口

第一步设置给DOS的状态；第二步恢复ES和BX寄存器。

```
; common exit
    exit2:mov    es:word ptr 3[bx], 0100h     ; set done flag and no error
    exit1:mov    bx, cs:rh_off                ; restore reg hdr to bx and es
          mov    es, cs:rh_off                ; as saved by dev_strategy
    exit0:pop    si
          pop    di
          pop    dx
          pop    cx
          pop    bx
```

```
        pop     ax
        pop     es
        pop     ds
        ret
```

10. 程序结束

```
; end of program
simple      endp
        end     begin
```

把以上10个部分的程序语句依次排列在一起，就构成这个示例驱动程序的全部源程序。尽管这个程序不能做什么事情，只是简单发出一个蜂鸣声。但是这个简单的驱动程序包含了所有复杂设备驱动程序所需要的所有部分，从中可以了解驱动程序的奥妙。

5.1.6 建立设备驱动程序

使用汇编（MASM）和连接（LINK）程序生成EXE文件，将EXE程序转换为COM文件并将程序后缀指定为SYS。使用DOS提供的EXE2BIN.COM程序完成转换工作。

C > EXE2BIN SIMPLE.EXE SIMPLE.SYS

注意这里的文件后缀为SYS是设备驱动程序的约定。

5.1.7 将设备驱动程序装入DOS

在根目录下的CONFIG.SYS文件中，加入一行：

DEVICE = SIMPLE.SYS

重新启动系统，这个驱动程序就装入了内存。因为这是一个说明的简单例子，可以听到程序设定的蜂鸣声和显示的信息。

在DOS操作系统环境下，设备驱动程序提供了一个一致的访问设备的接口。读者熟悉的使用这种方法的设备驱动程序有大容量存储设备：硬盘、软盘、CD－ROM已及网卡。如：光驱就用在CONFIG文件中加入设备驱动程序的方法实现的。但在实际应用中，技术人员很少用这种方式开发设备驱动程序，因为这种方法需要熟悉微软相关的定义，而且资料不足。硬件板卡的开发者更倾向于使用汇编指令、DOS功能调用、BIOS函数等方法，编写设备驱动程序直接操作硬件资源。由于DOS是一个单任务的操作系统，一个程序独占了系统的资源，这种硬件访问的方法不至于产生什么问题。但是在多任务、多线程的Windows操作系统中这种方法显然是不行的。因此，Windows不支持直接访问硬件资源。要访问硬件，必须使用微软提供的设备驱动程序构架方法间接进行。设备驱动的开发者必须面对用微软规定的系统方法开发设备驱动程序的问题。

微软公司为不同的Windows系统设计了不同的设备驱动程序构架。其中：VxD型驱动程序构架适用于Win3.x、Win95、Win98等操作系统；WDM型驱动程序是WinNT型驱动程序的升级版，适用于Win98、Win2000、WinXP等操作系统。WDM（Windows Driver Model）是视窗驱动模型的英文缩写。因此，在Windows 2000、Windows XP操作系统下，设备驱动程序必须根据WDM进行设计。由于Win2000和Windows XP驱动程序差别不大，以下依据Win2000进行讨论。

5.2 Windows 2000 操作系统下访问硬件方法

设备驱动程序是操作系统的一个组成部分,而且是一个信任的部分。信任的含义是操作系统认为设备驱动程序的设计和实现符合操作系统的要求,从而得不到 Win32 应用程序那样的保护。如果出现错误,后果是灾难性的。因此,作为开发设备驱动程序的设计者,需要清楚地了解 Windows 2000 操作系统结构。

Win2000 操作系统环境的主要组件如图 5-3 所示。该图说明 Win2000 操作系统的组件划分成用户模式(User Mode)和内核模式(Kernel Mode)两大层。

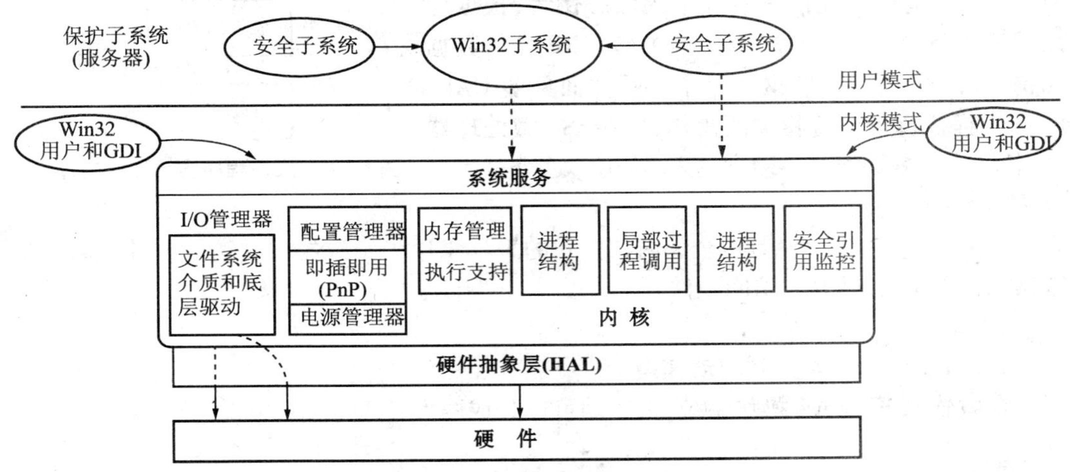

图 5-3 Win2000 操作系统环境的主要组件

所谓内核模式,按照微软的定义就是"特权处理器模式"(Privileged Processor Mode)。在这种模式下,运行管理程序(Executive)。而管理程序就是构成 Windows NT/Windows 2000 操作系统的所有组件,包括:管理支持(Executive Support);内核(Kernel);内存管理(Memory Manager);Cache 管理(Cache Manager);进程结构(Process Structure);进程通信(Interprocess Communication,LPC 和 RPC);对象管理(Object Manager);I/O 管理(I/O Manager); 配置管理(Configuration Manager);硬件抽象层(Hardware Abstraction Layer)以及安全引用监控(Security Reference Monitor)。

除了 Cache 管理和硬件抽象层之外,每个管理组件(executive component)提供一组专门的系统服务,并为使用本组件的其他管理组件输出一组内核模式的支持例程。

用户模式,又叫非特权处理器模式(nonprivileged processor mode)。应用程序代码,包括保护子系统代码运行在这种模式下。在用户模式下,应用程序不能直接访问系统的数据,要想访问系统数据的话,必须调用子系统提供的功能,而子系统再去调用系统的服务程序。

按照 Windows 操作系统的设计,驱动程序(driver)或线程(thread)要访问系统的内存或硬件,必须在内核模式下进行。

在图 5-3 中,组件提供的功能是互相独立的。对于开发与硬件紧密相关的设备驱动人员来说，最关心的是内核、I/O 管理器、即插即用管理器、电源管理器、硬件抽象层、配置管理、内存管理、管理支持以及进程结构这样一些组件。有些开发内核驱动程序的人员还要关心对象管理、安全引用监控等组件。

图中的 Win32 子系统是应用程序与系统的接口。用户的应用程序运行在"用户模式"，需要访问设备时，应用程序通过调用 Win32 API 系统进行操作。其过程是：Win32 子系统 API 调用系统服务接口→系统服务接口中有运行在内核模式中的服务例程，根据应用程序的请求，创建一个"I/O 请求包(IRP)"的数据结构→IRP 发送到设备驱动程序→硬件抽象层 HAL，HAL 例程执行与平台相关的操作，如在 x86 微处理器上，执行 IN、OUT 指令→硬件输入/输出。这个过程可以用图 5－4 表示。

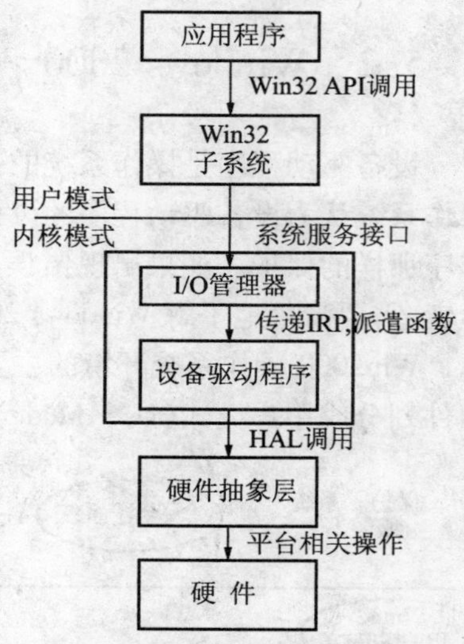

图 5－4　应用程序访问硬件的过程

以上的过程有一个特点：全部内核模式的 I/O 采用了一致的方法访问硬件，即：构造数据结构 IRP，通过 IRP 访问硬件。

5.2.1　驱动的类型和驱动模型

在微软的 Windows 操作系统，把驱动可以分成两大类：

1. 用户模式驱动(User－mode drivers)

用户模式驱动运行在用户模式下，提供了 Win32 应用程序和内核模式驱动或其他操作系统之间的接口。如：Windows Vista 中，所有的打印机驱动运行在用户模式下。

2. 内核模式驱动(Kernel－mode drivers)

内核模式驱动运行在内核模式下，是组成内核模式操作系统组件的可执行部分，用于管理 I/O，即插即用内存、进程和线程(processes and threads)、安全，等等。内核模式驱动是层次化的结构，高层的驱动从应用程序中接收数据，进行过虑，然后把数据传递给支持设备功能的低层驱动。

内核模式驱动是一组模块化的组件，有定义好的功能。这些组件根据设备的需要，用系统化的方法定义了标准驱动例程和内部例程。

这里只讨论第二类：内核模式驱动。

有三种类型的内核模式驱动，如图 5－5 所示。从图中可见，内核驱动有三种基本类型：高层驱动、介质驱动或中层驱动、底层驱动。三种类型的主要区别在功能上。

①最高层的驱动(Highest level drivers)，如：由系统提供的 FAT，NTFS，和 CDFS 文件系统驱动(File System Drivers ,FSD)。最高层的驱动依赖于低层驱动提供的支持。

②介质驱动(Intermediate drivers)，如：虚拟磁盘、镜像、指定硬件类型的类驱动(class driver)。媒介层的驱动同样依赖于低层的驱动提供的支持。

③低层驱动(Lowest－level drivers)，控制物理的外部设备。如：连接外设器件的 PnP 硬件总线驱动用来控制 I/O。

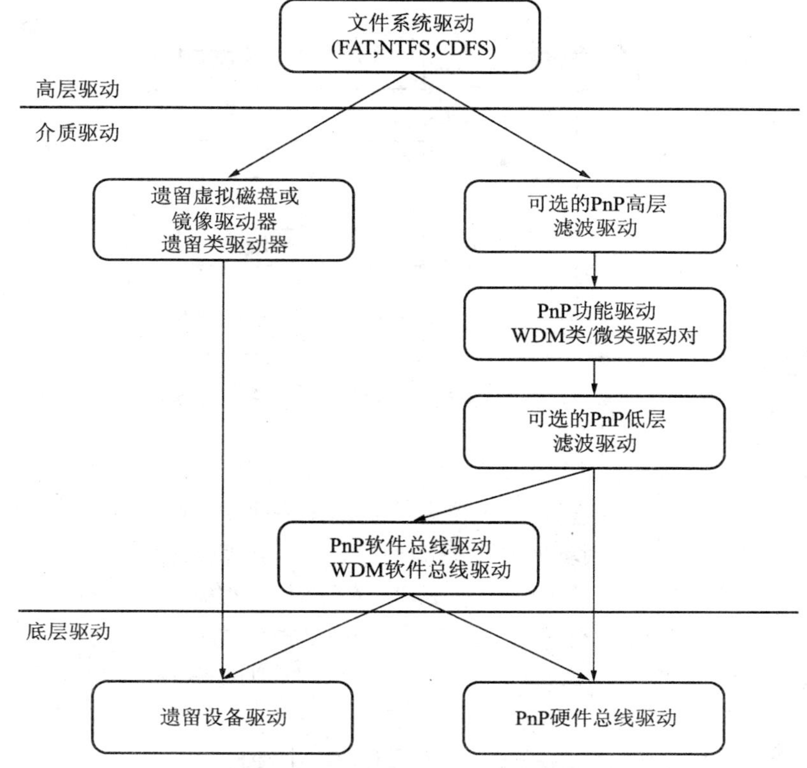

图 5－5　Windows 2000 驱动类型

图 5－5 中的遗留 NT 驱动直接控制物理的外部设备，如：SCSI 主机总线适配器 HBA（Host Bus Adapter）。

PnP 硬件总线驱动是系统提供的用于动态配置 I/O 总线，驱动与 PnP 管理器合作完成配置连接到 I/O 总线上的硬件资源，如：映射器件内存和中断请求。

网络驱动程序也可以划入上述的驱动类型之中。如：NT 服务器是一种专门的文件系统驱动。传输堆栈的驱动是一个中间层驱动，物理网卡驱动是一个低层设备驱动。但是 Windows 2000 为网络驱动提供了专门的支持。

本章介绍的开发设备驱动主要是遵循 Windows 驱动设备模型 WDM 的内核模式驱动。所有的 WDM 驱动都是即插即用的并支持电源管理。而“遗留驱动”指的是 Windows NT 以前的版本下的驱动，不支持 PnP。采用 WDM 的好处是驱动是模块化的，操作系统可以动态配置驱动程序模块，支持特定的设备。

5.2.2　WDM 设备驱动程序的基本结构

WDM 设备驱动程序为了支持 PnP，定义了分层的驱动程序结构。这种分层的结构，在微软中用“设备驱动堆栈”来表示，如图 5－6。

图 5－6 中左侧为设备对象堆栈，右侧为设备驱动堆栈。设备堆栈描述了处理硬件操作请求的驱动程序层次。PnP 管理器按照设备驱动程序的要求构造设备对象堆栈。总线驱动程序控制对总线上的所有设备的访问。比如：要访问 PCI 总线上的设备，必须使

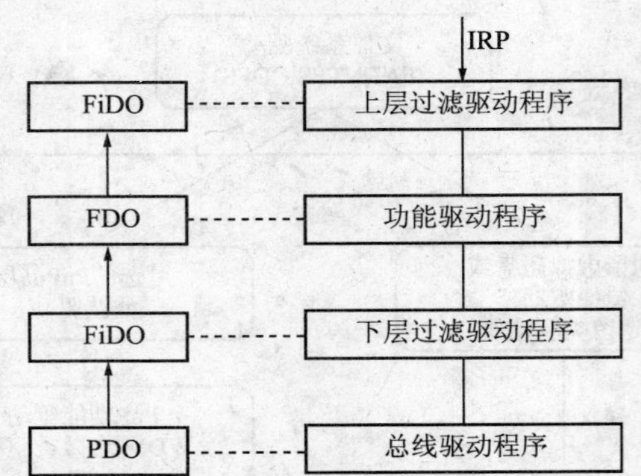

图 5－6 WDM 驱动设备对象堆栈和设备驱动堆栈

用 PCI 总线上的驱动程序。总线驱动程序对总线上设备的管理称为“枚举”。一旦总线驱动程序发现总线上的一个设备,PnP 管理器就创建一个 PDO,然后参照注册表中的信息,查找与这个 PDO 相关的过滤和功能驱动程序。PnP 管理器先装入底层的过滤程序并调用 Add Device 函数。该函数创建一个 FiDO,建立了过滤驱动程序和 FiDO 之间的关系。然后,PnP 管理器继续执行,直到把完整的设备堆栈建立起来。

功能设备对象 FDO(Functional Device Object)与物理设备对象 PDO(Physical Device Object)是 WDM 描述硬件的两个类。一个物理硬件对应一个唯一的 PDO 和多个 FDO。在驱动程序中直接操作硬件对应的 PDO 与 FDO。一个硬件设备并不是只由一个驱动程序来管理,在它相关联的物理设备驱动程序之上,还有很多过滤驱动程序。与这些过滤驱动程序相关联的,就是这个物理设备对象的过滤器设备对象。

功能驱动程序负责实现对设备的控制。功能驱动程序负责设备功能对象 FDO,存放在设备堆栈中。

用户对设备的操作请求是从设备堆栈的顶部进入的,因此过滤驱动程序可以对这些请求作出必要的处理。

到这里,我们已经介绍了有关 Windows 2000 下设备驱动程序的基本概念。下面介绍 Windows 驱动程序模型 WDM。

5.2.3 Windows 2000 I/O 模型

每个操作系统都有隐含或显式的 I/O 模型来处理来自外部设备的数据流。Windows 2000 I/O 模型的突出特点是支持异步 I/O。下面是其主要特点:

①I/O 管理器提供了对所有内核模型的一致接口,包括底层、中间层和文件系统驱动。所有对驱动的 I/O 请求作为 I/O 请求包 IRP 发送。

②I/O 操作是分层的。I/O 管理器提供系统服务例程,用户模式保护子系统调用例程执行 I/O 操作。I/O 管理器截取这些调用建立 IRP,发送 IRP 到适当的驱动层或物理层。

③I/O 管理器定义了一套标准的例程,这些例程遵循一致的模式。

④驱动是面向对象的。

Windows 2000 的保护子系统把内核模式的驱动对终端用户隐藏起来，用户模式代码所见的是作为文件对象的保护子系统。这是终端用户 I/O 请求和 Windows 2000 文件对象之间的关系。图 5－7 说明了终端用户、I/O 管理器和子系统的这种关系。

Windows 2000 保护子系统，如：Win32 子系统，把 I/O 请求通过 I/O 子系统传递到适当的内核模式的驱动。子系统依赖于显示、视频适配器、键盘和鼠标设备的驱动。该系统把应用程序和用户与内核组件和驱动隔离开来，用户并不了解实现的细节。同时，I/O 管理器又把保护子系统与特定设备的配置和实现隔离开来，保护子系统也不了解实现的细节。I/O 管理器的分层方式同时隔离了多数驱动对下列问题的了解：

①I/O 请求的来源。

②是否保护子系统有特定种类的驱动。

③保护子系统对驱动的 I/O 模型和接口。

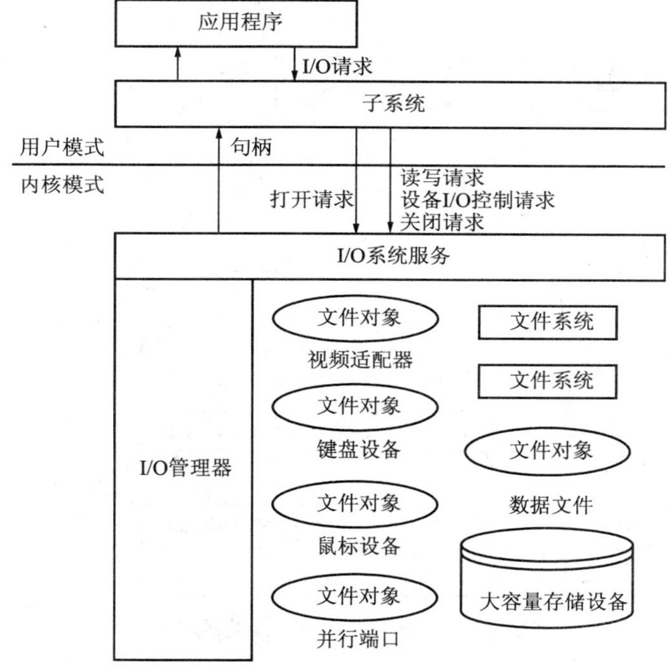

图 5－7　终端用户、I/O 管理器和子系统的关系

5.3　驱动相关的技术和概念

5.3.1　即插即用(PnP)

即插即用(PnP)是一种硬件和软件支持相结合的技术。PnP 在不需要或只需要很少的用户干预的情况下，就能使计算机系统识别和适应硬件配置的变化。采用这种技术，用户在计算机系统中方便地添加设备或移去设备，而不需要具备深奥的硬件或软件知识。PnP 需要设备硬件、系统软件以及设备驱动的支持。设备硬件的支持体现在现代工业对硬件设备的标准化定义。而系统软件和设备驱动支持实现 PnP，需要提供以下功能：①对增加的硬件能够动态地自动识别；②硬件资源的重新分配；③加载适当的驱动；④提

供与 PnP 系统的交互接口；⑤驱动程序和应用程序感知硬件变化并采取响应对策的机制。

操作系统为管理 PnP 提供了 PnP 管理器（PnP Manager），分为内核模式 PnP 管理器和用户模式 PnP 管理器两部分。内核 PnP 管理器与操作系统的组件和驱动打交道，负责配置、管理和维护设备。用户模式 PnP 管理器与用户模式程序打交道，负责配置和安装设备，通知设备的变化。

PnP 驱动支持机器上的物理、逻辑和虚拟的设备。WDM PnP 驱动通过 API 和 IRP 与 PnP 管理器通信和其他内核组件通信。

图 5－8 描述了支持 PnP 的组件之间的逻辑关系。从图 5－8 中可以看出，任何支持 PnP 的设备，其驱动也是支持 PnP 的。非 PnP 设备如果采用 PnP 驱动，也可以有 PnP 能力。例如：ISA 声卡可以人工安装，PnP 驱动可以把它作为 PnP 设备处理。反之，如果驱动不具备 PnP 能力，则设备支持 PnP 也无用。

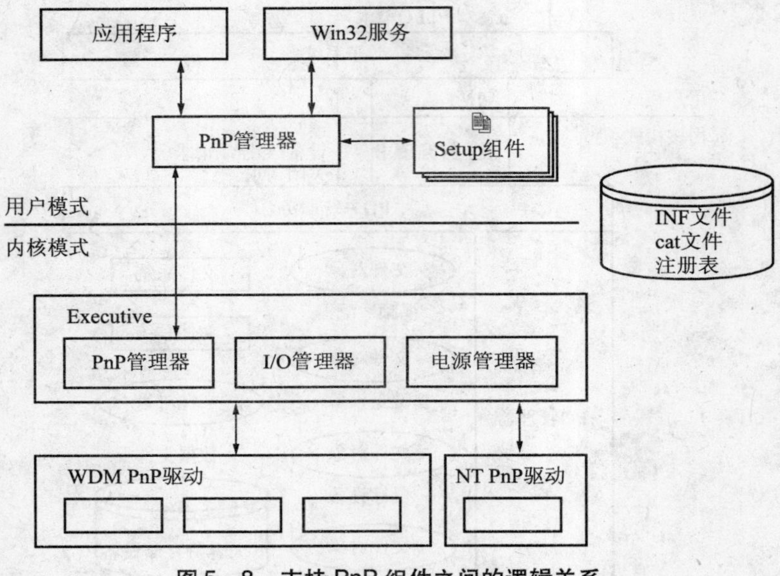

图 5－8　支持 PnP 组件之间的逻辑关系

5.3.2　电源管理（Power management）

电源管理是一种系统范围的使用和保持电源的方法，设备驱动和操作系统协作完成电源的管理。支持电源管理的计算机系统硬件和软件有下列特点：

①系统可以处于睡眠状态，启动和关机延时较小；

②设备在不使用时不加电，整体电能消耗少，延长电池寿命；

③减少了机器的噪音。

5.3.3　PnP 设备树

操作系统通过设备树去跟踪系统中的设备，图 5－9 是 PnP 设备树。设备树包含有设备在系统中存在的信息。操作系统在机器启动的时候使用驱动和其他组件提供的信息构造设备树，并随设备的增加和删除更新设备树。设备树是一个分级的结构。在总线上的设备表示总线接口卡或控制器的一个设备。

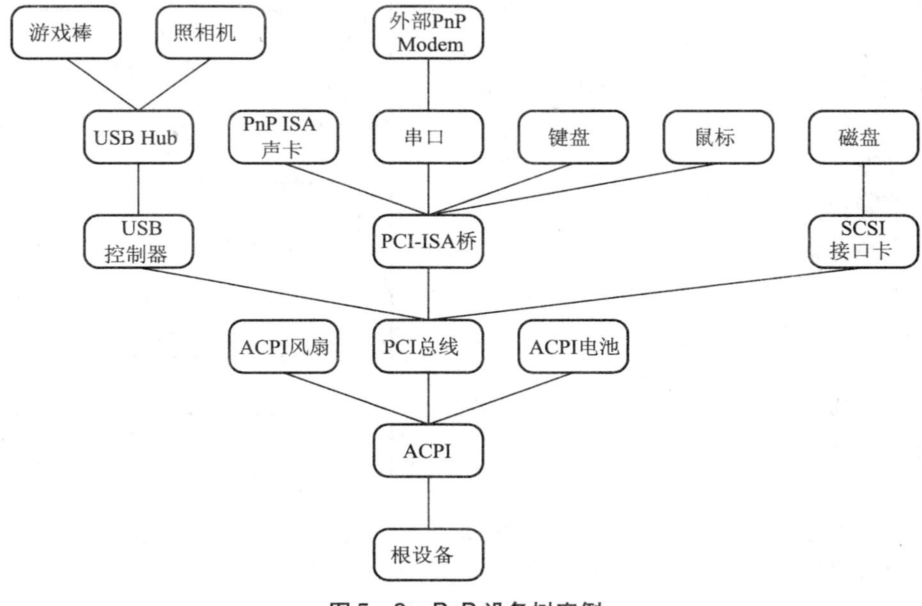

图5－9　PnP 设备树实例

设备树的节点是设备节点（devnode）。设备节点由设备对象（设备驱动加上操作系统的内部维护信息）组成。

设备树的层次反映了设备连接到系统中的结构。操作系统使用这种结构管理设备。

从 PnP 观点看，有三种驱动：

①总线驱动——驱动 I/O 总线并提供总体（per－slot）功能；

②功能驱动——驱动个别的设备；

③过滤驱动——过滤对一类设备或总线的 I/O 请求。

这里的总线也是一个设备，其他物理、逻辑或虚拟设备连接到该设备上。总线包括传统的总线，如：SCSI 和 PCI，以及并口、串口和 i8042 口。

对于开发设备驱动人员来说，了解不同种类的 PnP 驱动以及需要开发哪类驱动是重要的。前面已经介绍了设备的总线驱动、功能驱动和过滤驱动之间的关系。每个典型的设备有 I/O 总线驱动；功能驱动是对设备的；设备可以有或没有过滤驱动。总线驱动用于总线控制器、适配器或桥。总线驱动是必须的，每种总线都有对应的驱动。微软公司为大部分的通用总线提供了驱动。

总线过滤驱动为总线增加一些功能，一般是由微软或 OEM 厂商提供。

底层过滤驱动一般是修改设备的行为。这是可选的，一般由第三方的硬件开发商提供。

功能驱动是设备的主要驱动。功能驱动是必须的，一般由设备的开发商提供。

5.3.4　设备对象的类型

驱动为控制的设备创建一个设备对象。从 PnP 观点看，有三种类型的设备对象：

①物理设备对象(PDO)——表示总线上的总线驱动的一个设备;

②功能设备对象(FDO)——表示功能驱动的一个设备;

③过滤设备对象(FDO)——表示过滤驱动的一个设备。

三种设备对象全部是 DEVICE_OBJECT 类,但用途不同,有不同的设备扩展名。

一个驱动处理 I/O 的过程是:创建设备对象;添加设备对象到设备堆栈;并把本身添加到驱动堆栈。

设备堆栈 IoAttachDeviceToDeviceStack 决定了当前设备栈顶,新的设备对象位于设备栈顶。图5-10 表示了这种关系。

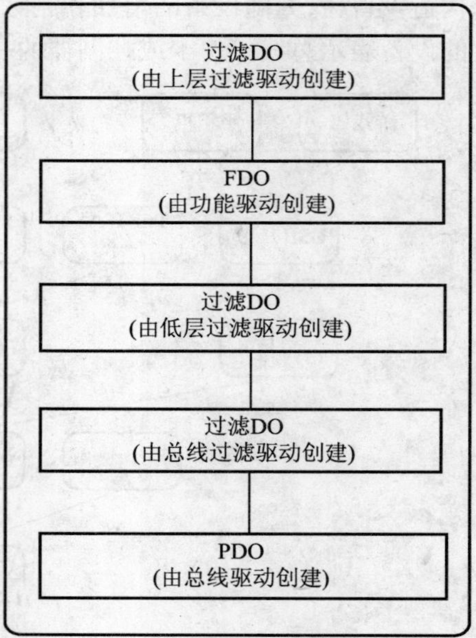

图 5-10 设备对象的类型

在图 5-10 中,总线驱动通过枚举总线上的设备为每个设备创建一个 PDO。枚举设备是响应来自 PnP 管理器的讯问关系 BusRelations 的 IRP_MN_QUERY_DEVICE_RELATIONS 请求。设备刚插入机器,在引导时就会发出询问关系请求。PDO 表示了总线驱动的设备或其他内核的组件,如:电源管理器、PnP 管理器和 I/O 管理器。

可选的总线驱动创建了为每个设备创建过滤 DO。当 PnP 管理器在 BusRelations 清单中检测到新的设备时,如果发现有过滤 DO,就通过调用设备的 AddDevice 例程加载过滤驱动(必要时调用 DriverEntry)。

如果存在可选的底层过滤驱动,加载的过程也类似。

功能驱动为设备创建 FDO。PnP 管理器负责加载。

设备堆栈加上一些附加的信息组成了设备节点 devnode。PnP 管理器维护设备节点的信息。

驱动支持 PnP 和电源管理必须满足以下条件:

①一个安装驱动的 INF 文件;

②目录文件(.cat),包含有驱动包的 WHQL 数字签名;

③DriverEntry 例程,用来初始化驱动;

④AddDevice 例程,用来初始化设备;

⑤DispatchPnp 例程处理 IRP,提供给 PnP 操作设备的开始,停止及移除;

⑥DispatchPower 例程处理 IRP,提供电源操作;

⑦一个卸载例程,释放由 DriverEntry 配置的特定设备占用的资源。

5.3.5 硬件资源

按照微软的定义,硬件资源是可分配、可寻址的通道,利用这些通道外围设备和系统处理器能够相互通信。典型的硬件资源是 I/O 端口地址、中断矢量、与总线相关的内存地址。在系统使用设备实例之前,PnP 管理器必须为设备实例分配硬件资源。硬件资源分配给设备树的设备节点。PnP 管理器使用设备节点清单跟踪硬件资源。有两种类型的清单:资源需要清单、资源清单。另外,与资源相关的还有资源配置等方面的概念。以下是这些概念的意义。

1. 资源需要清单(Resource Requirements List)

设备需要的资源一般是在资源范围内分配的。PnP 管理器维护一个资源需要清单,这个清单是列出了所有硬件可使用的资源。当给设备分配资源时,就在这个清单内选择。

内核模式的代码在输入系统例程、或响应 IRP 时,使用 IO_RESOURCE_REQUIREMENTS_LIST 结构指定资源需要清单。用户模式的代码使用 PnP 配置管理结构(Configuration Manager structures)作为输入给 PnP 配置管理器函数(Configuration Manager functions)。

2. 资源清单(Resource List)

当 PnP 管理器给设备分配资源时,通过给每个实例创建分配资源清单跟踪分配的资源。这个清单称为资源分配清单(resource assignment lists),简称资源清单。PnP 管理器随设备的变动改变清单的内容。资源也可以通过 PnP BIOS 分配。另外,安装软件通过使用 INF 文件或通过用户的输入,强制 PnP 管理器指定特定的资源给设备。

内核模式的代码在输入系统例程或响应 IRP 时,使用 CM_RESOURCE_LIST 结构将资源列入清单。用户模式的代码使用 PnP 配置管理结构(Configuration Manager Structures)作为输入给 PnP 配置管理器函数(Configuration Manager Functions)将资源列入清单。

PnP 管理器在注册表中存储资源需要清单和资源清单,并使用 REGEDT32 浏览。驱动可以使用 PnP 例程和 PnP、IRP 直接访问这两个清单。用户模式的应用程序可以使用 PnP 配置管理器函数访问,不能直接使用注册表函数直接访问清单。因为存储格式可能在未来发布的版本中改变。

3. 逻辑配置

资源需要清单和资源清单用来指定逻辑配置。每个逻辑配置为一个特定的设备实例指定可接受的资源范围或一组特定的资源。每个逻辑配置由资源需求清单或资源清单组成。另外,每个设备实例的逻辑配置属于逻辑配置类型的一种。配置类型在下面的表格中列出。相同或不同的逻辑配置可能指定给每个设备实例。

资源需要清单的逻辑配置类型:

(1) 基本配置

资源需要清单列出了由 PnP 设备提供的需要的资源范围。当驱动接受到 IRP:IRP_MN_QUERY_RESOURCE_REQUIREMENTS 时,返回这个清单。对非 PnP 设备,资源需求在 INF 文件描述。安装软件读 INF 文件并调用 PnP 配置管理函数创建需求资源清单。

(2) 过滤配置

对设备或对总线的 I/O 请求进行必要的处理和过滤。

逻辑配置类型资源清单:

(3) 引导配置(Boot Configuration)

引导配置是系统引导时分配给设备的资源清单。对 Pnp 设备,配置由 BIOS 提供;对非 PnP 设备,资源可以由插卡的跳线选择。驱动在收到 IRP_MN_QUERY_RESOURCES 时,应该返回这个清单。对非 PnP 配置,可以使用这个配置,不用强制配置。但这种情况下其配置的优先级低。对每个设备实例,只有存在一个引导配置。

(4) 强制配置(Forced Configuration)

强制配置防止 PnP 管理器给设备实例分配其他的资源。设备安装软件可能根据 INF 或从用户那里的信息,创建一个强制配置。强制配置在设备物理地删除时不从系统中释放。对每个设备实例,只有存在一个强制配置。

(5) 分配配置(Allocated Configuration)

资源清单确定了当前设备实例使用的资源。

设备驱动为负责确定 PnP 兼容设备的基本配置、过滤配置和引导配置,并响应 PnP 管理器发出的 IRP,返回信息。驱动安装软件可以创建超越的配置和强制配置,非 PnP 软件还可以创建引导配置。PnP 管理器维护每个设备实例的分配的配置。每种配置创建时都有优先级。PnP 管理器发现设备实例有几个逻辑配置时,首先使用最高优先权的配置,如果该配置导致资源冲突,就尝试较低的配置。

5.3.6 I/O 请求包 IRP

如前所述,Windows 2000 使用 IRP 与内核模式通信,是驱动程序操作的中心。IRP 是一个预先定义的数据结构,有一组进行操作的 I/O 管理器例程。I/O 管理器接收到一个 I/O 请求,配置并初始化一个 IRP,然后把它传送到驱动程序栈顶。

IRP 的定义可以在 DDK 软件的安装目录下的 NTDDK\inc\wdm. h 中找到。

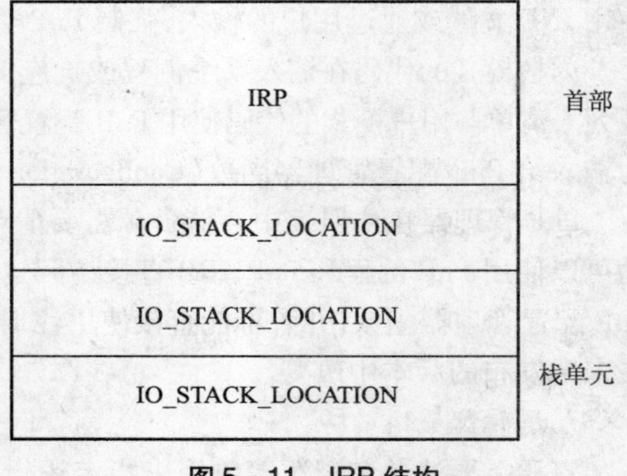

图 5-11 IRP 结构

IRP 由一个固定的首部和可变单元的栈单元块组成。如图 5-11 所示。一个 I/O 请求发生时,I/O 管理器填写主要的 IRP 首部并构造第一个栈单元。

5.4 设备驱动程序开发方法

5.4.1 设备驱动程序开发工具选择

开发设备驱动程序有两大类方法:一类是使用微软提供的 DDK 开发工具的方法;一类是使用第三方提供的开发工具的方法。

Microsoft 为编写设备驱动程序提供了开发工具 Windows Device Drivers Kit(简称 DDK),对应操作系统的不同版本,微软提供了相应的 DDK,包括:Windows 98 DDK, Windows 2000 DDK, Windows XP DDK 等版本。DDK 包含了开发驱动程序所需的各种类型的定义和内核函数库。使用 DDK 进行开发,要求开发者了解整个系统体系结构和 WDM 规范,熟悉 DDK 函数的功能和使用场合。直接使用 DDK 开发的驱动程序运行效率高,但开发难度大,测试复杂。一般把使用 DDK 进行开发比作使用汇编语言进行程序设计。

目前,市场上有一些第三方厂商提供的辅助软件,可以减轻开发者的负担。如:Jungo 公司提供的 Windriver 软件,将存储读写、I/O 端口读写、中断服务、DMA 操作等操作封装到 Wdpnp. sys 中,开发人员通过编写外壳程序来调用 Windriver 核心态驱动程序,就能够实现对硬件设备的操作,极大地降低了开发难度和开发周期。

Numega 公司的 DriverStudio 开发工具包中提供了开发、调试和检测 Windows 平台下设备驱动程序的工具软件包。它把 DDK 封装成完整的 C + + 函数库,根据具体硬件通过 DriverWizard 生成 WDM 设备驱动程序框架,并且提供了一套完整的调试和性能测试工具 SoftICE、DriverMonitir 等。Driver Works 提供了三个类:Kdriver、KpnpDevice 和 KpnpLower-Device 用来实现 WDM 驱动程序的框架结构。

还有一种比较容易入门的软件、硬件相结合的驱动程序开发方法, 就是购买第三方公司提供的接口卡开发系统工具。这些工具提供了硬件设备的设计和设备驱动程序的开发. 如: Tetradyne Software 公司提供了一个硬件控制工具包,叫做"Driver X(R)"使用这个产品不需要用户具备 DDK 软件开发经验,提供了对于 Windows 95、98、ME、NT、2K 和 XP 的支持,可以方便地开发设备驱动程序。

5.4.2　使用 DDK 开发驱动程序

使用 DDK 开发驱动程序有两种方式:一是检查构造(checked build)方式;一种是自由构造(free build)方式。

自由构造也叫做 retail build, 是操作系统的终端用户版本。这时,系统和驱动已经最优化,二进制代码中的调试信息也已经去除。

检查构造在内核模式驱动的开发中用于测试和查错。检查构造能够帮助开发者孤立错误以及跟踪问题。开发新的设备驱动程序包括以下步骤:

①写包括查错检查的驱动代码;

②在操作系统的检查构造方式下测试和 Debug 驱动的 checked 版本;

③在操作系统的自由构造方式下测试和 Debug 驱动的 free 版本;

④在自由构造方式下调整驱动的性能;

⑤使用检查构造和自由构造方式做附加的测试以发现问题;

⑥使用自由构造进行最终的测试和确认。

DDK 中定义了一个 DBG 标志。这是一个保留的符号,用于在编辑中决定运行那种构造方式。如果是 checked build 方式,把 DBG 设置成 1;如果是 free build 方式,DBG 没有定义。如果使用了 wdm. h 或 ntddk. h 头文件,DBG 设置成 0。

内核模式的 Debug 需要主机和目标机。目标机用来运行检查构造驱动或另外的内核模式的应用程序。主机用来运行自由构造和内核 debugger。图 5 - 12 表示了典型的用于 debug 驱动的 Windows 2000 环境。

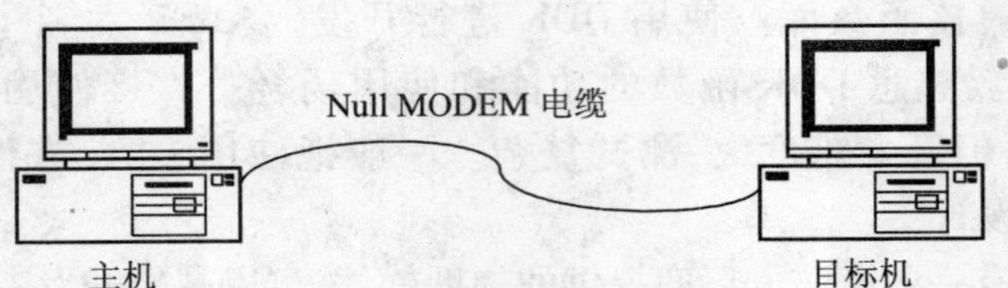

图 5-12 驱动程序开发环境

内核 debug 不需要 free 或 checked build 的特殊组合。可以在 free 或 checked 系统上调试 free 系统或 checked 系统。

DDK BUILD 命令行实用程序是构造驱动程序的主要工具。BUILD 使用编译器和链接程序设置调用 NMAKE 实用程序构造驱动程序。BUILD 工具与 VC++配合用来开发所有的驱动及相关的软件组件。BUILD 在一个文件中维护目标相关的信息,如:源文件名、头文件路径、输出目录。BUILD 自动设置编译器和连接器开关,为用户指定的平台创建输出文件。

运行 BUILD 需要安装以下列顺序安装软件:

①Microsoft Visual C++;

②DDK build environments。

安装信息,可以参见 DDK"release notes"。文件在安装 DDK 根目录独立的 install.htm 中。

运行 BUILD,首先单击 DDK 程序组的"Free Build Environment"或"Checked Build Environment"图标,启动 Windows 的命令提示窗口,运行 DDK 提供的 setenv.bat,设置了一些环境变量。

可以在"checked"或"free"环境下调用 BUILD。一般情况下,应该在"checked"环境下编写、调试和测试驱动程序。在这个环境下开发的代码不是最优的,需要进行一些内部错误的检查。如果程序在"checked"环境下运行良好,再到"free"环境下进行再编译和测试。

"-?"选项调用 BUILD 显示命令行语法和可选项。

典型情况下,BUILD 用下列命令行调用:

build -cZ

这个命令行创建删除 OBJ 文件的所有前缀并抑制源文件和头文件的检查。术语——开发产品"build product"用来表示 BUILD 创建的一个或多个二进制文件。在 Windows 2000 DDK 中,开发产品典型情况下是一个驱动。然而,BUILD 用来创建 Windows NT/Windows 2000 产品的所有二进制文件。

每个包含有驱动源文件的子目录也包含有一个名字为"sources"的文件。这个文件使用一组宏列出了要编译和连接的文件名。如果驱动由多于一个的产品组成,或源文件保存在不同的子目录下,名字为 dirs 的文件必须在每个包含子目录的目录节点上存在。这个文件包含有保存文件子目录清单的宏。

每个包含有源文件的驱动子目录必须包含有"makefile"文件。BUILD 给每个在列在 sources 中的源文件产生 NMAKE 实用程序。NMAKE 使用 makefile 文件产生从属和命令列表。在每个样例驱动程序的源码目录中，一个标准的 makefile 指引 NMAKE 到主宏定义文件——makefile. def。这个文件与 DDK 一起提供。不要改变标准的 makefile 文件。

makefile. def 文件指定了传递给编译器和连接器的标志。使用这个文件简化了独立于平台的驱动的创建。这个文件与 ntwin32. mak 文件类似，ntwin32. mak 是提供给 SDK 平台用于开发 win32 应用程序。

在运行 BUILD 之前，使用 cd 命令设置开发者自己的默认目录，这个目录包含有源码文件或 dirs 文件。当调用 BUILD 时，它分析每个源码文件并为每个源文件产生 NMAKE。NMAKE 应用程序评估 makefile. def 中的宏，并用适当的开关产生 C 编译器。当编译过程完成以后，BUILD 再次使用 NMAKE 连接编译的目标文件。

运行 build -cZ 编译和连接驱动。对于 Windows 2000，如果使用 free build 环境，输出文件放置在名字为\objfre 的子目录下，使用 checked build 则放在\objchk 子目录下。因此源文件可以单独放在一个目录下。

使用 BUILD 和 makefile. def 简化了设置编译器开关和连接参数选项的工作。可以在源文件的宏定义中添加适当的选项，达到控制开发平台独立方式的驱动的目标。

为了开发特定产品的组件，在每个源码子目录下创建一个源文件。在 DDK 提供的每个样例中，包含了一个源文件。在源文件中，包含一系列的宏定义，这些定义由 BUILD 识别。宏定义的格式如下：

MACRONAME = MacroValue

其中：MacroValue 是文本串，BUILD 用来替换内部稿本文件中的 MACRONAME。指定 MacroValue 串大于一行时，用反斜杠字符(\)续行。

5.5 设备驱动程序设计

5.5.1 设备驱动程序的功能及组成模块

操作系统调用驱动程序的入口是 DriverEntry( )。以热插拔设备为例，当设备插入系统时，操作系统根据设备的 ID 查找是否存在驱动程序，如果不存在，则提示安装设备驱动程序。如果设备驱动程序已经安装，就从 DriverEntry( )开始执行。DriverEntry( )函数主要的功能是设置应用程序的接口(回调函数 Callback Routines)地址。驱动程序主要包括以下功能：

①AddDevice——增加设备；

②Unload——移除设备；

③StartIo——处理 IRP；

④Dispatch Routines——处理命令；

⑤ISP——中断处理；

⑥IoCompletion Routine——底层驱动完成一个 IRP 作业后，调用的处理程序，组成一个设备驱动程序的主要功能模块包括以下内容：

- 初始化；
- 创建和删除设备；
- I/O 请求的处理；

- 访问硬件；
- 处理 PnP；
- 处理电源管理。

5.5.1 设备驱动初始化模块

初始化模块是驱动程序必须的模块。WDM 驱动程序是由 PnP 管理器加载到内存中。驱动程序一般使用 DriverEntry 作为入口点，与 C 语言中以 WinMain 作为入口点类似。这是标准 DDK 开发中 Build 脚本的规定，最好遵守。否则需要对脚本进行修改。

DriverEntry 例程对驱动进行初始化。无论是哪种类型的驱动必须有这个例程。当每个驱动加载时，PnP 管理器调用一次 DriverEntry 例程。初始化完成，PnP 管理器调用驱动的 AddDevice 例程初始化驱动控制的硬件。

DriverEntry 例程定义如下：

```
NTSTATUS
( * PDRIVER_INITIALIZE) (
    IN PDRIVER_OBJECT DriverObject,
    IN PUNICODE_STRING RegistryPath
    );
```

如果把驱动初始化例程的名字传递到连接器，也可以使用别的例程名字，而不是必须用 DriverEntry。连接器必须有初始化例程的名字，才能链接驱动程序的传输地址给操作系统的装入程序。清楚地命名一个驱动的例程为 DriverEntry 使链接自动化。

DriverEntry 例程在系统线程 IRQL PASSIVE_LEVEL 的环境里调用。

DriverEntry 例程可以使用注册表得到初始化驱动的信息，同时必须在注册表中设置信息，提供给其他的驱动和保护子系统使用。DriverEntry 例程可以分成页，并放置在 INIT 段，以便丢弃。

DriverEntry 例程完成以下工作：

①初始化驱动调度表(dispatch table)：这个工作的目的是指定驱动的 AddDevice 例程、调度例程、StartIo 例程、卸载例程或其他可能存在的例程的入口点。下面例程中的语句给 AddDevice，DispatchPnp 和 DispatchPower 例程设置了入口点。其中：前缀 *Xxx* 表示某个特定的驱动。

```
DriverObject - > DriverExtension - > AddDevice = XxxAddDevice;
DriverObject - > MajorFunction[IRP_MJ_PNP] = XxxDispatchPnp;
DriverObject - > MajorFunction[IRP_MJ_POWER] = XxxDispatchPower
```

②初始化所有的全局变量或数据结构。由于 DriverEntry 例程运行在系统线程 IRQL PASSIVE_LEVEL 的环境里，在初始化时，任何采用 ExAllocatePool 的专用内存分配可能来自分页池(paged pool)。只要驱动没有控制设备，就占有系统页文件(page file)。这种内存分配，在 DriverEntry 交还控制权之前，必须用 ExFreePool 释放。

使用 ZwXxx 和 RtlXxx 例程读或设置独立于设备的注册表值。这一步不是必须的。

③保存输入给 DriverEntry 的 *RegistryPath*。这个参数指向一个记数的 Unicode 串，确定了一个到达驱动注册表键的路径：

\Registry\Machine\System\CurrentControlSet\Services*DriverName* 例程应该保存这个串的一个拷贝而不是它的指针。因为指针指针在 DriverEntry 例程交还控制权以后，就失效了。

④返回状态。如果 DriverEntry 例程返回的值不是 STATUS_SUCCESS，就停止加载驱动。在初始化失败交还控制权之前，DriverEntry 例程必须做以下工作：

- 释放设置的系统资源；
- 把错误写入日志。

5.5.2　PnP 和电源管理 AddDevice 例程

AddDevice 例程创建设备对象作为设备的 I/O 目标，并把设备对象添加到设备栈里。设备栈包含有每个驱动的设备对象。PnP 管理器在系统初始化，第一次枚举设备时，或在系统运行的任何时候枚举新设备时调用 AddDevice 例程。

AddDevice 例程应该命名为 *Xxx*AddDevice，其中前缀 *Xxx* 用来标识特定的例程。驱动在执行 DriverEntry 时，把 AddDevice 例程的地址存储在 DriverObject -> DriverExtension -> AddDevice。

AddDevice 例程在系统线程的 IRQL PASSIVE_LEVEL 环境里调用。

AddDevice 例程由 PnP 管理器定义如下：

```
NTSTATUS
( * PDRIVER_ADD_DEVICE) (
    IN PDRIVER_OBJECT DriverObject,
    IN PDEVICE_OBJECT PhysicalDeviceObject
    );
```

DriverObject 指向表示驱动的驱动对象。*PhysicalDeviceObject* 指向 PnP 要添加设备的 PDO。

在功能或滤波驱动中的 AddDevice 例程应该执行以下步骤：

①调用 IoCreateDevice 为添加的设备创建设备对象 FDO。不用给 FDO 指定设备名称。给 FDO 命名会绕过 PnP 管理器的安全措施。如果用户模式的组件需要一个符号连接到设备，就登记一个设备接口。如果内核模式的组件需要一个遗留设备名，驱动必须命名 FDO。但命名不是推荐的做法。把 FILE_DEVICE_SECURE_OPEN 包含在 *DeviceCharacteristics* 参数中。这个参数指引 I/O 管理器针对设备对象所有的打开请求执行安全检查，包括相对打开和携带文件名的打开。

②对设备创建一个或多个符号连接。这步不是必须的。调用 IoRegisterDeviceInterface 登记一个设备功能并创建一个符号连接。应用程序或系统组件用这个符号连接打开设备。驱动处理 IRP_MN_START_DEVICE 请求时，应当激活接口。

③把指针保存在设备扩展的设备 PDO 中。PnP 管理器作为 *PhysicalDeviceObject* 参数提供一个指针给 AddDevice。在调用诸如 IoGetDeviceProperty 这样的例程时，驱动使用 PDO 指针。

④在设备扩展中定义标志来跟踪某些设备的 PnP 状态，如，设备暂停、移去或突然去除。

⑤如果必要，为电源管理设置 DO_POWER_INRUSH 和 DO_POWER_PAGABLE 标志。可分页的驱动必须设置 DO_POWER_PAGABLE 标志。典型情况下，设备对象标志由总线驱动在创建 PDO 时设置。然而，高级驱动在创建 FDO 调用 AddDevice 例程时，有时需要改变这些标志的值。

⑥创建并初始化驱动用来管理设备的软件资源，如：事件、旋锁或其他对象；硬件资源，如：I/O 口在响应 IRP_MN_START_DEVICE 请求时进行配置。

⑦添加设备到设备栈。指定一个指针到 TargetDevice 参数中的设备 PDO。保存由 IoAttachDeviceToDeviceStack 返回的指针。当在设备堆栈中向下传递 IRP 时，IoCallDriver 和 PoCallDriver 需要这个指针参数指向低一级设备对象的驱动。

⑧用下面的语句清除 FDO 或过滤 DO 中的 DO_DEVICE_INITIALIZING 标志：FunctionalDeviceObject - > Flags & = ~DO_DEVICE_INITIALIZING；

⑨为设备准备处理 PnP IRP，如，IRP_MN_QUERY_RESOURCE_REQUIREMENTS 和 IRP_MN_START_DEVICE。

⑩PnP 管理器通过 IRP_MN_START_DEVICE 发送给设备一个清单，这个清单中指定了分配给设备的硬件资源。在收到这个清单之前，驱动不要开始控制设备。PnP 总线驱动有一个 AddDevice 例程，但这个例程是当总线驱动给控制器或适配器用做功能驱动时才调用。举例来说，PnP 管理器调用 USB Hub 总线驱动的 AddDevice 例程来添加 Hub 设备。Hub 设备的 AddDevice 例程不能由 Hub 的下级设备（插到 Hub 上的设备）调用。

下面是写 AddDevice 例程的原则：

①如果过滤驱动的 AddDevice 例程中没有服务，被调用时要返回 STATUS_SUCCESS，允许设备栈的其他部分为设备加载。过滤驱动不用创建设备对象，也不用连接到设备堆栈上，过滤驱动只是返回成功状态并允许驱动的其余部分加到堆栈上。

②驱动必须给自己使用的内核对象和执行的旋锁提供存储，一般是在设备对象的设备扩展部分提供。驱动也要提供存储给对象指针，这些指针指向从 I/O 管理器或其系统组件获得的对象。

③设计中必须确定设备需要分配的系统附加空间内存，如长期使用的 I/O 缓冲区或旁视清单（lookaside list）。这种情况下，AddDevice 例程可以调用以下例程：

- ExAllocatePool ——提供分页或不分页的内存。
- ExInitializePagedLookasideList 或 ExInitializeNPagedLookasideList 初始化分页或不分页的旁视清单。

④如果驱动有专用设备线程或要等待内核发送对象，其 AddDevice 例程必须初始化发送对象。

⑤如果驱动使用执行旋锁或对中断旋锁提供了存储，在把它传递给别的支撑例程前，AddDevice 例程必须为每个旋锁调用 KeInitializeSpinLock。

⑥当调用 IoCreateDevice 时，注意文件打开的安全性。

当调用 IoCreateDevice 时，指定 FILE_DEVICE_SECURE_OPEN 特性。Windows 2000 和 Windows NT 4.0 SP5 支持这个特性，它通知 I/O 管理器对所有的打开请求执行安全检查。如果 FILE_DEVICE_SECURE_OPEN 特性在设备的安装类文件 INF 或设备的 INF 和驱动在打开时不执行这个安全检查，开发商应该在调用 IoCreateDevice 时指定这个标志。

如果驱动在调用 IoCreateDevice 设置 FILE_DEVICE_SECURE_OPEN 标志，I/O 管理器把设备对象的安全描述符给予相对打开或以文件名打开的操作。举例来说，对\Device\foo 设置了 FILE_DEVICE_SECURE_OPEN，如果\Device\foo 只能由管理员打开，那么\Device\foo\abc 也能由管理员打开。一般用户试图打开\Device\foo 或\Device\foo\abc 就会被 I/O 管理器阻止。

如果一个驱动为一个设备设置了这个特性，PnP 管理器传播这个特性到这个设备的所有对象。

5.5.3　发送 PnP 例程和发送电源例程

PnP 管理器使用 IRP 指示驱动开始、停止、删除设备或询问关于设备的驱动。PnP IRP 都有主要功能代码 IRP_MJ_PNP。

每个 PnP 驱动需要必须处理某些 IRP，而选择地处理另外的 IRP。驱动在 *Xxx*DispatchPnp 例程里处理 PnP IRP。其中 *Xxx* 表示驱动的前缀。驱动设置在初始化时，在 DriverEntry 例程的 DriverObject -> MajorFunction[IRP_MJ_PNP] 中设置 DispatchPnp 例程的地址。PnP 管理器通过 I/O 管理器调用驱动的 DispatchPnp 例程。

所有的设备驱动必须有机会处理设备的 PnP IRP，只有在很少的情况下，功能或滤波驱动可以不响应 IRP。

电源管理器使用 IRP 指示设备改变电源状态，等待响应系统唤醒(wake - up)事件或驱动对设备的查询。所有的电源 IRP 有主要功能码 IRP_MJ_POWER。

驱动在 XxxDispatchPower 例程里处理电源 IRP。其中 *Xxx* 表示驱动的前缀。驱动设置在初始化时，在 DriverEntry 例程的 DriverObject - > MajorFunction[IRP_MJ_POWER] 中设置 DispatchPower 例程的地址。当电源 IRP 发送时，I/O 管理器调用驱动的 DispatchPower 例程。

DispatchPower 例程仅仅处理带有主码 IRP_MJ_POWER 的 IRP。该例程执行下列任务：

①如果需要，处理 IRP。

②使用 PoCallDriver 传递 IRP 到设备堆栈的下一层驱动。

③如果是总线驱动，执行一个对设备的被请求的电源操作并完成 IRP。

所有的设备驱动必须有机会处理设备的电源 IRP，只有在很少的情况下，功能或滤波驱动可以不响应 IRP。大部分情况或者执行某些处理或给电源 IRP 设置 IoCompletion 例程，然后向下传递 IRP 到下一层驱动。最终，IRP 达到总线驱动，物理地改变设备的电源状态，完成了 IRP。

当 IRP 已经完成，I/O 管理器调用由驱动随 IRP 传递下来的 IoCompletion 例程。驱动是否需要设置完成例程取决于 IRP 的类型和驱动的个体需求。

在给设备上电的时候，必须由设备堆栈的最底层的驱动首先处理电源 IRP，然后通过堆栈向上通过每个驱动。在给设备断电的时候，必须由设备堆栈的最顶层的驱动首先处理电源 IRP，然后通过堆栈向下通过每个驱动。

5.5.4 删除设备的特殊处理

在 DispatchPower 例程,可删除设备的驱动检查是否设备仍然存在,如果设备已经删除,驱动就不再向下传递 IRP 到下一层的驱动。同时,完成以下工作:

①调用 PoStartNextPowerIrp,开始处理下一个电源 IRP。

②给 STATUS_DELETE_PENDING 设置 Irp - >IoStatus. Status。

③调用 IoCompleteRequest,设定 IO_NO_INCREMENT,完成 IRP。

④返回 STATUS_DELETE_PENDING。

PnP 驱动必须有卸载例程,用来释放特定驱动的资源,如:DriverEntry 例程创建的内存,线程和事件。如果没有需要释放的资源,也需要卸载例程,该例程是直接返回。

在驱动的设备已经删除后,调用卸载例程。PnP 管理器在系统线程 IRQL PASSIVE_LEVEL 环境里调用卸载例程。

5.5.5 PnP 驱动设计原则

要支持 PnP,驱动应该遵循以下规则:

①PnP 驱动必须遵循设备为中心的 PnP 驱动模型。PnP 管理器从整体上管理设备并调用驱动为每个设备服务。例如:PnP 驱动不能设计成在加载时主动寻找设备,而要设计成当 PnP 管理器在为设备定位驱动时,在 AddDevice 例程中提供。以设备为中心的模型使 PnP 管理器支持在 PnP 机器上设备的动态接入或移走。

②PnP 驱动必须遵循 PnP 规则。PnP 的硬件必须遵守 PnP 硬件标准,驱动软件必须遵守软件规则。如:必须有的例程和处理 PnP IRP 规则。一些驱动由系统提供的口和类驱动隔离了细节。这样的驱动不需要实现所有的 PnP 机制。

③PnP 驱动不能直接要求硬件资源。PnP 资源对 PnP 管理器报告资源需求,如:中断请求 IRQ;I/O 端口;DMA 通道;设备内存范围。PnP 管理器对所有设备的资源需求统一作出考虑。PnP 管理器为设备申请资源,并在 IRP_MN_START_DEVICE 中将信息通知驱动。

④PnP 驱动必须是模块化的,便于 PnP 管理器需要时调用驱动例程。

⑤PnP 驱动应该是柔性的。如果设备可以在不同的硬件资源下运行,驱动应该对 PnP 管理器报告所有可能的硬件资源配置。这样,在 PnP 管理器在机器上配置设备时有最大的柔性。

设备树是 PnP 管理器许多操作的中心。驱动的编写者应该理解以下要点:

①设备树是分级的,分级数取决于需要。

②设备树是 PnP 管理器创建和维护的,PnP 管理器从 PnP 驱动那里得到关于设备的信息。

③设备按照工业标准进行枚举,当 PnP 管理器询问总线驱动有关总线上的设备时,总线驱动按照总线协议确定设备清单。例如:ACPI 查阅 ACPI 命名空间;PCI 驱动查阅 PCI 配置空间,USB HUB 驱动驱动遵循 USB 总线协议。

④写驱动的人员不能假定设备树创建的顺序,如:假定总线上的一个设备在另一个设备之前创建。

⑤设备树是动态的。在 PnP 系统中,设备在各种 PnP 状态之间转换。图 5-13 提供了 PnP 设备状态的高层视图。

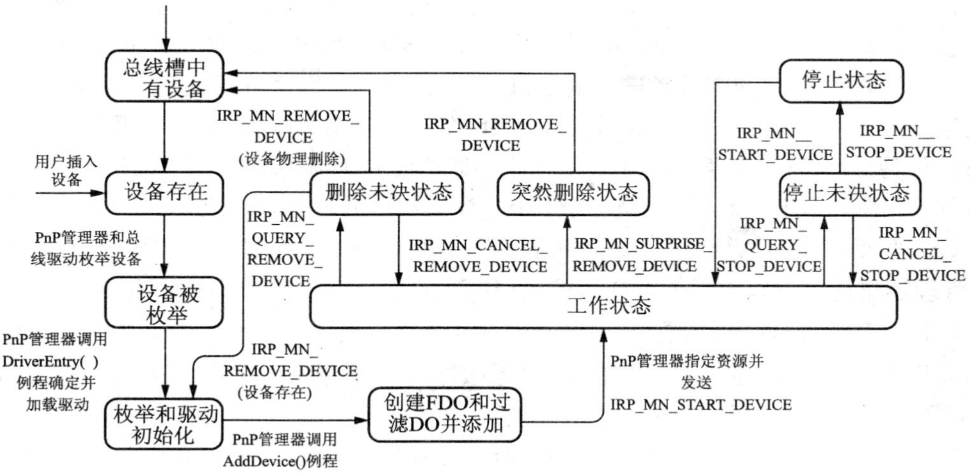

总线槽中有设备
IRP_MN_REMOVE_DEVICE (设备物理删除)
IRP_MN_REMOVE_DEVICE
停止状态
IRP_MN_START_DEVICE
IRP_MN_STOP_DEVICE
用户插入设备
设备存在
删除未决状态
突然删除状态
停止未决状态
PnP管理器和总线驱动枚举设备
IRP_MN_QUERY_REMOVE_DEVICE
IRP_MN_CANCEL_REMOVE_DEVICE
IRP_MN_SURPRISE_REMOVE_DEVICE
IRP_MN_QUERY_STOP_DEVICE
IRP_MN_CANCEL_STOP_DEVICE
设备被枚举
工作状态
PnP管理器调用DriverEntry( )例程确定并加载驱动
IRP_MN_REMOVE_DEVICE (设备存在)
PnP管理器指定资源并发送IRP_MN_START_DEVICE
枚举和驱动初始化
创建FDO和过滤DO并添加
PnP管理器调用AddDevice()例程

图 5－13　PnP 设备状态图

5.5.6　使用 DriverStudio 开发设备驱动程序

采用 DDK 的方式进行编程,要求开发者有比较深厚的 OS 技术基础以及系统级软件的开发能力,因此采用 DDK 进行开发,任务相当艰巨。DriverStudio 是 NuMega 公司提供的软件开发工具包,包含 VtoolsD、SoftICE 和 DriverWorks 等开发工具。DriverWorks 对 DDK 函数进行了类的封装,用于开发 KMD 和 WDM 驱动程序。DriverWorks 提供了 VC++下的开发向导 Driver Wizard,按照系统的提示操作,可以生成一个驱动程序的框架。在框架结构中,提供了执行 WDM 动态环境中 IRP 的请求,同时包含标准类驱动程序和总线驱动程序接口类,为开发 Windows NT、Windows 2000 和 Widnwos98 WDM 设备驱动程序提供了一个简便的方法。下面以 USB 接口设备驱动程序的开发为例,说明使用 DriverStudio 开发 WDM 型设备驱动程序的基本思路。

通用串行总线 USB 是一种新型的通信标准,目前得到了广泛的应用。其主要的优点是:支持热插拔,没有中断冲突的问题,即插即用;传输速率高,USB 2.0 速度达到 480Mbps;扩展容易,使用 Hub 扩展可以连接 127 个外设;传输方式灵活,有四种模式:控制(Control)、同步(Synchrinization)、中断(Interrupt)和批量(Bulk)。

USB 总线接口包括 USB 主控制器和根集线器。USB 主控制器负责处理主机与设备之间的电气和协议层的互连,管理主机和 USB 设备之间的数据传输以及管理 USB 带宽等资源。根集线器提供 USB 设备连接点。应用软件通过 USB 系统和 USB 总线接口与 USB 设备交互。

USB 设备上有关于设备特征的描述符,对设备进行配置。配置是说明如何访问硬件的接口的集合,配置也是端点(Endpoint)的集合,每个与 USB 交换数据的硬件就是端点。一个设备有一个和多个配置。

Windows98 及其更高版本对 USB 总线提供了全面的支持,WDM 支持 USB 协议,并为其提供了高效的开发平台。操作系统提供了 USB 底层驱动,负责和硬件打交道。在上一小节,介绍 PnP 设备的动态添加实例时,已经描述了 USB 驱动程序的结构层次。其中 USB 客户驱动程序通过 Windows 系统提供的 USB 类驱动程序接口(USBDI)与下层驱动程序通信。在 USBDI 的基础上进行编程,只需在相应的分发例程中通过构造 USB 块,并将其通过 USBDI 发送下去就可以实现对 USB 设备的控制。因此,开发以 USB 为接口的设备,只需要设备开发者编写功能驱动程序。通过向 USB 底层驱动程序发送包含请求块 URB(USB Request Block)的 IRP 实现对 USB 设备数据的发送和接收。

USB 驱动程序的执行过程为:应用程序调用 Windows API 函数进行设备的 I/O 操作,I/O 管理器将请求封装成一个 I/O 请求包(IRP)传递给 USB 功能驱动程序;USB 功能驱动程序根据 IRP 操作代码构造 USB 请求块(URB)并封装成一个新的 IRP 传递给 USB 底层驱动程序,执行相应的操作,并将执行结果按刚才的顺序依次返回,完成了一次设备的 I/O 操作。

使用 DriverWorks 开发 USB 功能驱动程序,要在已经安装了 Windows2000 操作系统的机器上依次安装 Visual C ++ 6.0;Windows2000 DDK;NuMega DriverStudio 2.0 (或 2.6)驱动程序开发包;在 Visual C ++ 中编译需要的库文件;设置 DDK 路径。

在 Visual C ++ 中编译需要的库文件方法如下:

- 启动 Visual C ++ ;
- 选择菜单 File\Open Workspace,打开 DriverStudio\DriverWorks\Source\vdwlibs. dsw 下的工作空间文件;
- 选择菜单 Build\Batch Build,在弹出的对话框架中选择需要编译的库;
- 点击对话框中的 Build 进行编译。

完成以上准备后,就可以用 DriverWorks 进行 USB 设备驱动程序的开发了。

使用 Driver Wizard 开发设备驱动程序向导,生成 USB 驱动程序的框架。需要进行以下选择或设置:

- 选择驱动程序的类型为 WDM,运行平台为 Windows2000;
- 选择 USB 总线类型,选择 USB 芯片 - Philip 公司的 ISP1581,填写供应商提供的供应商 ID,即 VID 和设备 ID,即 PID;
- 系统必须有的端点是端点 0,增加端点 1 和 2,分别有 IN 和 OUT 属性;
- 对设备的操作有:Read、Write、Device Control 和 CleanUp;
- 选择读写方式,需要快速传送大量数据时用 Direct I/O;否则选 Buffer I/O;
- 选择让向导自动生成对端点操作的 Read、Write 代码;
- 电源管理选择系统默认的 Manage Power For This Device;
- 增加 IOCTL 接口,在生成的代码框架中加入需要的操作。

按照以上步骤,创建了一个驱动程序的基本框架,DriverWorks 自动生成了块读写代码。其中 IOCTL 接口部分,需要根据实际的设备需要进行编程。

进行 USB 驱动程序编译时,要注意在 VC ++ 6.0 的菜单中设置 DriverWorks 中的 Driver Build Setting 中的[basedir]和[CPU]等项。设置好后,选择 <Build/Batch Build>,在弹出的对话框中进行必要的选择后,按 <Rebuild> 按钮,即可生成最终的.sys 驱动程序。

本章以 Windows2000 操作系统为对象介绍了开发设备驱动程序的一些问题以及相关的概念。需要进一步研究相关问题的读者可以参阅微软公司的 WINDOWS 2000 Driver Design Guide，或阅读 DDK 开发工具的联机文档。对于 Windows XP，应该使用 Windows XP DDK 进行开发，但两者的差异并不大，限于篇幅，不再进行介绍。

值得一提的是，在微软的网站上，有开发驱动程序的开发工具 WDK(Windows Driver Kit)，见图 5-14。WDK 是一种完全集成的驱动程序开发系统，提供了为 Windows Server 2008 以及以前版本的 Windows 操作系统开发驱动程序的支持。WDK 包含 Windows DDK，以及下列开发工具：

- Windows 驱动程序工具包，包括：Windows 驱动程序基础(WDF)简化了 Windows 驱动程序的开发和支持；头文件重构(Windows Vista 和更高版本)通过提供更简单的目录结构、避免声明冲突以及对所有支持的 Windows 版本使用单一头文件集，减小头文件的复杂性。
- 可安装文件系统(IFS)工具包将头、库、示例以及文档作为 WDK 的一部分分发。
- 验证程序和静态分析工具(如 PREfast 和静态驱动程序验证程序)帮助在编译时查找 bug。
- Windows 调试工具。此任务关键型包支持在运行 Windows 操作系统家族的系统上调试驱动程序、应用程序和服务。
- Windows 徽标工具包。WLK 包含验证 Windows 设备所需的所有工具，包括驱动程序测试管理器(DTM)和文档。

图 5-14　Windows Driver Kit

读者可以访问 http://go.microsoft.com/fwlink/? LinkId=89050 获得 Windows Driver Kit 的有关信息。

WDK 提供了一些开发驱动程序的实例。在安装了 WDK 之后，可以在安装目录下的 \src folder\ 中找到。如：*\src\audio* folder 包含了一组声音驱动的实例。其中，*Readme.htm* 文件对驱动进行说明，如：在 *\src\audio\sb*16 folder 文件夹中，文件说明了声霸 16(SB16，Sound Blaster 16)的驱动，创建驱动的方法，以及测试和使用实例的注意事项以及列出了实例驱动文件的说明。读者可以访问网址 http://msdn.microsoft.com/en-us/library/aa474750.aspx 得到更详细的信息。经常访问有关的开发网站，与同行进行交流是学习写驱动程序的一个事半功倍的方法。

思考题与习题

1. 简述DOS设备驱动程序基本原理。

2. 简述在Windows 2000/XP操作系统下访问硬件的方法。

3. Windows 2000/XP操作系统下驱动程序有哪些类型?

4. WDM设备驱动程序的基本结构是什么?

5. Windows 2000 I/O模型的特点是什么?画出说明I/O管理器和子系统的关系。

6. 什么是即插即用?支持即插即用要求系统软件和设备驱动具备哪些功能?

7. 什么是电源管理?如何实现电源管理?支持电源管理的计算机系统硬件和软件的特点是什么?

8. 举例说明什么是PnP设备树。

9. 设备对象有几种类型?各表示什么设备?

10. 常用的开发设备驱动程序的方法是什么?各有什么特点?

11. 什么是DDK?用DDK开发设备驱动程序有哪些基本步骤?

12. 设备驱动程序由哪些模块组成的?各个模块的作用是什么?

第6章

网络化监控技术

传统的广播电视发射台、站、机房均采用技术人员现场值班进行监管，广播电视监控系统的早期应用是代替技术人员监控广播、电视台的设备运行情况，采用单片机、可编程控制器等监控发射机，取得了良好的效果。随着网络技术的发展和对广播电视系统运行安全的重视，需要把本地的监控系统与远程的管理中心连成一个网络，形成整体的网络化的监控管理系统。以网络为核心构成的网络化监控系统是现代监控技术发展的一个重要特点和趋势。

本章主要介绍网络化监控系统相关的基本概念、体系结构和监控信号的网络传输技术。

6.1　控制网络基础——接口、传输协议、网络互联

6.1.1　网络化监控系统的发展

1. 基于仪器总线的网络化控制

工业领域的监控技术是从采用仪表对设备的状态进行测量开始的。自动化技术的发展使测量在一定程度上实现了自动化。自动化系统的发展与通信网络、计算机网络的发展是各自独立进行的。计算机与自动化技术的结合，出现了以下几种总线技术：

（1）通用仪器总线 GPIB（General Purpose Interface Bus）

GPIB 是 HP 公司在 20 世纪 70 年代提出的通用仪器总线，提供了将多台测量仪器通过 GPIB 总线连接成一个系统的解决方案，实现了计算机和测量仪器的结合。典型的 GPIB 测试系统由一台 PC 机、一块 GPIB 接口卡和最多 14 台有 GPIB 接口的仪器连接，连接电缆每段长 1.5m。GPIB 总线的出现，使手工单台测量仪器向综合自动化测试系统方向前进了一步。

（2）标准化仪器总线 VXI（VMEbus Extensions for Instrumentation）

VXI 总线是 Motorola 等公司于 1981 年发布的以 VME 计算机总线为基础的一种仪器扩展总线。1987 年对标准又作了修改。VXI 总线开放性强、扩展性好，可以把不同厂家的模块集成到一个机箱，可以保持每个仪器之间的精确同步和定时，具有 40Mbps 的数据传输率，被认为是虚拟仪器的理想平台。

（3）基于 PCI 总线的 PXI（PCI Extensions for Instrumentation）仪器总线

由于支持 VME 总线的计算机已经不多，因此在流行的 PCI 总线计算机的基础上，出现了 PXI 仪器总线，实现了自动化装置与传统仪器的结合。

仪器总线的出现是对测量控制网络化需求的一种回应，采用这种技术可以实现局部

测控网络,不是现代意义上的网络化测控或监控系统。

2. 基于现场总线的网络化控制

除了沿仪器总线技术方向发展的测控系统外,在工业控制领域,以计算机为中心也先后出现了集中控制系统、分散控制系统、多级分布控制系统等系统和技术。这些技术在底层-工业现场基本上都采用了现场总线技术,在通信层使用了专用的通信网络。

集中控制系统在控制室内使用一台计算机对系统的运行状态进行监控。采用集中控制方法降低了操作人员过程监视和操作的难度,使控制系统的使用变得简单和方便。集中控制系统是在计算机价格比较高,微机还没有广泛应用的时候进行监控的典型方法。但集中控制系统隐含风险,当主控计算机出现故障时,就会导致系统崩溃。由此产生了分散危险的想法。基本做法是:对集中控制的危险进行分散,把过程控制与操作管理分开。过程控制在现场解决,交给不同的现场控制装置。由此避免出现一台主机出现故障,系统崩溃的局面。随着生产规模的不断扩大,设备安装的位置也越来越分散,也产生了地域分散和人员分散的概念。

集散控制系统 DCS(Distributed Control System)是1975年首先由美国霍尼威尔(Honeywell)公司推出的,是按照管理操作集中,控制、检测分散的原则设计的计算机控制系统。随着计算机技术的发展,网络技术使集散控制系统向着集成管理的方向发展。与计算机集中控制相比,集散控制系统具有操作监督方便、危险分散、功能分散等优点。因此,在各行各业、各个领域得到了应用。

集散控制系统是分级递阶控制系统,按照功能进行分级控制。在垂直方向和水平方向都是如此。最简单的情况,在垂直方向分为操作管理级和过程控制级。在水平方向上,各个过程控制级之间是相互协调的分级,相互之间进行数据交换,向上把数据送达操作管理级,同时接收操作管理级的指令。集散控制系统的规模越大,系统的垂直和水平分级的范围也越广。

随着用户对系统开放性要求的增加,现场总线技术得到了迅速的发展。现场总线控制系统是一个开放的通信网络,同时又是一个分布控制系统。在许多场合,它将取代DCS。目前,现场总线控制系统已被大多数人士所认同,它将成为21世纪的自动控制系统。

工业以太网是以太网技术在控制领域的应用。把以太网技术应用到工业作为控制网络使用要解决以下问题:通信实时性问题、对环境的适应性与可靠性问题、总线供电问题以及本质安全问题,等等。以太网进入控制领域的最大障碍是通信非确定性,这由以太网的通信方式决定的。对此采取的措施有:提高通信速率、控制网络负荷、采用以太网的全双工交换技术、提供适应工业环境的器件。

6.1.2 TCP/IP 参考模型

基于 Internet 的远程监控系统的通信建立在 TCP/IP (Transmission Control Protocol, TCP/Internet Protocol, IP)协议之上。图 6-1 是 TCP/IP 的参考模型。

该协议有四层:应用层、传输层、网络层和接口层。

应用层(FTP,SMTP,HTTP,Telnet)
传输层(TCP,UDP)
互联网络层(IP)
网络接口层(PPP,Ethernet)

图6－1　TCP/IP的参考模型

1. 应用层

应用层是终端用户接口,包含了面向应用的协议,如:文件传输协议(FTP)、电子邮件协议(SMTP)、超文本传输协议(HTTP)、远程登录协议(Telnet)等。

2. 传输层

传输层定义了传输控制协议(TCP),是一个主机到主机的传输层协议,提供了通过Internet网络的可靠数据传输。TCP提供了数据提交服务,是面向连接的并且是可靠的。

TCP协议的数据传输单元为报文段,图6－2是TCP报文段的格式。图中,源端口是会话发起的概念网络口。目标端口是接收口。一个TCP连接就是源和目标的IP地址和端口的组合。目标端口的口编号用来确定TCP连接相关的类型。如:SMTP是被指定的口编号是25并且HTTP被指定的口编号是80。因此,HTTP服务器将监视到达口编号80的连接。

<table>
<tr><td>0</td><td></td><td></td><td></td><td></td><td></td><td></td><td>15</td><td>16　　　　　　　31</td></tr>
<tr><td colspan="8">源端口</td><td>目标端口</td></tr>
<tr><td colspan="9">序号</td></tr>
<tr><td colspan="9">确认号</td></tr>
<tr><td>HLEN</td><td>保留</td><td>URG</td><td>ACK</td><td>PSH</td><td>RST</td><td>SYN</td><td>FIN</td><td>窗口</td></tr>
<tr><td colspan="8">校验和</td><td>紧急指针</td></tr>
<tr><td colspan="8">选 项</td><td>填充字节</td></tr>
<tr><td colspan="9">数 据</td></tr>
</table>

图6－2　TCP包格式

连接的双方都使用序号和确认号来取得可靠的数据传输。序号指出段中数据在发送端数据流中的位置。确认号指出本机希望下一个接收字节的序号。

通过TCP连接发送的每个独特的字节是唯一的编号,这就是序号(sequence number)。当一个连接进行初始化时,每个主机产生一个(保证随机地)初始序号(ISN)。后面的字节相对于这个ISN进行编号。每个TCP包含有三个变量用于管理连接的序号:

①SND. UNA——最早的未应答的序号。

②SND. NXT——要发送的下一个序号。

③RCV. NXT——期望来自远程主机的下一个序号。

当没有需要发送的数据时,SND. UNA ＝SND. NXT。

为了使连接的两端互相知道彼此的ISN,使用ISN称为三路握手交换的初始交换方法。三路握手交换用来初始化连接,一旦完成,数据就可以可靠地交换。握手过程如下:

①A ⟶B　　SYN　　　我的ISN是X。

②B ⟶A　　ACK,SYN　我的ISN是Y。我知道你的ISN是X。

③A ⟶A　　ACK　　　我知道你的 ISN 是 Y。

ISN 在序号域进行交换。

HLEN 是头标长度，为 4 位，TCP 的报文长度以 4BIT 为单位，指出以 TCP 头中的报头的长度。可以用来跳过头文件的任何可选项。

保留位为 6 位，全部为 0。

控制位(Control bits)确定了报文的语义。图 6－2 中各位置位时从左到右的含义为：

URG ⟶表示包含有紧急数据和紧急指针的数据包是有效的。

ACK ⟶该包表示应答，说明应答域是有效的。

PSH ⟶这个数据包应该立即处理，不要等待缓冲区满或接收偶数字节。

RST ⟶出现了错误，连接应该重新复位。

SYN ⟶包请求序列数同步。

FIN ⟶连接关闭。

控制位可以设置多个条件，表示多个条件。

窗口指示远端的发送端准备接收的字节数目。通过改变窗口大小，主机可以进行流控制并最小化由于缓冲区溢出而丢弃的包。

校验和域包含有整个 TCP 头、IP 头域构成的伪头(pseudo header)和 TCP 数据的校验和。

紧急指针只有在 URG＝1 时才有效，表示报文段中有紧急数据。

选项说明了 TCP 报头的选项。

跟着头数据的是数据包(如果存在的话)。数据不需要填补，可以是奇数个字节。数据的长度由 IP 头的长度域确定。对于数据，没有字节填充这类变换，这留给访问层协议的网络去做。

3. 网络层

网络层定义了网络互联协议 IP 的报文格式和传输过程。采用非连接传输方式，负责解决路由选择问题，不保证 IP 报文的可靠传输。IP 数据报文的长度是可变的，其结构如图 6－3。

0	4	8　　15	16	19　　31
版本	头标长	服务类型	总长度	
标识			标志	片偏移
生存时间		协议	头标校验和	
源 IP 地址				
目的 IP 地址				
选项				填充字节
数据				

图 6－3　IP 数据报文结构

版本域表示数据报对应的 IP 协议的版本号。当前的版本是 IPv4，下一代是 IPv6。版本域的数字代表版本，4 为 IPv4，6 为 IPv6。

头标长域表示为 4 位，定义的是以 4 个字节为单位的报头的长度。IP 数据报文中除选项域和填充域之外，长度是固定的，为 20 个字节。因此，不含选项的头标长域的值为

5。头标长以 4 个字节为单位,如果有选项不是 4 个字节的整数倍,应该在填充域中加 0 来补齐。

服务类型域规定对数据报的处理方式,为 8 位。结构如图 6-4。

优先级	D	T	R	C	0

图 6-4　服务类型结构

优先级为 3 位,取值 0~7,数字愈大,表示优先级愈高。

D、T、R 表示传输类型。D 为延迟,T 为通信量,R 为可靠性,C 为成本。用 0 表示正常,用 1 表示特殊要求。对于 D 为低延迟,对于 T 为高通信量,对于 R 为高可靠性,对于 C 为低成本。4 位中,只能有一位为 1。如:0100 表示高通信量,其他为正常。

总长度域定义了以字节为单位的数据报的总长度,包括了报头长度。

生存时间域表示设置了数据报在互联网络中传输中的寿命,一般用数据报经过的路由器跳步数限定。设置这个域避免了数据报在网络中无休止的传输。

协议域定义了使用 IP 数据包的高层协议的类型。其数值和协议之间的关系见图6-5。

协议域值	高层协议类型
1	ICMP
2	IGMP
6	TCP
8	EGP
17	UDP
41	IPv6
89	OSPF

图 6-5　协议域值的含义

地址域表示发送数据报的源主机和接收数据报的目标主机的 IP 地址。

选项域的长度为 0~40 位,用来作为控制和测试。

4. 网络接口层

接口层负责接收 IP 数据报并通过网络发送出去,接收网络上的物理帧,取出 IP 数据报交给 IP 层。

6.1.3　网络互联

网络互联是将两个或两个以上的网络通过网络设备连接起来,实现网络之间的通信,达到资源共享的目的。从构成网络的形式上看,网络有局域网(LAN)与广域网(WAN)两种形式。局域网一般指一个学校、公司等范围的网络,覆盖范围有限,硬件设备及操作系统由网络的所有者进行管理。广域网指覆盖一个城市(也叫城域网)或全省,或全国的网络。广域网的硬件设备由电信公司提供和维护。国内广域网的例子有:中国教育科研网(Cernet)、中国公用计算机互联网(Chinanet)等。因此网络互联的形式也有三种:LAN/LAN、LAN/WAN 和 WAN/WAN。

按照ISO提出的OSI开放系统互联模型,网络有七个层次。网络互联可以发生在不同的层次之上,根据互联层次的不同,可以把网络互联设备分成中继器、网桥、路由器等设备。

1. 中继器

中继器又叫做转发器,工作于网络模型的物理层,实现了信号的放大和再生。中继器连接的是相同类型的网段,主要功能是延长网络的距离,可以改变物理媒体,如:把同轴电缆和双绞线连接在一起或把光纤和双绞线连接在一起。但中继器连接的是同一网络,不涉及网络协议,也不对传输的信息进行过滤。在使用中继器时要注意对网段长度、使用中继器个数的限制。目前常用的集线器也是一种中继器。

2. 网桥

网桥工作于数据链路层,在网络的互联中的作用是数据接收与发送,地址过滤。其特点是:

①互联的两个网络的数据链路层协议可以不同,传输介质可以不同,数据传输速率也可以不同。

②互联的两个网络在数据链路层以上的协议必须相同。

③网桥可以过滤传输的信息,分隔网络之间的广播通信量,改善了网络的性能。

用网桥连接两个局域网的原理图见图6-6。

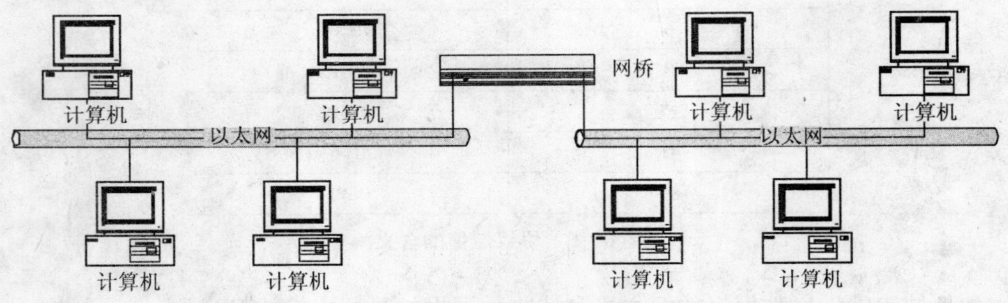

图6-6 网桥连接两个局域网原理图

3. 路由器

中继器和网桥连接的是分离的电缆段,路由器连接的是局域网或远程网络。路由器工作在网络层,依赖于协议。路由器对每个信息包进行检测,为信息包选择路径并转发出去。因此,路由器必须支持源站所使用的网络层协议,如:IP、AppleTalk DDP等;也必须支持它所连接的每个网络的介质访问方法,如:以太网、令牌环、ARCnet、FDDI等。

路由器有以下特点:

①支持不同的网络类型,如:以太网、令牌环、ARCnet、LocalTalk、FDDI等。

②可以优选传输路径。

③使用逻辑寻址。

④网络之间的连接容易管理。

使用路由器连接网络构成的网络系统被称为互联网络(Internetwork)或互联网(Internet)。

6.1.4 网络地址

在一个互联网中，要区分网络中的主机、路由器等设备，需要有一种标识方法，这种方法就是互联网的地址。在 TCP/IP 协议的网络层使用的地址叫做 IP 地址，由 4 个字节 32 位的二进制作为地址唯一地标识一个网络中的主机或路由器等设备。IP 地址在整个互联网中是唯一的，其结构由网络地址和主机 ID 两部分组成，如图 6－7。

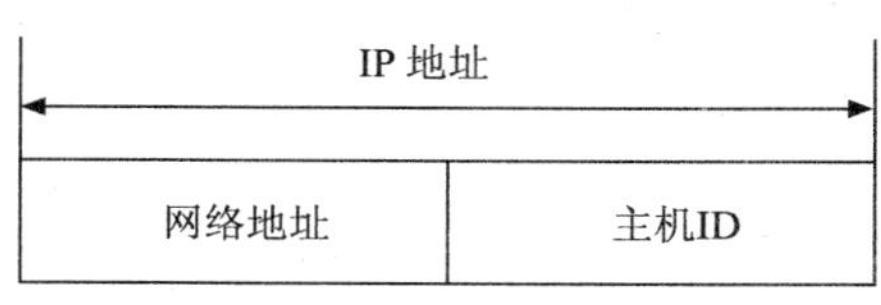

图 6－7 IP 地址结构

在 IP 网上，每个网络分配一个 IP 地址。地址有三种类型：A 类、B 类和 C 类。见图6－8。

A 类地址的网络地址占一个字节 8 位，其中最高位为 0。因此网络地址为 1～127。主机 ID 为 0～16,777,216。IP 地址用定点十进制数表示，每个字节用十进制数表示，并用点分开。因此用这种方法表示的 A 类 IP 地址为 1.0.0.0～127.255.255.255。

B 类地址的网络地址占两个字节 16 位，其中最高两位为 10。因此 B 类 IP 地址为 128.0.0.0～191.255.255.255。

C 类地址的网络地址占三个字节 24 位，其中最高三位为 110。因此 C 类 IP 地址为 192.0.0.0～223.255.255.255。

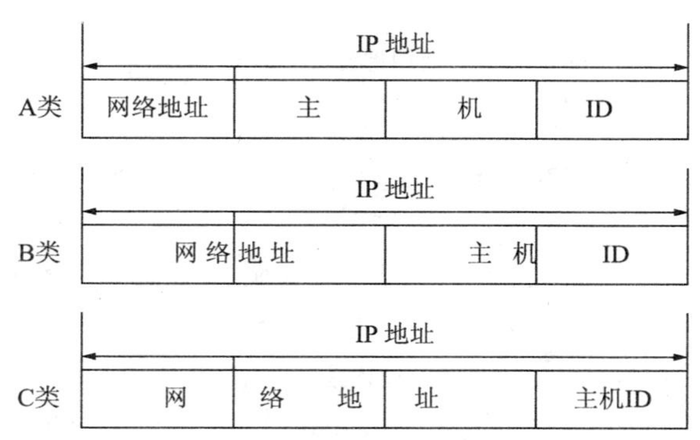

图 6－8 IP 地址类型

为了在 IP 地址中区分网络地址和主机 ID，使用子网掩码的概念。子网掩码规定二进制 1 对应的位为网络地址，二进制 0 对应的位为主机 ID。因此，三类 IP 地址的网络掩码为：

A 类地址：255.0.0.0　　B 类地址：255.255.0.0　　C 类地址：255.255.255.0

使用子网掩码的概念可以对拥有同一 IP 地址的用户通过划分子网地址的办法分组。如：用户有一个 158.58.0.0 的 B 类 IP 地址，通过定义子网掩码 255.255.255.0，把主机的一部分（1 个字节）作为网络地址，只保留 1 个字节作为主机 ID。这样，三个 IP 地址：158.58.1.1、158.58.2.1、158.58.3.1 就变成了三个不同的子网，如图 6－9。需要注意的是，对于外部的访问仍然是以 158.58.0.0 作为网络地址，只有在该网址的内部才把第三个字节作为网络地址使用。

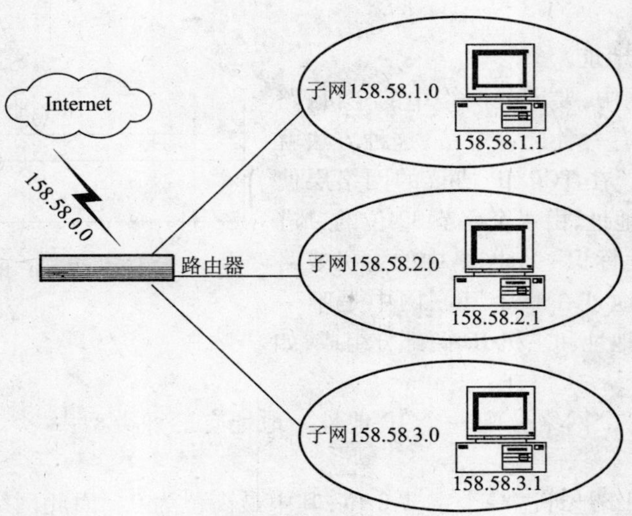

图6－9 掩码划分子网

子网的划分不必是整个字节，可以使用二进制高位的一部分作为子网。如图6－10，使用IP地址第三个字节的高四位作为子网。

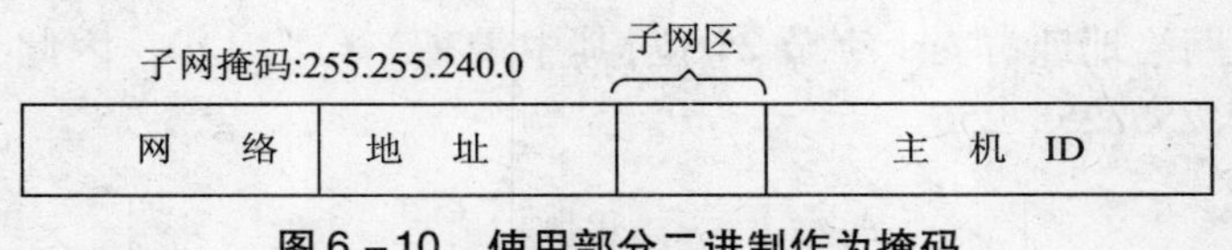

图6－10 使用部分二进制作为掩码

6.2 网络化监控系统体系结构

网络化监控系统有两种主要的形式：客户机/服务器模式（Client/Server，C/S）和浏览器/服务器模式（Brower/Server，B/S）。Client/Server模式在网络化监控中一直居主导地位，并被认为是监控和远程故障诊断的理想模式。随着互联网技术的不断进步，Brower/Server方式也日益显示出其优点，在网络化监控系统中也占据了很大的比重。也有把两种技术混合应用的系统。

6.2.1 Client/Server模式监控系统的结构

服务器是指网络上能够提供某种服务的程序。这个程序能够接收客户请求，对多个用户请求，能够排定优先次序，完成请求的任务，并把结果返回给客户。

客户也是一个可执行程序，这个程序是服务的请求者。在Windows操作系统下，往往是一个GUI（图形用户界面），提供了访问服务器的界面。在监控系统中，典型的应用是客户把采集状态数据发送给服务器，服务器处理这些数据，根据处理的结果决定让客户是否采用动作。客户也可以处理业务规则，如：直接判定监控对象的状态是否出现了问题，并进行处理。具有处理规则的客户称为胖客户（Flat Client）；没有处理业务规则能力的客户称为瘦客户（Thin Client）。

业务规则决定了访问服务器上数据的方法,也就是说,业务规则定义了整个系统的行为。

由于程序是在计算机中运行的,一般就把运行客户程序的计算机叫做客户机,把运行服务程序的计算机称为服务器。以这种方式工作的网络系统结构成为 Client/Server 体系结构。

Client/Server 体系结构把网络中的计算机划分成客户机和服务器两大类,网络中的任务也在两类设备中进行划分。根据任务划分的方法,有四类 C/S 模式。

模式 1,基于客户类应用模式。服务器提供文件类服务,如:磁盘服务器;文件服务器;打印服务器。客户完成所有的处理任务。这种方式下网络成为一个数据共享的工具,没有充分利用服务器的强大处理能力。

模式 2,基于服务器类应用模式。处理由服务器承担,客户以终端仿真的方式远程注册到服务器,相当于一个多用户系统。客户愈多,服务器上运行的进程愈多,负担愈重。

模式 3,客户/服务器应用模式。处理任务分布在客户和服务器双方,客户机直接面对监控对象,进行数据采集、计算、显示等工作,服务器相当于后台进程,集中处理作业,向全网络范围的客户机提供服务。这种模式的体系结构把应用分成了前端客户应用和后端服务器应用,把数据处理集中在高性能的服务器上,充分利用了系统的资源,加快了数据处理的速度。并且减少了网络的通信量。由于服务器计算机要提供客户机请求的服务,还要进行多个客户机同时请求的并发控制,因此,需要采用高性能的 PC、工作站或小型机。典型的 Client/Server 模式监控系统结构如图 6－11 所示。

模式 4,分布式处理的客户/服务器模式。系统中有多个服务器进行协同处理,是模式 3 的进一步发展。

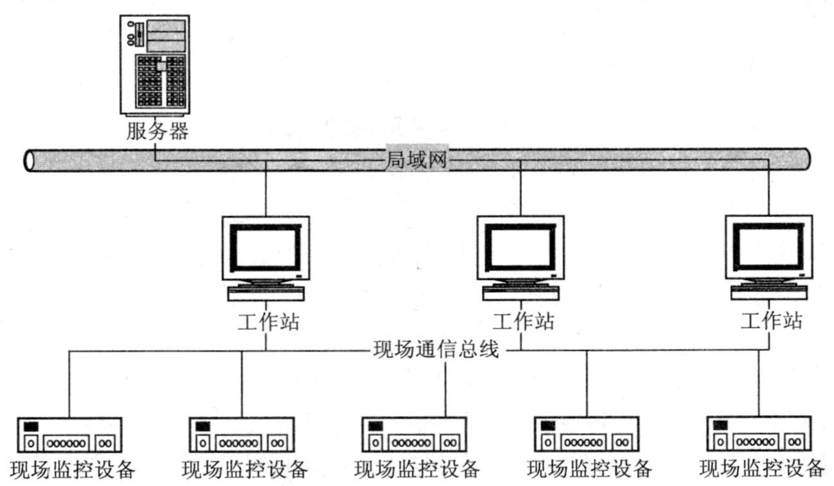

图 6－11　Client/Server 模式监控系统结构

采用客户/服务器应用模式有以下优点:

①任务划分明确,减少了网络的流量,提高了效率。

②服务器对数据集中管理,提供了完整性、安全性检查,保证了数据的安全性。

客户/服务器应用模式的缺点是:

①系统价格比较贵:硬件和软件的开销都比较大。硬件上要求计算机的配置比较高;软件上要配置服务器操作系统、网络软件、数据库软件,等等。

②需要培训用户熟悉系统。

根据业务规则如何设置和如何在服务器和客户机之间划分,客户/服务器应用模式也有两种模型:两层客户/服务器模型,如图6-12;三层客户/服务器模型,如图6-13。

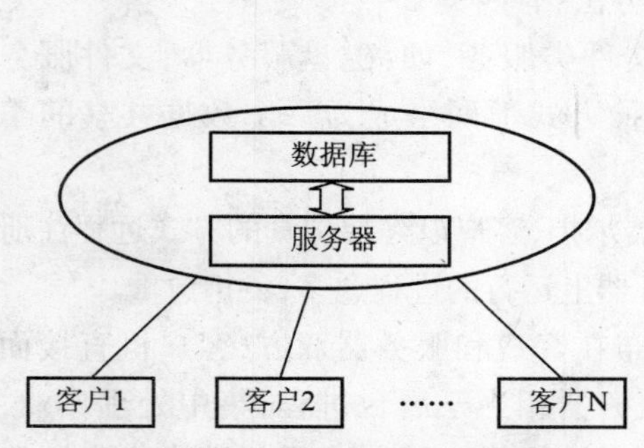

图6-12 两层客户/服务器模型

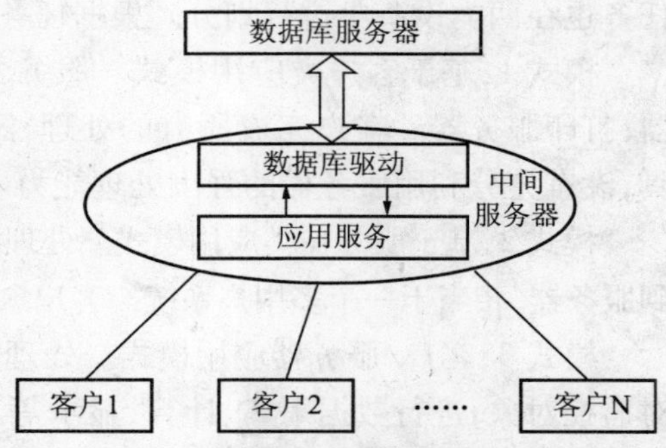

图6-13 三层客户/服务器模型

两层客户/服务器模型是常见的形式。业务规则在服务器和客户机之间适当划分。这种形式的主要缺点是客户机直接和数据打交道,可以直接操作数据库的数据,往往带来安全隐患。同时由于业务规则也封装在客户端,修改维护困难。

为了保障数据的安全性、完整性以及实现数据的集中控制,在客户和服务器之间增加了一层结构,称为中间服务器。采用这种方法,把数据的存储、业务规则和用户接口三个层次处理,层与层之间相互独立,一层的改变不会影响其他层。因此,安全性、灵活性、开放性以及易维护性都得到了提高。

6.2.2 Brower/Server(B/S)模式监控系统的结构

客户/服务器模式的监控系统具有响应速度快,效率高的特点。适合于传送大量数据的场合。除了系统硬件结构设计的工作外,软件上要考虑服务器端软件和客户端的软件开发。从整体上说,系统是专用的。因此,当安装、配置和维护系统时,要考虑服务器和客户端两个方面,如:对系统的软件进行升级时,就不仅需要升级服务器端,而且要升级客户端。如果这是一个在地域上分布范围广泛的系统,系统升级需要做的测试、维护等方面的工作量就非常大。这是客户/服务器模型的体系结构的一个很大缺点。

Internet的发展,提供了解决这个问题的一个可行方案。对于一台客户机来说,只要具有网络接口并安装了浏览器(这个要求在当前不是问题),在世界范围内可以访问服务器。对于监控系统来说,只要系统支持Brower/Server模式,可以实现全球范围内的系统监控、诊断和维护。因此,基于Brower/Server模式的远程实时监控系统,实现了异地控制和大范围的资源共享,是一种符合技术发展潮流的监控体系结构。

采用Brower/Server模式监控系统的体系结构如图6-14所示。

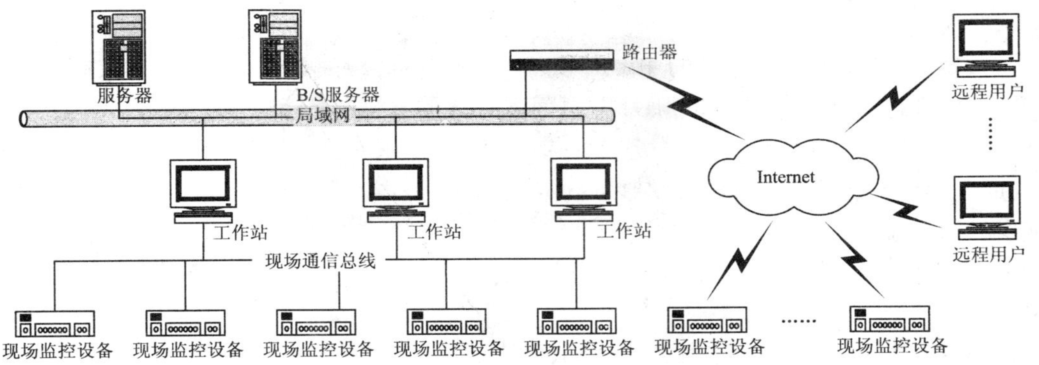

图 6－14 Brower/Server 模式监控系统的体系结构

与 Client/Server 模式监控系统结构相比，测控局域网增加了 B/S 服务器和路由器。B/S 服务器支持用户端以 B/S 方式访问监控网络；路由器支持远端用户端的网络接入访问。对于独立的现场监控点，现场监控设备在硬件上配置了以太网络接口并设计了 Web Server，内部嵌入 TCP、UDP、FTP 协议，设置了 IP 地址，支持远端客户的访问。现场监控设备采集的数据，通过 HTTP 动态网页的形式对外部发布。同时接受远端合法用户通过浏览器发布的控制命令。为了维护系统的安全，需要设置用户的访问权限以及其他网络的安全机制。

采用 B/S 模式的主要优点是：

①客户端没有专用的软件，软件的安装、升级只在系统测试节点发生，与客户端无关，提高了系统的灵活性，降低了系统的维护工作量。

②在监控端可以根据需要定制网络软件，为用户提供了方便快捷的控制方式。

③远程监控不受地点的约束，方便多用户使用，实现了分布式监控。

④监控点的数据资源分布方便，可以非常容易地实现资源共享。

⑤系统具有开放性，测试节点之间相互独立，能够灵活设计，方便进行系统扩充。

⑥提供了用户访问权限控制，保证了系统的安全性。

⑦系统采用 HTTP 协议，不受操作系统的限制，易于实现跨平台操作。

在实际应用中，还可以把 C/S 和 B/S 的特点结合起来，充分利用两者的优点，构成混合结构的监控系统。实际上，在图 6－14 中，如果系统设计上由服务器面向局域网的工作站，构成 C/S 结构，由 B/S 服务器面向网络端的用户，那么就构成了一个基本的 C/S 和 B/S 的混合结构。

6.2.3 B/S 模式监控系统的相关技术

B/S 模式下的 Web 服务有三种主要的支持技术：统一资源定位符 URL（Uniform Resource Locator）；超文本标记语言 HTML（Hyper Text Markup Language，HTML）；超文本传输协议 HTTP（Hyper Text Transportation Protocol）。而开发 B/S 模式监控系统涉及的主要技术分成客户端开发技术和服务器端开发技术。

B/S 模式下 Web 服务的工作原理是：当用户通过浏览器访问网站时，通过浏览器向 Web 服务器发出一个需要 HTML 页面的 HTTP 请求。HTTP 请求有两种类型：GET 请求和 POST 请求。

GET 请求用于检索静态的 HTML 页面、图形、声音以及视频。POST 请求则用于和 Web 服务器交互以得到动态的 HTML 页面。Web 服务器接收到 POST 请求后,运行服务程序,即 Web 服务应用。Web 服务应用接受 HTTP 请求消息,执行请求消息指定的动作,负责生产动态的 HTML 页面,把结果返回给 Web 服务器。Web 服务器在把结果返回给客户端 Web 浏览器。

描述网络上资源的位置,用统一资源定位符 URL 这个术语。URL 包括以下几个部分:

①协议:用于标识网络协议,如:http,ftp 等。

②主机:用于标识运行 Web 服务应用和 Web 服务器的主机,如:www. testsite. com。

③脚本名称:用于标识 Web 服务应用的脚本名称,如:monitor. dll。

④路径信息:指定消息的目标在 Web 服务应用中的位置。

⑤查询信息:Web 服务应用定义的字符串。

一个 URL 的例子为:

http://www. testsite. com/surveillance/ monitor. dll/transmitter? controller = part1

协议,主机 脚本名称 路径 查询域

HTTP 请求消息通常包括以下几个部分:

①描述客户的头信息。以一个名称标识,紧跟一个字符串值。

②请求的目标。

③请求被处理的方式。

④请求的内容。

一个典型的 HTTP 请求为:

GET /surveillance/ monitor. dll/transmitter? controller = part1 http/1.0

Connection: Keep - Alive

User - Agent: Mozilla/3.0b4Gold (WinNT; I)

Host: www. testsite. com: 1024

Accept: image/gif, image/jpeg, */*

第一行以关键字 GET 开始,要求 Web 服务应用返回与 URL 相关的内容。最后一部分说明是客户使用的协议:HTTP 1.0。

第二行为连接头,说明完成服务后,关闭连接。

第三行为用户代理头,提供了生成请求的程序信息。

第四行为主机头,提供了要连接的主机名称和端口号。

第五行为接收头,说明了用户可以接受的响应媒介类型。

HTTP 服务流程见图 6 - 15。服务请求中如果包含程序,请求传送给程序的方法与 Web 服务应用的类型有关。对公共网关接口 CGI 程序,请求中的信息直接传递给 CGI 程序,Web 服务器等待程序的完成。CGI 程序退出时把结果传递给 Web 服务器。对 WinCGI 程序,Web 服务器打开一个文件把请求信息写入,然后执行 WinCGI 程序。Web 服务器等待 WinCGI 程序的完成。WinCGI 程序退出后,Web 服务器从结果文件中读取数据。

对动态连接库 DLL 程序，程序执行时，Web 服务器等待。DLL 程序退出时把结果传递给 Web 服务器。

客户端开发技术涉及到 HTML 和网页的制作、JavaScript 技术、Flash 技术以及 Java Applet 技术。而服务器端开发技术则涉及到 CGI 技术、ASP 技术、PHP 技术、JSP 技术以及 ASP. NET 技术。

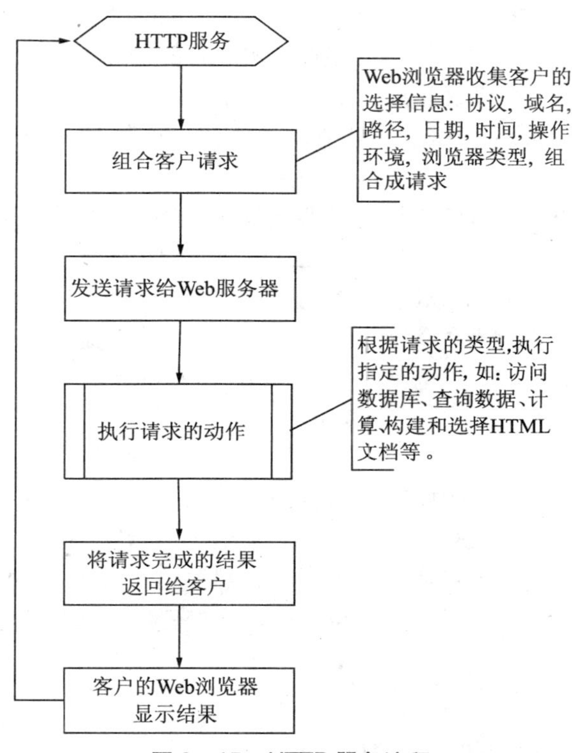

图 6－15　HTTP 服务流程

6.2.4　Web 服务器的配置与管理

基于 B/S 的监控系统是依赖于 Web 服务器存在的，没有 Web 服务器，Web 服务的应用就无法完成。熟悉和掌握 Web 服务器的基本原理以及配置和管理是构建基于 B/S 的监控系统的基础工作。涉及：服务器的选择、服务器的安装、Web 站点的创建、目录管理、安全管理以及性能管理等几个方面。

1. 服务器的选择

服务器是重要的网络资源设备，对于网络的整体性能影响极大，在组建监控系统的时候需要认真选择。

2. 服务器的安装

在 B/S 方式下，应该首先安装一个 Web 服务器。目前流行的 Web 服务器有代表性的是运行在 Windows 平台上的 Windows NT Server 和 Windows 2000/2003 Server 下的 IIS (Internet Information Server) 以及 WebSite 服务器等运行在 Unix 等其他平台上的 Apache 服务器。

3. Web 站点的创建

在 IIS 中,创建 Web 站点有三种方式。分别是:主机头名法、虚拟目录法和端口法。

①主机头名法:是一种常用的创建 Web 站点的方法。主机头名法是联合使用 DNS (Domain Naming System)和 IIS 的主机头名来创建网站。使用这种方法可以在一个服务器上安装多个不同域名的网站。

②虚拟目录法:用户对服务器的访问实际上是对 Web 服务器某一目录的访问。访问从主目录开始。对于一个大的系统,文件的实际存放位置并不一定在主目录或其子目录中,主目录中保存的是一个经过映射形成的目录即虚拟目录,而文件的实际位置可能保存在不同的本地计算机的不同磁盘或其他计算机上。因此,虚拟目录实际上是将 URL 空间映射到实际的目录空间。

③端口法:端口法是把站点和网站的 TCP 端口直接绑定的方法。在安装 IIS 时,第一个创建的网站使用默认的 TCP 端口 80。也可以把其他的端口指定给网站。方法是在"管理工具"中打开"Internet 信息服务"窗口,用鼠标右键点击服务器计算机名,在弹出的菜单中选择"新建 Web 站点"命令,按照提示把输入网站 IP 地址和端口设置,如:设置为82。设置完成以后,就可以在浏览器中输入"http://服务器 IP 地址:81"的方法访问建立的网站。

4. 目录管理

在 IIS 的服务器管理界面中,网站的各类目录继承了 Web 站点属性表中的各类属性,Web 站点属性继承的是 IIS 服务器的主属性。如果有特殊需要,可以对目录的属性进行配置管理。方法是:选中要管理的目录,单击鼠标右键,在弹出的快捷菜单中选择"属性",就会出现目录属性管理界面,进行设置即可。设置完成将影响选择的目录及其子目录,不影响其他目录。

5. 安全管理

安全管理主要通过认证的方式解决。如:Apache 的安全管理提供了三种认证方式:

①主机认证;

②基于 HTTP 的认证;

③利用 SSL 的认证。

6.3　网络化监控系统软件技术

监控系统中的服务器是一个功能强大的处理机,其包含的内涵十分广泛。系统的测控、通信、任务调度以及数据存储维护检索、分析等功能都需要服务器完成。完成这些功能,需要服务器安装相应的系统软件。服务器端的软件,有以下一些功能:

①控制现场监控设备完成本地被监控对象的状态信息采集,并判断被控系统是否处于正常状态,如果发现问题,应该做出报警或调控等动作,并把信息发送给用户或客户机。当然状态的判断也可以由现场的监控设备做出,这取决于系统的设计。

②保存采集的状态数据,存储到数据库中,支持用户和客户机的访问。

③通过网络完成本地被监控对象的状态信息采集并进行遥控。

④负责多台服务器之间的通信和信息共享。

⑤如果支持B/S模式的网络化监控，设计Web Server服务器的网络化软件，支持B/S方式的远程访问、远程监控和信息共享。

对于客户端软件，如果是C/S方式，需要考虑是采用二层客户/服务器模型，还是采用三层客户/服务器模型，在服务器和客户机之间合理划分业务规则。如果采用B/S方式，软件工作集中到服务器端，客户端只要配置了网络接口和浏览器即可，这是不难做到的。

根据上面的分析，具体分析网络化监控系统的软件技术，与监控系统的网络结构，监控对象的特点均有很大关系，难以详细介绍。下面主要介绍网络化监控系统软件技术涉及到的网络接口技术、组件技术等通用的软件技术，最后，以广泛应用的C/S网络数据库技术说明C/S方式网络化软件开发中的一些方法。

6.3.1　网络化软件编程技术

1. 概述

网络化监控的与通信、网络等软件技术的发展密切相关。网络间的通信，实际上是不同主机之间应用程序间的信息交互过程。在分时操作系统中，进程是应用程序存在和活动的形式，应用程序的一个实例对应一个进程。在目前，TCP/IP协议已经成为网络间通信的事实标准。那么应用程序是如何与TCP/IP打交道的呢？为了回答这个问题，先要说明TCP/IP协议在网络操作系统中的位置。

在网络操作系统中，TCP/IP技术的核心部分——传输层、网络层和物理接口层在操作系统的内核中实现。内核隐藏了硬件的细节，提供给应用程序员一个通用的、统一界面，如图6－16所示。因此，应用程序是与TCP/IP打交道是通过这个程序员界面实现的。但TCP/IP并没有给出应用程序接口的标准化形式，因为协议的实现方式在不同的操作系统下的实现方式是不同的，而编程界面与操作系统直接相关。在具体讨论Windows操作系统中通信程序设计之前，需要说明一下网络间进程之间相互通信需要哪些条件。

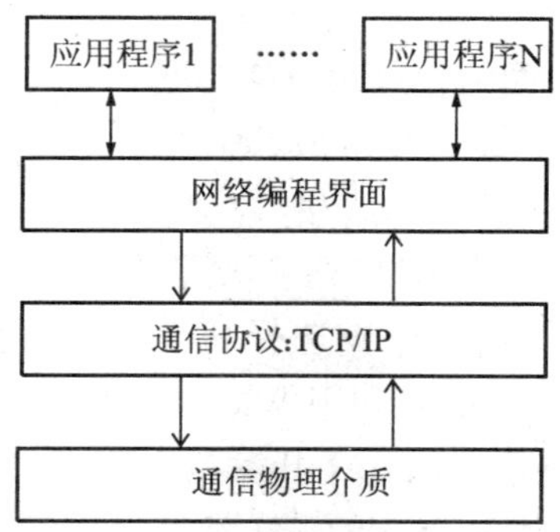

图6－16　应用程序与TCP/IP之间的关系

第一个问题，需要解决进程之间如何进行标志。由于一台主机上可以运行多个进程，而且进程标识在主机上具有任意性，因此不能用主机地址加进程标识来作为不同主机进程的表示方法。因此，提出了协议端口（protocol port）的概念，简称端口。端口是TCP/DUP与应用程序进行交互的访问点。

第二个问题,需要解决不同协议的识别问题。由于不同协议的地址格式、工作方式不同,不同协议之间不经过转换不能直接通信。而这里的网络间进程的通信编程是指直接通信。

第三个问题,通信对象的标识问题。

考虑的以上问题,一个完整的网络之间通信需要一个五元组来描述:(协议、本地地址、本地端口、远程地址、远程端口)。

2. 进程通信模型

网络中通信的主要模型是C/S模型,如图6-17所示。

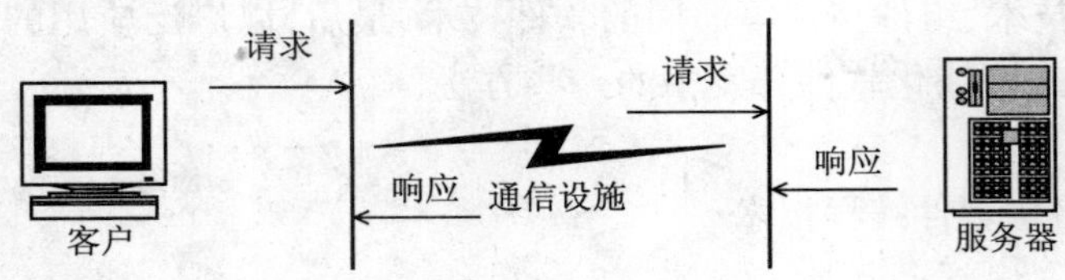

图6-17 客户-服务器模型

客户和服务器是两个应用程序或进程。从图中可见,在客户-服务器模型中,客户和服务器是非对等的关系。服务器开机后,服务器进程处于等待状态,等待客户的服务请求。因此,在这种模式中,"请求驱动"由客户端发起,客户端请求服务,服务器响应请求提供服务。这种模型适应了网络中资源的分布的实际情况,圆满的解决了资源共享问题。

3. Windows Sockets

通信和资源共享是网络的两大功能。网络间通信的编程界面是4BSD UNIX提出的socket,解决了网络间进程之间的通信问题。Socket的原意是"插座",顾名思义,这里的socket就是连接网络进程间的软件"插座",也就是进程通信的端点。通信之前,双方各自创建一个端点,通过端点进行连接。

在Microsoft Windows下的网络程序设计接口是Windows Sockets API。Windows Sockets的主要技术来自于UNIX,是以U. C. Berkeley大学BSD UNIX中的Socket接口为范例定义的一套Micosoft Windows下网络编程接口。包含了Berkeley Socket风格的库函数以及针对Windows的扩展库函数。这些扩充主要是提供了一些异步函数,并增加了符合Windows消息驱动特性的网络事件异步选择机制,使应用程序开发者能够编制符合Windows编程模式的软件,程序员能够利用Windows消息驱动机制进行编程。

Windows Sockets规范提供给应用程序开发者一套简单的API。遵守Windows Sockets规范的网络软件,称之为Windows Sockets兼容的。任何与Windows Sockets兼容实现协同工作的应用程序就被认为是具有Windows Sockets接口。并称这种应用程序为Windows Sockets应用程序。

上面已经说明,一个完整的网络之间通信需要一个五元组来描述(协议,本地地址,本地端口,远程地址,远程端口),因此,一个完整的socket也需要同样的五元组来描述。

从应用的角度来看,socket提供给应用程序员的是一组系统调用。在客户/服务器模式下,针对客户和服务器提供了不同的系统调用。

Socket 有如下几种系统调用：

①Socket( )，创建 socket. 创建 socket 返回给应用程序一个 socket 号。

在这个调用中，需要指出：

- socket 所用的地址类型。
- 通信类型 type：指明创建的通信类型。Socket 支持以下通信服务类型：流式 socket，数据报 socket 及原始 socket。

流式套接口定义了一种面向连接的服务，实现了可靠的、无差错、无重复的顺序数据传输。数据报套接口定义了一种无连接的服务，数据通过相互独立的报文进行传输，不保证可靠、无差错。原始套接口定义了对低层协议如 IP 或 ICMP 直接访问的方法，可以用于新网络协议实现的测试。

- 协议：指出通信所使用的协议。

②Bind( )，指定本地地址。本调用将本地 socket 地址和与所创建的 socket 号联系起来。

③Connect( )，Accept( )，建立 Socket 连接。

④Listen( )，在面向连接服务器，表示愿意接收连接。

⑤Write( )，Send( )，发送数据。

⑥Read( )，Recv( )，接收数据。

Windows Sockets 规范定义并记录了如何使用 API 与 Internet 协议族（IPs，通常指的是 TCP/IP）连接，所有的 Windows Sockets 实现都支持流套接口和数据报套接口。

4. Windows Sockets 的实现

Windows Sockets 可以用各种编程语言实现。下面以 Delphi7.0 为例，说明实现方法。

在 Delphi 中对 Windows Socket 进行了有效的封装，使得用户可以很方便地编写网络通信程序。下面说明使用 Delphi 封装的组件，编写 Socket 通信程序的方法。

在 Delphi 7.0 以前的版本中提供了 ClientSocket 和 ServerSocket 控件。在 Delphi 7.0，删除了这两个控件，用新的控件来代替同样完成 Socket 功能。在"Internet"组件页上，有三个套接组件，如图 6－18 所示。可以使用这三个组件连接到网络上的其他计算机并传递信息。

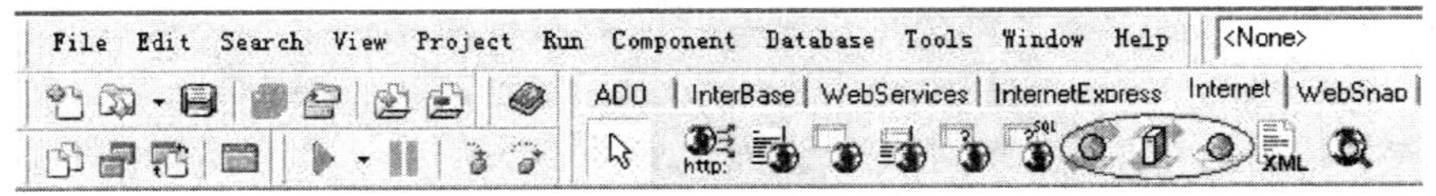

图 6－18　三个套接组件

图 6－18 中椭圆线所圈住的三个组件从左到右依次是：TcpClient、TcpServer、UdpSocket，这些都是标识实际连接端点的套接对象。套接组件使用套接对象封装了套接服务器调用。因此在应用程序中使用这些分对象可以不用关心建立套接连接及管理套接信息的细节。如果希望把连接的细节用户化，可以使用套接对象的属性、事件和方法来完成。

下面是一个使用组件编程的应用实例。在该实例中，客户机是一个监控数据采集前端，不断把采集的数据传递给服务器。服务器接收客户机采集的数据存入指定的数据缓冲区。为了说明这个例子,首先介绍几个相关编程的概念,使读者对程序能够有更好的理解。

(1)线程

应用程序要运行时,就被加载到内存。这时应用程序就变成了进程。进程是应用程序的执行实例,每个进程包含有数据、代码和其他系统资源。线程是应用程序的一部分并由操作系统分配了一定的 CPU 时间。进程的所有线程共享相同的地址空间并可以访问进程的全局变量。在 Delphi 中,线程用 Tthread 类来表示。

在编程中使用线程的原因是:在程序处理诸如访问磁盘文件的过程中,由于外设的速度较慢,因此程序必须等待,这时处理器是处于闲置状态。使用多线程技术,就可以让一个线程等待处理结果,而其他线程继续执行。

多线程的设计通常是根据需要解决的问题逻辑来划分。如果待解决的问题可以划分成几个并行独立的功能,就可以使用多线程技术,同时给不同的功能以不同的优先级,关键的任务得到更多的 CPU 时间。

如果程序运行的平台是多处理器的,那么多线程的应用可以改善程序的性能。

需要注意的是,多线程技术需要操作系统的支持。

在 Delphi 中,可以使用线程对象表示应用程序中的一个可执行线程。线程对象通过封装简化了多线程程序的编写。但是在线程对象中,不能控制安全属性以及线程堆栈的尺寸,如果需要的话,需要使用 BeginThread 函数。

在应用程序中使用线程,需要创建一个新的线程类 Tthread 的对象。方法是,选择主菜单的 File|New|Other,在新项目对话框中,双击"Thread Object",在弹出的"New Thread Object"中输入一个类名,如:TMyThread ,并给新线程起个名字,如:TclientDataThread,并勾选"Named Thread",单击"OK",就 生成了一个新的实现线程的单元,选择过程见图6-19。

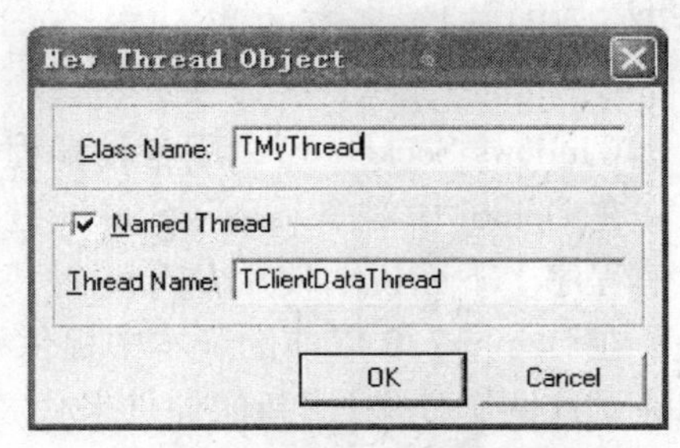

图6-19 线程对象对话框

需要注意,与集成开发环境中多数对话框不同的是,新的线程对象对话框不给你输入的类名前自动添加"T",因此需要在类名中自己写入,像这里输入的 TmyThread。用户定义自己线程类的原因是在线程使用 ID 来管理,在线程状态盒中确定 ID 对应的线程比较困难,使用自己定义的线程类就容易分辨。

命名了线程类就给线程增加一个 SetName 的方法,当线程启动时,首先调用该方法。

如果需要给自己的线程写初始化的代码,必须重载 Create 方法,并且在线程类的声明中增加一个关键字 constructor。这里可以给自己的线程指定一个默认的优先级并说明当运行结束时,是否自动销毁。一般情况下,线程运行结束就自动销毁,这种情况下只需把 FreeOnTerminate 设置为 True。如果线程之间需要协调工作,如:一个线程需要等另一个线程返回一个值,然后才能销毁,这是就需要把 FreeOnTerminate 属性设置为 False,并写代码明确销毁进程。

Execute 方法是自己线程的函数。可以认为,这个函数是由应用程序启动的一个程序(与应用程序共享同一个存储空间)。写线程函数需要一定的技巧,必须防止本线程覆盖其他线程的内存。

实现 Execute 方法有以下几种方式:

①使用主 VCL/CLX 线程:当使用的对象来自类层次结构,其属性和方法不保证是线程安全(thread - safe)的。也就是使用其属性和方法所使用的内存并不保证其他线程不使用这些属性和方法。由于这个原因,设置了主线程来访问 VCL 和 CLX 对象。也就是该线程处理所有的应用程序中组件发出的 Windows 消息。如果所有对象的属性和方法通过这个线程访问,就不必担心线程之间的冲突。使用主线程,创建一个单独的例程执行需要的动作,就需要使用 Synchronize 方法。Synchronize 等待主线程进入消息循环然后执行传递的方法。见下面的例子:

```
procedure TMyThread. PushTheButton;
begin
  Button1. Click;
end;
procedure TMyThread. Execute;
begin
  ...
  Synchronize(PushTheButton);
  ...
end;
```

同步的作用是等待主线程进入消息循环然后执行传递过来的方法,如:上面的代码中 PushThe Button。

需要注意的是,Synchronize 使用消息循环,在控制台应用(console applications)中不能工作,在这种情况下需要使用其他机制,如:临界会话(critical sections)来保护在控制台应用中对 VCL 或 CLX 的访问。

不一定总需要使用主线程。有些对象是线程感知的。知道了对象的方法是线程安全的就不使用 Synchronize 方法,可以改进程序的性能。因为不必等待 VCL 或 CLX 线程进入消息循环。对下列对象不需要使用 Synchronize 方法。

①线程安全的数据访问组件:BDE 激活的数据集,每个线程有自己的数据会话组件。例外的是,当使用 Microsoft 的访问驱动时(Microsoft Access drivers),因为该驱动是使用微软库创建的,因此不是线程安全的。对于 dbExpress,只要厂家提供的客户库是线程安全的,dbExpress 组件也是线程安全的。ADO 和 InterBaseExpress 是线程安全的。

②图形(Graphics)对象是线程安全的。不需要使用主 VCL 或 CLX 线程访问 TFont, Tpen, TBrush, Tbitmap, TMetafile (仅 VCL), TDrawing (仅 CLX), 或 Ticon。Canvas 对象可以通过锁定在同步(Synchronize)方法外面使用。

③如果对象不是线程安全的,可以使用线程安全的版本,如:不使用 TList ,使用 TthreadList。

当访问全局对象或变量时,为了避免与其他线程冲突,可以在线程代码完成一个操作之前,锁定其他线程的执行。但尽量不要这样做,这将使得程序的性能下降并抵消使用多线程的优点。

有三种方法可以防止其他线程访问自己线程的存储空间：

①锁定对象；

②使用临界会话区；

③使用多个读和专有写同步器。

(2)构造器(constructor)

构造器是创建和初始化实例对象的特殊方法。构造器的声明类似于过程的声明，只是以关键字 constructor 开始。例如：

constructor Create；

constructor Create(AOwner：TComponent)；

构造器使用默认的寄存器调用规则。虽然声明没有指定返回值，但构造器返回对所创建对象的一个参考(reference)。

可以在一个类型上调用构造器方法创建对象，如：

MyObject := TMyClass. Create；

该语句在堆(heap)上给新对象分配了存储空间，并设置所有的值为0，把所有的指针和类型域赋予 nil，令所有的串域为空；接着的动作通常是基于传递给构造器的参数值对对象进行初始化；最后，构造器对新分配和构造的对象返回一个参考。返回值的类型和调用构造器指定的类的类型是相同的。

如果执行构造器在调用类的参考上出现异常，销毁器(Destroy destructor)就自动调用来销毁未完成的对象。

如果构造器使用对象参考调用而不是使用类参考，就不创建对象而是在指定的对象上操作，仅仅执行在构造器实现部分的声明，然后给对象返回一个参考。典型情况下，构造器在一个对象的参考上调用并与保留字 inherited 一起来实现一个继承的构造器。

在这种情况下，构造器的第一个动作通常是调用一个继承的构造器去初始化对象的继承域。构造器然后初始化在继承类中引入的域。因为构造器总是把新分配给对象的存储清零，因此在构造器的实现部分如果不是非零的初值就没必要对域进行初始化。

当通过类型标识符调用，构造器作为 virtual 声明和作为 static 声明是一样的。然而，当与类参考类型结合时，virtual 的构造器允许对象的多态构造，即：构造的对象类型在编译的时候不明确。

有了以上预备知识，下面说明一下使用 Socket 编写程序的基本步骤。这里的示例程序可以安装在网络上的两台计算机上输入信息进行通信。当计算机 A 给计算机 B 发送信息时，计算机 A 是客户机，计算机 B 是服务器，反之 B 是客户机，A 是服务器。

程序设计的具体步骤如下：

①新建一个 form，并任意命名。这里使用默认的 Form1。在窗体上添加三个标签及三个编辑框，用来输入远程 IP 地址、远端端口和本地端口，并放置一个按钮作为“设置”命令按钮，名称为：btnActivateServer。

②放入两个 memo 组件，一个命名为 memRecv，另外一个命名为 memSend，分别用来接收和发送信息。并放置两个标签说明组件的用途。

③在从 Internet 栏中选择 TcpClient 和 TcpServer 添加到 chatForm 中,并使用默认的属性值。

④放置两个命令按钮,一个作为发送信息(命名为 btnSend),一个作为退出程序。这样设置以后的窗体如图 6-20。在窗体中,把 IP 地址、接收数据和发送信息等分别放入三个面板组件(Panel)进行划分,这样做是为了增加界面的美观,不影响程序的功能。

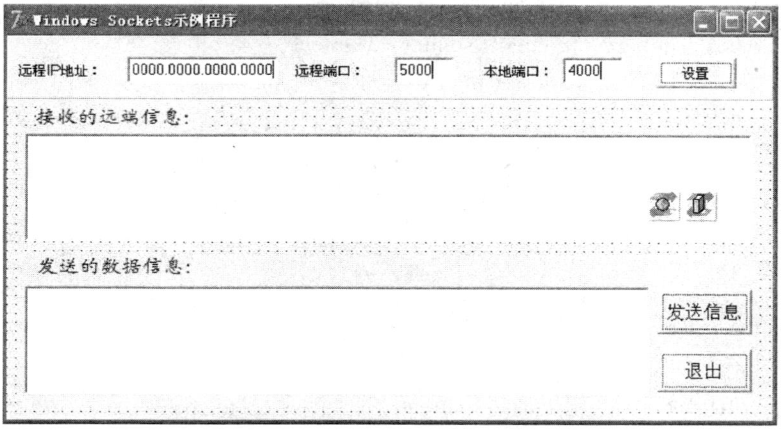

图 6-20 Socket 示例程序窗体

⑤对以上窗体编写的代码如下。在程序中注释说明了各个过程的作用。有了上面关于线程等概念的介绍,代码是容易看懂的。

```
unit SocketDemoForm;
interface
uses
  Classes, QControls, QStdCtrls, QExtCtrls, QButtons, QForms, Sockets;
type
  TForm1 = class(TForm)
    Panel3: TPanel;
    Label1: TLabel;
    edtRemoteHost: TEdit;
    Label2: TLabel;
    edtRemotePort: TEdit;
    Label3: TLabel;
    edtLocalPort: TEdit;
    btnActivateServer: TButton;
    TcpClient1: TTcpClient;
    TcpServer1: TTcpServer;
    memRecv: TMemo;
    Panel1: TPanel;
    memSend: TMemo;
```

```
    Panel2: TPanel;
    btnSend: TButton;
    Label4: TLabel;
    Label5: TLabel;
    BitBtn1: TBitBtn;
    procedure btnSendClick(Sender: TObject);
    procedure TcpServer1Accept(sender: TObject;
      ClientSocket: TCustomIpClient);
    procedure btnActivateServerClick(Sender: TObject);
    procedure BitBtn1Click(Sender: TObject);
  private
    { Private declarations }
  public
    { Public declarations }
  end;
    TClientDataThread = class(TThread)
//定义客户端线程,对于每个客户端,都有一个单独的线程在运行
  private
  public
    ListBuffer :TStringList;  //保存用户的信息,以字符串的方式存在
    TargetList :TStrings;     //当前发送的信息
    procedure synchAddDataToControl;
    constructor Create(CreateSuspended: Boolean);//生成对象
    procedure Execute; override;
    procedure Terminate;//中止
  end;

var
  Form1: TForm1;

implementation

{$R *.xfm}

//客户端线程
//constructor 是一个特殊的方法,用来创建和初始化实例对象。
constructor TClientDataThread.Create(CreateSuspended: Boolean);
begin
  inherited Create(CreateSuspended);
  FreeOnTerminate := true;
```

```
  ListBuffer := TStringList.Create;
end;

procedure TClientDataThread.Terminate;
//终止线程
begin
  ListBuffer.Free;//释放内存
  inherited;
end;

procedure TClientDataThread.Execute;
//执行线程
begin
  Synchronize(synchAddDataToControl);//对线程进行同步处理
end;

procedure TClientDataThread.synchAddDataToControl;
//添加新的字符串
begin
  TargetList.AddStrings(ListBuffer);
end;

procedure TForm1.btnActivateServerClick(Sender: TObject);
//这是点击"设置" 按钮执行的动作:激活服务器
begin
  TcpServer1.LocalPort := edtLocalPort.Text;//设置服务器端口
  TcpServer1.Active := True; //激活服务器
end;

procedure TForm1.btnSendClick(Sender: TObject);
//这是点击"发送信息"按钮执行的动作:发送信息
var
  I: Integer;
begin
  TcpClient1.RemoteHost := edtRemoteHost.Text;//设置远程地址
  TcpClient1.RemotePort := edtRemotePort.Text;//设置远程端口
  try
    if TcpClient1.Connect then                    //连接本地端口到远端端口
      for I := 0 to memSend.Lines.Count - 1 do
```

```
      TcpClient1. Sendln( memSend. Lines[ I] ) ;
  finally
    TcpClient1. Disconnect;                    //断开本地端口与远端端口的连接
  end;
end;
procedureTForm1. TcpServer1Accept( sender: TObject; ClientSocket: TCustomIpClient) ;
//这是窗体中 TcpServer1 的事件"OnAccept"事件的处理程序,用来接受信息
var
  s: string;
  DataThread: TClientDataThread;
begin
  //生成线程对象
  DataThread: = TClientDataThread. Create( true) ;
  // 取得输入的内容
  DataThread. TargetList : = memRecv. lines;
  //从缓冲区中取得字符串
  DataThread. ListBuffer. Add(' *** 已经接受的连接 *** ') ;
  DataThread. ListBuffer. Add('远程主机: ' +
  ClientSocket. LookupHostName ( ClientSocket. RemoteHost ) + ' (' + ClientSocket.
                                                               RemoteHost + ')') ;
  DataThread. ListBuffer. Add(' ===== 信息开始 ===== ') ;
  s : = ClientSocket. Receiveln;
  while s < > '' do
  begin
    DataThread. ListBuffer. Add( s) ;
    s : = ClientSocket. Receiveln;
  end;
  DataThread. ListBuffer. Add(' ===== 信息结束 ===== ') ;
  //重新启动线程
  DataThread. Resume;
end;
procedure TForm1. BitBtn1Click( Sender: TObject) ;
//这是点击"退出" 按钮执行的动作
begin
close;
end;
end.
```

以上程序执行的流程如图 6－21 所示。

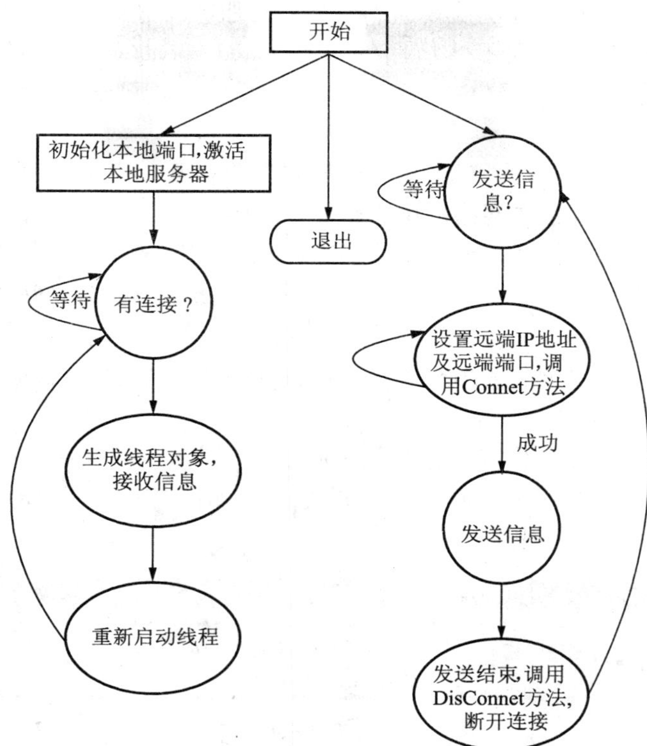

图6－21　Winsocket 执行流程

程序运行的效果如图6－22所示。

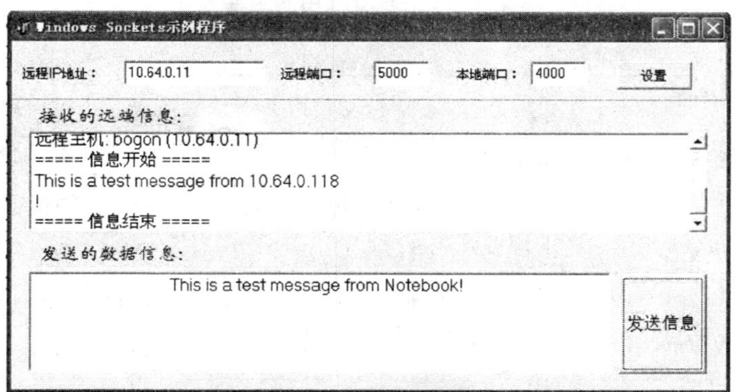

图6－22　示例程序运行效果

6.3.2　客户/服务器应用软件开发

如上面章节所述,随着网络技术的发展,C/S模式的体系结构已经演变成多层C/S结构。本小节采用Delphi语言来说明开发多层分布式应用程序的一般步骤,使读者对实现方法有一个具体了解。

在Delphi中,开发多层分布式应用程序使用Data Snap技术实现。Data Snap提供了客户端应用程序连接到应用程序服务器并与数据库服务器进行信息交流的一种机制。

按照 Delphi 的定义,多层 C/S 应用(multi - tiered client/server application)被分成运行在不同机器上的多个称为层(tier)的逻辑单元,通过局域网或互联网进行通信并共享数据。

最简单的多层应用的形式使“三层应用”:客户端应用——在用户的机器上提供用户接口;应用服务器——驻留在网络的中心位置,给所有的客户端的访问提供公共数据服务;远程数据服务器——提供关系数据库管理系统(RDBMS)。

在这种模式下,应用服务器管理客户端和远程数据库服务器之间的数据流,因此又叫做“数据掮客”(data broker)。在复杂的多层应用中,在客户端和远程数据服务器之间存在附加的服务。如:安全服务用于处理互联网传输的安全性;桥接服务器用来处理数据库和其他平台之间的共享数据。

在 Delphi 中,开发多层分布式应用程序使用 DataSnap 组件、Data Access 组件等组件。启动 Delphi 7.0,可以在组件页选择不同的组件。如:选择 DataSnap 组件页显示出图 6 - 23的组件。

图 6 - 23 DataSnap 组件页

用于多层应用的组件见表 6 - 1。

表 6 - 1 多层应用的组件

组件名称	用 途
远程数据模块 Remote data modules	用于 COM 自动化服务器或实现 Web 服务的专用数据模块,使客户应用访问模块所包含的数据提供者。用于应用服务器端。
数据提供组件 Provider component	通过创建数据包提供数据,并解决客户的数据请求。用于应用服务器端。
客户数据集组件 Client dataset component	专用于使用 midas. dll 或 midaslib. dcu 来管理存储在数据包中数据。用于客户应用端。
连接组件 Connection components	一组用于定位服务器,形成连接并且对客户数据集实现 IappServer 接口的组件。每个连接组件专门用于特定的通信协议。

几个关键词语解释如下:

(1) IappServer

IappServer 是客户数据集与数据提供者组件进行通信的专用接口。如果提供者是本地的,IappServer 是自动产生的处理所有客户数据集与数据提供者组件之间通信的对象。如果提供者是远程的,IappServer 是应用服务器上的远程数据模块的接口,在 SOAP 服务器的情况下是由连接组件产生的接口。

当创建和运行应用服务器时,服务器不和任何客户应用建立连接。需要客户应用发起和建立连接。客户使用连接组件连接到应用服务器,并使用应用服务器接口连接到选择的数据提供者。所有这一切自动产生,不需要编写代码来管理来到的请求或提供接口。

应用服务器的基础是远程数据模块,这个模块用来支持 IappServer 接口。客户应用使用远程数据模块的接口与应用服务器上的提供者进行通信。

(2)远程数据模块

有三种类型的远程数据模块:

①**TRemoteDataModule**:这是双接口的自动化服务器。当客户使用 DCOM、HTTP、套接字或 OLE(除了用 COM + 安装应用服务器外)连接应用服务器时,使用这种类型的数据模块。

②**TMTSDataModule**:这是双接口的自动化服务器。当创建动态链接库(. DLL)的应用服务器时,用 COM + 或 MTS 安装时。MTS 可以用于 DCOM、HTTP、套接字或 OLE.

③**TSoapDataModule**:这个数据模块在 Web 服务应用中实现 IAppServerSOAP 接口。使用这种类型的远程数据模块为访问 Web 服务的客户提供数据。

(3)数据提供组件

数据提供组件 Provider component (TDataSetProvider 和 TXMLTransformProvider)提供了大部分的客户数据集获得数据的公共机制。数据提供组件接受数据来自客户数据集(或者是 XML)的请求,取得要求的数据,把数据打成可传输的包,然后返回数据给客户数据集(或者 XML)。这个过程就叫做“数据提供”。从客户端接受更新的数据并对数据库服务器,或对源数据集,或对源 XML 文件进行更新,并把不能进行的更新写到日志中,同时不能解决的更新给客户的数据集作为进一步的调整之用,这个过程为“求解”。

多数提供组件是自动工作的,不需要写任何代码。然而,提供组件包含一些事件和属性,这些事件和属性可以使应用程序更直接地控制打包的数据和响应用户请求的方式。

当使用 TBDEClientDataSet, TSimpleDataSet, 或 TIBClientDataSet 组件,提供者对于客户的数据集是内含的,应用程序不能直接访问。当使用 TClientDataSet 或 TXMLBroker,提供者是一个分离的组件,可以用来控制响应在“提供”和“求解”过程中,给客户的信息打包所产生的事件。有内部提供者的数据集把数据提供者的一些属性和事件作为自己的来使用,如果要进行更多的控制,应该使用具有分离提供者组件的 TclientDataSet。

使用分离提供者组件,可以驻留在客户数据集(或 XML)端或作为多层应用驻留在应用服务器端。

(4)客户数据组件

客户数据组件是在内存中保存所有数据的专用数据集。在内存中对数据的操作由 midaslib. dcu 或 midas. dll 提供支持。用来存储客户的数据集格式是自含的并且传输容易,可以作为基于文件的数据集读写特定的文件和磁盘。在多层数据库应用中,客户数据集表示客户端的数据。这种方式下,客户数据集必须必须于外部数据提供者一起工作。

(5)连接组件

多数数据集组件可以直接连接到数据库服务器。只要建立连接,数据集自动与服务器通信。打开数据集的时候,数据集就接收来自服务器的数据。当更新记录,就发送给数据库服务器并更改。单个的连接组件可以由多个数据集共享,或每个数据集使用自己的连接。

不同类型的数据集使用自己类型的连接组件,该组件有按照单一的访问机制设计。表6-2列出两者的对应关系。

表6-2　数据集与连接组件的对应关系

数据访问机制	连接组件
Borland Database Engine (BDE)	TDatabase
ActiveX Data Objects(ADO)	TADOConnection
dbExpress	TSQLConnection
InterBase Express	TIBDatabase

创建多层数据库应用的一般步骤为:

①创建应用服务器;

②安装应用服务器;

③创建客户端应用。

下面分别予以说明。

1.创建应用服务器

创建应用服务器的方式和创建一般数据库应用基本相同,主要区别是应用服务器使用远程的数据模块。其步骤为:

①在 Delphi 中新建一个 Application;

②添加一个远程数据模块 TremoteDataModule。

TRemoteDataModule 模块封装了多层数据库应用中的应用服务器的对象和接口,在应用服务器中作为多有对象的一个中心仓库。远程数据模块可以包含任何不可见的组件,如用来处理客户应用服务的数据集组件。

在设计的时候,TRemoteDataModule 对象是开发者用来放置不可见组件的容器,设置不可见组件的属性,写处理事件的代码。在远程数据模块的文件单元,开发者也可以编写业务规则。

远程数据模块是双接口的自动化服务器,实现了 IappServer 接口。在客户应用中的连接组件就设计成寻找这个接口。

设计时创建一个远程数据模块的方法是:

步骤1:在主菜单中选择 File|New|Other,在出现的"new items"对话框中选择"MultiTier"组件页,选择远程数据模块。

在"MultiTier"组件页,有两个组件:"Remote Data Module"和"Transactional Data Module"。

如果创建的是 COM 自动化服务器,客户端使用 DCOM、HTTP 或套接字(socket)访问服务器,就选择“Remote Data Module”模块。如图 6－24 所示。

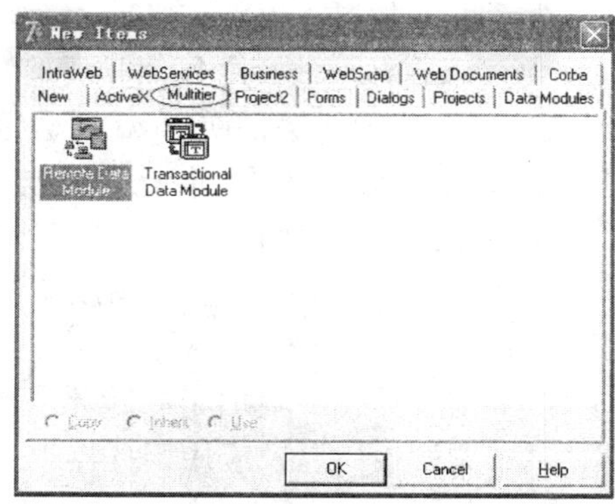

图 6－24　选择远程数据模块

如果创建的是运行在 COM + (或 MTS)下的远程数据模块,客户端使用 DCOM、HTTP 或套接字(socket)访问服务器,就选择“Transactional Data Module”模块。然而,只有 DCOM 支持安全服务。

在“WebServices”组件页,有应用于 Web 服务应用的 SOAP 服务器数据模块。

步骤 2:单击 OK 按钮,出现“Remote Data Module Wizard”对话框,如图 6－25。其中:“CoClass Name”文本框中需要输入远程数据模块的类名;“Instancing”需要指定实例模式。“Threading Model”指定线程方式。

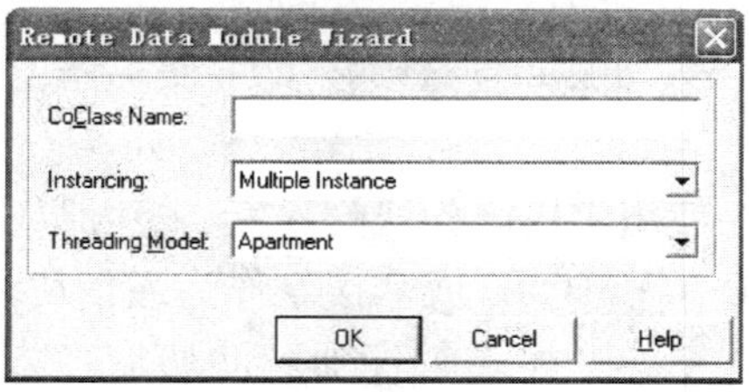

Remote Data Module Wizard

CoClass Name:

Instancing: Multiple Instance

Threading Model: Apartment

OK　Cancel　Help

图 6－25　Remote Data Module Wizard 对话框

对于“Instancing”下拉列表中有三种选择:“Internal”、“Single Instance”、“Multiple Instance”。

“Internal”表示远程的数据模块在服务器过程中创建,这个选项创建了作为动态链接库(DLL)一部分的远程数据模块。

“Single Instance”表示每次运行只创建一个远程数据模块。每个客户连接产生自己的运行实例,是单个客户专用的。

“Multiple Instance”表示过程创建的单个实例为所有的客户使用。每个远程数据模块有给每个客户有一个专用的连接,但共享相同的过程空间。

对于“Threading Model”下拉列表中有五种选择:

Single——数据模块在一次只接受一个客户请求。因此,不需要处理线程。

Apartment——每个远程数据模块实例只处理一个请求。然而,DLL 可以创建多个

COM 对象在不同的线程里处理多个请求。实例数据是安全的,但需要你来保证在整个内存中的线程冲突。这是采用 BDE 驱动的数据集中推荐的方式。需要的是:当使用 BDE 驱动的数据集,需要添加一个会话组件并把 AutoSessionName 属性设置为 True。

Free——远程数据模块实例可以在几个线程中同时接受客户请求。需要你来保护线程数据以及整个内存避免线程冲突。这种方法是使用 ADO 数据集时推荐的方式。

Both——除了所有的客户接口的回叫信号是串行化之外与 Free 方式相同。

Neutral——多个客户在不同的线程中可以同时调用远程的数据模块,由 COM 确保没有两个调用之间有冲突。需要保证多个接口方法在调用全局变量和任何实例数据时不存在线程冲突。这种方式只在 COM + 下可行。

步骤 3:设置完成,单击 OK 按钮,项目中增加了一个数据模块,自动生成了一个单元。该单元定义了远程数据接口,调度接口以及应用服务器类名和服务器 GUID。

③在远程数据模块上放置适当的数据集组件,如:Ttable 组件,并设置要访问的数据库服务器。

④在数据模块上给每个要暴露给客户的数据集配置"TDataSetProvider"组件,该组件响应请求并且把数据打包。设置"TDataSetProvider"组件数据集的属性为要访问的数据集的名字。

⑤写应用服务器代码实现事件,共享业务规则、数据的有效性以及安全性。

⑥保存、编译代码,并注册或安装应用服务器。

⑦如果应用服务器不使用 DCOM 或 SOAP,必须安装运行时软件来接收客户信息,实例化远程数据模块并配置接口调用。

对于 TCP/IP 套接字是套接字发送应用,Scktsrvr. exe。

对于 HTTP 连接是 httpsrvr. dll,并且必须在 Web 服务器上安装 ISAPI/NSAPI DLL。

2. 安装应用服务器

在客户应用能够定位并使用应用服务器前,必须先注册或安装。

如果应用服务器使用 DCOM、HTTP 或套接字作为通信协议,则作为自动化服务器则必须向任何其他的 COM 服务器一样进行注册。注册服务器对象分为在过程中(in - process)服务器、过程外(out - of - process)服务器或远程服务器。

注册过程中服务器(如:DLL 或 OCX)方法是:在主菜单选择"Run | Register ActiveX Server",注销过程中服务器选择:"Run | Unregister ActiveX Server"。

注册过程外(out - of - process)服务器的方法是:用/regserver 命令行选项,运行服务器。可以使用主菜单上的"Run | Parameters",在弹出的对话框中设置参数。也可以在运行服务器时进行注册。

注销过程外服务器方法:用/unregserver 命令行选项,运行服务器。或者是在命令行上使用"tregsvr"命令或从操作系统运行 regsvr32. exe。

如果 COM 服务器打算在 COM + 下使用,应该在 COM + 应用中进行安装而不是注册。

3. 创建客户端应用

在多数情况下,创建多层客户应用与创建两层客户应用是相同的,都需要使用客户数据集来获取数据。主要差别是多层客户使用连接组件来建立到应用服务器的管道。

创建多层客户应用从建立一个新工程开始,按照以下步骤进行:

①给工程添加一个新的数据模块。

②在数据模块上放置连接组件。连接组件的类型取决于要使用的通信协议,具体情况见表6-3。

表6-3　组件和协议的关系

组　件	协　议
TDCOMConnection	DCOM
TSocketConnection	Windows sockets (TCP/IP)
TWebConnection	HTTP
TSOAPConnection	SOAP (HTTP and XML)

③在连接组件上设置属性到需要连接的服务器,并设置其他需要的属性。

④在数据模块上放置需要数量的 TclientDataSet 组件,并设置每个组件的 Remote Server 属性为在第②步中放置的连接模块的名字。

⑤给每个 TclientDataSet 组件设置 ProviderName 属性。如果连接组件在设计时连接到应用服务器,可以从 ProviderName 属性的下拉列表中选择已有的应用服务器。

⑥以类似的方法,可以创建其他类型的数据库应用。

6.3.3　浏览器/服务器应用软件开发

1.客户端软件开发

客户端软件开发技术是实现 Web 服务器下载的信息显示的手段。其软件开发主要是以下语言或软件的使用:HTML 语言、JavaScript 语言、Java Applet 程序、Flash 动态网页制作软件。

(1)HTML 语言

HTML 是一种超文本标志语言,用来在进行 Web 信息发布,是设计制作页面的基础。HTML 语言描述了网页的信息内容和格式,如:标题、字体、颜色、段落;图像、声音、动画的显示方法;与其他文件的链接关系,等等。HTML 语言描述的网页经过浏览器的解释和运行就变成了丰富多彩的网页。HTML 语言不是一种编程语言,没有变量定义和程序流程控制等程序语言的基本功能。

HTML 语言基本格式如下:

```
<HTML>
</HTML>
```

这里,<HTML>是页面的起始标记,</HTML>是文件的结束标记。

在起始标记和结束标记之中可以嵌入其他的标记,如表示文件头的<HEAD>和</HEAD>;表示文件正文的<BODY>和</BODY>,等等。在 HTML 语言的语法中,各个标记及属性不区分大小写。

显然,用 HTML 语言编写网页是一件枯燥繁琐的工作,且不能实现所见所得。幸运的是,实际开发网页采用的是工具软件实现,并不需要直接书写 HTML 语言。如:采用微软公司的 Office 办公软件 FrontPage 就可以轻松实现网页的开发。

(2)JavaScript 语言

JavaScript 语言是第一种在 Web 网页上使用的脚本语言,该语言可以嵌入到 HTML 的文件之中,也需要浏览器具有支持 JavaScript 语言的特性才能解释和运行。

JavaScript 语言有关于变量定义、表达式、运算符、函数、流程控制等功能,并具有面向对象的基本特性,使用其他语言创建的对象,并创建自己的对象。使用这种语言可以开发出功能强大的 Web 文档。但 JavaScript 语言没有提供抽象、继承、重载等面向对象的许多特性,还不是一种真正意义上的面向对象的语言。

(3)Java Applet 程序

Java Applet 程序是用 Java 语言编写的嵌入在 HTML 文件之中的程序,由浏览器解释之后借助于浏览器中的 Java 虚拟机运行(JVM)运行。在客户端实现 Java 程序设计的功能,如:事件处理、多线程操作、播放多媒体等功能,是一种功能比较强大的软件技术。但 Java Applet 程序不能对客户端的文件系统进行操作,也不能启动客户端的任何程序,因此不会破坏客户端的用户数据。

(4)Flash 技术

Flash 是 Macromedia 公司的动态网页制作软件。使用该软件制作的文件中包含了图像、声音、动画等内容,可以加入到 HTML 中,又可以作为网页单独使用。Flash 技术的特点是:制作的是矢量动画,文件尺寸小;播放采用流技术,可以边下载边播放;可以保存为不同的文件格式,用于不同的用途,方便了使用。

虽然 Flash 不是一种语言,在可以利用内置的语句并结合 JavaScript 语言制作出互动性很强的网页。

使用 Flash 需要安装插件 PLUG - IN,这是使用 Flash 的不足。但避免了考虑不同公司之间开发的浏览器之间的差别。而浏览器之间的差别在开发 JavaScript 语言编写的程序时需要加以考虑。

2. 服务器端软件开发

服务器软件开发技术有以下几种:CGI、ASP、PHP、JSP 和 ASP. NET。下面分别予以介绍。

(1)公共网关接口 CGI

CGI 用于定义 Web 服务器与外部程序之间通信方式的标准,使外部程序能生成 HTML、图像或其他内容。CGI 不仅能生成静态内容而且能生成动态内容。CGI 得到了所有浏览器的支持,如:Lynx、IE、Netscape 等。可以使用 C、C ++、Delphi、VB 或 Perl 编写 CGI 程序。CGI 有标准 CGI 和 WinCGI 之分。

标准 CGI 采用标准输入、输出方式在 Web 服务器和 Web 浏览器之间通信,通过环境变量或命令行参数方式传递 Web 服务器得到的用户请求信息。CGI 输出类型为 HTML 文档、图形、图像声音文件、纯文本等。

WinCGI 又叫做间接 CGI 或缓冲 CGI。WinCGI 在不支持标准输入/输出的 CGI 程序和 CGI 接口之间插入一个缓冲程序,负责与 CGI 接口之间的通信,CGI 程序采用临时文件缓冲区的方式与缓冲程序进行数据通信,如图 6 - 26。

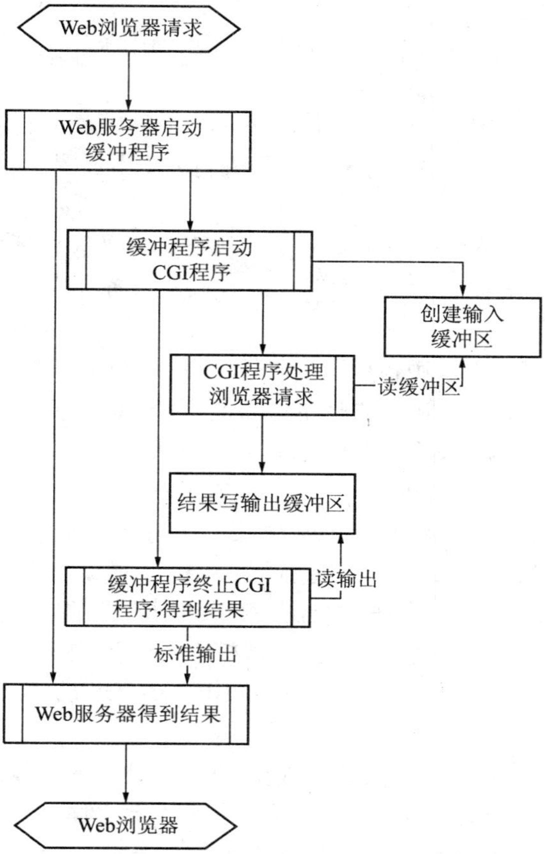

图6-26　WinCGI方式的通信过程

调用CGI的方式有三种:

①GET方法:由浏览器向Web服务器提出请求,CGI程序从环境变量中获得数据。GET方法受URL长度(一般不超过1024字节)限制,不能传送大量数据。

②POST方法:使用这种方法,CGI从标准输入得到数据,能够传送大量数据。

③HEAD方法:用于Web服务器向浏览器传送HTTP头信息。

(2)WebAPI

WebAPI是驻留在Web服务器上的程序,一般以动态链接库的形式提供。作用与CGI相似,用于扩展Web服务器的功能。使用API开发Web应用程序,性能上优于CGI程序。这是因为API应用程序是与Web服务软件处于同一地址空间的DLL,所有的HTTP服务器进程能够直接使用各种资源,运行时间短。WebAPI有Microsoft的ISAPI和Netscape的NSAPI,API与相应的Web服务器紧密联系在一起。

(3)Java/JDBC

JDBC是JavaSoft公司设计的Java语言的数据库访问API,是Java Database Connectivity的缩写。JDBC是一个与数据库系统独立的API,包含有JDBC API与JDBC Driver API。JDBC API提供了应用程序到JDBC Driver Manager的通信功能,JDBC Driver API提供了JDBC Driver Manager与数据库驱动程序的通信。

JDBC 通过 Java Applet 访问数据库。其过程为：当用户浏览器从 Web 服务器上下载含有 Java Applet 的 HTML 页面，如果 Java Applet 调用了 JDBC，则浏览器运行的 Java Applet 与指定的数据库建立连接。

目前，Web 应用的标准化程度不高，各种 WebAPI 相互之间不兼容。用一种 WebAPI 开发的程序只能在特定的 Web 服务器上运行，限制了使用范围。

(4) ASP

ASP(Active Server Page)技术是微软开发的服务器端的脚本环境，可以使用它建立高效的动态、交互的 Web 服务器应用程序。ASP 代码在服务器端运行，执行结果返回给客户端的浏览器。

应用 ASP 编写程序可以采用各种脚本语言。在 ASP 的内部提供了两种脚本语言的引擎：Jscript 和 VBScript。ASP 默认的脚本语言是 VBScript。使用 ASP 编写的程序只能在微软的 Web 服务器上，如 IIS，PWS 上运行。

(5) PHP

PHP 是一种混合了 C、C ++、Java、Perl 语法的面向 Internet 的编程语言，以 HTML 内嵌语言的形式出现。PHP 和 Apache 服务器紧密结合，并支持几乎所有的数据库，使得 PHP 的发展非常迅速，在 Unix、Win32 平台上都得到了广泛的应用。值得一提的是，PHP 源代码完全公开，使得新的函数库不断加入，内核不断更新，程序设计非常方便。

在中小网站的建设方面，Linux + Apache + PHP + MySQL 已经成为一种流行的配置。

(6) JSP

JSP(Java Server Pages)是一种动态网页技术标准，是一种基于 Java 的脚本技术，运行在服务器端。ASP 与 PHP 类似，将 Java 代码嵌入到 Web 页面中，完成复杂的功能。

JSP 可以把网页的 HTML 编码和业务逻辑进行分离，避免了页面修改和业务逻辑修改之间的互相影响。

JSP 页面以编译后线程方式运行，占用内存少，运行速度快。

支持 JSP 的服务器软件主要有：Apache - Tomcat、BEA Weblogic、Sun - Netscape Iplanet、IBM Websphere、JSWDK 等。

(7) ASP. NET

ASP. NET 是微软公司的推出的用于创建服务器端的 Web 应用程序的一门技术，它允许用户利用功能完善的编程语言创建自己的 Web 页面。随 ASP. NET 免费提供的语言是 C#，当安装 ASP. NET 时就得到了 C#。

ASP. NET 的特点如下：

①ASP. NET 是在服务器上运行的编译好的公共语言运行库代码。与 ASP 只能使用脚本语言(主要是 JavaScript 或 VBScript ASP)解释执行不同，ASP. NET 可利用早期绑定、实时编译、本机优化和盒外缓存服务，显著提高页面性能。

②ASP. NET 是建立在通用语言运行时刻库(CLR)上的应用程序框架，支持微软开发的主流编程语言(例如，Visual Basic. NET 、C# 、J# 等等)，开发人员可以选用自己最熟悉的语言来进行研发。

③ASP. NET 已经与 HTML 分离开。ASP. NET 框架可以将应用程序的逻辑与表示代码清楚分开，用 DLL 封装逻辑代码，使代码的安全性更高。

④在 Visual Studio .net 的集成开发环境(IDE)中,有丰富的工具箱和设计器。ASP.NET 带有大量的控件,这些控件无需进行任何 ASP.NET 编码就可以用于页面。

⑤开发人员可以用自己编写的自定义组件扩展或替换 ASP.NET 运行库的任何子组件。

⑥借助内置的 Windows 身份验证和基于每个应用程序的配置,保证应用程序的安全。

3.使用 Delphi 开发 Web 服务器应用

为了方便读者对阅读内容的理解,首先介绍一下 Web 服务和简单对象访问协议 SOAP(Simple Object Access Protocol)相关的概念。

Web 服务是自含模块的应用,可以发布和通过互联网调用。Web 服务提供了良好定义的提供服务的接口。和 Web 服务器应用为客户的浏览器产生网页不同,Web 服务不是设计用于直接的人机交互,而是通过客户的应用程序来访问的。

Web 服务的设计允许客户和服务器之间的宽松连接(loose coupling),即:服务器的运行除了使用中性语言方式定义接口外,不需要客户端使用指定的平台或编程语言。同时,也允许多种通信机制。

Web 服务的支持协议是简单对象访问协议 SOAP。SOAP 是一种标准的用于无中心、分布式环境下进行信息交换的简便协议。该协议使用 XML 对远程的过程调用进行编码,并且在典型情况下使用 HTTP 作为通信协议。如果想了解 SOAP 的详细定义,可以访问 http://www.w3.org/TR/SOAP/网站。

使用 Delphi 开发 Web 服务器应用的方法是,在主菜单中选择 File|New|Other,在出现的"new items"对话框中选择需要的组件页。如果使用 SOAP 传输协议,是一个 Web 服务,则选择 WebServices 组件页,并选择"SOAP Server application"模块。见图6-27。在出现的对话框中选择默认的"ISAPI/NSAPI Dynamic Link Library",当提示是否定义一个 SOAP 模块的新接口时,选择 No。

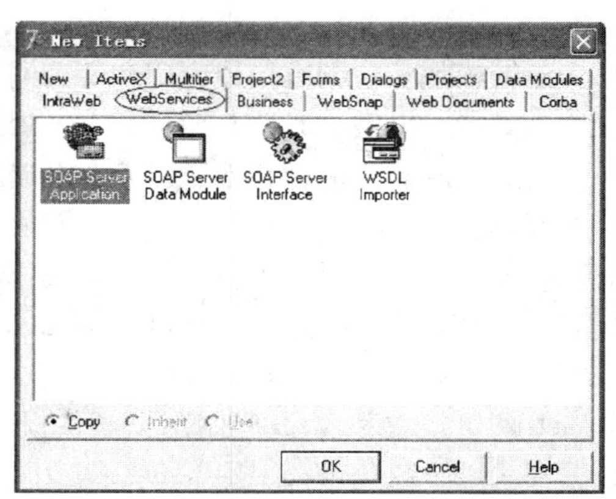

图6-27 Web 服务器应用选择对话框

对于其他的传输协议,在主菜单中选择 File|New|Application。

Web 服务应用(Web server applications)扩展了 Web 服务器的和能力。Web 服务应用从 Web 服务器接收 THHP 请求信息,执行信息请求的动作,把执行结果返回给 Web 服务器。

下面介绍使用 Delphi7.0 版本开发 Web 服务应用软件的一些基本方法,作为对 Web 服务应用软件开发的入门介绍。

Delphi 集成开发环境(IDE)提供了两种不同的开发 Web 服务器应用的结构:Web Broker 和 WebSnap。但两种结构之间有共同的元素。WebSnap 结构是 Web Broker 的超集,提供了 Web Broker 没有的附加组件和新特色,如:预览标签——允许网页的内容不需要运行应用就可以显示。用 WebSnap 开发的应用可以包括 Web Broker 的组件，反之则不行。

在 Delphi 下开发 Web 服务器应用首先需要选择使用哪种结构——WebSnap 结构还是 Web Broker 结构。两种方法都支持：

①ISAPI、NSAPI、CGI、WinCGI 和 Apache DSO Web 服务器应用。

②多线程。在不同的线程里处理客户的请求。

③高速缓存 Web 模块，加快响应速度。

④跨平台开发。源码可以在 Windows 和 Linux 操作系统平台上编译，在不同平台上的运行。

Web Broker 和 WebSnap 组件都支持页传输机制，Web Snap 以 Web Broke 作为基础，因此能够兼容 Web Broke 的所有功能。同时，WebSnap 提供了更强大的工具集合生成网页。WebSnap 应用可以使用服务器端的脚本在运行时产生网页。Web Broker 不具备这种脚本生成能力。对于一个新的 Web 服务器应用开发，使用 WebSnap 是一个推荐的选择。

使用 Delphi 提供的 Web 应用向导可以方便地创建用户需要的 Web 服务应用；使用 Web 网页模块向导可以方便地创建新的网页；使用 Web 数据模块向导可以方便地创建一个容器，用于装载 Web 应用之间交互的组件。

下面的说明使用 WebSnap 组件创建 Web 服务器应用。

(1)WebSnap 组件的类型

WebSnap 组件有三种类型：

①Web 模块。包含有构建应用和定义网页组件

②适配器。提供了 HTML 网页和 Web 服务器应用之间的接口。

③网页生成器。包含有创建服务于终端用户的 HTML 网页的例程。

Web 模块是 WebSnap 应用的基本模块，每个 WebSnap 服务器应用至少包含一个 WebSnap 模块。有四种类型的 Web 模块：Web 应用网页模块(TwebAppPageModule 对象)；Web 应用数据模块(TwebAppDataModule 对象)；Web 网页模块(TwebPageModule 对象)；Web 数据模块(TwebDataModule 对象)。

Web 网页模块和 Web 应用网页模块提供 Web 网页内容。Web 数据模块和 Web 应用数据模块用于装载 Web 应用之间交互组件的容器。每个 WebSnap 应用只需要一个某种类型的 Web 应用模块，Web 网页和数据模块可以根据需要添加。

适配器定义了对服务器应用定义了一个脚本接口。允许在插入脚本语言到网页中，并从脚本代码到适配器的调用中找回信息。例如：使用适配器定义在 HTML 网页上要显示数据域。一个脚本 HTML 页可以包含 HTML 内容和脚本声明来找回数据域的值。适配器也支持执行命令的动作。例如：点击一个超级链接或提交一个初始化适配器动作的 HTML 表。适配器简化了创建动态 HTML 网页的任务。在应用中使用适配器，可以包含面向对象的脚本支持条件逻辑和循环。如果没有适配器和服务器边的脚本，在事件处理器中必须写更多的 HTML 生成逻辑，这缩短了开发时间。有四种类型的适配器组件用来创建网页内容：域、动作、错误和记录。

域是网页器用来从应用中找回数据并在 Web 网页上显示内容的组件，也可以用来

找回图像。这种情况是域返回写到网页上的图像的地址。当一个网页显示内容时，一个请求被发送到 Web 服务应用，这导致调用适配器的发送器来从域组件中找回实际的图像。

动作是代表适配器执行命令的组件。当网页发生器生成网页时，脚本语言调用适配器动作组件返回动作的名称以及执行命令需要的参数。例如：考虑在一个 HTML 窗体上点击按钮删除一个表格的一行的情况，这在 HTTP 请求中返回与按钮相关的动作名称以及一个行号参数。适配器发送器给定名称的组件并把行号作为参数传递给动作。

错误是适配器维护的一个表单，列出了执行动作的发生的错误。页发生器可以访问这个错误表并在应用返回给终端用户时在 Web 网页上显示出现的错误。

一些适配器组件，如：TdataSetAdapter 表示多个记录。提供了一个脚本接口，允许通过记录重述。某些适配器只有通过当前页的记录支持分页和重述。

网页生成器代表 Web 网页模块产生内容。网页生成器提供下列功能：产生 HTML 内容；使用 HTMLFile 属性参考外部文件，或使用 HTMLDoc 属性参考内部串；当生成器与 Web 网页模块一起使用时，模板可以是与单元相关的文件；生成器动态生成的 HTML 可以使用透明标签或动作脚本插入到模板。

使用网页生成器的标准 WebSnap 方法为：当创建一个 Web 页模块的时候，必须在 Web 网页模块向导中选择一个页生成器。有多种选择，多数 WebSnap 开发者使用适配器网页生成器 TAdapterPageProducer 作为系统原型建立起一个原型 Web 网页。使用适配器网页生成器创建以类似创建用户接口的标准技术创建了 Web 网页。

(2)创建 WebSnap 应用的步骤

①选择 File|New|Other 命令。

②在 WebSnap 页中，选择 WebSnap Application 图标，单击 OK，如图 6－28。

③选择 Web 服务器应用类型(ISAPI/NSAPI, CGI, Apache)等选项，见图 6－29。

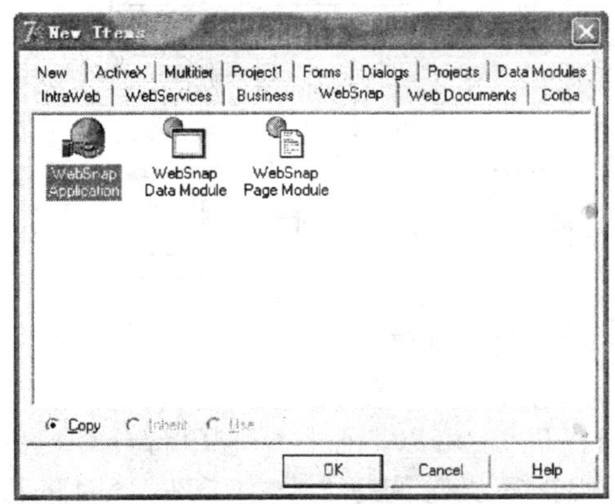

图 6－28　WebSnap Application 对话框

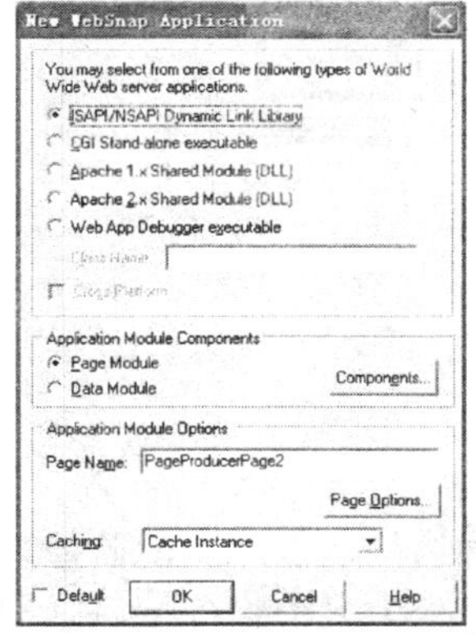

图 6－29　选择 Web 服务器应用类型对话框

④单击 OK，创建一个新项目，生成一个模块，并放置了一些组件，如图 6－30。还可以根据需要从选择组件面板上选择新的 WebSnap 组件添加到模块中。编写事件处理代码，设置组件的属性。

```
unit Unit1;

interface

uses
  SysUtils, Classes, HTTPApp, WebModu, HTTPProd, ReqMulti;

type
  TPageProducerPage2 = class(TWebAppPageModule)
    PageProducer: TPageProducer;
    WebAppComponents: TWebAppComponents;
    ApplicationAdapter: TApplicationAdapter;
    PageDispatcher: TPageDispatcher;
    AdapterDispatcher: TAdapterDispatcher;
  private
    { Private declarations }
  public
    { Public declarations }
  end;

  function PageProducerPage2: TPageProducerPage2;
```

PageProducer
WebAppComponents
ApplicationAdapter
PageDispatcher
AdapterDispatcher

图 6-30 生成的模块

至此,一个 Web 服务器应用程序框架就创建好了。应该说,入门是比较方便的。

6.4 网络化监控系统中组网方式

远程遥测遥控是监控技术研究的一个热点技术。对于远端的监控对象进行检测或遥控,根据组网方式的不同,有几种技术测控体系结构,下面给予简单介绍。

6.4.1 采用串行接口的远端监控系统

采用串行接口、Modem 加专线组成远端遥测遥控的结构是以往使用最多的监控系统形式。对于野外的监控对象,这是一个比较经济和实用的方式,在水利、电力、交通等领域应用广泛,一般结构形式如图 6-31 所示。对于远端监控子站,要求有串行接口,可以和 Modem 直接连接。

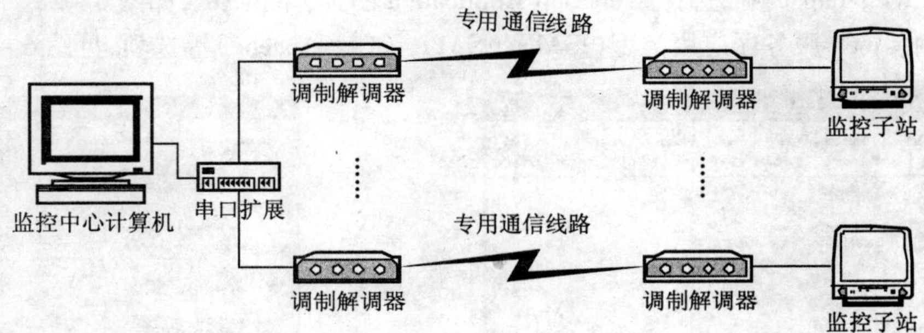

图 6-31 串行接口的远端监控系统结构

这种结构是点对点的监控方式。使用串口扩展器,可以把监控中心单台计算机的串行接口扩充为多个物理接口。通信时,监控中心计算机轮询每个监控子站,分时进行数据采集和控制。

这种形式的系统结构有一个重要的优点,可以跨越非常远的距离。如:通信介质采用公用电话网,可以把监控延伸到有共用电话的任何地方。

值得注意的是,图 6-31 中的专用通信线路不仅可以使用双绞线等常规的介质,也可以使用无线 Modem 的方式。当使用无线 Modem 的方式时,需要架设定向天线,把每一对无线 Modem 连接起来。常见的商用产品有工作频率在数传频段的窄带无线 Modem 和工作在 ISM 2.4G 频段的扩频无线 Modem。窄带无线 Modem 的数据传输速率低,但克服障碍的能力强;扩频无线 Modem 一般要视距传输,数据率高,价格也贵一些。对于软件编程来说,使用两种 Modem 没有差别,因为使用的通信介质对于编程是透明的。

6.4.2　采用现场总线的远端监控系统

如果远端测控系统的数据比较重要,要求误码率低并且传输速率快,使用现场总线的结构是一个推荐的选择。如采用 CAN 总线构成远端监控系统。系统的结构在第 4 章中已经作了介绍,这里不再赘述。

6.4.3　采用光纤技术的远端监控系统

光纤具有线路损耗小、频带宽、抗干扰性好的优点。随着技术的发展和价格的降低,采用光纤作为介质构成监控系统在一些要求传输速率高以及保密性好的应用领域得到了广泛的应用。如:军事、邮电通讯、广播电视台等。

系统的结构如图 6－32 所示。光纤收发器用于进行光电信号的转换,并具有串行通信接口,有的还配置了网络接口。

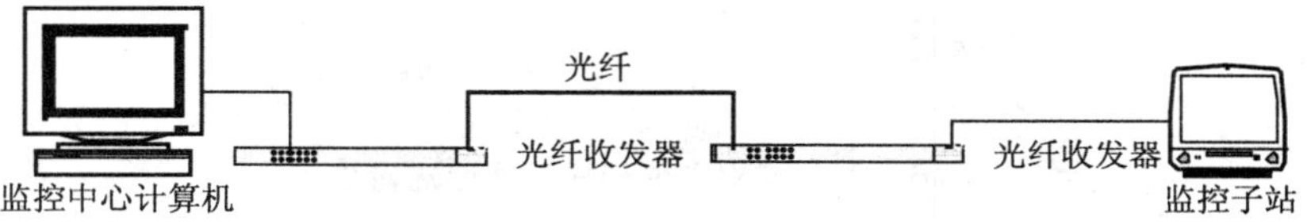

图 6－32　采用光纤技术的远端监控系统结构

从系统的结构上看,只是通信媒介发生了变化,与采用串行接口的远端监控系统测控原理是相同的。

6.4.4　采用无线网络的远端监控系统

采用串行接口的测控系统是点对点的组网结构。要构成点对多点的远端系统,可以采用扩频无线网络产品。无线网络产品有无线网卡、无线接入器(集线器)、无线网桥等产品形式。其组网原理及相关概念与有线网络是一样的。无线网络的国际标准是 802.11。

无线网和有线网可以混合组网。采用无线网络的远端监控系统可以有点对点的形式,如图 6－33。还可以有点对多点的形式,如图 6－34。

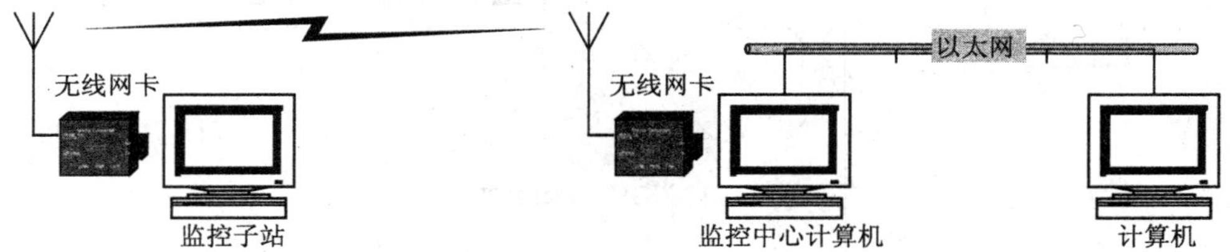

图 6－33　点对点的形式无线远端网络

无线网络的组网形式可以有多种,这里不一一介绍了。无线监控网络的特点是:组网灵活、搬迁容易、线路不用维护,并且可以移动计算。对于不容易架设专用线路铺设光纤的地方,使用无线网络是一个不错的选择。

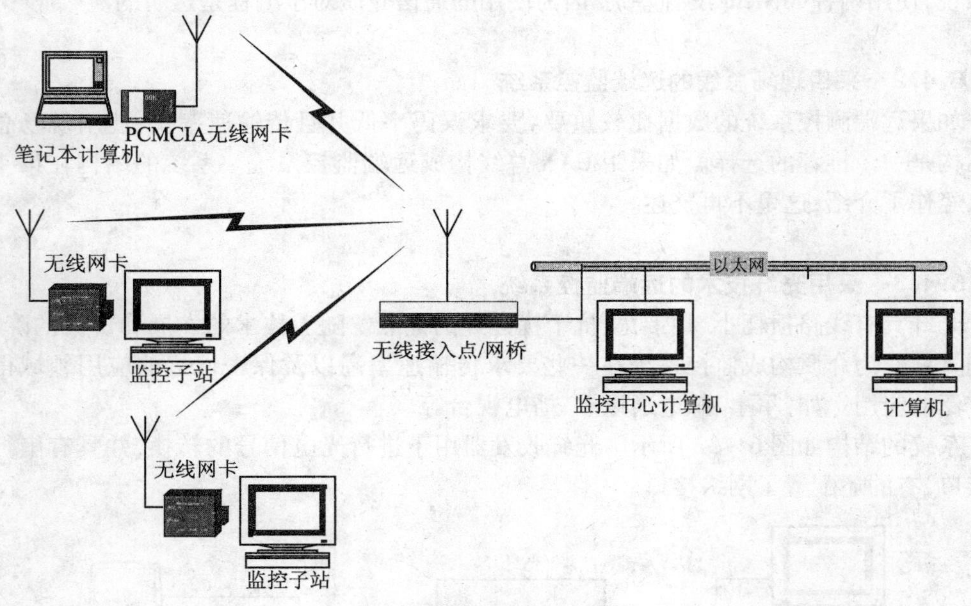

图 6-34 点对点的形式无线远端网络

6.4.5 采用 GPRS/GSM 网络的远端监控系统

GPRS(General Packet Radio Service)是通用分组无线业务的简称,是在 GSM 基础上发展起来的一种数据通信网络。与 GSM 的电路交换不同,GPRS 采用分组交换技术,将数据打包后进行传输,优化了对网络资源和无线资源的利用。移动用户可以保持与服务器的连接,只有发生数据传输时才有费用发生。也就是说费用是根据数据流量计算,而不是根据连接的时间。

从用户的角度看 GPRS 的结构,可以用图 6-35 来表示。

图 6-35 GPRS 网络结构

GPRS 网是一个 IP 网络,在提供 IP 移动服务时,GPRS 网的网络地址是特定的,终端的 IP 是动态分配的。从网络的结构上看,GPRS 网络结构如图 6-36 所示。

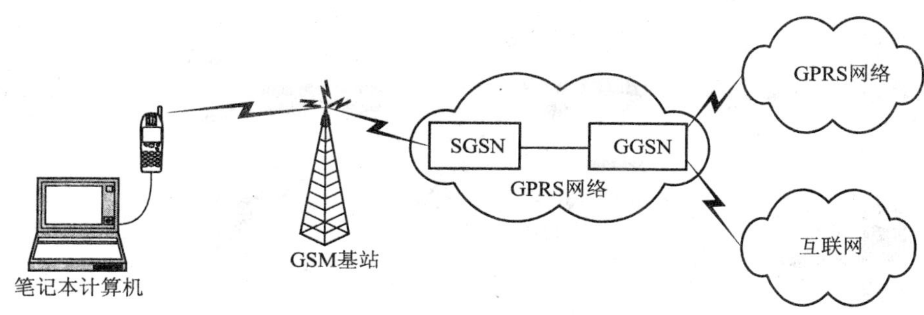

图 6－36　GPRS 网络结构

图中，SGSN(Serving GPRS Support Node)是服务支持节点，用来管理本地区的终端。GGSN(Gateway GPRS Support Node)网关支持节点，用来连接一个或几个数据网。

在监控系统中，当远程监控终端需要与管理中心进行远程通信时，可以利用公网的 GPRS 服务建立方便的数据传输通道，提供速率为 28～110kbit/s 的数据传输。

采用 GPRS 构成数据通信网络的需要的增加 GPRS 无线终端模块。常见的 GPRS 无线传输模块通信接口以 RS232/485 为多。数据为透明传输，数据经过打包，以 TCP/IP 协议发送到 GPRS 网络，并被转发到监控中心，具体实现形式见图 6－37。

在这种组网方式中，在监控中心端，可以通过电话线使用 ADSL 或局域网连接到互联网。使用电话线拨号上网时，监控中心即是 ADSL 拨号的 IP 地址。可通过系统带的 Ipconfig 命令查看此 IP，或通过 http://www.ip138.com 获得此 IP。当采用公网＋LAN 的方式接入时，必须在公网的接入设备(路由器)上做好相应的端口映射或地址映射，以保证无线终端能够顺利访问到监控中心的服务器。对服务器配置申请到的 IP 地址，并指定连接的端口号。

对于 GPRS 无线终端模块，需要将具有上网功能的 GPRS 数据卡装入无线终端模块的 SIM 卡座内，并按照监控中心的 IP 地址以及数据中心端口配置终端模块。这一步一般采用无线终端模块厂商提供的配置串口线完成的。

这种方式连接的费用比较低。

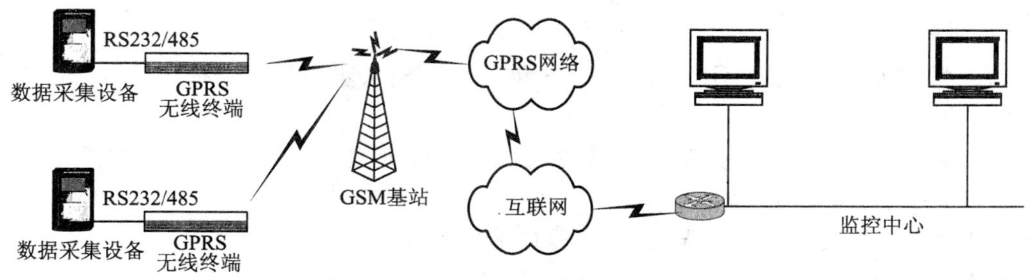

图 6－37　GPRS 数据通信网络

如果需要高可靠性数据传输，可以通过 DDN 专线方式直接接入 GPRS 网络。中国移动提供这种方式的服务。监控中心主站通过专线方式以一个固定的 IP 地址直接接入 GPRS 网络，监测点 DTU 也采用固定 IP 地址的 SIM 卡，因此监测点数据无需路由到 Internet 网络。采用这种方式组成点对多点网络具有实时性好、安全性高的特点，但接入费用相对较高。其网络形式见图 6－38。

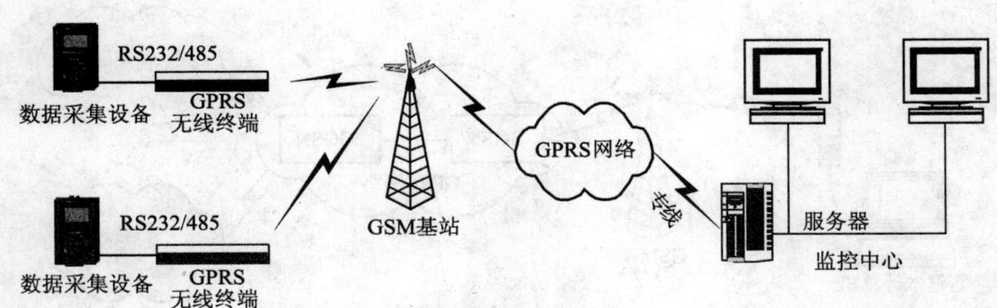

图 6-38 采用专线的 GPRS 网络结构

采用 GPRS 网络进行监控数据的传输有以下好处：

①组网方便，通信网络覆盖范围广。

②容量大、实时性好、连接稳定可靠、传输速率高。GPRS 理论带宽可达 171.2Kbit/s，实际应用带宽大约在 40~100kbit/s。

③数据保密性好，安全可靠。

④无线终端有休眠、唤醒等工作方式，节省通信费用。

⑤使用方便，只要数据采集设备有 RS-232 口，就可以直接插上使用。

思考题与习题

1. 网络化控制系统有哪几种形式？说明不同形式的网络化控制系统的特点。

2. TCP/IP 参考模型由几层构成？各层的作用是什么？

3. 网络互联设备有哪几种？不同的设备工作在 OSI 开放系统互联模型的哪一层？

4. 地址有三种类型，A 类、B 类和 C 类的地址范围是什么？其网络有什么特点？

5. 什么是子网掩码？它的作用是什么？

6. 什么是 C/S？什么是 B/S？用结构图表示其体系结构。

7. C/S 模式有几种结构？各种结构的特点是什么？

8. 简述 B/S 模式下 Web 服务的工作原理及 HTTP 服务流程。

9. 简述 Winsocket 执行流程。

10. 用 Delphi 7.0 或 VC++编写一个 Socket 程序，实现两个计算机通过局域网进行文件传输。

11. 如何用 Delphi 7.0 实现客户/服务器应用软件开发？编写一个程序，实现客户机和服务器之间的数据传递。

12. 哪些技术可以实现浏览器/服务器应用软件的开发？

13. 使用 Delphi 开发 Web 服务器应用，创建一个 WebSnap 应用的程序框架。

14. 网络化监控系统有哪几种组网方式？说明不同方式的结构特点及典型应用。

第7章

广播电视播控系统

广播电视播控系统由电视节目拍摄、制作、传输、存储到播出等系统构成。本章主要介绍广播电视播控系统构成及播出流程，各部分的关键设备以及系统设计应该考虑的要点，使大家对于广播电视播控系统有一个整体把握，为从事实际工作打下基础。

7.1　广播电视系统构成及播出流程

电视广播系统的基本模型包括了电视信号的获取、加工、传输和重现，完整的工作过程涉及电视中心、发射台、信号传输、电视接受等几个方面。对于播出来说，全部工作都集中在电视台、电视中心和电视发射台。电视台各个组成部分见图7－1。

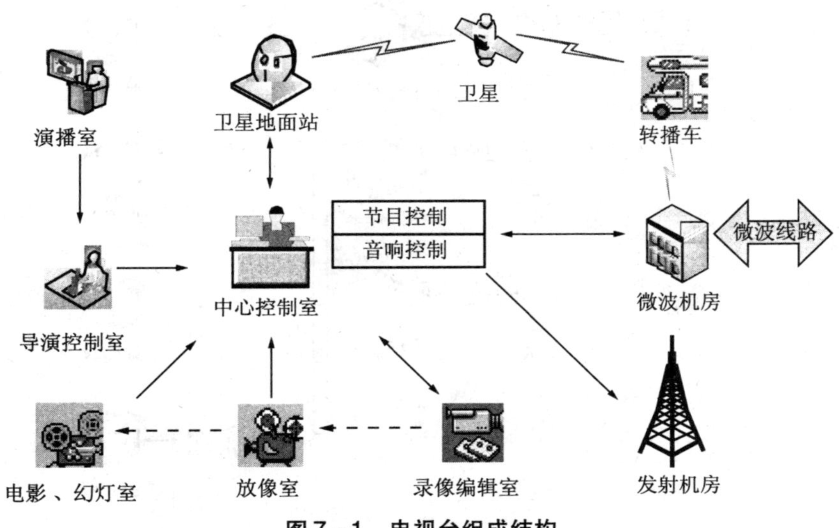

图7－1　电视台组成结构

7.1.1　电视中心的构成

传统的电视中心包括演播室、导演控制室、电影幻灯室、放像室、录像编辑室和中心控制室。另外还包括灯光控制间、道具制作间、演员化妆间等辅助设施。

1. 演播室

电视中心的演播室用来组织节目，包括新闻类的演播室到大型表演节目的演播大厅。演播室的声学设计非常严格，要求控制环境噪音和混响时间，同时配备了丰富多彩的灯光音响设备以及良好的空调系统。

演播室的主要设备是摄像机，一般至少有三台摄像机在不同的机位进行拍摄，有全景、中景和特写镜头，作为素材供艺术导演选择。同时，在演播室内还有十几个话筒在不同的位置采集节目的伴音信号。这些信号通过电缆直接接入到导演控制室。

2. 导演控制室

传统的导演控制室分成节目导演室和音响导演室，分别控制节目的图像信号和伴音信号。

节目导演室的主要设备是摄像机控制台，包括编码器、监视器、切换设备、同步机和录像机。摄像机的基色信号经过摄像机控制台的校正和补偿处理，经编码器编码后形成全电视信号送到视频切换设备。同时，各个摄像机拍摄的信号在监视器墙上显示出来，提供给导演选择画面以及工作人员监看。在这个环节中，导演可以进行特技处理。在直播的情况下，切换台输出的信号由中心控制室播出。在录播的情况下，信号用录像机录制下来，作为播出的素材。

同步机的作用是产生摄像机需要的七种同步信号。包括：摄像机行、场同步的行推动脉冲 H；场推动脉冲 V；编码器的复合同步 S；复合消隐 B；副载波 F；色同步门脉冲 K 以及 PAL 相位识别脉冲 P。

演播室的伴音信号经过前置放大器、多频率控制器、电子混响器等音频处理设备的加工，成为与输出画面吻合并具有艺术效果的伴音信号，送到录像机或中心控制室。音响导演通过监听伴音质量，对不满意的音响通过控制台进行调整。

演播室和导演控制室设备之间的关系见图 7－2。

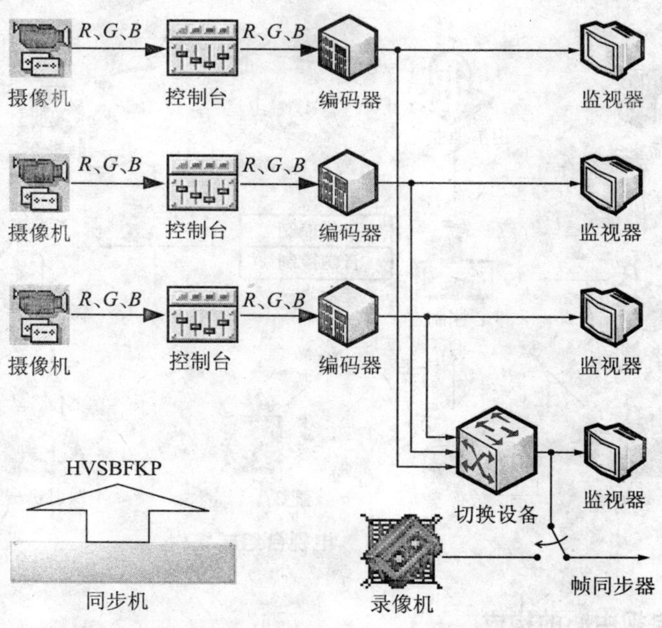

图 7－2 演播室导演控制室设备

3. 电影、幻灯室，放像室以及录像编辑室

电影、幻灯室的主要设备是 35mm 和 16mm 的电视电影机、电视幻灯机和电视信号发生器。电视电影机的作用是将电影拷贝的影像转换成 R、G、B 基色信号，经编码形成全电视信号。电视幻灯机用于播出静止影像的节目预告、图片，电视信号发生器用来产生测试图、彩条等全电视信号。电影、幻灯室设备之间的关系见图 7－3。

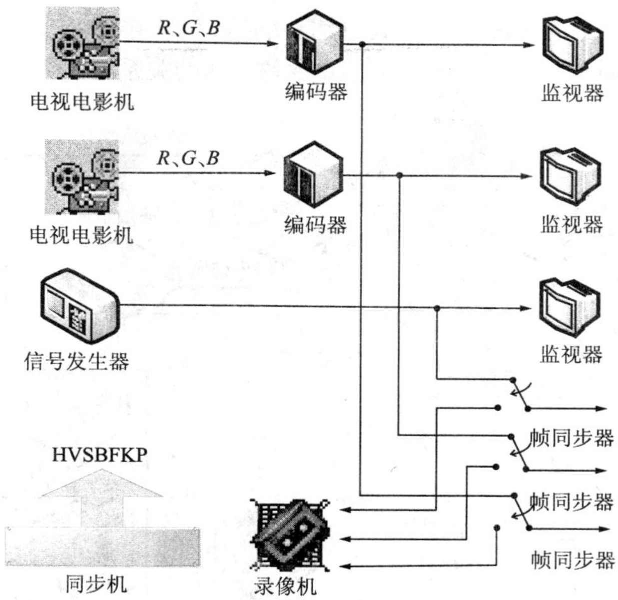

R、G、B
电视电影机
编码器
监视器
R、G、B
电视电影机
编码器
监视器
信号发生器
监视器
帧同步器
HVSBFKP
帧同步器
帧同步器
同步机
录像机

图7-3 电影、幻灯室设备

放像室的作用和电影、幻灯室的作用相反，把磁道上的电视信号重新转换为全电视信号。

录像编辑室根据导演的要求对各种素材进行加工，如：剪辑、特效处理、配音等。素材的来源不仅由演播室，还包括卫星、微波线路以及转播车送来的节目素材。放像室以及录像编辑室设备之间的关系见图7-4。

R、G、B
录像机
视频处理
帧同步器
录像机
采访素材
录像机
其他节目源
录像机
电子编辑机

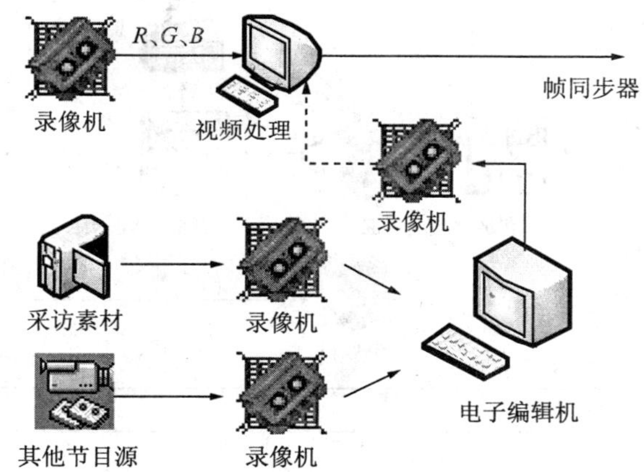

图7-4 放像室、录像编辑室设备

5. 中心控制室

中心控制室的主要设备有帧同步器、视频切换设备、同步机、视频分配器和监视器等。

中心控制室是电视播控中心，各种信号可以同时送到中心控制室，经过帧同步器使不同的信号与控制室的同步机发出的同步脉冲完全一致，然后进入切换设备。切换设备的输出信号在经过字母叠加单元叠加字幕后，由视频分配器分成多路全电视信号，送发射机发射或经过传输线路送其他电视台。播出的电视信号同时反馈到机房的图像监视器由工作人员进行监看。也可用专业的设备进行信号的质量分析，根据分析结果进行必要的调整。

电视节目的监看还有另外一种方式，就是用接收机直接接收发射的电视节目，以开路形式监看节目的质量。中心控制室的主要设备之间的关系见图7-5。

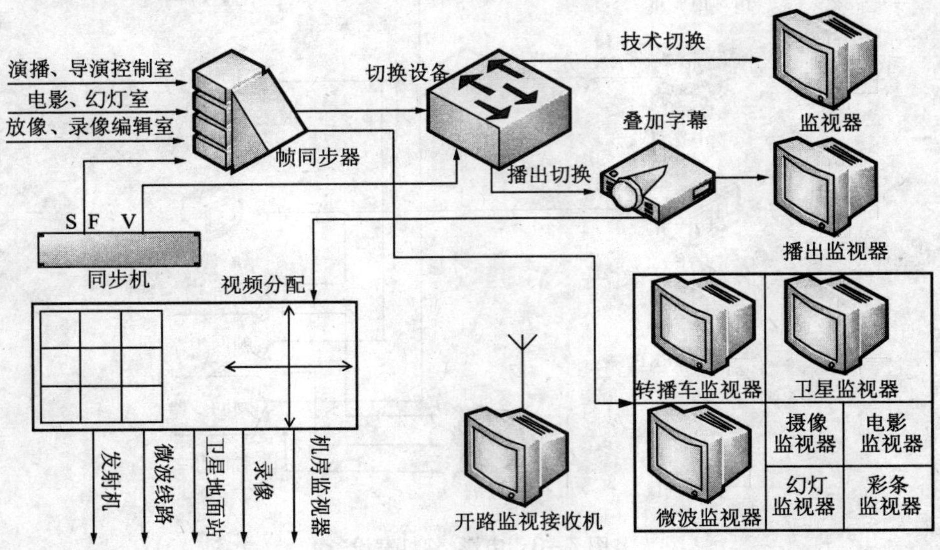

图7-5　中心控制室的主要设备之间的关系

以上就是模拟电视播出情况下电视中心的主要设备。其视频系统的基本构成见图7-2。其音频系统的基本构成见图7-6。

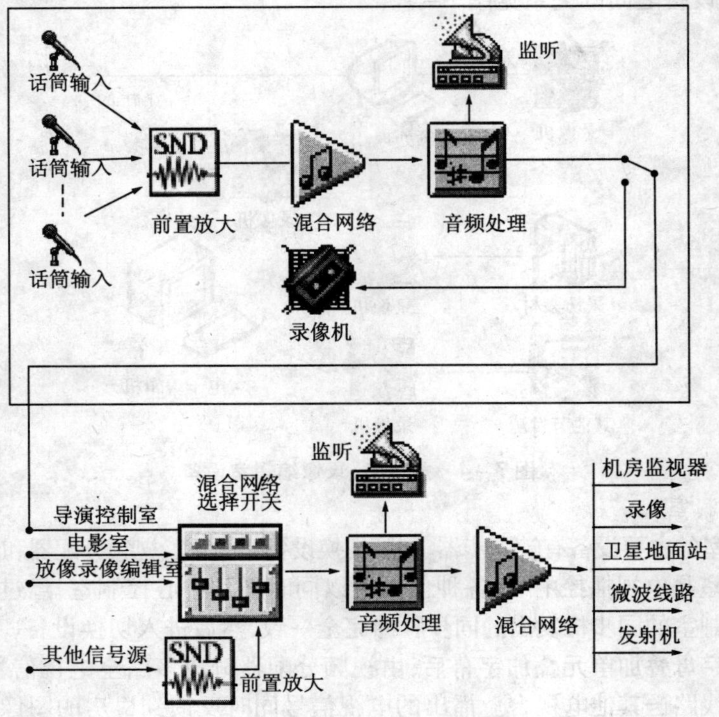

图7-6　音频系统的基本组成

7.1.2　电视播控的主要设备

无论是模拟电视还是数字电视，其主要设备都是由摄像机、录像机、切换台及相关的外围设备组成的。在模拟电视播出的情况下，播控系统中传输的视频、音频信号是模拟信号，而在数字电视播出的情况下，播控系统中传输的是数字视音频信号。

在这一小节中，简要说明电视播控的主要设备及性能，使读者能够更好的掌握后面讲述的电视播控系统。

1. 摄像机

一般把摄像机分成三类，广播级、专业级和家用级。我国广播电视采用 PAL 制，标准画面为768×576 像素，经过数字采集处理的画面分辨率一般为720×576。广播级摄像机又分成演播室用摄像机、新闻采访（ENG）摄像机和现场节目制作（EFP）摄像机。

演播室用摄像机通常采用尺寸较大的摄像器件，具有高清晰度，高信噪比及最佳的图像质量，价格也最贵。新闻采访摄像机体积小，重量轻，便于携带，具有调试方便、自动化程度高、操控灵活的特点，其图像质量稍低于演播室用摄像机，但价格也相对便宜。现场节目制作摄像机的性能指标介于两者之间。其图像质量与演播室用摄像机比较接近，但体积小一些，能满足现场节目制作的需要。

以上广播级摄像机的分类只是笼统的说法，随着摄像机朝着小型化、自动化、数字化的方向发展，三者之间的差距已经不明显了。图7－7 是 SONY DXC－D35P 标清广播级演播室摄像机。

图7－7　SONY 广播级演播室摄像机

摄像机是信号的采集设备，其性能是保证高质量电视图像的关键。属于播控的前期设备。为了评定摄像机的等级，国家颁布了摄像机技术条件，主要是灵敏度、分解力和信杂比三大技术指标。但这些指标已不能全面反映 CCD 器件摄像机的质量。目前行业中对采用 CCD 器件的摄像机主要用图像像素、量化级数、灵敏度等指标来衡量。

（1）图像像素数量

图像像素数量是 CCD 器件的一项重要指标，像素就是 CCD 表面上的感光单元，像素数量愈多，对景物细节的分辨能力愈大、感光密度也越大。目前 CCD 器件的有效像素可达60 万至70 万，分解力可达800～900 线；HDTV 的 CCD 器件的像素可以达到200 多万。分解力高达1200 线。像素数量与分解力的关系一般根据经验公式来估计：CCD 芯片的水平临界分解力＝水平像素×3/4。与像素相关的指标还有 CCD 器件的数量、尺寸和电荷转移方式。广播级和多种业务级摄像机一般都用三块 2/3 英寸 CCD，电荷转移方式为IT（行间转移），或 FT（帧转移），或 FIT。等级稍高的取 FIT，稍低点的取 IT。

（2）量化等级

ITU－R601 对演播室数字信号编码规定的最低要求是 8bit 量化。广播级的数字摄像机 A/D 转换的量化级数过去采用 10bit A/D 转换器，现在几乎都采用 12bit A/D 转换器。

（3）灵敏度

灵敏度指标描述了摄像机对所拍摄图像照度的反应能力。以 CCD 器件尺寸为 2/3 英寸为例,在 2000lux、3200k 色温的标准照度条件下拍摄 89.9% 反射灰度卡,视频幅度达到 0.7V 时的光圈指数就是该摄像机的灵敏度。广播级摄像机的灵敏度通常在 F8 至 F10 之间。广播级摄像机的最低照度通常 7 ~ 8 lux(F1.4、+18dB),最低可达 1 lux(F1.4、+36dB)。当如果 CCD 器件尺寸不同,测量的结果需要进行换算才能相互之间进行比较。

(4) 分辨率

分辨率又称为分解力,通常指水平分辨率。广播级摄像机多在 800 线以上。测试方法是在 2000lux、3200K 色温标准照度条件下,镜头光圈置于 5.6 ~ 8 之间,在镜头最佳聚焦情况下拍摄分解力卡。从精密黑白监视器上读取分解力线数。在测试分辨率的同时,还要测摄像机在 5MHz(约为 400 线)时的调制深度,简称调制度。调制度是实际影响电视机清晰度的重要参数。20 世纪 80 年代摄像管摄像机的调制度为 30%,CCD 摄像机调制度可达 70%,数字摄像机可达 80%。表 7-1 是常见的几款演播室摄像机的性能指标。

表 7-1 几款演播室摄像机的性能指标

生产厂商	松下	索尼	日立	Philips	池上
型号	AQ-235	BVP-900P	SK-2700A	LDK-20	HK-388
CCD 类别	16:9M-FITCCD	16:9FITCCD	16:9FITCCD	4:3FTCCD	16:9FITCCD
A/D	12bit	12bit	12bit	12bit	12bit
灵敏度(3200K)	2000lux F9.0	2000lux F8.0	2000lux F8.0	2000lux F8.0	2000lux F8.0
分辨率	700 线(16:9)	900/700 线 (16:9)	850/750 线 (16:9)	800 线	800 线

2. 录放像机

电视台播出的节目除直播和转播外,大部分是重放已记录和存储的节目。存储电视节目的设备,目前广泛应用的是磁带录像机 VTR、激光视盘 LD、数字视盘 DVD。

磁带录像是将视音频电视信号以剩磁的形式记录在磁带上。记录方式有模拟信号方式和数字信号方式。数字纪录方式有失真、噪声小,图像质量高。设备的种类主要有:

①采用 3/4 英寸宽磁带的 U 型机或称 Umatic,这是一种专业型录像机,在地方电视广播中用得较多。

②采用 1/2 英寸宽磁带的 β 型机或称 β - max,带盒较小,俗称小 1/2 机,目前使用已不多。

③采用 1/2 英寸宽磁带的 VHS(S-VHS),带盒较 β 型机大,俗称大 1/2 机。

④采用 8mm 英寸宽磁带的 8mm(Hi8)。8mm 水平解析度一般是 250 线,而 Hi8 则一般在 380 至 400 线左右。生产厂家主要有 SONY 和 SHARP 等。

⑤电视广播用磁带录像机,早期的有 1 英寸宽磁带开盘式,现在已多用数字分量式录像机。

⑥视盘存储方式的录像设备,主要是激光视盘(LD、VCD、DVD 等)。

串行分量数字演播室可供选择的广播级录像机有 D1、D5 和 Betacam DVW 系列的产品。数字 Betacam 是日本 SONY 公司开发的一种广播级数字视频格式。其他的数字分量记录格式，如：DVCAM、DVCPRO、DIGITAL－S、BETACAM－SX 采用码率压缩后将数字信号记录到磁带上，但互不兼容。当进行节目编辑和复制时，需要 D/A、A/D 变换，这使图像的质量下降。而数字 Betacam 包括摄录一体机、数字录像机和便携式录像单元，采用 Betacam，能使电视节目制作从前期拍摄到节目播出保持同一格式，

图7－8　DVW－2000P 数字编辑录像机

适合于最终的存储和数字服务器播出。数字 Betacam 与模拟 Betacam 和 BetacamSP 具有兼容能力，能够确保原有大量的 Betacam 及 BetacamSP 格式存档素材可以直接用于当前的数字节目制作。在专业数字演播室中，可以优先考虑采用 Betacam DVW 录像机。图 7－8是一款 Betacam 格式的 DVW－2000P 数字编辑录像机。

3. 视频切换设备

视频切换设备－切换台主要用于选择信号源。基本功能是：从几个输入中选择适当的图像源，在两个图像源之间作基本的变换，创造和获得特殊效果。应用不局限于广播电视，包括一些其他的商业制作，如演唱会、展示会等处理多种格式视频、音频以及制作一些特殊效果，都需要切换台，切换台是一个制作系统中的核心。目前切换台可以选择的品牌、型号比较多，如 SONY、THOMSON 的 KAYAK DD 系列；SNELL & WILCOX 等品牌的切换台。

4. 同步机

同步机在电视台的作用是产生系统所需的各种同步信号。比如，PAL 制彩色电视同步机产生七种同步信号：行推动信号 H、场推动信号 V、复合同步信号 S、复合消隐信号 A、副载波 F、色同步旗形脉冲 K 和 PAL 识别脉冲 P。这些信号有着严格的频率和相位关系，可由一个标准的定时信号通过处理和变换产生。标准信号由电视台的总控系统给出。当几个电视台进行节目联播或作实况转播时，还要保证本台的同步信号与外来的同步信号一致，否则将会造成图像翻滚，甚至丢失图像。解决信号同步的方法有三种，分别是台从锁相法和台主锁相法、帧同步器法。

台从锁相法是本台同步机受外来信号锁定。当有外来信号时，本台同步信号发生器由外来信号锁定；当外来信号中断时，同步信号发生器自动转为内锁相。

台主锁相法是将外来节目源的同步信号锁定在本台同步机产生的频率和相位上。

帧同步机法是一种开环锁相法，是将外来视频信号变为数字信号后存储延时，读出时钟的基准用本台信号同步，完成外来信号与本台信号同步锁相，如图 7－9 所示。

同步机是连接矩阵设备和切换台之间的桥梁，三者之间的关系如图 7－10 所示。外来信号送到矩阵，在矩阵的输出端接入两台帧同步机，一个为主一个作为备份，同步机的输出接切换台。同步机一般可以处理 S－Video，模拟分量 CAV、复合信号等，这是同步机的典型应用方式。

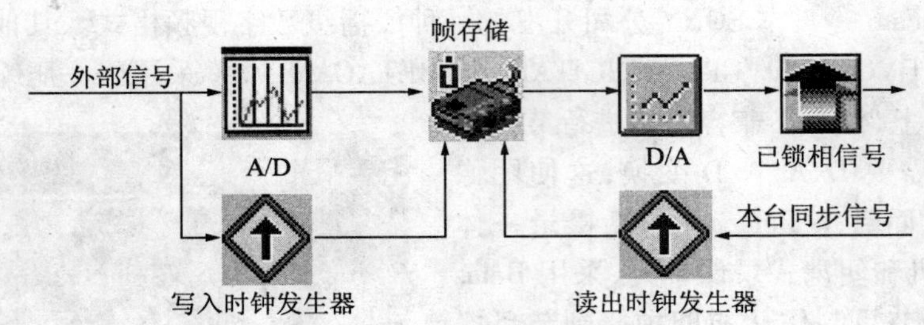

图 7－9　同步机原理图

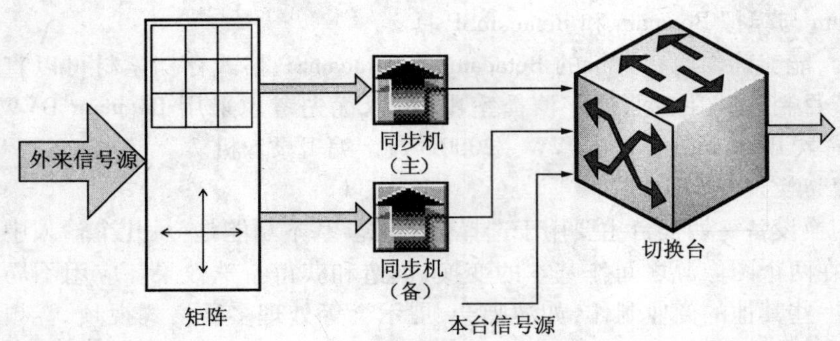

图 7－10　同步机与矩阵和切换台的连接

5. 矩阵

在演播室中矩阵的作用是扩展切换台的输入通道；改变监视屏上的信号分布；为制作设备选择信号源监看信号源和技术监测信号源的选择摄像机信号返送的选择；紧急备份输出通道的选择。目前，生产矩阵的厂家有很多，如：索尼、飞利浦、LEITCH、PROBELL 等。矩阵的控制也越来越方便，产品工作稳定、通道指标高，具有多种格式混合切换功能。

视频信号矩阵按照输入、输出通道的不同，有 8×8、16×16、32×16、32×32、64×32、64×64、96×96、128×128 等规格。一般乘号前面的数字代表输入通道的数目，乘号后面的数字代表输出通道的数目。选择视频矩阵的规模主要是根据信号源多少和输出通道的多少，并预留一定的冗余通道作为发展备用。如果按照矩阵在播控系统中的作用进行分类，可以把矩阵分成输入矩阵、主控矩阵、播出矩阵、应急切换矩阵等。矩阵的控制方法有三种方式：前面板按键控制、分离式键盘控制、计算机控制。

在实际工作中，有两者使用矩阵的方法。一种是所有设备共享一个大矩阵，矩阵规模在 128×128 以上，见图 7－11；第二种设备共享多个矩阵，矩阵中等规模 64×64 左右，如图 7－12 所示。优点是资源共享、设备利用率高、容易扩展。缺点是一个矩阵出现故障可能影响多个频道，同时矩阵之间要占用一些信道进行信号交换造成资源浪费。第三种是矩阵配合切换台实现矩阵的功能。这就是图 7－10 所示的设备连接方式。

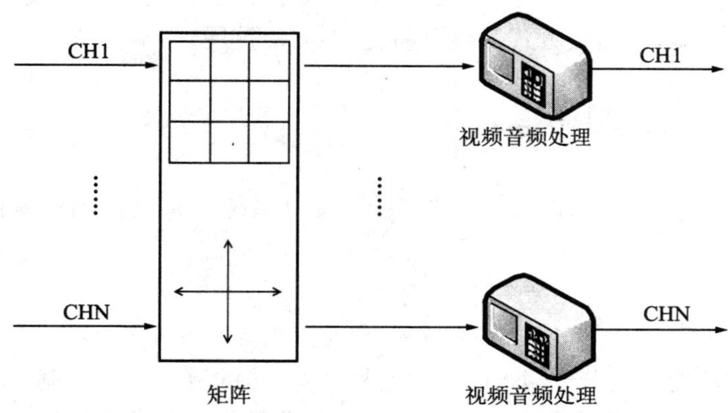

图7-11　大矩阵的设备配置

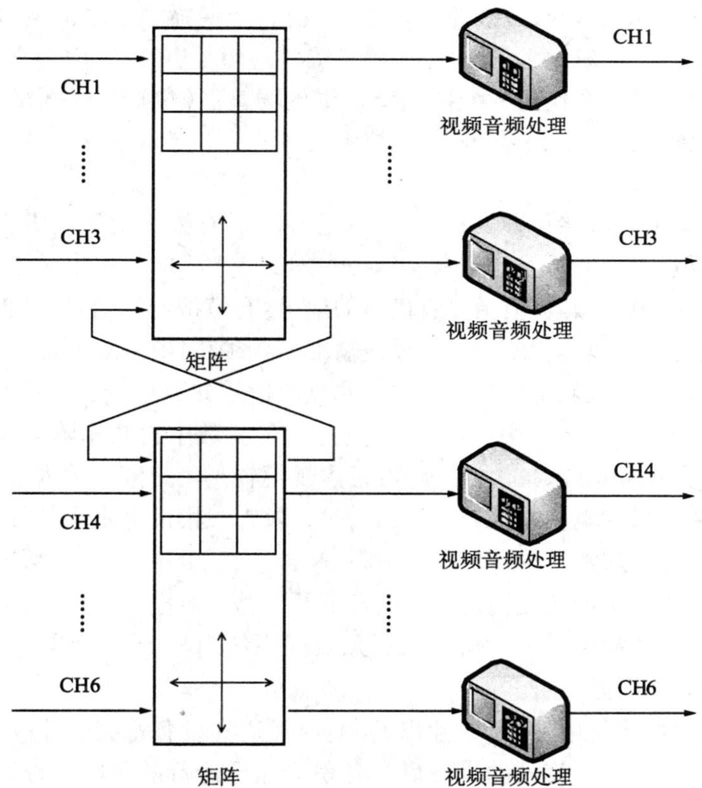

图7-12　多矩阵的设备配置

不同的设备配置方式其特点也不同。大矩阵的方式可靠性高，系统的扩充性好，可以做到资源共享、设备利用率高，自动化程度也高，不足是预监不方便、音量不可调整、切换方式不可调整，矩阵成为系统安全的瓶颈。多矩阵方式和大矩阵方式基本相同，但成本低一些,代价是控制复杂,矩阵之间相互影响。矩阵加控制台的方式安全性、可靠性最高,预监方便,音量调整、监控方式调整容易,但不方便扩展,成本较高。

7.2 广播电视播控系统

广播电视播控系统由总控系统、分控系统、硬盘系统和自动播出控制网络系统等几部分组成。

7.2.1 总控系统

总控系统的功能一是管理输入的各类信号,对信号的流向进行控制、调度和分配;二是对信号进行处理、监测和监控并提供各个技术作业区需要的控制信号。总控系统以切换矩阵为核心设备,通过对进出总控系统的电视信号进行切换调度,把节目制作、播控、存储、上载、监控和转录等部分有机联系在一起,实现了电视中心的功能。处理的信号源包括:卫星传输的电视信号、微波线路传输的电视信号、演播室送来的信号、录像机及硬盘播出送来的信号、转播车送来的信号,等等。提供的信号有:向各演播室提供返送信号和外源信号,向播出的各个频道的分控系统提供现场直播(包括延时播出)外源信号,向硬盘播出系统提供外源上载信号,向各个技术处理作业区提供同步信号和标准时钟信号,等等。

总控系统如果采用数字化方式构建,进入总控的所有模拟信号先进入模拟视、音频矩阵进行调度,并进行模数转换和音频嵌入功能处理,然后再进入数字矩阵。模拟信号有来自模拟演播厅、模拟微波、卫星接收机等的信号,有模拟光纤信号、模拟延时信号等,这些信号经模拟视音频矩阵调度后经过母线输出,经带帧同步子模块的 A/D 转换器及模拟音频嵌入器处理后送往数字视频矩阵。一些重点信号如卫星、现场直播及延时播出等信号则经数字视频矩阵进行二次调度,作为备用信号。数字视频矩阵采用一主一备,主矩阵为大规模数字视频矩阵,备用的矩阵可考虑规模较小的矩阵。进入总控系统的各类信号源中,有外来信号和电视台本身产生的信号。较大规模的电视台的外来信号有几十路之多,如:电视台的各数字演播室、新闻中心、广告中心、卫星信号、转播车、数字光纤等数字外来信号;内部产生的各类输入信号也不下几十路,如:电视台的自办频道播出系统返回的主备信号、硬盘播出系统、录像机信号、延时系统信号等。这样一来,总控主调度矩阵的规模应该在 100 路左右。

在电视台的播出系统中,从可靠性出发,播出通道和设备都为一主一备。但对于矩阵设备,很少采用两台完全相同的设备做热备份。除了造价的原因之外,操作上的不便也是一个原因。一般的做法是在同一矩阵上选择不同的通道作为主备信号进入的通道,或备份系统选择规模小一点的矩阵,可以取主矩阵路数的一半左右。当然,也有完全采用两台完全相同的设备做热备份的系统设计,这样可靠性会更高。

主调度数字视频矩阵实现所有信号源的接收、分配调度及监控等功能;备调度数字视频矩阵完成硬盘系统播出及其他重要信号的处理,如:审编信号,在出现故障时,提供录像机应急播出输出信号和其他演播室来的应急调度信号。

总控系统周边的主要设备配置有如下两种。

1. 帧同步机

帧同步机作为同步外来信号的重要设备，在设计总控系统时需要认真考虑其配置方案。一种方法是调度前信号进行同步，如图7－13。这样无论切换哪路进行播出，都已经进行了同步。但需要的同步机数量最多。每路信号都要配备同步机。如果在信号调度之后进行同步，则设备的配置如图7－14。这种方法是在调度矩阵的输出端配备帧同步机，对每一路输出信号进行同步。如果播出信号少于输入信号，这种方法减少了同步机的数量。这两种设备的配置大都有信号调度简单、故障跳线快捷的优点。不足是设备使用较多。如果考虑设备共享的办法，把同步机作为一个共享设备，需要时才接入，则可以减少设备的数量。当然前提是信号源不同时使用时的设备。这种方式的系统配置见图7－15。这种方式减少了设备的使用数量，代价是增加了系统调度的困难，在使用设备前要确保设备没有占用，以免发生误切信号。在发生故障时，跳线也麻烦。当然，也可以把共享的方式和专用的方式结合使用。对于固定需要处理外来信号的频道，配备专业帧同步机，对于偶尔需要外来信号的演播室，则采用设备共享的方式配置帧同步机。这样，既节约了投资有不过多增加作业的困难。

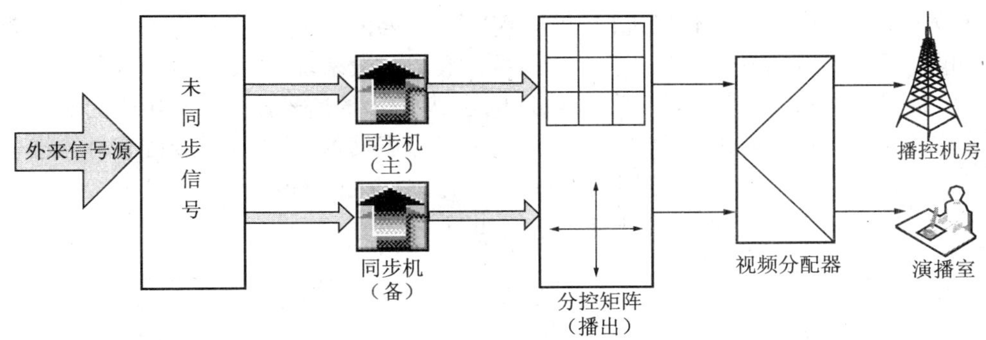

图7－13　调度前进行同步

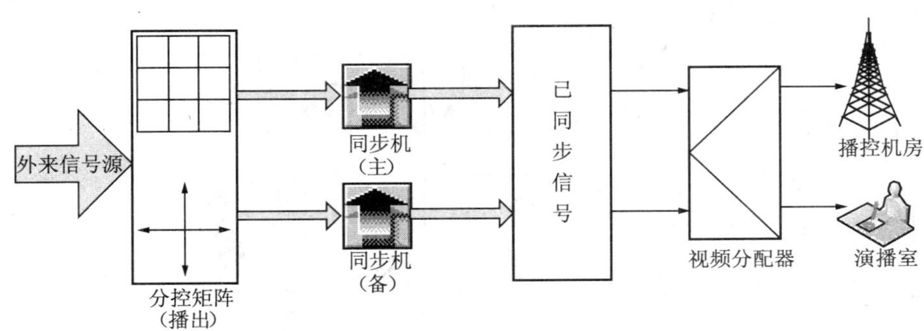

图7－14　调度后进行同步

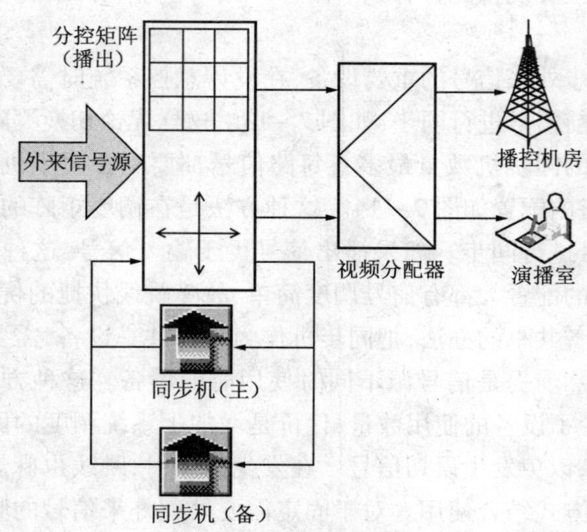

图 7－15　设备共享方式

2. 视频分配器

视频分配器的作用是对信号进行分配、重整波形、匹配阻抗、隔离故障的设备。视频分配器的配置根据信号传输距离来决定是否需要配置。一般来说，接受信号的设备就在中心控制室，如：卫星接收机、SDH 解码器、光收发机等，其输出的信号如果距离矩阵的输入端不远，连线在技术指标允许的范围之内，就不配备视频分配器。否则，就需要配置。连接外机房的设备，如发射机房，一般远离中心控制室，需要配置视频分配器。

以上述设备构成的总控系统的基本结构如图 7－16 所示。

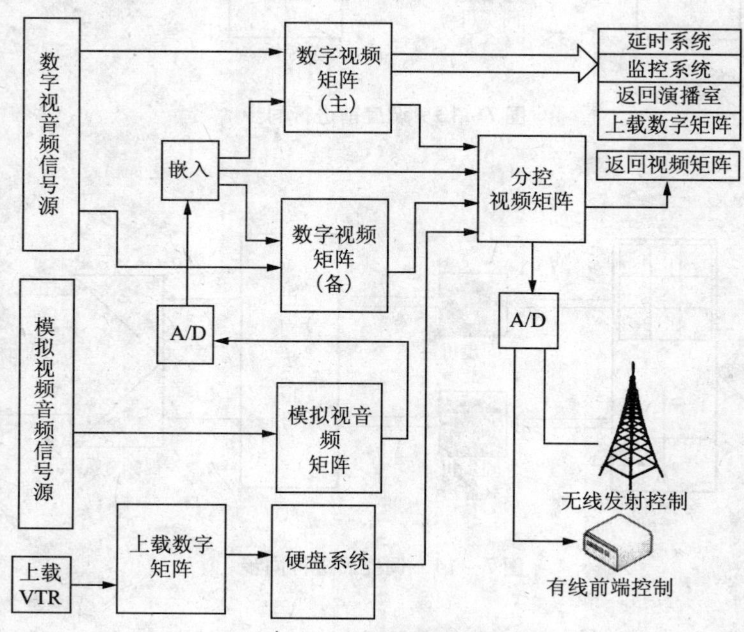

图 7－16　总控系统基本结构

7.2.2　总控系统设计

1. 设计原则

总控系统是播控系统的指挥中枢,设计时考虑的因素有:

①先进性:系统设计符合电视广播专业规范,在安全实用的基础上选用设备规格要有一定的前瞻性,使设计的系统有较长的生命周期,适应技术发展,可扩充。

②安全性:建立安全防范体系,具有多重安全防护,无单一崩溃点。有完善的冗余备份手段,保障系统高可靠和端到端的安全。应急手段丰富,应急播出时不影响正常播出频道。

③完善的管理机制:系统提供操作系统级、应用系统级、数据库级三重用户管理和权限管理功能,对所有用户的所有操作建立日志,保证整个系统始终处于安全监控和保护之中。系统既保证信息资源共享,又保证系统安全保护和数据隔离。

④系统布局合理:系统总体布局要设计合理,符合施工工艺科学规范,系统信号调度清晰、科学。系统硬件设备连接直观简单、便于维护。播控软件界面要简洁明了、易学易用。

⑤开放性和标准化:在电视台整体网络体系架构下,总控系统必须具备开放性,能够与全台网络的互联互通,满足与媒资系统、生产网络支撑平台以及基础网络无缝链接的需求。

⑥硬件设备扩展、升级容易:系统硬件可以方便地扩展通道数量和硬盘存储容量,播控软件应采用开放式和模块化结构,升级、扩展与现有系统不冲突。

⑦提高智能化程度:在造价允许的条件下,要一切必要的技术手段实现系统的自动化和智能化,减少人工操作。

2. 设计依据的标准

总控系统的设计应符合国家和行业技术标准。下面列出部分标准:

- GY/T 165 – 2000　《电视中心播控系统数字播出通路技术指标和测量方法》
- GB/T 17881 – 1999　《广播电视光缆干线同步数字体系(SDH)传输接口技术规范》
- GY/T 180 – 2001　《HFC 网络上行传输物理通道技术规范》
- GB/T 17953 – 2000　《4:2:2 数字分量图像信号的接口》
- GY/T 158 – 2000　《演播室数字音频信号接口》(等效于 ITU – R BS. 647 – 2)
- GB/T 14857 – 93　《演播室数字电视编码参数规范》
- GY/T 164 – 2000　《演播室串行数字光纤传输系统》
- ITU – R BT601　《数字分量演播室标准建议》
- GY/T 167 – 2000　《数字分量演播室的同步基准信号》
- GY/T 160 – 2000　《数字分量演播室接口中的附属数据信号格式》
- GY/T 163 – 2000　《数字电视附属数据空间内时间码和控制码的传输格式》
- GY/T 161 – 2000　《数字电视附属数据空间内数字音频和辅助数据的传输规范》
- ITU – R BT. 601 – 2 数字电视编码标准
- GB 3171 – 1995 PAL D 制电视广播技术规范

- 国家广播电影电视总局其他有关数字电视设备系统的标准
- 国家广播电影电视总局有关电视台建设的标准
- 国家关于电器设备使用的其他有关标准

3. 设计的内容

主控系统的设计主要包括以下内容：

- 系统的整体功能结构；
- 信号流向的分配；
- 信号格式选择，选择串行或并行格式、选择音频格式、系统定时、格式之间的转换；
- 软硬件结构，系统结构设计：规划信号切换和分配；
- 设备选型，电缆和连接器；
- 系统实施和测试。

总控系统是外来信号、节目播出信号、录制信号等各类控制信号汇集的枢纽和桥梁。总控系统以矩阵为核心，对台内各个演播室信号、卫星接收信号、CCTV 信号、前端回传信号、发射塔信号等外来信号进行综合调度，用于节目播出和收录。

以一个市级规模的电视台来说，就至少有这几种类型的信号：本市自办频道的节目（一般 3～4 个）、转播信号（中央电视台、省台的频道）、转录信号、现场直播信号，等等。所有的信号都汇集到主控机房，经主控系统的核心子系统——视频矩阵进行自动调配。因此在总控系统中，集中了信号切换、交换、分配、放大、传输、监控、监视、停播报警等一系列功能。同时应该有对讲通讯、同步、应急播出系统，还应具备一定的智能化、自动化功能，实现电台多套节目、多个直播间及多个节目制作间的节目信息处理与共享。另外，还要提供 GPS 标准时钟信号，同步全台播出站、录制站时钟，同时为直播间及主控室提供时钟显示信号。

另外，对技术区门禁、监控、对讲系统，对直播间、导播间、重要机房、主要走廊进行全天候监视、录像。（摄像头、硬盘录像机、电视墙）主要房间遥控开门。

4. 总体结构设计

总体结构设计考虑以下因素：

（1）考虑结构形式

主控系统的结构形式有两种：一种是传统模拟系统的线性结构；另一种是采用以宽带视频服务器为中心的分布式结构。线性结构的设计是将相应的设备换为数字设备，再加上编码与解码、复用与分离等部分构成系统。分布式的结构，以计算机网络为中心，以 FC 网、以太网为基础构成一个全部基于多媒体的数字系统。目前，数字演播室系统大多仍采用线性结构，系统的某些局部使用多媒体网络。

总体结构的设计上要确保系统的技术先进性和高可靠性，系统配置灵活，可兼容 4∶3 和 16∶9 格式，为将来的 HDTV 做好准备。在功能上，要满足对直播的要求以及进行后期节目的制作的要求，保证出色的图像质量；并且应为将来的发展留有余地，包括综合布线、计算机网络拓扑结构的通道带宽。

（2）选择信号格式和接口标准

在模拟电视信号中，视频信号分为：①全电视信号，或叫做复合彩色电视信号；②三基色信号 R、G、B；③亮度信号 Y、色差信号 $R-Y$、色差信号 $B-Y$。在数字电视中，其编码方式也分为复合编码和分量编码。

复合编码是将复合彩色信号直接编码成二进制的脉冲编码调制（PCM, Pulse Code Modulation）信号。分量编码是三基色分量信号或亮度和色差信号分别编码成 PCM 信号。复合编码的优点是码率较低，设备不复杂，但图像质量不如分量编码。由于复合编码与彩色电视制式有一定的关系，不易形成统一的国际标准。而分量编码正相反，码率较高，设备复杂，编码与制式无关，已经形成了统一的国际标准。

ITU－R BT 601 数字分量演播室标准建议，确定以分量编码作为电视演播室数字编码的国际标准。现行的主要扫描制式有 625 行/50 场和 525 行、60 场两种，亮度信号 Y 采样频率选为 525/60 和 625/50 行频的公倍数 2.25MHz 的 6 倍 13.5MHz，色差信号 $R-Y$、色差信号 $B-Y$ 的采样频率均为 6.75MHz，并使三大电视制式在数字域内的每电视行的亮度样值数均为 720，两个色度样值均为 360，即 4∶2∶2 格式。

ITU－R BT.656 定义了 4∶2∶2 格式的电气接口。并行接口为 11 对双绞线的 25 针 DB25 插座。并行接口为 8Bit，时钟 27MHz，以复用传送亮度数据和色差数据。每一电视有效行包括 720 个亮度数据和 360 个色差信号 $R-Y$，360 个色差信号 $B-Y$，以及 4 字节的有效视频起始标志 SAM，4 字节的有效视频结束标志。串行接口（SDI）采用 BNC 接头 75 欧姆同轴电缆，采用 9Bit 量化，数码率为 23Mbit/s。

演播室采用 4∶2∶2 格式分量编码，数字录象机能记录三种不同制式的信号，使各种数字演播室的数字设备能连成一系统，形成一个 4∶2∶2 的数字演播室环境。因此，设计上应该选择串行分量数字信号格式。

（3）选择切换台

数字切换台的结构形式与模拟切换台类似。主要的区别是数字切换台采用计算机技术，实现了联网操作。数字切换台的 SDI 接口与控制面板按钮不是一一对应关系，其功能由菜单设置；输入的视频信号与键信号可接入任一路 SDI 输入口。数字切换台可以通过设置菜单，实现设置制式、格式、宽高比、各种键及特技等功能参数。

市面上常见的切换台产品有：SONY 的 DVS 系列、PHILIPS 的 DD 系列、泰克公司的 GVG 系列、THOMSOM 的 TTV 系列等等。可以根据系统的配置的需要进行选用。在进行选型时除了考虑演播室的节目制作类别以及容量因素外，还要注意满足后期节目制作的功能要求，使两者相协调。

（4）选择数字矩阵

矩阵在系统主要用于扩展切换台有限的输入通道，为整个系统进一步扩展提供选择。如：根据节目制作需要，在监视屏上安排显示被监视的信号；选择摄象机信号的返送源以及记录设备的输入源；提供紧急备路输出通道。随着演播室功能的增加，采用数字矩阵成为一种趋势。目前的数字矩阵类型很多，市场上常见的生产矩阵的厂家有：索尼、飞利浦、LEITCH、PROBELL 等。这些产品工作稳定，通道技术指标高，具有多种格式混合切换功能，控制起来也十分方便。在设计系统时可根据演播室的实际需要选择矩阵的大小以及型号。

（5）选择数字串行设备

数字串行设备不是数字演播室的核心设备，但是数字串行设备位于系统的输入输出端口，是对数字信号进行变换和存储的设备，如：A/D、D/A、数字信号帧同步机、数字台标发生器、数字视频分配器等等。因此,数字串行设备对于系统与外部时基及相位关系以及系统的技术性能指标有很大的影响,需要加以认真选择。

5. 设计的实例

下面以某市级电视台总控调度系统的设计为例,说明总控系统设计中应该考虑的各个方面的问题。

(1)总控系统的设计要求

输入信号有:

①电视台内部演播室的主备信号;

②三个外部制作基地演播室的信号;

③来自卫星的主备 CCTV 信号;

④上载录像机和应急上载录像机的信号;

⑤各频道主备播出服务器信号;

⑥分控系统送回的各频道播出的主备信号;

⑦垫片信号、彩条和 4 路延时器信号等。

(2)总控矩阵结构

围绕这些信号,根据信号的使用范围和功能,进行信号的分类和划分,采用不同的矩阵进行处理,目的是当任何矩阵发生故障时,能够保证系统的继续运行。设计系统的总控矩阵为分布式多级矩阵结构。采用 4 个矩阵分别作为输入输出矩阵、总控矩阵和两个互为镜像的播控矩阵。4 个矩阵组成了三级结构体系结构,见图 7 – 17。

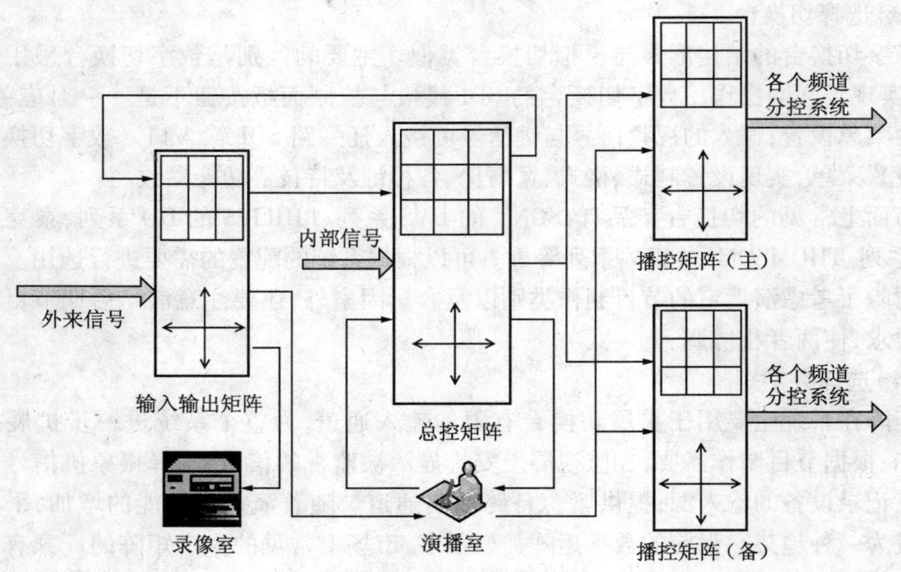

图 7 – 17 总控矩阵结构设计

在图 7 – 17 中,输入输出矩阵的输入为卫星、光纤、微波等台外部信号,同时,还有 8 路总控矩阵输出的信号。这 8 路信号将台内的信号反馈到输入输出矩阵,使输入输出矩阵不仅可以调度外部信号,也可通过总控矩阵间接调度总控系统内部信号。输入输出矩阵的输出信号送往总控矩阵及监看,同时还送往演播室中心机房和收录机房,用于节目制作调度和节目录制信息源。

总控矩阵是矩阵系统的核心。主要负责总控系统内部、各演播室与总控系统的信号调度和信号质量的监测管理。主要的输入信号为:输入输出矩阵送出的卫星信号和主备CCTV 卫星信号;三个外部制作基地演播室的信号,外部信号可以不经输入矩阵直接在系统内调度并播出;大楼内部演播室的主备信号;上载录像机和应急上载录像机信号;各频道主备播出服务器信号;分控系统送回的各频道播出的主备信号;垫片信号、彩条和 4 路延时器信号等。

播控矩阵由两个输入输出完全相同的镜像播控矩阵构成。镜像的目的使是为了提高系统的安全性。播控矩阵的输入信号主要有:总控矩阵的输出信号;主备 CCTV 卫星信号;大楼演播室的主备信号;应急播出放像机信号;各个频道的主备播出服务器信号;循环垫片以及彩条等信号。播出矩阵的输出信号送往每个播出频道的分控矩阵和技术监测的信号。

(3)矩阵的选型

矩阵选用输入输出均为 SDI 信号,可同时支持标清和高清标准的产品。其中输入输出矩阵和播控矩阵采用的是 64 ×64 矩阵,总控矩阵采用的是 128 ×128(可扩展到 256 ×256)的矩阵。符合这种要求的矩阵产品很多。如:GVG 公司的数字矩阵, 64 ×64 TRINIX 矩阵。128 ×128CONCERTO 矩阵。

(4)分控系统

分控系统负责每个频道的节目自动播出。自动播出的信号源以硬盘服务器和演播室直播等各种线路信号为主,以放像机为应急备用信号为辅。分控系统以切换台、分控矩阵为核心的音视频系统和自动播控软件系统构成。

分控系统设计的规模按照 10 个频道设计,其中 9 个播出频道, 1 个预留高清播出频道。每个频道的设备配置相同:切换矩阵为 GVG 公司的 Acappella16 ×2;数字播控切换台采用Quartz 公司的 QMC – MCS,另外还有数字台标机、数字字幕机等设备,结构如图 7 – 18 所示。

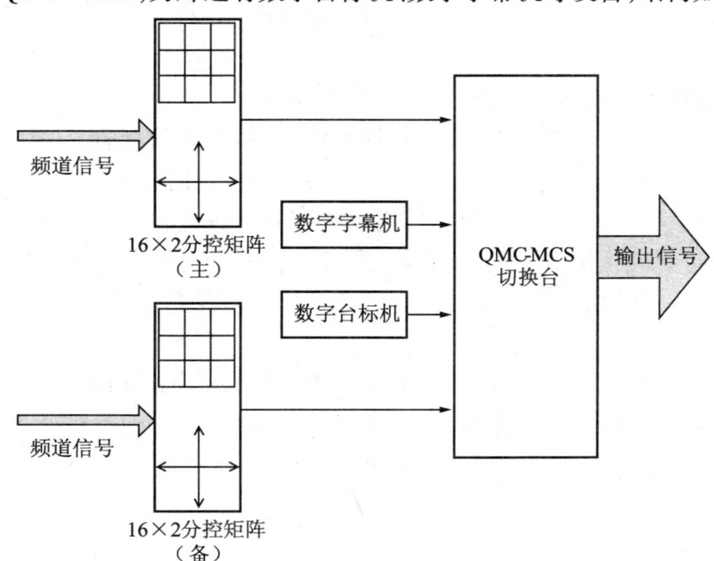

图 7 – 18　分控系统结构

切换台是分控系统的核心部分,完成所有信号的切换和处理。这里选择的设备是英国 Quart 公司的 QMC－MCS 数字播控切换台,该控制台这是为电视自动播出设计的切换台,控制面板选择 CP－A 和 CP1000－A 组合面板。

图 7－18 中的两台 16×2 分控矩阵互为备份。该矩阵的输入信号有来自总控系统的信号,还有每个频道的硬盘主备信号和每个频道的演播室信号。主分控矩阵的输出阶到 QMC 的 PGM 和 PST 信号输入端,备份分控矩阵输出接到 QMC 的应急信号输入和直通信号输入端。

QMC 的输入信号有:

- 1 路 PGM 播出 SDI 输入信号。
- 1 路 PST 预监 SDI 输入信号。
- 1 路应急信号源输入(EMERGENCY),用于上级矩阵出现故障时使用。
- 1 路直通信号(BYPASS),用于 QMC 出现故障时直接旁路信号。
- QMC 有 4 路键控信号输入。图中用 1 路叠加字幕;1 路叠加台标。

QMC 的输出信号有:

- 1 路 SDI 带有嵌入音频的 PGM 信号送到总控矩阵。
- 2 路 AUX 辅助信号未经键处理直接送到总控矩阵。
- 1 路 SDI 带有嵌入音频的 PGM 信号用于播出画面的监看。
- 1 路 SDI 的 PV 信号用于预看下一个节目的切换效果。
- 1 路复合模拟信号的 PV 接入音箱用于监听。

(5)控制软件

播控系统软件完成播控设备的统一管理,判断预切换的信号链路是否存在冲突,保证路由选择的正确性,实现播出调度的自动化、智能化。控制软件的主要功能有:

- 主备矩阵的控制计算机能够互相镜像控制数据,当主控计算机出现故障时,备用计算机自动启动,实现对播出内容的控制。
- 操作方式有手动/自动方式,可以实现自动化的控制,也可以由人工操作实现紧急控制。
- 控制系统对系统操作进行纪录,形成有操作日志。
- 系统提示功能,可以设定提示时间、提示内容,用于现场直播。
- 查询、统计功能。用于统计节目的切换条目,并生成统计报告。

除了完成以上功能外,播控系统软件应该能够与电视台全台媒体信息系统,如:总编室编单系统、广告管理系统、媒资管理系统、非编制作系统等进行联网,可以共享资源,从而实现数字化采编、播出、存储等全台资源的统一调度以及共享管理。

(6)其他部分的设计

播出总控系统的设计除了在总体布局上要考虑总控系统、分控系统和监控系统等组成外,还要考虑视频服务器与存储系统、基于存储区域网 SAN 的上载和播出分离的视频服务器结构、素材的上载、迁移和管理等一系列问题。这些问题在下一节硬盘播出中进行研究。

7.3　硬盘播出系统

7.3.1　硬盘播出系统简介

电视节目的传统播出方式是实时磁带播出。硬盘播出系统是数字视频技术与计算机网络技术相结合的产物，它以计算机为基础，素材为主线，网络为纽带，提高了电视台的播出质量，降低了成本。硬盘播出促进了电视节目的数字化，传输的网络化，播出的自动化，使节目的共享得以实现。目前，全国的大部分省市电视台已经建立了硬盘播出系统，国内省级以上电视台的节目播出普遍采用全硬盘自动播出方式，县市级电视台硬盘播出方式也得到广泛应用，或准备进行数字化改造。

采用硬盘播出系统，充分发挥了计算机的控制优势，实现了多频道资源共享，避免了因录像机等设备故障给播出带来的影响，轻松实现各节目之间的串编和各种插播以及定时播出的控制管理，简化了整个播出的工作流程，提高了工作效率，减轻了技术人员的劳动强度，提高了播出的自动化程度和安全性。

硬盘播出技术发展经历了三个阶段。第一阶段是在传统的自动播出系统中用硬盘录像机取代磁带录像机，系统的其他部分基本不变。第二阶段是混合系统阶段。硬盘和录像机在系统中共存，一方面利用了硬盘存储容量大的优点，同时利用了已有的录像机。第三阶段是以网络为基础的全硬盘自动播出阶段，这是硬盘播出追求的目标。

从目前硬盘播出的实践看，对应这三个阶段，也有以下三种形式的硬盘播控系统。

1. 带基硬盘播控系统

这种系统是对传统的播控系统的改造，继承了传统的播控模式。不同之处是采用了数字放像机、数字切换台和数字矩阵等设备。由于该种方式是建立在传统播控方法的基础之上的，技术成熟，与过去的值机模式、操作方式差异不大，可以实现原有方式和新方式的平滑过渡，使用方便。但缺点也是显然的，由于是实时播出，没有克服传统播控系统的设备故障带来的停播、劣播。不能实现网络化播出和非线性化播出。

2. 盘带混播数字播控系统

盘带混播数字播控系统是一种过渡性的技术方法，一方面充分利用已有的系统资源，一方面实现了原有系统逐步技术改造和升级，以达到所有频道节目播出数字化、盘基化和网络化。这种系统以视频服务器为核心、模拟磁带放像机和数字磁带放像机相结合构成多频道盘带结合数字播控系统，实现多频道盘带混合播出，系统灵活并且兼容已有的系统。具备了两者的优点。在目前的情况下，是一种比较好的选择。

3. 盘基数字播控系统

盘基数字播控系统以视频服务器为核心，以网络为基础，能够实现多频道硬盘播出。系统有标准的控制协议、开放的硬件和软件接口，扩充容易，配置灵活。这种播控系统最大的优点是实现了延时播出，实现故障隔离和差错隔离，克服了磁带放像机机械故障率较高的缺点。盘基数字播控系统有两种类型，一种是采用双视频服务器镜像、互为备份方式的系统。另外一种是采用多视频服务器共享存储结构。

从播控数字化的角度看，盘基数字播控系统是发展的目标，但目前完全实现有应用上的困难。主要考虑的因素一是电视台已有的大量模拟录像磁带节目素材的应用问题；

二是模拟磁带放像机可以作为多频道应急播出的一种手段,现在不能完全废除。

7.3.2 硬盘播出系统构成

硬盘播出系统是以视频服务器为核心、以网络为基础的播控系统,该系统由视频服务器、上载工作站、文件服务器、Web 服务器、Web 管理工作站、系统管理工作站、编单管理工作站、审看工作站、监控工作站、播出控制工作站等组成。按功能可以划分成播出控制系统、播出监录系统、网络字幕播出系统、广告管理系统、设备监测及报警系统、Web 管理及内容发布系统以及转码系统。具体结构如图 7－19 所示。其中,播出控制系统为整个网络自动播出系统的核心。

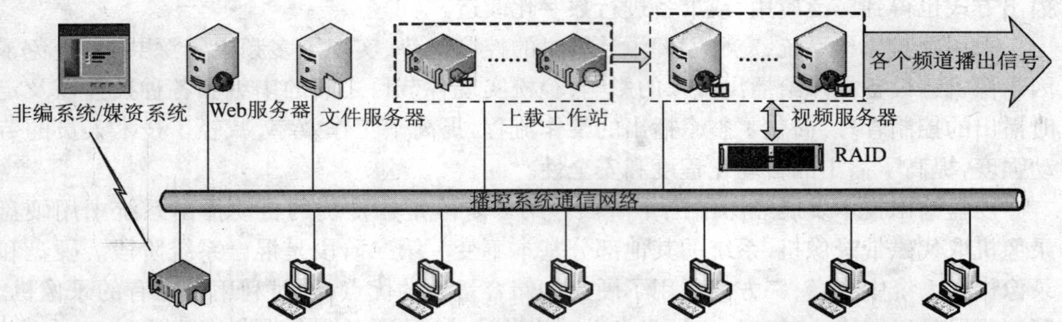

图 7－19　网络化硬盘播出系统结构

1. 播出控制系统

播出控制系统的硬件是数据库服务器为核心,包括主备数据库服务器、上载控制机、播出控制机、通信网络。

数据库服务器存储了视频服务器中所需的全部素材信息,在服务器系统管理软件的管理下,保证系统的正常运行。上载控制机由上载工作站组构成,负责将需要播出的节目上传到视频服务器,同时负责控制上载录像机和视频服务器编码通道。播出控制机由播出控制工作站组构成,负责对播出的节目进行编单,可以控制播出服务器、应急录像机、切换台等设备,实现节目的不同方式播出。如:顺序播出、定时播出、定时插播等。通信网络负责把整个播出控制系统连接成一个整体。播出控制系统的网络构成可以有多种形式。常见的网络由两部分构成:局域网、点对点串行控制接口网络。局域网以选择以太网为主流方式,通过以太网连接所有的工作站,数据文件的调用和处理等数据通讯通过以太网交换机完成。点对点串行控制接口网络一般以 RS422 控制接口为主,主要是控制视频服务器数据的上载、控制录像机、播出端口、切换台的切换设备。

播出控制系统的软件围绕数据库服务器进行设计,对硬件进行控制,完成系统的功能。播出控制系统的软件一般包括:系统管理模块、素材管理模块、播出表单编辑模块、上载控制模块、播出控制模块等功能模块。

播出控制系统是硬盘播控系统的核心,播出控制中的节目上载、审看、节目单编辑、播出都是在该子系统的控制下完成的。

2. 视频服务器系统

视频服务器系统由上载服务器和播出服务器两部分组成，其功能是完成节目素材的编码、解码和存储。上载服务器在上载工作站的支持下上载录像机中的节目素材，并通过 FC 千兆光交换机传输视频数据到播出服务器。同时，上载的素材保留到数据库中。

上载工作站通过切换器与非编机、录像机相联。切换器的功能提供了多台设备到一台上载工作站的连接以及提供了数据接口图 7－20(a)。如果素材是由数字设备提供的，则可以直接连接上载工作站图 7－20(b)。图 7－20(c)切换器提供了与非编网工作站的接口。不同形式的连接方式见图 7－21。

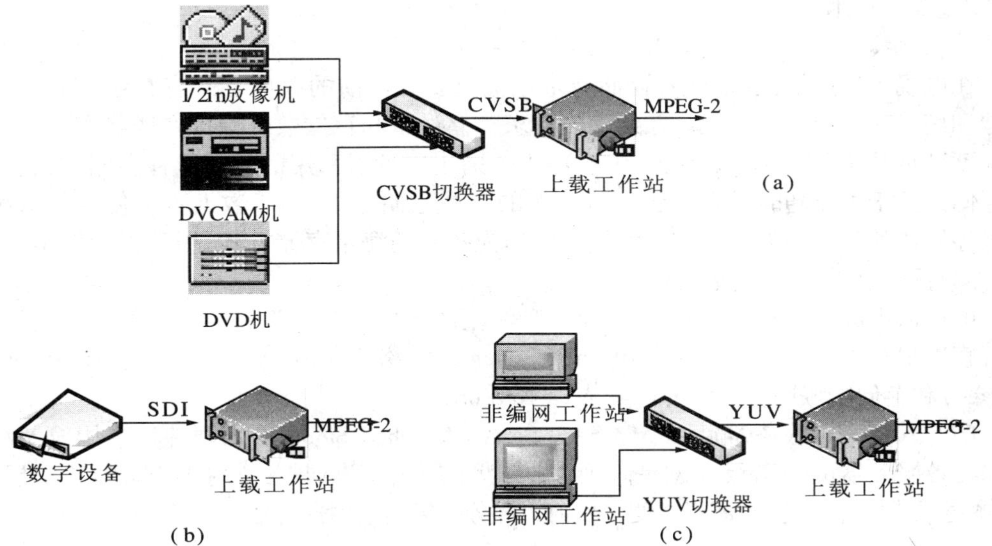

图 7－20　上载工作站和素材源的连接

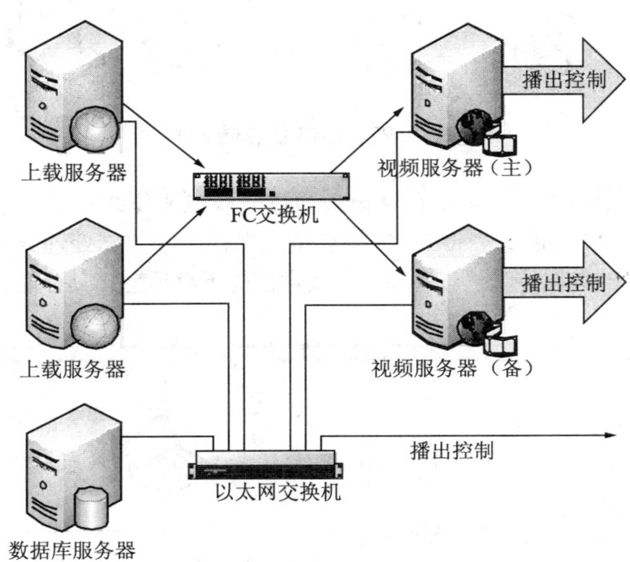

图 7－21　视频服务器在系统中的连接关系

为保证安全性，播出服务器一般采用一主一备。通过软件控制确保主备服务器中的素材是完全镜像的。视频服务器编解码端口可以根据需要灵活配置，能够通过控制机独立控制。在实际应用中，视频服务器的数量和容量根据播出节目的频道数量来选择配置。数据一般采用 MPEG2 编码，目前普遍使用的码率由 8Mbps 至 15 Mbps。视频服务器在系统中的连接关系见图 7－21 所示。

7.3.3 硬盘播控系统的关键技术

在硬盘播控系统中，有 4 项关键技术：①存储技术；②RAID 技术；③数据传输接口技术；④流媒体技术。

1. 存储技术

在电视台硬盘播控系统中，存储技术至关重要。目前的存储方式有在线存储、近线存储和离线存储等三种方式。在线存储要求存储设备和存储数据保持在线状态，可以最大限度满足系统平台对数据访问的速度要求，播出服务器采用的就是这种存储方式。近线存储是处于可以随时投入在线运行状态的一种存储方式，用于数据不常使用的情况，二级存储体就是一种近线存储。离线存储作为备用的海量存储方式，用于很少使用的数据，如数据流磁带库的存储方式。

电视播出的数据吞吐量非常大，是一种海量的数据。应用于集中海量数据存储的技术有直连附加存储 DAS（Dircct Attached Storag），网络附加存储 NAS（Network Attached Storage）和存储局域网 SAN（Storage Area Network）。

DAS 存储又叫服务器附加存储 SAS（Server Attached Storag），以硬件为主构成，数据存储在各服务器的磁盘组或磁盘阵列中，一般采用磁盘阵列柜，依附于服务器或扩展接口，本身没有操作系统，扩展不方便。目前大部分园区网采用这种形式，见图 7－22。

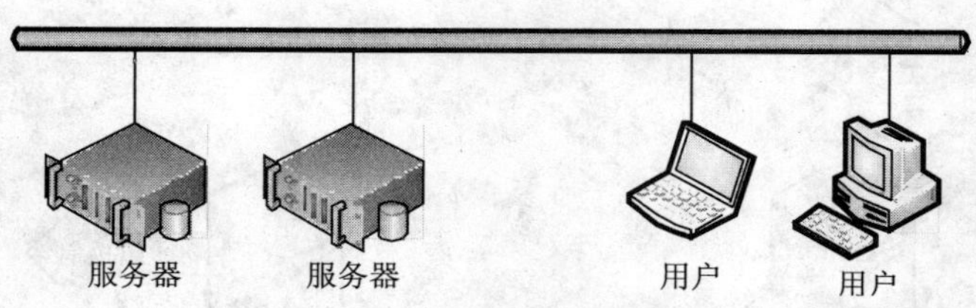

图 7－22 SAS 的存储方式

NAS 存储技术用网络将分布的存储设备通过交换机或集线器直接连接到网上，位置灵活，添加新的存储设备方便。这种结构的特点是数据存储和数据处理分离，是一种专门的存储模式，但作为海量的数据传输，受带宽限制，技术性能不够理想。其存储方式见图 7－23。

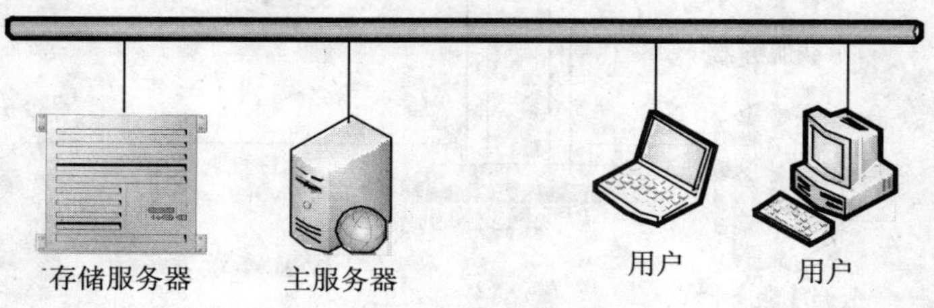

图 7－23 NAS 的存储方式

在广播电视播出系统中，DAS 和 NAS 一般作为近线存储的二级存储，在大容量、高速码流的硬盘播出系统中一般不常采用。

SAN 是利用光纤通道和 SCSI 接口连接服务器和存储装置的专用网络，是一种理想的专门存储模式。由于利用了高速光纤网络，实现多台服务器共享硬盘、磁盘阵列柜、数据流磁带等多种存储介质类型，满足了广播电视播出的需要，但实现的成本比较高。SAN 的存储方式见图 7－24。

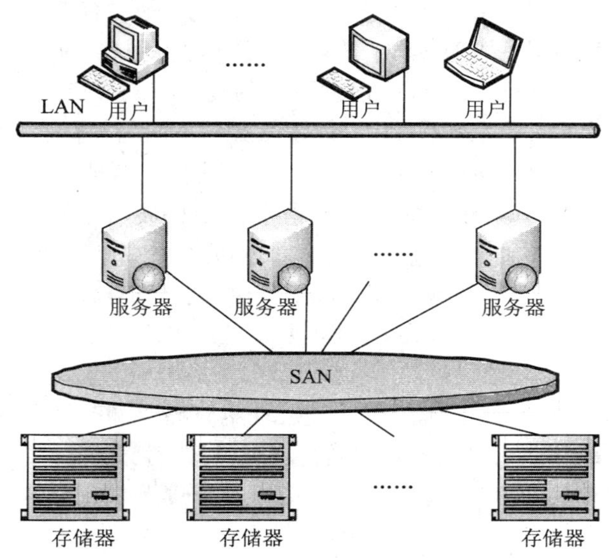

图 7－24　SAN 的存储方式

视频播出服务器一般采用 Raid 技术的磁盘阵列作为内置存储实现在线存储。

2. RAID 技术

RAID（Redundent Array of Inexpensive Disks）是美国加州大学伯克利分校 D. A. Patterson 教授在 1988 年提出的一种磁盘组织方法，意即“廉价冗余磁盘阵列”，后来把字母 I 改为 Independent，又称为“独立磁盘冗余阵列”。

RAID 是一种组织磁盘驱动器的方法，是将一组磁盘驱动器用某种逻辑方式组织起来作为一个逻辑磁盘驱动器。RAID 可以用硬件也可以用软件实现。如：Windows NT 操作系统支持软件实现 RAID 功能。因为 IDE 接口连接的磁盘数目有限，因此一般 RAID 使用的接口是 SCSI。

RAID 使用多个磁盘驱动器同时传输数据而在逻辑上又是一个磁盘驱动器，因此传输速度可以是单个的磁盘驱动器的几倍到几百倍。传输速度快是 RAID 的第一个优点。RAID 的第二个优点是提供了很强的容错能力。因此，RAID 技术也是一种提高磁盘读写效率和数据安全的技术方法。该技术利用了磁盘阵列特性，将物理磁盘转化为逻辑磁盘，采用并行读写、冗余镜像、校验计算等方法，提高了读写的效率和数据的安全。

RAID 采用的主要技术有：

①镜像技术。镜像技术采用同时在两个独立的硬盘上存放相同数据拷贝的办法保证数据的安全性。当一个硬盘出现问题，系统可以访问另一个硬盘，保证系统数据不

丢失。

②延展(Striping)技术。延展技术又称数据分块技术,即把数据分块写到阵列上的不同硬盘上。以并行的方式对各硬盘同时进行读写操作。若有N个硬盘,其数据传输速率是单个硬盘的N倍。

③校验(Parity)技术。在延展技术的基础上,可以采用校验方法提高数据的安全性。其特点和内存中使用的校验技术类似,通过增加奇偶位并在读出、写入数据时进行异或运算来保证数据的完整性,并用来恢复数据。一般通过硬件实现。

④热插拔技术。热插拔(Hot Swap)是一种硬盘安装方式,是在服务器运行的情况下拔出或插入一块硬盘,操作系统自动识别硬盘的变动。对于24小时不间断运行的服务器来说,热插拔技术是非常必要的,它可以使服务器不间断运行。

常见的RAID技术有RAID 0~RAID 7。其实现方法说明如下。

RAID 0——RAID Level 0实现的方法是:把所有的硬盘排列成一个磁盘阵列,采用数据分割技术把数据分解到不同的物理盘中。如以3块磁盘构成一个RAID 0的磁盘阵列,数据分成4块为例,有一款数据被分成了9块,数据则存储为:数据的第一块D0存入硬盘A,数据的第二块D1存入硬盘B,数据的第三块D2存入硬盘C,数据的第四块D3存入硬盘A,依此类推,存储结果见图7-25。

RAID Level 0采用数据分割技术,实现几块物理磁盘同时读写、效率最高、价格便宜,但没有纠错能力,是一种冗余无校验的磁盘阵列,可靠性最差。因为数据拆分以后,任何一个磁盘的损坏都使数据完全丢失。一般用在对速度要求很高而对数据安全要求不高的场合。

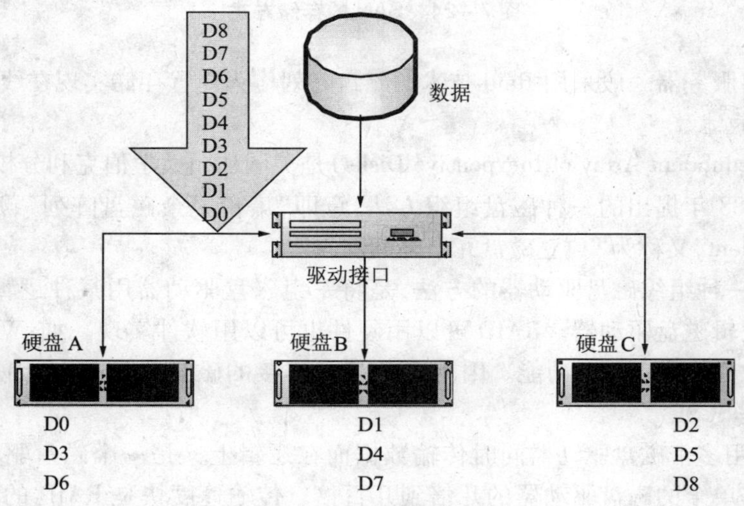

图7-25　RAID 0数据的存储方式

RAID 1——RAID Level 1采用Disk Mirror(磁盘映射)技术,将一块物理磁盘的数据完全复制到另外一块物理镜像磁盘上,镜像磁盘驱动器随时保持与原磁盘驱动器的内容一致。安全性最高。但磁盘的利用率不高,只用50%。主要用在对数据安全性要求很高,而且要求能够快速恢复数据的场合。RAID 1的原理见图7-26。

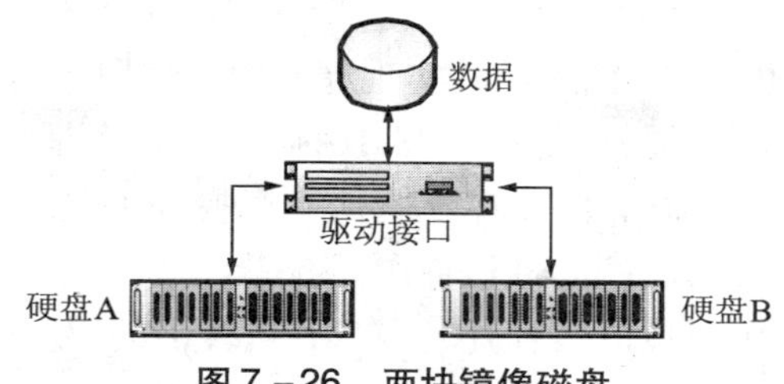

图7-26 两块镜像磁盘

RAID 0+1——RAID Level 0+1 也被称为 RAID 10 标准,是 RAID 0 和 RAID 1 标准的结合。按照 RAID0 以位或字节为单位连续分割数据进行并行读/写多个磁盘的同时,也按照 RAID1 为每一块磁盘作磁盘镜像。因此 RAID10 具有速度快和可靠性高的双重优点,但这是以牺牲磁盘的利用率和占用系统 CPU 的代价换来的。

RAID 2——RAID Level 2 同样采用数据分割技术将数据分布于不同的硬盘上,同时使用"加权平均纠错海明码"的编码技术进行错误检查及数据恢复。RAID 2 由于实施起来的技术比较复杂,在商业化的产品中很少看到该产品的影子。

RAID 3——RAID Level 3 采用 Byte-interleaving(数据交错存储)技术,按照一定的容错算法,把数据存放在 N+1 个硬盘上。N 个硬盘存储数据,第 N+1 个硬盘存储校验数据。这实际上是在 RAID 0 的基础上,加入纠错功能,用单独的硬盘存放。当 N+1 个硬盘中的其中一个硬盘出现故障时,从其他 N 个硬盘中的数据也可以恢复原始数据。因而具备了较高的数据安全性。

RAID 3 适合文件比较大且对安全性要求较高的应用,如视频编辑、硬盘播出、大型数据库等场合。因为数据的校验位和数据不在同一个磁盘,数据可以连续读写,适合流量大,要求时间连续性强的数据流。RAID 3 数据的存储方式见图 7-27。

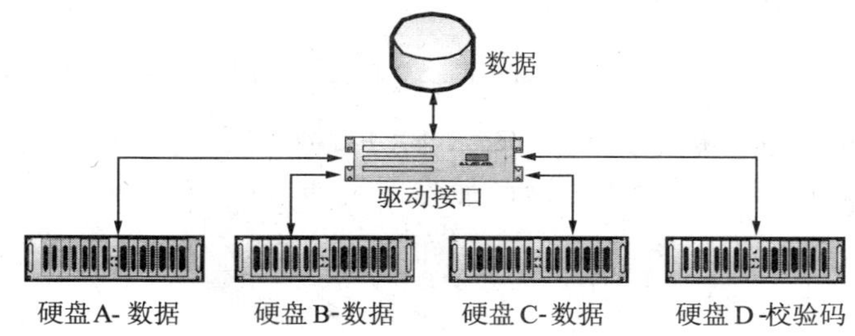

图7-27 RAID 3 数据的存储方式

RAID 4——RAID Level 4 也采用数据分割技术,分割的单位为块或记录,同时使用一块磁盘作为奇偶校验盘。由于写操作需要访问奇偶盘,往往形成写操作瓶颈,因此 RAID 4 在商业环境中也很少使用。

RAID 5——RAID Level 5 不使用单独的奇偶校验磁盘,数据及奇偶校验信息交叉地存放在所有的磁盘上。与 RAID 3 相比,对数据的访问可以只对一块磁盘进行,而 RAID 3 的数据读写涉及到所有的阵列盘。RAID 5 适合于小数据块和随机读写数据较多的应用场合。

RAID 6——RAID Level 6 增加了第二个独立的奇偶校验信息块。两个独立的奇偶校验系统使用不同的算法，数据的可靠性非常高，即使两块磁盘同时失效也不会影响数据的使用。但 RAID 6 需要更大的磁盘空间，实现起来也比较复杂，但实际很少应用。

RAID 7——RAID Level 7 是一种新的 RAID 标准，可看作是一种存储计算机(Storage Computer)。采用 RAID7 的系统本身带有智能化实时操作系统和存储管理软件工具，能够完全独立于主机运行，不占用主机 CPU 资源。

正像 RAID 0 和 RAID1 可以联合使用一样，不同级别的 RAID 也可以联合使用。除了 RAID 0 +1 外，常见的有 RAID 0 +3 (RAID –30)，RAID 0 +5(raid50)。RAID –30 也称为专用奇偶阵列的条块化，RAID –50 也称为分布式奇偶阵列的条块化。两种 RADI 都具有高容错能力，并支持大容量，在两个阵列各发生一个硬盘损坏时，数据仍然可用。实现起来至少需要 6 个驱动器。

在选择服务器的 RAID 类型的时候，需要从三个方面来考虑：数据可用性、性能、成本。在大容量数据存取和传输时，RAID3、RAID30、RAID5、RAID50 是一种兼顾的选择。

3. 数据传输接口

支持 RAID 技术的硬盘接口主要有如下几种：

①IDE 接口(Integrated Drive Elcctronics)是普通 PC 的标准接口。

②SCSI 接口(Small Computcr Systcm Interface)，是中、高端应用的主流接口。如：高档 PC、服务器。数据传输为并行模式，接口速度快，缓存容量大，支持热插拔。

③SAS 接口(Serial Attachcd SCIS 串行连接 SCSI)，串行全双工模式、扩展性好、兼容串口 SATA 硬盘，是未来中、高端应用的主流接口。

④FC 接口(Fibre channel)，支持高速宽带，多通道接入，支持热插拔，是高端应用的主流接口。

以上接口的性能是依次增强，价格步步上升。在硬盘播出系统中，考虑到成本因素，播出服务器端可以采用 SCSI 接口和 SAS 接口，在一级缓冲采用 SATA 接口。

4. 流媒体技术

传统的播放技术是客户端从服务器下载完整的文件后再进行播放。流媒体传输方式则是将整个文件压缩解析成多个数据包，向客户端顺序传送，用户一边下载一边播放。由于视频文件庞大，采用流式方法传输可加强实效性，可以实现边上载边播出和延时播出等特殊功能。

7.3.4 硬盘播控系统硬件

1. 视频服务器

视频服务器是硬盘播出系统中的核心设备，其功能是对视音频数据进行压缩、存储及处理。对目前市场上已有的产品进行分析，可以分成以下四种类型。

第一种类型为单机服务器：单机服务器以 PC 为基础，是一台配备了专业 I/O 接口的计算机，并从系统的安全性出发，对部分部件进行镜像备份，如：控制器、存储驱动器、电源、风扇等部件。单机服务器受 CPU 处理能力的限制，支持的视频通道数比较少。通常在小型电视台的播出中采用，也可以用于广告插播、延时播出、垫播等播出业务中，价格较低。

第二类服务器是通用体系结构的服务器：以并行计算技术为基础，构成的网络服务器群。服务器可以通过内置的光纤通道 FC 环路或交换式结构互连在一起，扩展存储硬盘和通道数，但各个服务器的数据相对独立，只能通过拷贝使用，不能共享。有的第一类服务器可以作为第二类服务器系统中的一个节点。这种服务器比较适合通道数较多、安全性要求高的大中型电视台的播出系统。但通用体系结构视频服务器的设计主要面向商业计算、事务处理及图形生成，并非针对专门的流媒体应用，价格较高。

第三类是专用体系结构的视频服务器：这种视频服务器的设计针对视频应用，针对不同的接入网络和系统需求，提供不同的接口服务模块。在存储方面共享外部公共存储库。任何节点都可以访问中心存储库的内容，每个节点相互依赖，系统的性能和可靠性依赖于网络的数据交换能力和共用存储库的可靠性。这类服务器是构建基于集中存储的网络化数字播出系统的理想选择，可以提供与新闻采编网、非线性编辑网、媒体资产管理系统的连接接口。这类服务器具有较好的可扩展性能，但价格很高。

第四类服务器是 SeaChange 公司的产品结构：从体系上说是第二类服务器和和第三类服务器的结合。第四类服务器将第三类服务器的中心硬盘库分布到在各个节点服务器的硬盘上，并在服务器本身硬盘和网络各个节点上做 RAID2 冗余。第四类服务器的各节点数据可以共享，适合于同时需要相同视频内容的场合。也能够与非编网等其他系统进行连接。

视频服务器是硬盘播出系统中的核心设备，设备的性能直接关系到整个系统的安全和可靠性。主流的播出服务器有：国外的 Pinnacle、MSS 系列、GVG PVS 系列、Seachange BMC 系列、SONY MVS 系列，国内的格非系列等。下面介绍几款常见的服务器。

(1)GVG 公司的 Profile 系列服务器

该产品是目前国内市场用量较大的视频服务器，最新推出的 PVS－1000/2000/3000 系列产品是 GVG 公司换代产品。PVS－1000 系列产品是专门用于标准清晰度电视系统的视频服务器系统，PVS－2000 用于高清电视系统，PVS－3000 系列产品可以实现兼容处理。

(2)SeaChange 公司的 BMC 60000

SeaChange 硬盘系统的最大特点之一就是采用 RAID 平方技术，不仅在硬盘存储部分而且在节点之间也采用 RAID5 冗余备份。全互联的星型拓扑结构确保了传输带宽，以太网底层的传输协议 SeaNet 使节点间数据传输时网络达到均衡。该产品支持不同格式的广播级的 MPEG 视频文件、节目流、传输流、长 GOP、IMX、HDTV 和 DVB－ASI；单机最大 I/O 通道数为 8 个 60Mbps；每个节点存储量 3TB；基于 PC 服务器构架的体系结构；Windows2003 操作系统；全互联的星型拓扑结构组网形式；每个节点 24 块 LVDS SCSI 硬盘，RAID5 系统容错；100Mbps 速率的 TCP/IP 输入/输出。

(3)Pinnacle 公司的 MediaStream 视频服务器

Pinnacle 公司推出了 MediaStream300、MediaStream700、MediaStream900 和 MediaStream8000 等一系列服务器。支持 HD 和 SD 格式以及 MPEG－2 4：2：0 和4：2：2 格式的视频压缩方式。操作灵活、可扩展性强。MediaStream900 单机最大 I/O 通道数：9 个；应用了网络存储技术，每个磁盘阵列容量为 760GB。

(4)格非公司的 MagiStream 服务器

格非公司的 MagiStream 将 MPEG－2 编码器、解码器设计成一体，是一款多通道视音频服务器,主要用于领域为电视台的播出系统或在演播室用作硬盘录像机。已在国内一些省市级电视台播出系统中得到应用。主要技术指标是:全面支持标准 MPEG－2 压缩格式,如 MPEG－2 MP@ ML、1Mbps～15Mbps 码率以及 MPEG－2 4∶2∶2P@ ML、10Mbps～50Mbps 码率;开放式软硬件平台和标准接口协议;系统容错:RAID5;支持 4 个通道的编码/回放,同时提供 5 个通道的 I/O;内置 1G 光纤 Ethernet 网络接口和 100M Ethernet 网络接口。

(5)索贝公司的 MegaServer 服务器

索贝公司的 MegaServer 服务器具有多种视音频接口卡、高速 IP 网络接口和光盘驱动器,可以灵活地连接多种外部设备,兼容模拟、数字视音频信号;2～6 块 73GB 和 146GB 高速 SCSI 硬盘;实现各种 RAID 级别;支持 MPEG－2/MPEG－4 压缩方式,1Mbps～50Mbps 码率编码;配置 100M、1000M 和 FC 网络接口。

(6)AVID 公司产品

AVID 公司的 MediaStream8000 是新一代 MPEG－2 视频服务器,是为播出设计的支持多通道、高速视音频文件传送的高可靠的视频服务器。采用多项容错技术,如:冗余风扇、热插拔磁盘、热插拨电源、RAIDS 保护。主要技术指标:单机最大通道数:16;存储量:120/250/400 Gbyte;体系结构:操作系统基于 UNIX、LynsOS;LIVECOPY 技术,可以边传输边播出,或边上载边传输边播出;同时提供 SD 和 HD 输出。高清 HD 支持 1080i/59.94、1080i/50、720p/59.94、720p/50;标清 SD 支持 NTSC, PAL(支持 4∶3 和 16∶9);视频通道:可达 16 个/每个机架;视频 I/O:HD SDI 视频－符合 SMPTE 292M,SD SDI 视频－符合 SMPTE 259M;视频压缩:SD 4∶2∶0 Long GOP or I Frame MPEG to 15 Mb/s;SD 4∶2∶2 Long GOP MPEG to 60 Mb/s 等;HD 4∶2∶0 Long GOP MPEG to 60 Mb/s;HD 4:2:2 Long GOP MPEG to 60 Mb/s (Optional)等;音频 I/O:平衡/不平衡 8 个 I/O 通道(4 个 AES/EBU 立体声对);8 个嵌入式 I/O 通道;支持的声音格式:MPEG1 － Layer 2 (Musicam) 256kbits/s 或 384kbits/s 压缩;16－bit 或 20－bit 不压缩;Dolby AC3 压缩;16－bit /20－bit Dolby－E 压缩;16－bit / 20－bit 数据;Palladium Store 1000 存储阵列:单个磁盘阵列容量可选存储容量为 240、500 和 1000 小时@ 8Mb/s;采用多个阵列可以扩展到超过 1000 小时;网络支持:存储为没有单点失效结构的全冗余光纤网络(Fully Redundant Fiber Channel Network)共享存储;吉兆以太网;控制协议:基本协议 RS422;视频磁盘控制协议(VDCP,Video Disk Control Protocol);网络协议 VDCP / IP ;文档/WAN 媒介传输:工业标准 FTP 协议。

(7)Omneon Spectrum 服务器

Omneon 公司的 Spectrum(tm)服务器系统是专门为广播电视提供的视频服务器产品系列,支持无磁带化的电视播出,并提供了最大的可靠性和灵活性。采用该产品可以实现:

①从模拟播出到数字播出的迁移并遵从国际标准;

②从磁带播出到磁盘播出迁移,提高运行效率;

③从标清到高清电视的升级,改进播出质量;

④满足市场需求,从单频道到多频道的扩展。

Omneon Spectrum 服务器是按照模块来设计的,这种设计提供了扩展的灵活性。

Spectrum 系统的模块都是分离的，相互独立，因此可以做到可靠性和错误容忍度最大化。

由于采用模块化的结构，增加存储量了频道只需要插入新的模块，非常方便。同时也保护了投资。模块之间的结构形式如图7－28所示。从图中看到，Omneon Spectrum 系统由三类模块组成：存储模块 MediaStore、控制模块 MediaDirector、接口模块 MediaPort。

图7－28 产品连接的结构形式

(1)控制模块 MediaDirector

控制模块 MediaDirector 是 Omneon Spectrum 系统的核心，其功能是动态管理模块之间的数据传输，并提供了支持各类配置的接口连接和必要的处理能力。每个 MediaDirector 模块可以处理实时的数据传输、IP 数据包以及内部和外部的连接。连接包括：

①到各种媒介的 I/O 模块的高速串口连接；

②连接存储阵列的光纤通道接口；

③通过 FTP，AFP 或 CIFS 连接外部网络设备的千兆以太网接口。

多个控制模块 MediaDirector 可以连接在一起使用，并共享同一个文件系统从而构成一种大规模播出频道或用于增加 IP 带宽。MediaDirector 内置基于 FLASH 的实时操作系统，可以快速无盘启动。MediaDirector 采用软件 RAID 文件管理系统，有热备份电源和热备份冷却风扇。

MediaDirector 有不同规格的模块。Omneon MediaDirector 2100 提供2个 FCAL 接口；Omneon MediaDirector 2101 提供三个 FCAL 接口。

(2)存储阵列模块 MediaStore

Omneon 公司 Spectrum(TM)服务器系统提供了基于磁盘共享存储阵列的可扩展和高性能的产品。其存储阵列有16个高性能的光纤信道磁盘驱动，磁盘容量有几种选择。所有的磁盘子系统、文件系统和 RAID 信息都由 MediaDirectors 的软件管理，不需要硬件控制器。因此磁盘驱动可以连接成磁盘开关束 SBOD(Switched Bunch of Disks)的结构形式。

MediaStore 4000 系列可以集成一个或多个光纤通道磁盘阵列构成一个紧凑的3U机架。通过一条或多条光纤连接 Fibre Channel Arbitrated Loops (FCAL)。每个 MediaStore 4000 机架包括下面的配置：①两个电源插座，冗余电源；热交换，独立的电源线，冗余的风扇。②双光纤通道控制器，可驱动16个磁盘，使用英寸高性能热交换光纤驱动，支持 SES (SCSI Enclosure Service)。

MediaStore 4000 机箱的后部视图见图7－29。MediaStore 4000 支持的配置见表7－2。

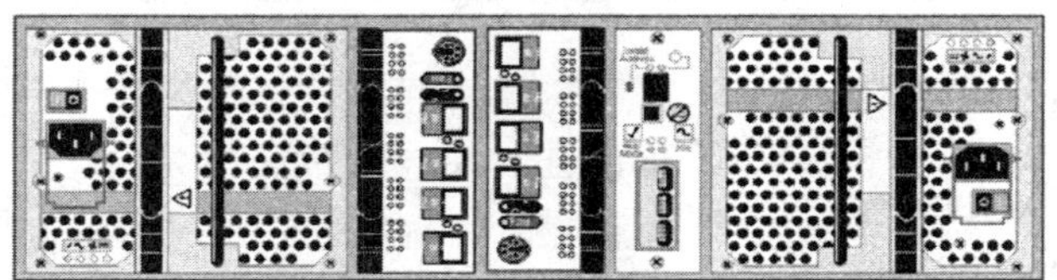
图7－29 MediaStore 4000 机架后部视图

表 7-2 MediaStore 4000 支持的配置

部件名称	驱动数	总存储量
系列 a:73GB 驱动		
MS4140a	4	184GB
MS4171a	8	427GB
MS4272a	16	854GB
系列 b:146GB 驱动		
MS4140b	4	368GB
MS4171b	8	854GB
MS4272b	16	1708GB
系列 c:300GB 驱动		
MS4140c	4	756GB
MS4171c	8	1746GB
MS4272c	16	3508GB

技术指标为:单机最大通道数:8;存储量:73/146/300 Gbyte;体系结构:嵌入式 UNIX 操作系统;组网形式:SAN;系统容错:RAID3。

(3)接口模块 MediaPort

接口模块 MediaPort 支持 SD/HD 广播,支持多达 16 个嵌入式音频通道。具体模块参数见表 7-3。

表 7-3 MediaPort 接口模块

高清接口模块			
型号	格式	通道	特点
HD 摄录			
ModiaPort 5300	18~85Mbps HD MPEG-2 Long GOP 1 帧 MPEG-2 50~100Mbps	1~2 HD/SDI 播放、记录通道+1 或 2 个以上播放通道,与模块型号有关	色度和水平采样率 支持嵌入或分离的音频
ModiaPort 6100	8 路声音通道,100Mbps DVCPRO HD	一个播放或记录通道	用该模块记录的素材可直接编辑,不用在 NLE 平台上转码
HD 回放			
ModiaPort 4100	HD MPEG-2 Mpeg-2	从一个等时线(timeline)同时回放 SD 和 HD MPEG-2	N 内置上下转换 SD 和 HD 输出可以按照一个信道控制 每个视频通道 16 个有 16 个嵌入音频

续表

高清接口模块			
型号	格式	通道	特点
支持外部编码器			
ModiaPort 4010	DVB/ASI 传输流	一个记录通道	记录来源：卫星馈送或外部HD编码器 解进入的复用流为独立的MPEG文件 每个视频通道16个，有16个嵌入音频
标清接口模块			
型号	格式	通道	特点
SD回放			
ModiaPort 3000	MPEG－2 IMX	单个模块3～6个播放通道	专用播放的经济方案 每个视频通道16个，有16个嵌入音频
SD摄录			
ModiaPort 5000	DV25 和50 MPEG－2 Long GOP 和 I. Frame IMX	一个播出和记录通道，加上每个模块2个以上。每个1U的机箱内可选1个或2个模块	剪裁可以在时间线上自由地混合，可以做到无缝帧精度的背对背的回放 每个视频通道支持16个，嵌入音频或4个独立通道的分离音频

由 Omneon Spectrum 产品构成的视频服务器系统见图7－30。

图7－30　Omneon Spectrum 视频服务器系统

2. RAID 控制卡

图 7-31 Adaptec SCSI RAID 2200S

RAID 控制卡是技术密集的产品，目前，国外厂商和台湾地区的产品占主导地位。其中，Adaptec 公司是 RAID 产品的领先者，提供了高可用性的存储解决方案，用于传输、管理和保护关键数据和数字内容。Adaptec 公司的存储解决方案被世界领先的高性能网络、服务器、工作站和桌面机生产厂商广泛应用，如：IBM、HP、SUN、Compaq 其高端产品都采用或 OEM 方式使用该公司的控制卡。图 7-31 是该公司推出的 SCSI RAID 2200S 控制卡。64 位 66MHz PCI 总线；双通道；支持 RAID 0、1、10、5、50、JBOD；I/O 处理器：Intel 80303（100 MHz）；SCSI 接口。

3. 硬盘服务器

在现在市场主流硬盘服务器有 GAL 公司的 Profil 系列、Pinnacle 公司的 MSS 系列、SONY 公司的 MAV70。这些公司的硬盘服务器主要使用 RIAD3 技术。同普通 PC 机的硬盘相比，服务器上使用的硬盘具有如下特点：

①速度快：服务器使用的硬盘转速为每分钟 7200 rpm ~15000 rpm。目前 10000rpm 的 SCSI 硬盘由于性价比高，是目前硬盘的主流。服务器使用的硬盘不但速度快，而且由于配置了 2MB 或 4MB 的回写式缓存，平均访问时间比较短，数据传输速率很高。如采用 Ultra Wide SCSI、Ultra2 Wide SCSI、Ultra160 SCSI、Ultra320 SCSI 等标准，SCSI 硬盘数据传输率分别可以达到 40MB、80MB、160MB、320MB。

②采用 SCSI 接口：多数服务器采用 SCSI 接口的硬盘。服务器或在主板上集成了 SCSI 接口，或通过安装 SCSI 接口卡连接 SCSI 硬盘。一块 SCSI 接口卡可以接 7 个 SCSI 设备，远远超过 IDE 接口。

③可靠性高：服务器硬盘一般都能承受 300G 到 1000G 的冲击力，加上采用了 S. M. A. R. T 技术（自监测、分析和报告技术）和硬盘厂商自己独有的先进技术，使得硬盘的可靠性非常高。

④支持热插拔。

7.3.5 硬盘播控系统软件

1. 自动播控系统软件性能要求

(1)稳定性和安全性

播控系统要求能够支持全天候 24 小时稳定播出，不能出现死机，主备播出系统时刻保持同步，出现问题自动切换，确保安全。

(2)纠错能力

对操作者错误操作系统给出提示和报告，不执行错误的操作，如：节目单安排上的错误，及时给出提示报告。

(3)自动控制能力

硬盘播出系统的自动播控能力，是衡量软件性能的一个重要指标。在硬盘播出系统中，大量的播出工作由服务器完成，服务器中素材的组织和素材之间的切换将成为播出切换的主体,所以要求切换台和硬盘服务器实现一体化控制,做到操作方便、易于管理,方便地实现各种播出要求。

(4)对切换台的控制

支持切换台的所有切换方式,软件与切换台的各种操作完全同步,实现主备切换器的同步切换及键信号的定时上,切换时实现视、音频的淡出淡入。

(5)对硬盘服务器的控制

能够方便灵活地调度素材,实现素材与素材,素材与其他信号之间的单条插播、连续插播、定时播、跳过、触发、紧急切换等功能。

(6)对周边设备的控制

支持紧急情况的应急处理,包括主备切换器、主备服务器的倒换,设备工况的实时检测、报警及记录。

对盘带结合的播出系统,还要求实现对录像机的全面控制。通过模拟录像机控制面板实现时间清零、磁带自动找片头、磁带预卷等录像机操作功能。

(7)节目单编辑

支持多种节目单格式。在电视台的播出过程中,一般电视台每周的节目都有一个节目安排的框架,这个框架是模板节目单格式。在这个格式的基础上,由总编进行播出节目的安排,这个安排是总编室节目单格式。在总编室节目单的基础上,播出人员作出的节目单就是播出节目单。软件的设计应该考虑这个特点,支持不同节目单格式。

方便的素材提取方式。在进行节目编辑的时候,可以根据节目的名称,通过简单的鼠标点选操作进行插入、编辑和删除等操作完成节目单的编排,减少键盘输入。

(8)系统时间控制

电视节目的播控有严格的时间安排,自动播控系统软件需要按标准时间进行控制。在软件中实现时间控制的方式有以下几种:

①读取计算机的时钟:计算机的时钟精度有限,每天的误差有几十秒的范围,作为电视节目的播出时间基准,不符合要求。

②以 CCTV 场逆程的 16 行的基准时间码信号经解码后作为基准时间:这是目前电视台广泛采用的方法。目前各台普遍采用自动播控系统软件读取标准时间方法。

③采用集中时间授时器:在 CCTV 场逆程出现误码的情况下,可以作为一种补充的方法提供时间基准。

(9)管理功能

播控软件的管理功能应该提供系统运行状态的管理功能,如:提供系统运行状态的统计、报表功能。如:正常播出情况的工况参数统计、播出过程中的错误与发生时间的纪录功能、打印报表等功能。操作人员操作权限的管理、密码管理。此外,还应该有部门管理、频道管理、人员管理、节目类型管理、设备控制管理、控制终端管理、信号管理以及日志管理等功能模块。

2. 播控软件的整体结构

按照自动播控系统软件性能要求,软件的层次结构如图 7－32 所示。

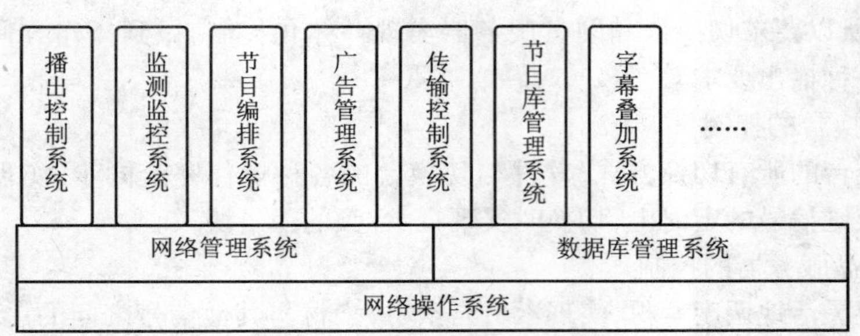

图7-32 播控软件整体结构

对软件各模块的功能和要求如下。

(1)播出控制系统

播出控制软件应该具有以下功能:

①多种播出模式:播出控制软件根据总编室下达的节目单,将播出串联单定义为多个时段,控制播出设备如:视频服务器、播出录像机、播出切换台按照规定的节目顺序,准时进行播出。同时播出控制软件应该提供多种播出模式以及插播模式。如:定时播出、顺序播出、触发播出;不插播、定长插播、不定长插播、相对插播、绝对插播等方式。触发方式又可以分为:手动、模拟受控录像机、GPIO 三种方式。

②支持各种节目源:播出控制软件支持单条和成组硬盘素材节目的播出,并提供对 VTR 节目精确到帧的播出控制。支持 TC、CTL 码播出。

③播出控制功能:播出软件支持多种周边设备,提供对常用播出切换台(器)的控制。播出控制能控制台标机、字幕机,可根据节目选择对应挂角广告的播出。

④报警功能:播出软件对周边设备的状态进行检测,发现可能影响播出质量的情况进行报警提示。所有操作、出错、播出节目等都有记录,可用于播出统计分析监督。

⑤应急处理功能:监测播出设备的状态,控制设备的可靠运行。同时给操作人员提供多种手动干预播出手段:HOLD、TAKE、SKIP、STOP、PAUSE、应急等。

⑥自动化流水作业功能:播控软件应该支持边播出边录制,具有边上载边播出功能,并自动入库。对 PVW 节目的软件 VGA 预监和素材库中的任意任意一条节目进行 VGA 浏览,监看。提供总控矩阵、播出切换台以及 VTR 的手动遥控软件界面。提供节目单自动计算开始机时间,节目单自动查错和录像机自动调度和优化功能。

(2)监测监控系统

监测监控系统的任务有:①设备运行状态的监测监控;②系统安全的监测监控。

对于设备运行状态的监测监控,监测监控系统的作用是用自动化的方式代替人工巡检设备工作状态方式,通过联网的方式由监测主机对所有的设备进行监测,当发现设备出现异常时,即发出相应的报警信息或直接进行处理。报警的方式为:文字、声音、语音,同时定位到发生错误设备所在的位置,如:机架、机箱、插板等。对于监测记录,需要建立监控数据的历史记录日志供事后分析故障。

监测系统监测的对象包括:

①视音频通道设备的检测、设置和状态的报警。

②视频服务器系统中的各个部件的状态监测,包括:编解码器、硬盘、电源、风扇等。

③播出控制系统中的各个受控设备进行监测,掌握播出设备播出准备情况以及设备的状态。发现问题及时报警,提示操作员及时解决问题。

④播出网络系统的监测。对网络系统中的各个工作站和网络设备,如交换机、服务器的运行情况进行监测和报警。

对于系统安全的监测监控主要内容为以下几个方面:

①网络安全,具有高度内网安全可管理性。建立防火墙,在内外网络汇接点处保护企业网络的安全。

②自动清除客户端中间谍软件和病毒。过滤电子邮件和URL功能。防止间谍软件通过网页及电子邮件进入网络,预防垃圾邮件和网络钓鱼。

③自动清除恶意代码。通过监控SMTP、HTTP、FTP以及POP3协议,实现病毒防护、垃圾邮件防护、电子邮件内容过滤、间谍程序防护、Bot网络防护以及网址过滤等防护功能。

④集成病毒爆发阻止服务。通过联机服务可尽快分析出特征,发布一个基本的防护策略,从而把病毒可能利用的途径全部阻断。

(3)节目编排系统

该系统主要以总编室节目单模块为中心,主要功能为:

①节目播出清单的生成。根据每条节目播出安排信息:首播/重播频道、开播日期、停播日期、每天播出集数和播出时间等,自动生成播出清单。

②在自动生成的节目播出清单的基础上,加上由广告部编排好的广告节目单以及模板节目单自动生成,自动生成播出串联单和待上载节目。

③为了方便对节目单进行编辑,节目库管理系统提供对节目单编辑的支持。节目库管理系统根据节目名称、节目类型、节目属性(连续节目、固定节目、非固定节目)、播出方式、节目总集数、单集长度等字段组织每条节目。

④上载工作站控制多个通道和审片编辑通道进行上载和监看。要求上载工作站对VTR实现全功能、精确到帧的控制以及精确到帧的MPEG2软件编辑功能。实现手动采集、批量采集素材功能。可以一边采集一边向播出服务器传输素材,或边采集边播出。

(4)广告管理系统

电视台广告部是一个重要的业务部门,广告播出在现代生活中已经是节目播出不可分的一部分内容。因此,播控软件必然要考虑电视台这方面的需要,提供相应的播出和管理的手段。广告管理的主要内容为:电视台/电台广告客户管理、广告播出、插播安排以及播出后的统计查询。细分一下,可以划分为:广告编排子系统;广告时段管理子系统;广告客户管理子系统;广告合同管理子系统;广告播出统计、报表子系统等系统模块。

(5)传输控制系统(网络管理系统)

网络管理系统应具有可靠的网管能力,对视频服务器、网络、工作站、数据库进行可靠管理,并具有安全策略,保证系统安全稳定运行。

(6)节目库管理系统

节目库管理系统完成播出节目信息的管理,如:节目名称、节目类型、节目播出方式、节目播出时间,等等。

7.3.6 硬盘播控系统设计

设计硬盘播控系统,对软件及硬件的总体要求是安全、实用、响应速度快、界面美观、操作简洁、应急能力强。在控制系统架构上要求在主要工作节点考虑主备热备。

系统要求具备完善的流程管理功能,能控制节目播出的整个过程,提高播出工作效率以及播出安全性。主要考虑以下几个方面:

1. 系统信号格式

在设计硬盘播出系统时,首先要考虑的是电视节目的信号传输格式问题。目前的电视信号传输基本格式有三种方式:模拟视音频传输、数字视音频独立传输、数字音频嵌入数字视频传输。随着电视数字化时代的到来,数字信号将成为系统的主要信号形式。因此,新建的播出系统以数字视频 SDI 作为主要的信号,系统外围设备,如切换台、视频服务器等方面采用数字视频格式,而部分辅助信号源,如监视信号采用模拟视频信号形式。

音频信号的传输,以采用数字音频嵌入数字视频传输方式为优选的方案。嵌入数字音频为立体声,信号的传输质量高,传输过程中没有不损失信噪比;视、音频传输没有相位差;系统结构简单,易于维护,稳定性好。同时可以方便地实现信号的监测。

2. 切换方式选择

以硬盘服务器作为播出系统的主要信号源的情况下,切换台的切换功能已经减弱,实际发生的切换操作很少。单作为系统的一个必要的控制手段,系统的设计也应该考虑切换操作的功能。目前系统切换的主要方式有:单切换器切换、主备切换开关切换、矩阵切换 + 应急开关切换以及大型播出切换台切换 + 应急切换开关切换等方式。

切换器切换方式简单,软件控制容易。切换器产品多为单机箱双电源方式,系统稳定性高。

主备切换开关切换方式由于系统造价不高,可以作为小型播出系统的切换方式。在硬盘播出的情况下,也可以采用单切换开关方式。即便出现切换开关故障,也可以通过跳线进行应急处理。

矩阵 + 应急开关切换方式成本相对较高,控制集中,对信号的同步要求提高。一旦发生故障会产生严重后果,一般不建议使用。

大型数字播出切换台系统功能齐全,一般都具有切换校正窗口,可以保证系统的同步切换,使用方便,稳定性较高,是目前主流的切换产品。大型数字播出切换台价格昂贵,在硬盘播出的情况下,由于切换操作很少,没有必要采用这种切换方式。

3. 设计原则

播控系统的设计原则的是系统的科学性、先进性、可行性和经济性。应该在保证系统先进性的前提下,从优质安全播出的角度出发设计系统,同时要注意提高系统的性能价格比。

4. 设计内容

设计播控系统主要设计到系统结构的设计、硬件设备选型、软件设计等几个方面。从电视台系统工程师的角度来看,主要的设计工作是系统的功能设计和结构设计。在功能设计和结构设计完成以后,硬件设备选型、软件设计等方面时,主要的制约因素是投资。因此,下面主要从系统的功能设计和结构设计方面讲述硬盘播控系统的设计,以一个中等规模的电视台6个频道硬盘播出系统为例进行分析和说明，重点讲述系统的设计和设备选型。

（1）设计要求

- 具有的上载通道为6个，播出通道6个，另外考虑1个垫片通道，1个延时通道（带编辑功能）。
- 上载通道和播出通道配置审片和编辑通道，单独配置一集中审片通道。
- 服务器网络拓扑结构上要求考虑冗余和安全备份。
- 存储容量：在MPEG－Ⅱ编码、12M码流下，270小时以上的节目存储量。
- 播出方式为硬盘播出为主，盘带结合方式；即在视频服务器崩溃的情况下，每个频道4台录像机应能倒换过来由播出控制机控制录像机实现录像机播出。
- 需要考虑非直播的来不及预先上载播出的新闻的应急播出。
- 播出软件应能支持多种播出模式：顺序播出、插播播出、定时播出、相对定时播出、跟随播出、手工触发播出、延时播出等。
- 各站点的具体功能，如上载、硬盘编辑审看、自动播出控制、应急控制、播出单编排、播出单自动校对、节目库管理查询统计、系统维护等功能方面，应能够适应电视硬盘自动播出常规性工作各自不同的实际要求。
- 字幕、动态角标、台标和时间信号，可用播出控制机编排控制、计算机自动控制。
- 具备完善的流程管理功能，能控制节目播出的整个流程。
- 系统具有可靠的网管能力，可靠管理视频服务器、网络、工作站、数据库，具有安全策略，保证系统安全稳定运行。
- 监播部分要求完整收录播出的各套电视节目，主要用于播出内容的查询和监播；存储时间要求在1个月以上，适当考虑存储数据的安全性；查询要求方便实用。
- 系统功能要求具有信号调度、多频道系统播出、应急播出功能，系统具有先进性和安全性，扩充容易。
- 播控软件应该具有系统管理、素材上载、素材管理/迁移、节目单编排、自动播出、应急播出等功能。软件运行应用稳定可靠、操作简单、界面友好。在操作中有完善提示和报警功能；数据实时备份功能；权限管理、日志管理功能；统计查询功能。
- 数据库服务器需要采用主备两台服务器互为热备份。
- 对硬盘播出网络有可靠的网管能力，实现对视频服务器、网络、工作站、数据库的安全、可靠管理。

（2）系统结构的设计

电视台播控系统都在逐步向数字化过渡。根据技术发展的趋势，系统设计应该设计成网络化自动化系统。以视频服务器为核心，控制系统采用C/S或B/S方式，可以进行灵活配置，适合单频道/多个频道播出的要求。播出方式上采用全硬盘播出或盘带结合的方式；在系统控制方面，增强网络控制能力，实现播控的全自动化；同时提供标准的接口，以便连接非编网络、媒资管理系统。

系统结构采用SAN网络，结构上分成数字总控、硬盘播出、集中上载、多画面监看、技术监督、同步、时钟、安全监控等几大部分。

技术指标符合国家广电总局有关电视台建设标准以及中华人民共和国广播电视行

业标准。

数字播出视频通路基本技术指标：输出电平为 800mV + 10%；上升时间为 0.75/1.5ns；过冲 <100%；抖动抖动 <0.25ns；时间周期为 3.7ns；反射损耗 >15dB；误码率 <1 个/s。

系统总体结构如图 7 - 33 所示。

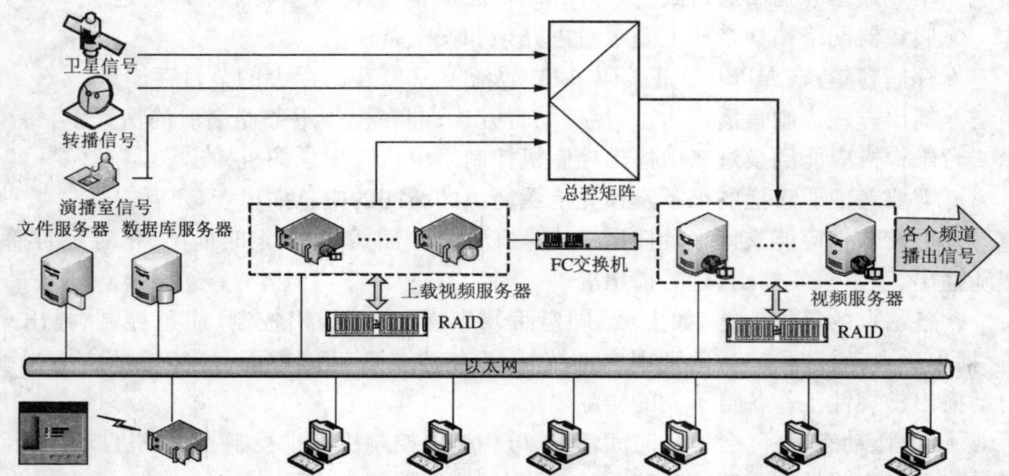

图 7 - 33 硬盘播出系统结构

上载服务器与播出服务器采用分离的结构，每台服务器独享一组队 RAID 阵列，并通过光纤进行互联。这种配置与采用上载、播出统一、系统共享一台服务器的方式相比，最大的好处时减轻了视频服务器的负担，提高了系统的安全性。

上载服务器和播出服务器均采用主/备的方式，一共使用了 4 台视频服务器。服务器之间通过交换机进行互联。上载端通过视频通道把 SD 信号送入上载服务器，进行 MPEG - 2 编码，存储在 RAID 阵列中。上载服务器通过光纤通道把素材迁移至播出服务器的 RAID 阵列。

服务器通道数目：6 套节目的播出需要一主一备服务器有 12 个上载通道和 4 个上载审片通道（4 个输出通道）。

存储容量估算。每个频道以 24 小时播出计算，6 个频道共播出 144 个小时。按照 MPEG - 2 码流速度为 $V = 8\text{Mbps}$，可以估算出需要的磁盘容量 Vol。

$Vol = 8 \times 144 \times 60 \times 60/8 = 518400\text{MB}$

即：存储容量大约需要 518GB 字节。根据这个估算，可以选择 RAID 阵列的容量。

播出服务器及 RAID 配置。设计要求有六套节目播出，播出服务器至少需要具备 6 个播出通道。考虑在播出时需要有垫片通道和审片通道，可以选择具有 8 个通道的服务器作为播出服务器。满足这个要求的服务器很多。这里选择 PROFILE PVS1000（1008），该服务器可以提供 8 个输出通道。

RAID 阵列的选择。播出服务器需要存储很多素材，在播出的同时还要不断接收从上载服务器传输过来的素材。因此，对播出服务器的磁盘阵列提出了更高的要求，即具有更快的速度和更大的存储容量。可以选择容量为上载服务器的2~3倍的容量。

播出工作站采用3个频道主备方式播出。播出工作站通过RS422接口实现对视频服务器、数字矩阵、模拟矩阵、切换开关、录像机、键混器、台标机和字幕机等设备以及时间信号的控制。

配备两台编单工作站。编单站位于总编室,用于全台节目单的编排和上传。

配备两台广告串编工作站,管理硬盘内的广告素材,完成广告的编单工作。

应急情况下,编单作业、广告串编作业均可以在备用的播出工作站上实现。

数据库的选择。数据库可以选择微软公司的SQL Server,完成系统用户管理、登陆管理、数据管理、日志服务、GPS服务(读取GPS时钟以及CCTV标准时钟)、校时功能等系统功能。

(3)硬件设备选型

①视频服务器:视频服务器完成节日素材的编码、解码和存储,是硬盘播出系统的核心部分。视频服务器分为上载服务器和播出服务器两部分。其中播出服务器的主备机能保障系统的安全播出。上载服务器和播出服务器之间的素材迁移通过FC千兆光交换机进行。上载服务器在向播出服务器迁移素材的同时,也将素材信息添加到数据库中。主备视频服务器中的素材要保证同步并且完全镜像。目前普遍使用的编码率为8Mbps~15Mbps。注意选用的服务器能兼容台内现有的非编网络,以方便实现文件格式的下载。如需转码时,转码时间必须符合1∶1的要求。支持嵌入音频SDI信号的下载、审看、播出。支持数字视音频信号的输入及输出;支持HDTV及DVB数据格式,可无缝将系统升级到数字HDTV等等。

服务器的基本要求是:技术先进成熟,运行稳定可靠,支持系统设计要求提出的各项指标。如:支持大容量24小时网络化播出;支持素材共享;6频道播出,有效容量可以播放1400小时;码率不低于8Mbit/s等等。

按照系统设计的要求,本章介绍的服务器均可满足要求。注意选择性稳定好、价格合理、配置方便的产品,保证24小时不间断安全播出。下面简单介绍几种配置。

- AVID公司的MediaStream8000。采用两台服务器,一主一备。单机最大通道16个,可以实现6个通道的播出。采用Palladium Store 1000存储阵列,单个磁盘阵列容量可选存储容量为240、500和1000小时,采用2个阵列扩展到2000小时。
- Leitch服务器。6个频道用6台服务器组成双SAN结构,每台主机配4个通道。采用16×2300 Gbyte SICS硬盘,码率10Mbit/s,存储时间1400小时。
- PROFILE服务器。该服务器有6个通道和8个通道的配置。用3台服务器组成6个频道的主备镜像结构。采用15×2300 Gbyte SCSI硬盘,码率10Mbps,存储时间1300小时。该产品国内有很多客户。
- PINNACLE服务器。一台服务器16个通道,6个频道可用2台服务器组成主、备镜像结构,采用10×2400 Gbyte ATA硬盘,码率10Mbps。存储时间1120小时。
- OMNEAN服务器。采用主、备镜像结构,用3台服务器模块组成6个频道。一个服务器模块32通道,光纤硬盘12×3300 Gbyte,码率10Mps,存储时间1500小时。
- Seachange服务器。采用主、备镜像结构,用一台主机3个节点组成6个频道。BMC15000每个节点支持10个通道。SCSI硬盘,12×3300 Gbyte,码率10 Mbps,存储时间1500小时。

②总控矩阵选型:总控矩阵的根据信号的数量来选择。假设目前一个播出频道的输入信号有:播出服务器输出信号2路(一主一备);每一路的输入信号假设为:垫片信号1路;中央CCTV1信号1路;外来延时信号6路;应急录像机信号4路;对应每个播出频道总共有12路可选的输入信号。输出信号为:2路,1路作为播出,1路作为待播信号的审看频道。

根据这些要求,对于1路播出,矩阵的输入应该为12路,输出为2路。根据输入输出的路数,可以对总控矩阵作出选择。根据常见的矩阵配置,可以选择64×32,64×64矩阵。

如:THOMSON VENUS64×32矩阵,预选可扩展矩阵机箱,如128×128,作为今后业务扩展之用。

播出通道可以集中配置矩阵,也可以采用为每个通道配置一个小矩阵的方法,以便分散风险。每个频道有两路输出,矩阵为16×2。输入信号为:播出服务器的输出信号2路,垫片信号路,CCTV1一路,外来延时信号6路,应急录像机信号4路,共14路,矩阵的16个输入还富裕2路作为备用。

主控矩阵总体要求有独立的主备控制系统;有网络接口和RS422接口,控制协议开放,以方便修改配置和对矩阵的状态、播出信号进行监控以及实现自动调度。同时要求具有多路独立的控制接口,供总控、播控、设备机房等相关部门控制使用。

要求信号格式为嵌入音频的SDI信号;矩阵采用模块式结构,带备份控制板和备份电源,主备电源负荷共享,机箱散热性能良好;矩阵组件要求前装载,可热插拔。

③切换设备:硬盘播出系统的切换方式可以采用大型播出切换台切换加应急切换开关切换、主备切换开关切换等方式。

中、小型电视台硬盘播出系统,采用主备切换开关切换的方式比较多。使用较多的切换器为1. F1TCH公司的切换开关产品,种类比较齐全,控制接口完整,稳定性比较高。

④周边设备:周边设备主要包括数字接口设备、信号处理器、视频分配器。可以根据要求进行配置,这里不再详细说明。设备选型时,应注意系统中的各个功能板卡和设备都能通过智能化遥控监测软件与控制系统相连,进行网络控制,实现设备的统一调整、统一监控。

(4)软件设计

播控软件的整体结构见图7-32,整个软件是建立在网络化基础之上的控制系统。播控软件需要完成播出控制、系统设备的监控管理、节目的编排管理、信号的传输控制等一系列任务,最终实现一个网络化、智能化的实时播控系统。在实现图7-32的各个功能模块时,要考虑系统的硬件结构特点,分别进行设计。

以播出控制系统为例,其中包括了播出任务单管理、播出内容管理、播出控制等方面的内容。以播出内容管理来说,需要考虑节目存储的硬件配置。如采用在线存储、近线存储以及离线存储等不同的方式构成节目的存储,则播出内容管理软件应该以节目单为基础,完成播出素材的调度。其调度流程如图7-34所示。

系统设备的监控管理实现对系统设备状态的监控,要求以图形化监控界面实时显示设备的状态,对出现的问题及时进行报警。

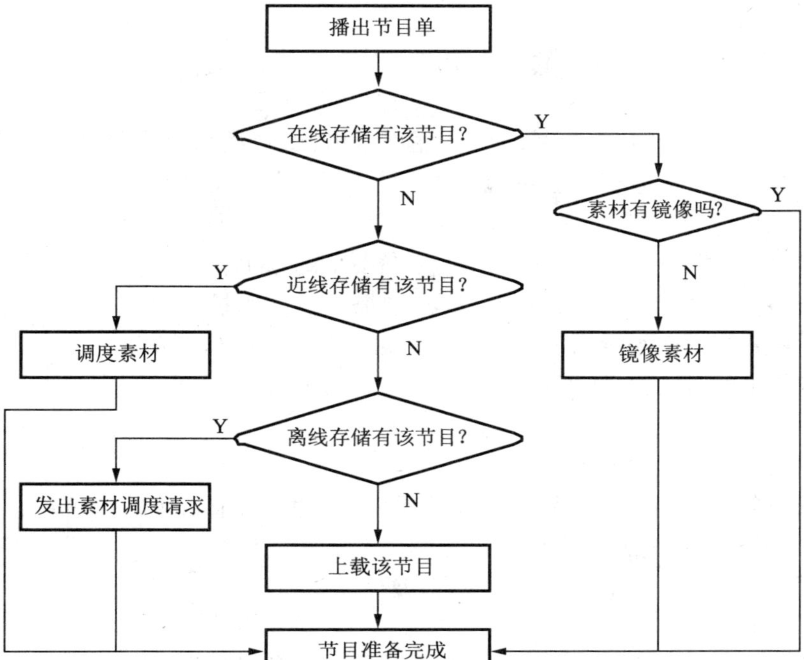

播出节目单
在线存储有该节目?
Y
N
素材有镜像吗?
Y
N
近线存储有该节目?
Y
N
调度素材
镜像素材
离线存储有该节目?
Y
N
发出素材调度请求
上载该节目
节目准备完成

图7-34 素材调度流程

监控的对象为:

①视音频处理设备、矩阵等设备的状态和属性的监测和报警;

②视音频信号监测及报警;

③对数据网络的监测和报警,包括以太网交换机、FC 交换机、数据库服务器。

监测内容为:

- 视音频设备工况的实时监测;
- 播出结果的监录及故障诊断;
- 播出系统的信号监测;
- 系统网络状态的监测;
- 系统数据流的监测。

监控管理系统应该提供对监测参数的实时分析,并给出系统级预警。当出现故障时,给出基于信号流、数据流的故障影响范围的分析报告,并提供基本的处理故障步骤。监控系统可以通过软件对设备的参数调整和控制,并用直观的方式显示控制结果。包括:

- 待播节目的播出效果的浏览单控制;
- 录像机上载的控制方法;
- 监控工作站对视频服务器的控制方式;
- 对切换器的自动切换控制;
- 监看通道的控制和调度结果;
- 主备控制系统的切换控制;
- 应急播出控制方法。

7.4 播控系统监控的自动化

随着技术的进步,模拟播出系统正在逐步退出,以硬盘和视频服务器为核心的数字播控系统逐渐成为广播电视播控系统的主要方式,其中涉及复杂信号矩阵调度技术、素材管理技术、信号质量检测技术、软件可靠性测试技术、数据库访问控制技术等等,这使得数字播控系统日益复杂化。因此,在模拟播出中采用的针对单一设备的简单监控已经不能满足数字播控系统的要求,迫切需要实现播控系统监控的自动化、智能化。从本章中介绍的播控系统中已经看到了监控的重要性。本小节从技术发展的角度,重点分析一下播控系统监控的自动化、智能化的问题。

7.4.1 播控系统监控的内容

广播电视播控系统由节目调度、节目控制、节目上载、节目传输、节目播出等各个环节组成,各个环节由相关的硬件和软件支撑。为了保证系统安全稳定运行,需要进行监控。监控主要对象为系统中的设备、信号以及信号的质量。

1. 设备监控

播控系统中使用的设备有三大类:第一类是广播电视制作、播出相关的视音频处理设备、视音频矩阵、机箱电源、风扇等;第二类是一些辅助设备,如 UPS 不间断电源、精密空调等;第三类设备是视频服务器、数据库服务器、文件服务器、数据存储阵列、网络交换机和计算机工作终端等计算机、网络类设备。

不同种类的设备监控方式有所差异。第一类设备是不同品牌设备的接口不同、网络连接方式不同,监控的方式也不同。因此需要根据具体设备的情况进行设计。有的设备使用专用的协议,专用的连接电缆;有的采用通用的协议。不过,大部分设备联网的方式不外是局域网 LAN、光纤 FC、串行接口 RS422 等。一般都支持 SNMP 协议。主流的硬件设备不仅提供设备本身的状态信息、报警信息,也提供遥控功能,可以对设备某些参数进行调整、远程控制。这些都为实现监控系统提供了极大的方便。

第二类设备对保障系统稳定运行及安全播出起着至关重要的作用。从对系统的整体监控角度看,对这些设备的监控同样也是不可缺少的。目前,这类设备也逐步提供了监控端口。可以实现外部对它的监测和自动控制。常见的控制接口有支持 SNMP 的网络接口、支持 RS422 或 RS232 的串行接口等。

第三类设备播控系统网络化的核心设备,是监控系统赖以存在的基础,实现智能监控的依托,这类设备的智能监控实现起来最方便。

2. 信号及信号质量监控

监控系统除了监控系统的设备状态之外,最重要的监测对象是系统运行时信号的质量。对于广播电视信号的质量监测,主要有以下几类信号:

①模拟视频/音频信号,包括数字信号解调后的模拟信号;

②270Mbit 未压缩的数字基带信号;

③压缩后的 MPEG 信号数字码流或经复用后的码流;

④网络数据、系统应用软件和数据库的监测。

对模拟视频/音频信号的监测,可以采用定性监测和定量监测相结合的形式。定性监测只监测信号的状态,使操作人员随时掌握系统的状态,作出正确的判断和处理。这种定性的方式,可以自己开发测试系统,不需要专业的昂贵设备,是一种可行的技术方案。如对视频音频信号是否有中断的监测;信号强度是否过大或过小;视频信号是否存在黑场、静帧,是否出现彩条、彩底,等等。

定量的监测应该采用专用的测试仪器进行。如:采用如 Tektronix 生产的 WVR610/611 系列视音频信号检测仪,对 SDI 未压缩的数字基带信号进行测试,判别信号的质量,实现信号全指标的检测,出现问题及时报警。通过监测通道的设计,可以实现多大上百个信号的监测。

当播控系统以网络方式实现后,对于网络数据进行监控是保证广播电视系统安全的一个重要方面。监控包括网络中传输的数据流量是否正常,节目的上载或回放是否流畅,素材迁移任务状态是否正确,数据库访问响应是否良好,等等。

7.4.2 播控系统的智能监控

传统的监控以设备和信号的监视为主要目的,以人工巡检和信号监看为基本方式。没有建立一个全局的统一建立监控中心,没有预警、报警机制。当设备数字化以后,系统的监控开始受到重视,系统逐渐增加配备了自动化的故障纪录、数据备份、故障报警、切换等功能。各个电视台的播控系统虽然数字化、自动化的水平不同,但都是朝着网络化、自动化、智能化方向发展的。在这个大趋势下,播控系统的监控系统也是以网络为基础、以监控系统硬件为依托、以监控软件为核心的一体化智能监控平台方向发展。

数字播控系统的特点就是网络化,系统的运行以网络为依托。播控系统采用智能监控至少有以下理由:

(1)网络安全的需要

当播控系统以网络作为基础,以数字化的方式出现的时候,设备的数量在大量增加,复杂程度越来越高,各个环节之间的关系越来越复杂。网络运行的安全性提高到非常重要的地位,需要有智能化的监控方法。

(2)系统管理的需要

由于技术改造是逐步进行的,电视台中往往新老设备共存,增加了管理的复杂性。因此,需要监控系统具备对不同的设备进行分析、诊断、工作状态判断的能力。

(3)技术发展的支持

对一个复杂系统实现智能监控,要求被监控的对象提供足够的支持。所幸的是,目前的数字化设备正在向智能化方向发展。许多数字化的设备本身提供了有关的监控接口,为实现智能监控提供了良好的基础。

播控系统的智能监控应该包含对系统设备的统一管理、配置、资源调度、安全预警、故障预警、诊断、系统分析等功能,是一个电视台的统一总控监控管理系统。智能监控系统整体结构如图 7-35 所示。系统的底层是直接与硬件打交道的设备驱动,中间层为设备监控管理平台,实现了任务与实际设备的关联,同时保证了任务与实际设备底层的无关性。系统的上层为监控系统任务平台和资源管理平台。采用分层的结构可以使分解复杂的系统,方便了系统的设计与实现。

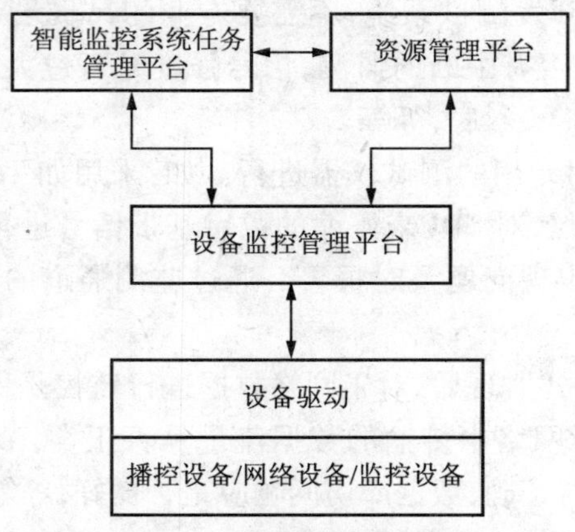

图7-35 智能监控系统整体结构

监控的对象包括播控设备中的视音频设备、视音频信号;数据网络中的服务器、交换机、应用软件、播出文件库以及其他相关设备等。

从技术实现上来说,播控智能监控系统需要被监控对象具有良好的可测控性,被监控对象提供了充分的系统状态信息的输出以及控制信号的输入,以这些信号为基础,可以大大减少监控系统获取被控对象状态信息的难度。否则,如果需要监控系统自己去获取被监控对象的状态信息,则增加了系统实现的复杂程度。支持联网的设备,一般都提供测信息。以此为技术基础,可以实现系统每个功能设备节点的可监控性。在此基础上,还要对智能监控系统的体系结构进行深入分析,才能实现一个自动化、智能化水平高的监控系统。

播控系统监控是指在正常播出的过程中,对整个电视播出通路的信号进行质量检测,对系统及设备的运行状态进行控制。从广播电视信号构成来看,整个系统可以看成是由各个功能单元经过串联、并联组成的。因此,系统的监控有两层含义:一层含义是内部监控,其监控发生在功能单元的内部,一般属于单元模块为了保障安全稳定运行而采取的测试及控制。另外一层含义是外部监控。外部监控不是广播电视播控系统必须的单元模块,它是保证系统安全稳定运行增加的保障设备。外部监控一般安排在模块之间连接的节点上,监测每一功能单元的信号状态,检查信号的质量,出现问题时能够快速判断和找出故障所在。

传统的播控系统的监控就是采用的这种方法。在广播电视播出的各个环节上,安排适当的监测点。如:对播出的视频音频信号,用视频监视器由人工进行直接收看监视;对一些重要的技术指标,把信号接到示波器和矢量仪等专业设备进行监测。这是一种最早采用也是最普遍采用的监测手段,这种监测方法也是构成电视播控系统的一个重要组成部分。在模拟电视播出时,电视播控系统的视音频信号都是采用电缆以基带方式传送,各个功能模块之间多为串行方式连接,因此采用这种监控方式可以说还是简捷有效的。

数字播控系统其播控设备日益复杂化,因此要求播控系统的监控提供更为复杂的多种监控模式以及系统级分析技术,传统的简单信号监测方式显得力不从心。迫切需要实现播控系统监控的自动化、智能化。在设计播控系统中，各个环节已经包含了必要的检测和控制功能，这些功能是保证正常播出、构成一个播控系统的必不可少的环节。除了这些必不可少的环节外，还可以对播控的监控系统进行扩充，使之更加强大。

智能监控系统应该具有以下一些特点：

①智能监控系统包括设备监测、信号监测和播出监测三个部分，当设备出现故障时，用声光及时发出报警信息，设备故障则需提供精确到插板的具体位置，用图形化的方式显示，产生故障报告。

②给出故障分析和诊断。通过对报警信息进行综合分析，判断故障程度、分析故障发生原因，确定故障部位，提供相应处理方案。

③监控系统不仅能对各类设备的状态、视频通道得状态、磁盘阵列的硬盘和读写状态进行监控，还能随时监控各个网络节点，如：交换机、到端口的状况，实现动态管理和网络资源得分配，跟踪记录设备的所有状态，实现全方位智能管理。

④监控系统具有可剪裁性，可以根据系统得配置进行定制。同时动态获得设备接口间的连接关系以及信号的动态路由。因此，当设备出现故障时，可以获取任一故障设备对系统信号的影响范围。

⑤系统具有可扩充性，可以进行动态扩展。添加对新设备不影响原来的系统。

7.4.3　智能播控监控系统设计要求

1.模块化

广播电视播控系统的设备千差万别，设计播控系统的出发点也不同，各个电视台的基础也不一样，系统的总体设计也不尽相同。因此，在设计播控系统的监控系统时应该因地制宜，作出性能价格比最佳的设计。设计时要遵循模块化的原则。从整体的结构设计出发，实现功能的模块化，满足系统功能扩展的要求。

结构标准化、模块标准化、驱动标准化等。这样当设备类型和型号的增加、业务量增长，网点增加和网络规模扩大时，通过增加相应的系统模块，便能满足应用程序对系统功能等方面的扩展需求，从而适应多种系统的应用。

2.响应快速

轮巡和中断相结合设计系统。常用的监控方式是轮巡。轮巡程序设计相对简单，只要合理规划设备和信号的优先级别，当一次轮巡的时间满足系统响应时间的要求时，依次进行巡检就可以了。如果系统中关键的设备和信号，出现故障时一次完整的巡检周期如果太长，可以考虑采用中断处理方式。将重要的设备和信号进行重点保护，做到重点监控、第一时间报警、特殊方式显示，等等。

3.界面友好

设计监控系统时，人机界面的设计需要认真对待。表达简明、意义明确、直观的界面可以为值班人员提供最有效的提示，操作简单的界面方便了用户的使用。

界面友好还体现在从界面上可以直接了解系统各部分、各设备的工作状态。可以方便直接、迅速地定位故障点。

智能播控软件是一个复杂的控制系统，目前相关的研究还在进行之中。

市场上已有的商品化播控软件基本上能够满足广播电视播控系统的需要，也在向智能化方向发展。如：方正"无忧"数字播控系统——"慧眼"智能总控调度子系统。"慧眼"总控调度子系统分成：任务管理、任务执行、资源管理和监控等几个部分，其结构如图7－36所示。

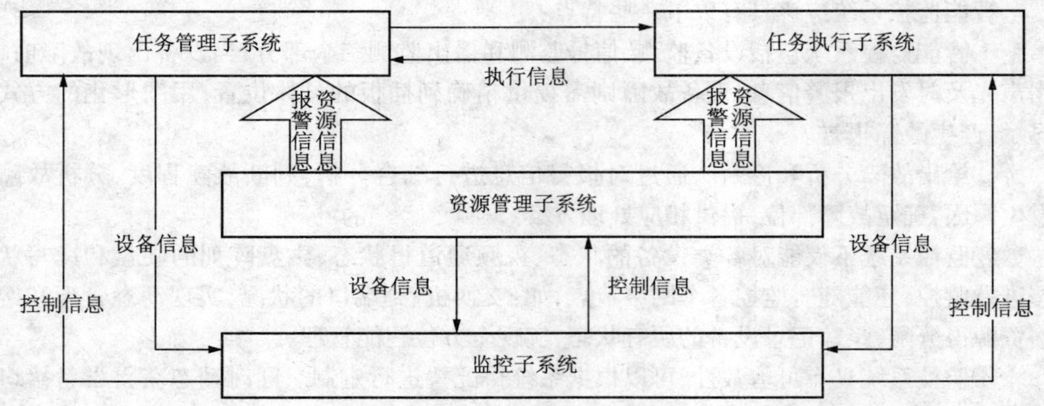

图7－36 "慧眼"智能总控调度子系统结构

任务管理根据用户的申请安排系统资源调度计划，分配所有的系统资源，同时负责处理资源冲突，保证资源调度正确执行。

任务执行根据任务管理子系统安排的资源调度计划执行总控矩阵的切换，并设置设备参数。

资源管理负责定义资源，并通过监控子系统建立资源与设备链路之间的关系。

监控系统负责定义系统结构包括系统中的设备、端口定义以及各端口间的连接关系。

思考题与习题

1. 简述电视台的组成结构，各部分的关系。
2. 电视中心由哪些功能单元组成？简要说明各部分的作用。
3. 广播电视播控系统由哪几部分组成的？
4. 说明总控系统的构成。
5. 同步有哪几种方式？说明各种方式的优缺点。
6. 设计总控系统应该遵循什么原则以及相关的主要标准。
7. 一个电视台有3个播出频道。设计一个总控调度系统，要求画出系统的结构框图，说明各部分的设计考虑。
8. 硬盘播出系统由哪几部分组成？画出典型的硬盘播出系统结构，说明各部分的作用。
9. 设计一个播出3个频道的硬盘播出系统。说明系统结构、设备的选型以及控制方法、监控方法。

第 8 章

广播电视发射台自动监控系统

在广播电视自动监控系统中，节目的播出控制是重要的一环。电视节目的播出有地面播出、有线播出以及卫星播出等几种形式。第 7 章中讲述了广播电视播控系统，侧重于电视台内部信号形成过程中的监控。本章中，讲解信号从演播室到达发射台然后以某种形式发送到用户端所涉及的信号监测及控制。

广播电视播出系统由信号播出终端和发射机构成。在地面开路广播中，播出终端将节目信号用光缆传送到发射台，经过信号的调制及功率放大，以无线开路广播的形式播出，在这个过程中，监控系统主要完成以下任务：

①监测发射机监测播出信号的质量。

②监测与广播发射台有关设备的工况，如：发射机、天馈系统、机房、柴油发电机等设备的实时工作情况。

③判断被监控设备的参数阈值是否超过，当超过阈值时，进行报警并根据系统的设定发出控制指令。

④实现现场与监控中心的信息传输，以及设备之间的信息交换。

⑤系统的管理功能，如：监测参数的显示、状态查询、历史数据的统计分析、系统的安全控制，等等。

8.1　广播电视发射机基本监控信号的采集

第 2 章介绍了测控使用的一些典型电路，本节结合广播电视发射机介绍一些参数的采集方法。

新型的广播电视发射机目前都有通信接口。通信接口提供了发射机本身监控电路采集的系统工况参数、各项技术指标，同时还可以接收远程的控制命令，机器面板上的所有控制功能都可以通过远程控制指令实现。如：控制发射机开关机、增减功率等操作。对于发射机一般的操作控制，接口提供的命令已经能够满足控制的要求。如果没有特殊的要求，可以直接利用这些接口命令，发射机基本工况参数的采集就变得简单了，无需单独采集发射机的状态信号。但是目前国内正在使用的广播电视发射机或调频、调幅广播发射机一般都不带有计算机通信接口。因此，需要针对不同的发射机设计信号采集电路，并配备计算机通信接口，才能完成信号的采集。由于发射机本身有独立的控制和保护电路，在设计信号采集电路及控制电路以及通信接口电路时不能影响原有设备的正常工作，即设计的监控系统与发射机原有的控制保护系统是两套并行工作的系统。

8.1.1 模拟量采集

电子管的广播电视发射机需要监控的模拟量主要有:输出功率、反射功率;高压、灯丝电压、阴极电流、栅偏压、栅极电流、帘栅电压、帘栅电流,等等。采集发射机信号需要注意两个问题:一是信号采集点的选择,不要影响发射机的工作状态。二是注意信号幅度的变换。

为了不影响发射机的工作状态,采取的措施为:一是采样器件的采样方式最好和采样点相并联,并且采样器件的输入阻抗要远远高于发射机采样点的输出阻抗。如:对发射机电子管栅压、帘栅压等电压信号可以从稳压电源接线柱或腔体电压进线柱上采样。如果必须在原来的电路中串联电阻进行采样,也要考虑选择对系统影响小的位置。如:取放大器阴流时,如果将采样电阻串在阴极,则电阻的影响不能忽略时相当于改变了放大器的工作状态。这时可以在屏级电源输入端取屏流,对发射机的影响就很小。不影响发射机状态的第二点是注意当设计的采样器件如果发生损坏,不能导致发射机出现故障。为此选用高输入阻抗的隔离放大器,差动平衡输入方式输入信号。

信号幅度的变换在直接采样时是一个必须认真考虑的问题,因为发射机电压电流信号的幅度变化非常大,以电压来说,电压高的可以达到几万伏,低的才几十毫伏。采样的信号要进行变换处理后才能传输给监控电路的控制器。

处理的办法可以采用分压的办法,将电压变化到隔离放大器的量程范围之内,然后通过隔离放大输出完成转换。

如果对于需要监控的系统参数,发射机有仪表指示,则采样就简单多了。这时可以直接从发射机仪表的表头采样。如:电子管发射机的阴流有仪表指示,这时就可以直接从阴流表的采样电阻上采样。对电流信号直接接入,对电压信号根据选择的采样器件进行分压采样。分压值处理成器件输入量程范围的 1/2 左右,提供给输入信号一个比较好的线性范围。采样示意图见图 8－1,左图是电流采样,右图是电压采样。

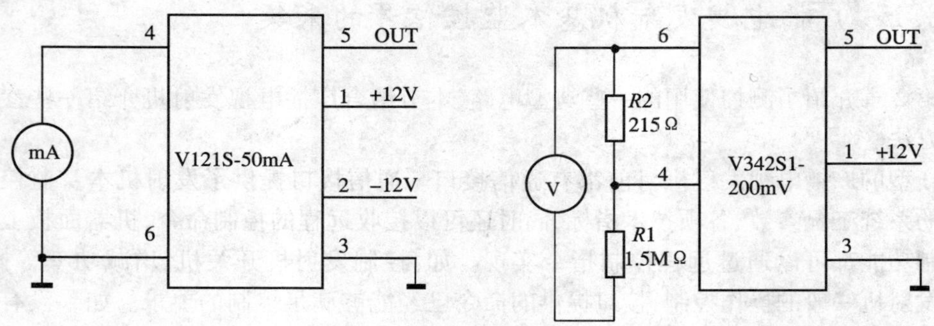

图 8－1 电流采样和电压采样

8.1.2 开关量信号采集及控制输出

开关量有干接点和湿节点之分。湿接点开关量有电压,干接点没有电压。在发射机中的典型湿节点是表示状态的指示灯。典型的干节点是发射机的风节点、天线位等。

发射机的面板上有很多发光二极管的指示灯,如:阴极过电流 LED、驻波比过高

LED、风机过热 LED 等等。这些指示灯表示发射机的工作状态，如指示灯点亮，则说明出现了指示信号的报警。在监控系统中需要采集这些 LED 灯的状态，从而间接掌握系统的状态。指示灯的状态可以用开关量来表示。采集电路如图 8－2 所示。

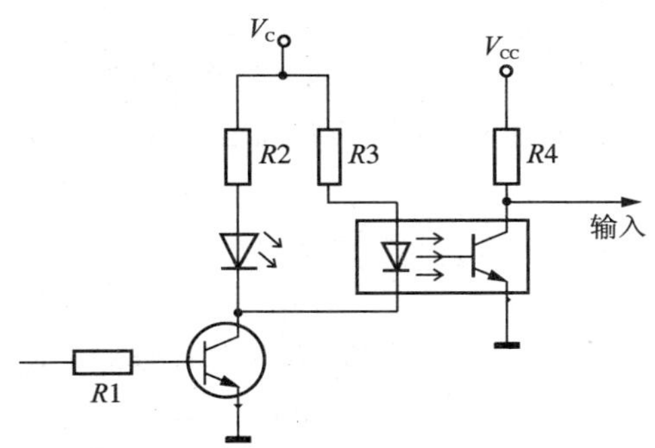

图 8－2　开关量采集电路

图 8－2 的左边是指示灯的典型电路图。采集指示灯的状态可以在指示灯的两端并联一个光电隔离二极管进行采集。指示灯亮时，光电隔离二极管导通，输出为低电平；指示灯灭时，光电隔离二极管截止，输出为高电平。将这个开关量通过接口电路输入到处理器，就可以判断系统的状态。

控制器输出用来实现发射机开机、关机、开高压、断高压等功能，被控对象均是强电。因此控制器的输出需要进行电气隔离。一个比较简单经济的方法是用继电器实现。如：实现发射机自动开机，可以如图 8－3 那样连接电路。即控制器的输出接继电器的线圈，继电器的常开节点并联在发射机开关的两端。当控制器输出为逻辑电平高时，反相器输出为低，线圈导通，继电器的常开节点闭合，发射机开机。继电器的常闭触点可以用来指示控制器上的控制输出状态。当指示灯亮时，表示输出为高电平，发射机开机。

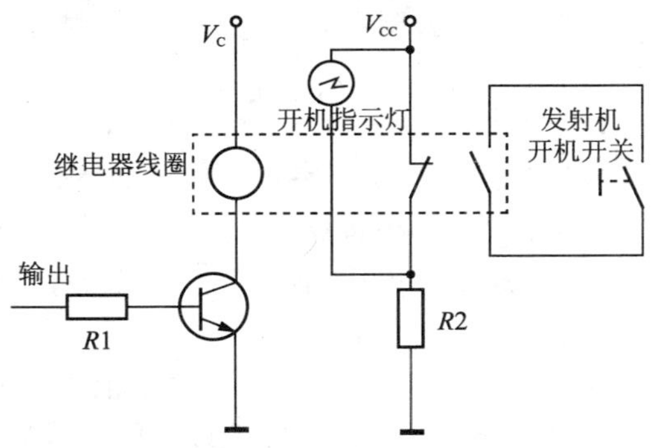

图 8－3　控制输出电路

8.2　基于 PC 的广播电视发射机监控系统

8.2.1　基于 PC 的发射机监控系统设计要求及结构

广播电视发射中心一般都有多套电视节目发射机、调频发射机需要进行管理和监

控。自动监控系统要在原有的手动控制功能的基础上,实现以下功能:

①发射机的定时开关机;

②激励器倒换;

③故障时自动倒机、故障复位;

④自动巡检采集工况参数,监测发射机的状态量、模拟量;

⑤故障报警:对广播电视发射机、调频发射机运行参数进行分析,对越限参数发出告警信号;

⑥播出数据的管理;查询;月、季、年报表打印;

⑦操作权限管理:监控系统本身具有安全管理功能,对于系统重要参数的修改,远程控制设有操作权限,只有操作权限的人才能进行系统作业,防止出现播出事故。

由 PC 计算机构成的电视、调频发射机实时自动监控系统由现场控制器(前端机)、通信网络、控制中心值班主机等三部分组成,如图 8-4 所示。

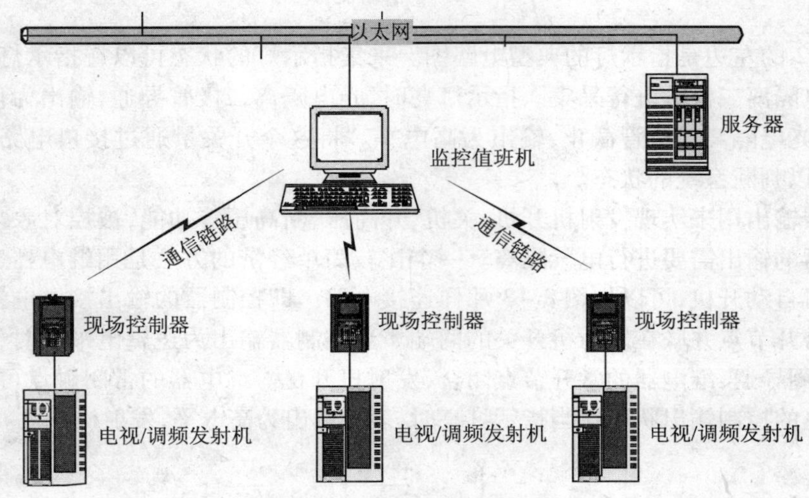

图 8-4 PC 发射机自动监控系统的组成

现场控制器负责采集发射机的运行状态参数并执行控制任务。从设计上,如果现场控制器有足够的运算速度和存储空间,把系统工况的判断、控制操作放在现场控制器是一个优先考虑的方法。因为在紧急情况下,不用等上位机的指令控制器就做出控制动作,可以有效地缓解通信网络不畅带来的压力。

通信网络负责将现场信息传送到监控值班主机,也把值班主机的控制操作传送到现场控制器。通信网络根据现场的条件可以采用工业以太网、现场总线等网络形式。

监控值班机可以使用工业控制 PC,并运行监控管理软件。

8.2.2 现场控制器设计

1. 用单片机实现现场控制器

采用单片机设计监控系统是一种常见的设计方式。由于掌握单片机技术的人非常多,开发人员很自然会利用价格便宜的单片机设计应用系统。用单片机设计监控系统,实际上就是用单片机实现对被监控信号的采用、分析、处理和控制。

值得注意的是，目前市场上有许多商品化的基于单片机的板卡，这些板卡集成了模拟量输入、输出；数字量输入输出等功能，可以实现多路信号的采集。把板卡插在计算机的扩展槽中，安装上驱动程序以后就可以工作。厂商提供了应用程序开发使用的接口函数，可以用来开发应用系统。板卡现在以 PCI 总线为主，也还有 ISA 总线的板卡，前几年还有 STD 总线的板卡。因此，控制现场如果有条件放置 PC 机，可以采用商品化的板卡实现单片机的功能。在第 4 章中，已经介绍了相关的设计知识。从技术实现上讲，采用单片机设计的现场控制器和采用板卡的控制器原理是一样的，只不过采用单片机设计的系统是一个独立的智能模块，可以独立运行，而采用板卡需要现场有 PC 机的支持。不过，采用板卡的好处是一台 PC 可以插入多块板卡，增加了采集现场信号的数量，同时可以利用 PC 机强大的处理能力，功能上比单片机构成的现场控制器要强大一些。

下面介绍天津电视台在 1999 年开发的基于 8098 单片机的电视发射机监控系统，使读者了解设计的一般方法和实际应用的系统结构。天津电视台的电视发射机监控系统结构如图 8－5 所示，为分布式结构，由两级、三个部分组成。

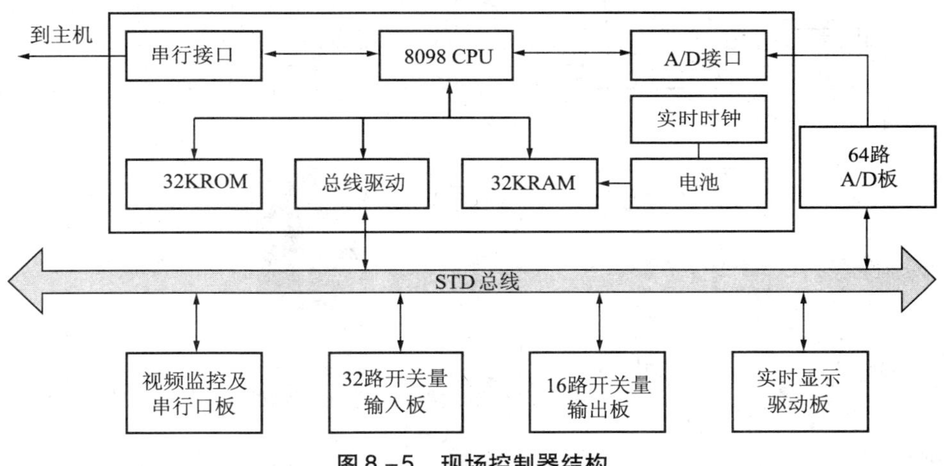

图 8－5　现场控制器结构

第一级是上位机网络。由监控主机、服务器、工作站、网络等组成，负责完成系统的监控、通信和管理功能。第二级是下位机系统，由电视发射机实时监控子系统和调频发射机实时监控子系统组成。两个系统可以独立运行，实现对发射机的控制。

三个部分为监控与管理子系统、电视发射机实时监控子系统、调频发射机实时监控子系统。其中电视发射机实时监控子系统的现场控制器采用 8098 单片机实现。

现场控制器采用 STD 总线工控机作为对发射机自动控制以及数据采集的前端。在电视发射机机房，安装了五台数据采集的控制前端，每台负责管理一套电视节目的主、备两部发射机和相应的附属设备。8098 单片机能处理 48 路开关量输入（加扩展板）、24 路开关量输出（加扩展板）、64 路模拟量输入。现场控制器的主要功能是：

①按照播出时间表自动开、关机；也可以用控制器面板控制开关机、倒机操作。

②实时监控发射机的工作状态，自动存储故障时间和故障状态，并进行报警输出。

③自动监测主、备视频节目信号，出现故障自动切换到正常的信号。

④通过 RS－232C 与上位机通信。

监测的信号主要有:发射机功率;阴流;各级电压;进、出风电机电流;风温以及外电三相380V电压等。

2. 基于PLC的现场控制器

可编程控制器(PLC)是用于工业现场的控制器,也可以用于广播电视监控系统。"中央广播电视发射台播出自动化系统"的现场控制器就采用了德国金钟—默勒公司的PLC作为现场的控制器,其系统结构如图8-6所示。

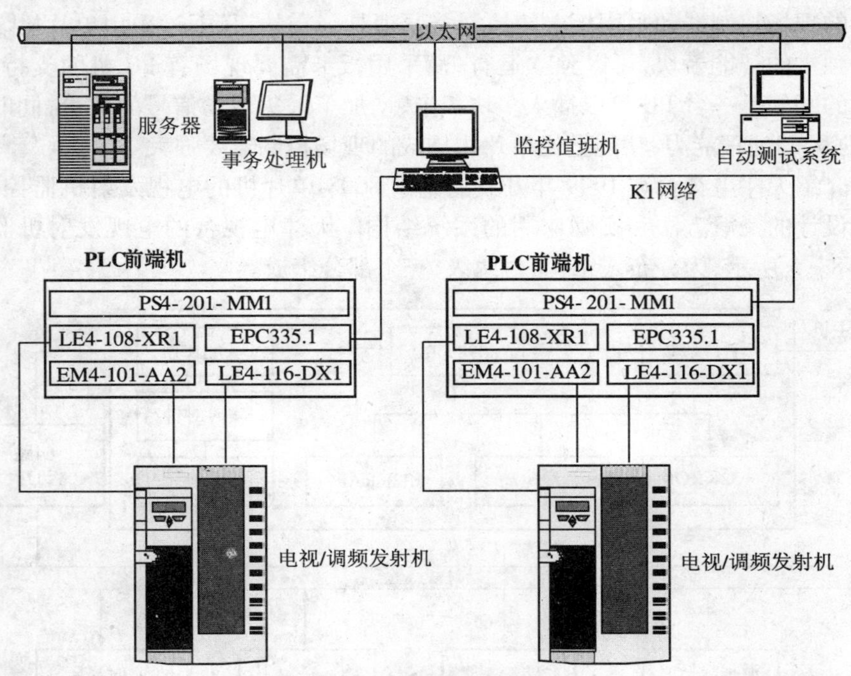

图8-6 基于PLC的发射机监控系统结构

PLC前端机的基本配置:

①PS4-201-MM 1是PLC的CPU,为现场控制的处理器,现场控制程序运行在该单元。驻留在现场控制器PS4-201-MM 1中的程序可独立完成自动开机、激励器故障切换、告警复位等控制操作。

②EM4-101-AA2为PLC远程扩展模块,用于采集发射机的工况参数。EM4-101-AA2输入范围为—10V~+10V。发射机的工况参数经过信号调理电路的处理,变换成EM4-101-AA2信号的输入范围0~10V,经过该模块A/D处理变成数字量送到上位机。

③LE4-116-DX1为PLC的I/O扩展单元,配合PLC PS4-201-MM1的数字输入端完成遥信量的采集。遥信量是个"0""1"的开关量,表示输入设备的状态。在这个系统中,"1"表示+24V,"0"表示0V。

④LE4-108-XR1为PLC继电器输出单元,有8个通道的继电器输出,由PS4-201-MM1用户程序实现对发射机的控制。

通信网络是金钟—默勒公司的Suconet K1网,是SUCO系列产品的通讯协议。由EPC335.1卡实现PC与PLC之间的通讯。上位机的以太网络使用的是NOVELL网络操作系统。十年之前,NOVELL网络红极一时,但目前在市场上几乎不见踪影。

这个实例给我们一个采用PLC作为现场控制器的实例。目前PLC产品丰富多彩,具有工业以太网的控制器也已经出现,给我们设计监控系统提供了多种选择。

3. 基于PAC的现场控制器

PAC(Programmable Automation Controller,可编程自动化控制器)是基于PC构架的PLC。PAC融合了PLC和PC的各自优点,将PC的强大计算能力、通信能力、网络功能、众多的实用软件与PLC的高可靠性、鲁棒性、易用性有机地结合在一起,在自动化领域扮演了一个及其重要的角色。

使用PAC设计发射机监控系统,也有两种思路。一种思路是按照PLC的设计方式使用PAC,设计的系统与图8-6基于PLC的发射机监控系统结构基本相同,只是用PAC取代了PLC。设计时可以用组态软件作为软件平台,采用厂家提供的现成应用程序,稍作修改,即可符合控制要求,完成系统的配置。另外一种思路是把PAC作为一个鲁棒性强的现场控制器使用,按照基于PC的系统设计监控系统,以PC为平台自行开发监控程序。这种方法开发工作量大于第一种思路,但设计的应用系统更灵活,可以更好地满足用户需求。下面详细介绍这种方式设计的监控系统。

8.3 基于PAC的广播电视发射机监控系统

8.3.1 PAC控制器产品

PAC产品有很多生产厂商,如台湾的研华公司、台湾泓格公司、北京鼎升力创公司等。下面介绍一下泓格公司的嵌入式控制器产品,以便读者对此类产品有一个基本的了解。

泓格公司的嵌入式控制器有两类产品。一类是基于32位RISC CPU的产品,操作系统平台是WinCE. NET或嵌入式Linux,产品系列分别为WinCon-8000和LinCon-8000。另一类产品基于80188-40或80186-80C处理器,操作系统原先为嵌入式DOS,现在是与DOS兼容的MiniOS7。产品封装形式一种为模块化的I-8000系列;另一种为牛顿模块的形式。

1. WinCon-8000系列

WinCon-8000系列有三款产品,分别为W-8031-G、W-8331-G和W-8731-G。W-8031-G是只有主控单元的嵌入式控制器;W-8331-G是有三个扩展槽的嵌入式控制器;W-8731-G为有七个扩展槽的嵌入式控制器。图8-7为W-8731-G。其中左侧红色虚线的位置为主控单元。

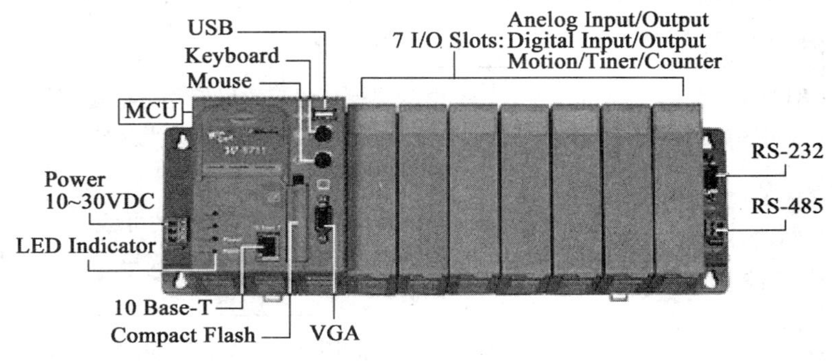

图8-7 WinCon-W-8731-G外形图

Windows CE. NET操作系统驻留在CPU模块的FLASH内存中,用户程序保存在外部存储区域。该系列模块支持 ATL, ActiveX Component and MFC for Windows CE、Embedded Visual C + + 、Visual Basic . NET 和 Visual C # 等多种语言进行开发。

2. I – 8000 系列

模块化的 I – 8000 系列由主控单元(MCU)和一系列通信模块构成,I – 8410 的产品外形见图 8 – 8,外形尺寸为 230 × 110 × 75. 5mm(4 槽产品),354 × 110 × 75. 5mm(8 槽产品),产品型号见表 8 – 1。

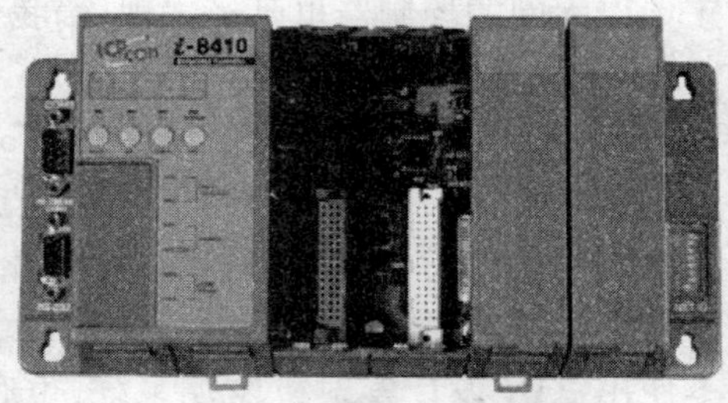

图 8 – 8 W – 8410 外形图

表 8 – 1 I – 8000 系列模块一览

产品序号	说 明	用 途
8410,8810 (串行 I/O 单元)	具有 DCON 协议的从串行(RS – 232/485)I/O 单元	主从或问答方式的现场总线应用
8411,8811 (C 语言串行控制器)	支持 C 语言的可编程 I/O 控制器,有 RS – 232/485 接口	
8417,8817,8437,8837 (ISaGRAF 控制器)	支持 IEC61131 – 3 PLC 五种语言: 1. 梯形图 2. 功能方框图 3. 顺序功能表 4. 结构化文本 5. 指令表加流程图	
8420,8820 (DeviceNet I/O 模块)	带 DeviceNet 协议的从 CAN bus I/O 模块	主从或问答方式的现场总线应用
8421,8821 (CANopen I/O 模块)	带 CANopen 协议的从 CAN bus I/O 模块	主从或问答方式的现场总线应用
8430, 8830, 8KE4, 8KE8 (Ethernet I/O 模块)	带 DCON 协议和 VxComm 技术的从 Ethernet(10 BaseT)I/O 模块	主从或问答方式的以太网 I/O 应用
8431,8831 (C 语言 Ethernet 控制器)	支持 C 语言的可编程 I/O 控制器,有 RS – 232/485 及以太网接口	提供 Xserver,方便用户开发 TCP/IP 程序
8431 – MTCP,8831 – MTCP,8KE4 – MTCP,8KE8 – MTCP (可编程 Modbus/TCP I/O 模块)	有 Modbus/TCP 协议的可编程 Ethernet (10 BaseT)I/O 模块	主从或问答方式的以太网 I/O 应用,提供 C 语言软件开发工具包
8438,8838 (Matlab 控制器)	支持用 MATLAB/Simulink 的方框图设计,用于系统建模、仿真和分析动态系统	用 MATLAB/Simulink 设计控制器程序

I－8000 系列产品支持 RS－232 / RS－485 通信接口；支持 DCON 通信协议；配备了 DI/DO，AI/AO，计数器等多种 I/O 模块；SDK 支持 DLL，ActiveX，Labview 驱动，Indusoft 驱动，Linux 驱动，OPC 服务器等；内置看门狗电路监测硬件、软件的失效。

I－8000 系列产品的系统配置：CPU：80188 －40MHz；SRAM：256KB；Flash ROM：256KB；EEPROM：2KB；COM0：与插槽中 87K 模块内部通信；COM1：RS－232 用于更新固件；COM2：RS－485；COM3：RS－232/RS－485。

3.7188 系列

7188 系列为牛顿模块形式的通信控制器，控制器外形见图 8－9。外形尺寸为 123mm×72mm×33mm，可以将面板上的左右螺丝杆连接到底座上，用导轨安装，也可以用直接用模块所带的螺杆固定到安装位置。

7188 系列控制器配置了 2～4 个串行口（RS－232/RS－485），7188E 提供了网络接口。7188E 系列控制器有 7188E1/2/3/4/5/8/X/A 几种型号。

图 8－9 7188 系列产品外形

7188EX 是一款具有网络功能的嵌入式控制器。其中 X 表示控制器具有的串口数目，该系列产品有 16 位微处理器 80188；有 NE－2000 兼容的 10BASE－T 网络控制器；支持 TCP，UDP，IP，ICMP，ARP，RARP 等 TCP/IP 协议；内部有 64 位硬件唯一的系列号；串口支持中断方式并有 1K 的输入队列缓冲区；内置实时时钟 RTC；看门狗定时器；512KB FLASH，512KB SRAM，2KB EEPROM，31B NVSRAM；操作系统为基于 DOS 的 MiniOS7。

7188E 系列嵌入式控制器是为了满足网络接入的需要设计的，在工业控制现场可以取代工业 PC 和 PLC。7188E 系列嵌入式控制器有一个 10BASE－T 端口，兼容 NE2000 网络控制器，用一个 RJ－45 连接器接入网络。7188E 使用直通电缆连接到 10BASE－T 集线器，电缆长度可以达到 100m。

4.I－8000 系列/I7188E 的应用方式

采用 I－8000 系列/I7188E 作为控制器，有三种典型的应用方式：嵌入式 RS－232/485/422 控制器方式；可寻址的 RS－232/485/422 转换器方式；RS－232/485/422 设备服务器方式。三种方式的比较见表 8－2。

表 8－2 I－8000 系列/I7188E 的应用方式比较

比较项目	嵌入式 RS－232/485/422 控制器	可寻址的 RS－232/485/422 转换器方式	RS－232/485/422 设备服务器方式
RS－232/485/422 接口	RS－232、RS－485 或 RS－422	相同	相同
网络接口	RS－485/Ethernet10M /Ethernet 10/100M，其他网络	相同	相同

续表

比较项目	嵌入式 RS－232/485/422 控制器	可寻址的 RS－232/485/422 转换器方式	RS－232/485/422 设备服务器方式
RAM/ROM 固件	用户自己开发专用的应用程序	设计好的固件开放的源码，用户可根据需要修改	设计好的固件和开放的源码供用户参考。用户修改非常困难
软件驱动	DLLs	DLLs	DLLs
应用软件	用户自己开发	用户已有的应用程序必须修改去适应固件协议	用户已有的应用程序不用修改即可运行
即插即用	不需要	不需要	MS－COMM 标准
使用的容易性	低	中等	高
灵活性	高	中等	高

从表中可以看出，第一种嵌入式控制器方式使用灵活，但需要用户有一定的软件开发能力，而第二种方式是三种中的一个折衷。

I－8000 系列/I7188E 连接到以太网，也有三种方式：虚拟串口（Virtual COM）方式、以太网方式、Web 服务器方式。

（1）虚拟串口（Virtual COM）方式

在自动化领域，现场设备一般都支持 RS－232 或 RS－485 接口。使用工业 PC 配备多串口卡可以直接连接现场设备，也可以通过 RS－232 到 RS－485 转换器通过 RS－485 网络连接现场设备。采用多串口卡连接现场设备不方便之处是当设备比较分散且距离较远时，RS－232 电缆长度可能不满足要求，而 RS－485 网络则允许更长的电缆连接。

采用虚拟串口可以把现场的串口设备连接到以太网，典型的方式见图 8－10。从图中可以看出，VxComm 实现了串口－以太网之间的协议转换。具体实现的方法是在监控计算机一方安装了 VxComm 驱动程序，在现场的控制器中安装了 VxComm。VxComm 驱动支持 Windows NT/2000/XP。采用虚拟串口方式，一个 PC 机可以控制多达 256 个串口，在 VxComm 固件（firmware）的支持下，7188E 的作用相当于一个 RS－232 到以太网的转换器。

采用 VxComm 技术，用户通过 VxComm 驱动访问远程的 7188E 串口。对于上位机 PC，远程串口视同本地串口一样使用。VxComm 技术把 7188E 的串口虚拟成上位计算机的 COM3/4/5.../256 端口，通过串口读写远程现场的数据，而不用编写 TCP/IP 程序。从程序开发角度来说，写串口程序比写 TCP/IP 程序容易得多。因此，采用 VxComm 技术编程简单，可以不修改已有的串行端口配置直接连接到以太网。

采用虚拟串口技术可以通过以太网进行模拟量、数字量的输入输出，实现真正的分布计算，同时系统具有和采用 PLC 控制一样的稳定性，而且编程方式简单，维护容易。

7188E 系列嵌入式控制器有多个串行口（RS－232 或 RS－485），采用虚拟串口方式可以取代传统的以工业 PC 为中心连接现场设备的方式。

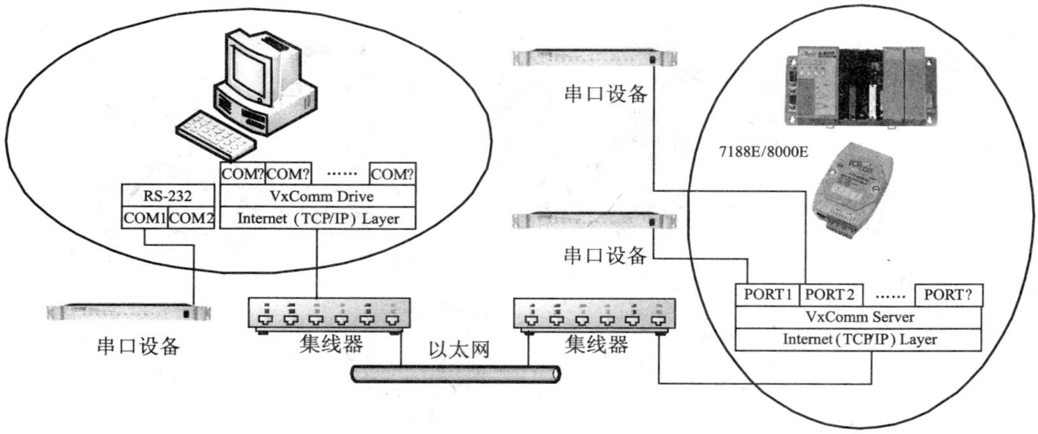

图8－10　虚拟串口方式通过以太网连接现场设备

(2)以太网方式

以太网方式在硬件的连接上和上面的用法相同,但软件上是直接通过 Xserver 技术完成的。Xserver 使用端口 10000 用于访问 7188 控制器,使用端口 10001 到 10008 访问 7188 控制器的可能的 8 个串口,用于数据的发送和接收,并使用内置的函数连接 RS－232 设备。使用泓格公司的7000 系列 I/O 模块,采用 Xserver 连接 I/O 模块以及通过 I/O 模块进行模拟量和数字量的输入输出都很方便,其应用方式见图 8－11。

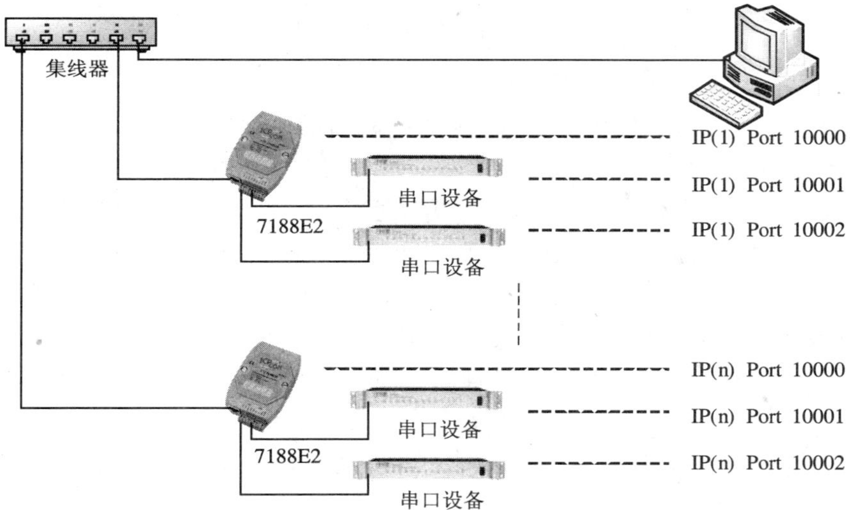

图8－11　采用 Xserver 连接方式

(3)Web Server 方式

采用 Web Server 方式,用户可以使用标准的浏览器通过7188E 的串行口访问现场的设备,其典型的应用方式见图 8－12。

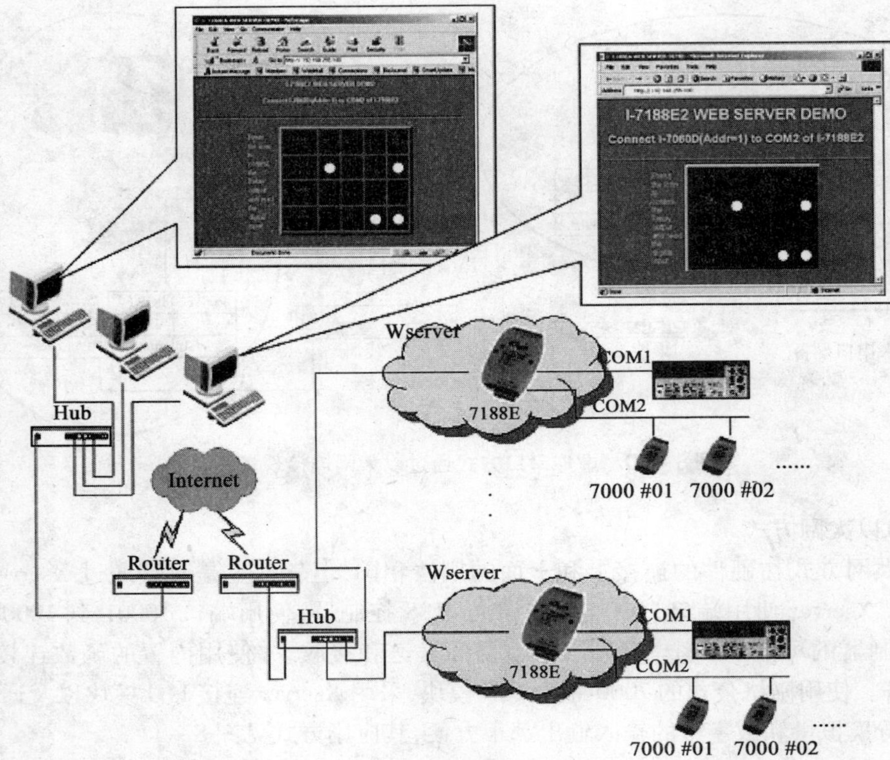

图 8－12 采用 Web Server 连接方式(本图引自泓格公司产品资料)

5. 软件开发

上面介绍的三种连接以太网的方法在硬件上必须依赖该公司的输入输出模块，软件上使用该公司提供的驱动。这种方式对有些应用来说具有一定的局限性。如果仅仅把 I－7188EX 嵌入式控制器作为一个网络控制器，通过该控制器提供的串行端口采集现场的数据，然后通过网络接口直接传输到监控主机或服务器，则应该用 SOCKET 直接编写网络 TCP/IP 程序。这种方式应用起来比较灵活，代价是增加软件开发的难度。

I－7188EX 嵌入式控制器配有 MiniOS7 嵌入式操作系统，是一个基于 DOS 的单任务操作系统。该控制器支持 TC2.0 编程语言，厂商提供了多种库函数，如：串口通信函数、网络通信函数，可以用来开发应用系统。

8.3.2 基于 PAC 的监控系统设计

本小节以监控 8 台发射机为例说明基于 PAC 的监控系统设计方法。

1. 设计要求

(1)监控要求

监控两套电视发射机、两套调频广播发射机和三套微波转播发射机。

(2)性能要求

①实时采集发射机的工况参数，准确进行控制。

②系统运行安全、稳定、可靠。监控系统接入到发射机以后，对发射机的运行以及发

射机的性能指标都无影响,保证系统安全。

③通用性:监控系统能够使用多种型号的系统监控要求,如:20 世纪 80 年代的电子管发射机、速调管发射机以及 90 年代的全固态发射机。因此设计监控系统要考虑不同设备的监控特点,使设计出来的系统具有通用性,可以适应不同发射机的监控要求,设备更新换代系统进行适当的调整仍然能够满足要求。

④智能化:采用智能技术使系统有较高的自动化水平,能要智能化处理系统的故障。

⑤可扩展性:能够满足不同规模的发射台监控的需要。

⑥通信要求:支持以太网、GPRS 数传电台通信。

2. 现场控制器设计

现场控制器硬件设计的主要考虑是:在满足系统功能要求的前提下,尽量降低硬件设计和开发的复杂程度。设计方案是:采用 PAC 控制器作为现场控制器的中心处理单元,开发微处理器为核心的工况参数采集单元,构成一个以 PAC 控制器为中心 + 智能工况采集模块构成的现场控制器。

(1)PAC 控制器选型考虑

PAC 的产品有许多厂家生产。根据用途分,有串口服务器、网络控制器。在本节的设计中,需要控制器具有串口、网络接口功能。台湾泓格公司的产品 7188E 系列和北京鼎升力创公司的产品均满足要求。

采用 7188E 设计的现场控制器结构设计见图 8 - 13。

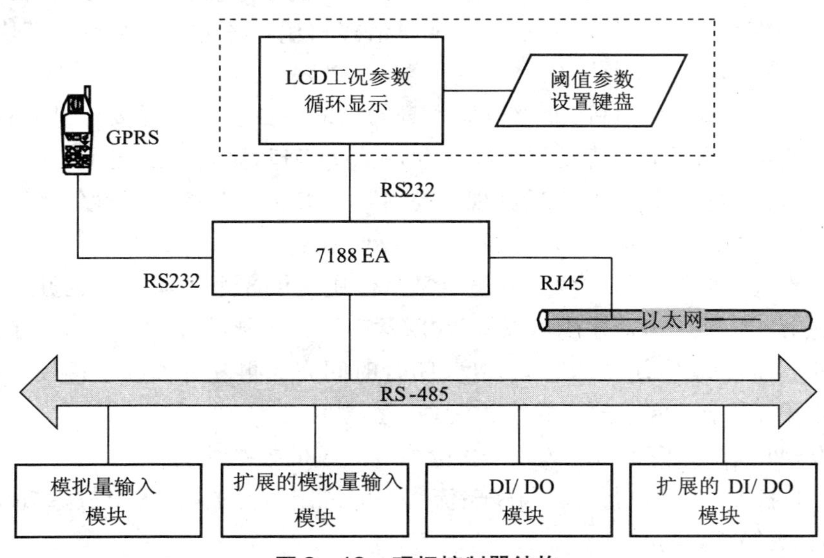

图 8 - 13　现场控制器结构

该设计以 7188EA 为中心处理器,完成读取状态数据、显示状态参数、输入输出控制及上位机通信等任务。

(2)模拟量输入模块

模拟量输入模块有两种:发射机供电监控模块与发射机状态参数监控模块。

供电监控模块是监控给发射机供电的三相市电参数。监控的主要参数有:三相电压、三相电流、三相功率、三相电能、功率因数、谐波分量,等等。三相电压直接连接到模拟量输入模块,三相电流通过电流互感器 CT 变换后进行连接。连接方法见图 8－14。

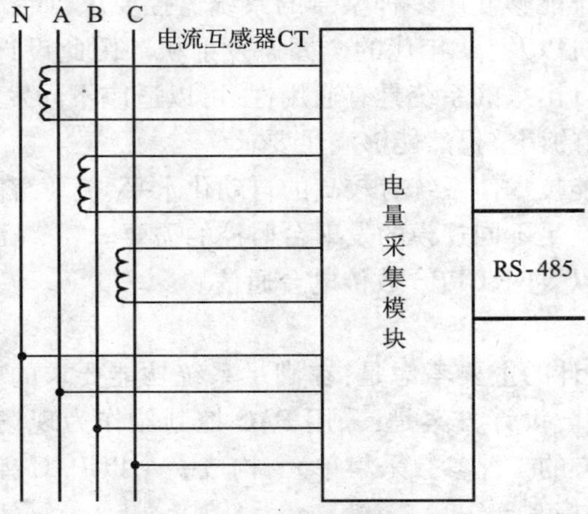

图 8－14 三相电压、电流通过模块采集方法

发射机状态参数监控模块提供了 16 路模拟量的输入,对于需要直接到发射机电路上采集工况参数的发射机,可以用这 16 路模拟量的输入采集发射机的输出功率、反射功率;高压、灯丝电压、阴极电流;栅偏压、栅极电流、帘栅电压、帘栅电流,等等参数。如果 16 路不够,可以用两块发射机状态参数监控模块。由于采用了 485 总线,在控制现场可以使用多个模块。如果发射机能够通过通信接口给出参数,不需要此模块,也可以不用。

对于有通信接口的发射机,如果机器本身给出的参数已经满足要求,则可以把通信接口直接接到 485 总线上。若发射机只有 RS－232 接口,则可以通过 RS－232 转 RS－485 接口转换器进行连接,或直接接到现场控制器 PAC 的 RS－232 的通信接口上。

(3) DI/DO 模块

DI/DO 模块提供开关量的输入输出。每个模块提供 8 个带光隔离的开关量输入,8 个继电器输出。每个继电器输出可以按常开/常闭方式或脉冲方式工作。当工作于脉冲方式时,可以由用户指定闭合的时间长度,闭合时间完成再断开。这个模块可以用来采集发射机的开关状态变量和进行输出控制。

(4) DI/DO 模块和模拟量输入模块配合主要实现的控制功能

①开关机控制,自动执行开关机逻辑流程。完成定时开关机、播出故障自动倒机、远程遥控开关机,等等。

②状态监测,实时采集开关量状态以及系统参数状态。开关量监测主要是发射机天线行程开关接点、发射机风量接点、假负载风量节点、风温节点、控制继电器节点,等等。

③系统状态参数主要是过负荷和越限的监控和处理。过负荷处理有:一次过负荷拉高压;过负荷复位,延时上高压;多次过负荷进入故障处理,不上高压。

④越限是指系统参数超越了用户事先设定的阈值,如电压过高或过低、电流过大、功率不足或过高、输出功率反射过大,等等,这时需要进行报警和执行相应的故障处理程序。

⑤报警一般以声光信号进行，同时对紧急情况作出自动执行实现设定的处理步骤。在设置报警阈值时，要从实际出发，保证系统的安全性。

(5) LCD 参数显示模块

现场控制器连接一个显示模块，上面配备了点阵液晶显示器，在控制现场采用轮巡的办法自动显示监控的主要参数。同时该模块有一个 4 ×4 的小键盘，可以进行现场监控操作实验，或现场设置报警阈值、监控参数变比等参数。

(6) 通信接口

PAC 控制器与上位机的通信设计了两种方式，有网络接口时，可以采用网络的方式通信，如：光纤以太网、无线以太网、有线以网络，等等。如果没有网络，可以通过串口发送数据。图中的例子是同时支持以太网和 RS－232 方式的 GPRS 通信。

(7) 模块的软件设计

每个模块都是一个带有微处理器的智能模块，因此模块的软件设计从根本上说是模块监控程序的设计。如果是在裸机（即没有嵌入式操作系统的微处理器）的基础上进行设计，如：自行开发的以微处理器为基础的控制器，模块监控程序最简单方便的设计就是设计成顺序执行的轮巡程序，同时把紧急情况用中断程序进行处理。由于模块的任务单一，只要设计合理，一般情况下都能满足实时控制的要求。

需要说明的是，各个功能模块均有微处理器进行直接进行数据分析，当发现采集的参数超过设定的上下限时，如果设定的控制方法允许直接进行控制，则模块本身会发出控制动作，而不是等待现场控制器 PAC 的处理指令。这样设计的好处是对于紧急情况，保证了控制的实时性。由于是否由模块本身控制是可以设置的，又增加了系统处理的灵活性。

3. 控制器监控软件结构

控制器要处理多种任务，如果对实时性要求非常强，需要把控制器的监控程序设计成多任务、多线程的监控程序，最好的办法是采用多任务嵌入式操作系统（如：Windows CE，eCOS），自己动手写实时操作系统（RTOS）的代价（时间和资金）太大，一般来讲也不现实。采用实时操作系统的应用一般都是比较复杂的系统，硬件的开销比较大。

这里设计的现场智能控制器采用了 PAC 模块作为中心处理单元，该模块预装了单任务操作系统（嵌入式 DOS 操作系统），因此这里开发的监控程序就是一个 DOS 下的应用程序。设计的监控程序是一个轮巡检查各个模块的程序，由于控制任务分散到各个模块，能够满足实时性要求。程序的控制流程见图 8－15。控制器监控软件的主要任务有 6 个。

(1) 系统的初始化

包括以下内容：

①各功能模块识别。

②各功能模块阈值设置、变换参数设置，如：电流、电压阈值参数设置。

③读入 DI 监控的数字量，确定初始值。

④通信端口初始化：串行口参数的设置；GPRS 参数的设置；网络端口、IP 地址设置，SOCKET 参数设置。

⑤读取系统关键参数到内存 RAM 区，如：工况参数采集时间间隔参数设置。

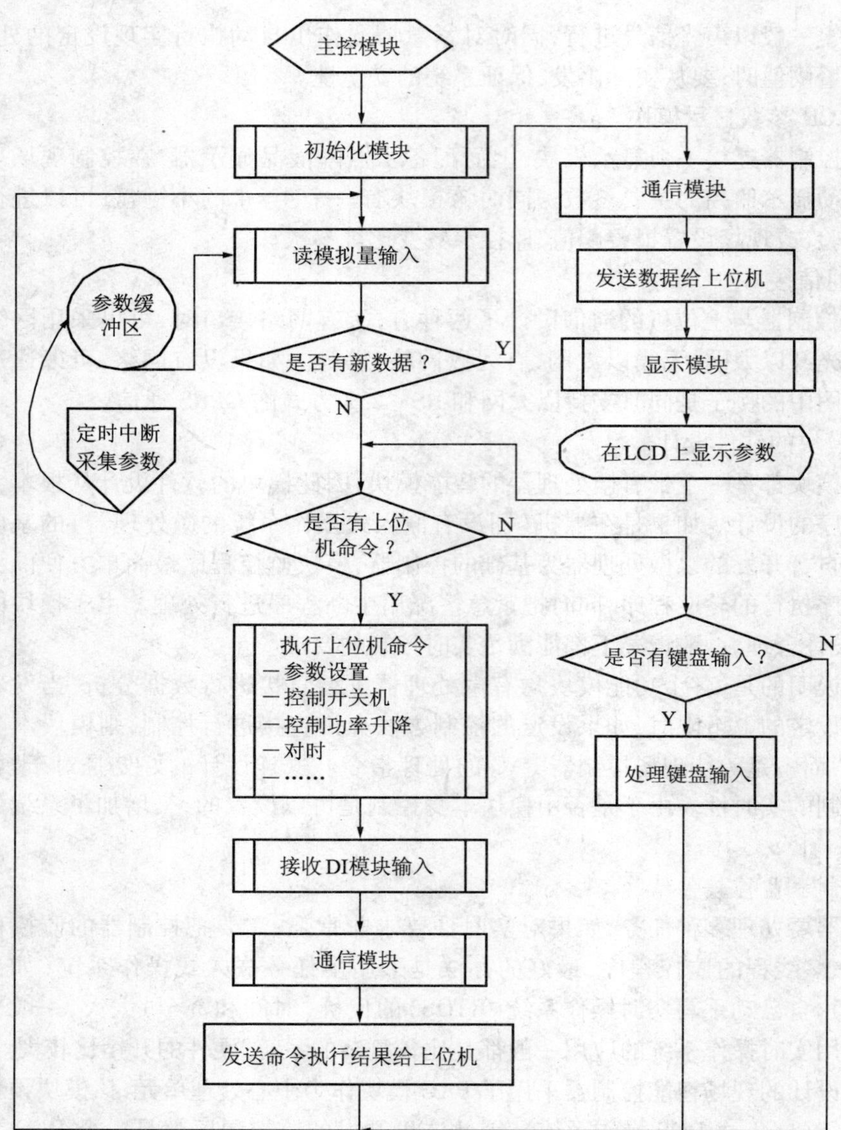

图8－15 现场控制器监控模块流程

(2)读模拟量输入

包括以下内容：

①采集各模块的监控参数。

②进行参数是否越限的判断，如果越限并允许直接控制，则发出控制，否则向 PAC 控制器报告。

(3)工况参数显示

将当前采集的工况参数轮巡在 LCD 上进行显示。

(4)执行遥控命令

包括：

①执行参数设置、执行遥控开关机、升降功率、供电方式切换、合闸跳闸、系统对时等

遥控操作。

②把操作结果返回给 PAC 控制器。

(5)通信

主要任务有两个:一个是与功能模块通信、采集参数、发出控制命令。这部分通信总线为 RS-232 或 RS-485。二是与上位机通信,完成系统状态参数的上传以及上位机遥控命令的执行,这部分通信介质是以太网。以太网通信采用 SOCKET 编写通信程序,执行以下任务:

①端口连接任务:和上位机建立 TCP/IP 连接。

②数据打包任务:将需要发送的数据打包。

③数据解包任务:将接收的上位机数据包解包。

④发送任务:将打包的数据发送到上位机。

⑤错误控制任务:出现通信错误的处理。

⑥遥信任务:读回控制命令的执行结果。

⑦报警处理任务:向上位机报告现场发生的错误状态。

(6)定时中断,完成工况参数的采集

按照系统设定的时间定时采集工况数据,并存入系统的数据缓冲器。

4. 监控系统结构

上位机和服务器在电视台机房。主要的任务是负责采集现场的数据,进行分析,完成监控的任务。对发生越限的情况进行报警或进行直接自动处理。服务器完成参数的实时存储,历史数据的查询等功能。

监控两套电视发射机、两套调频广播发射机和三套微波转播发射机的系统结构见图 8-16。硬件结构分成两层:现场控制和主机监控。现场控制由智能控制器担任,监控主机位于控制中心,采用 PC 机。

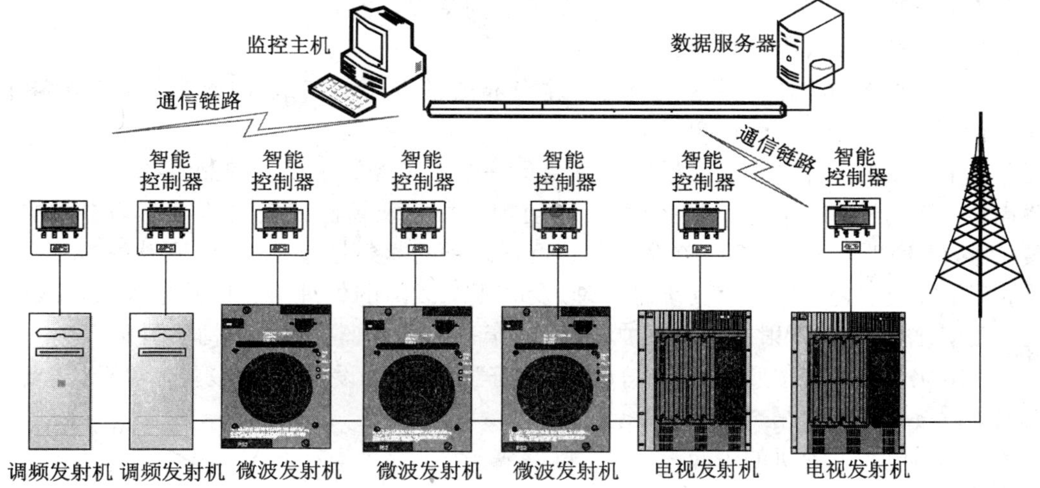

图 8-16　基于 PAC 的监控系统结构

5. 上位机监控软件

上位机监控软件的主要任务如下:

①定时采集发射机的工况参数。

②参数的显示:曲线、数值等。

③系统阈值的设置:通信参数的设定、报警阈值、现场控制器动作设定、对时等。

④遥控操作:开关发射机、升降功率等。

⑤通信功能。

⑥数据管理功能:查询、打印、报表等。

⑦报警处理及故障分析。

⑧历史数据分析。

8.4 基于网络的广播电视发射机监控系统

采用 PC、PLC 或 PAC 构成的广播电视发射机监控系统监控对象一般限于一个发射台(站),是一个独立的监控系统。如果要实现更大范围的监控,如一个地区,以上的系统结构就不能满足要求。网络化广播电视发射机监控系统是以网络为基础的广播电视发射台远程管理系统,目标是实现多个台站的远程集中管理,真正实现"有人留守,无人值班"的管理方式,达到系统结构的网络化、智能化,确保安全播出。

8.4.1 监控网络结构

广播电视环境下的网络结构应该考虑以下问题:

①高度可靠的分布式 C/S 结构;

②提供全部备份的数据库自动同步;

③多用户多任务系统;

④系统工作在多个协议以及多供应商产品的基础上;

⑤系统结构可伸缩可扩展。

广播电视发射机监控系统网络是一个分布式的专用网络,目前已有依托广播电视 SDH 传输干线构建的工程实例。

基于网络的广播电视发射机监控系统是一个分布控制系统。控制系统的结构是分布式的三级结构:现场控制、监控分中心、监控中心。现场监控负责所有设备参数的采集、故障报警以及设备切换。监控分中心负责设备的紧急抢修维护,保证设备的完好以及故障的恢复。监控中心负责统筹管理,及时跟踪故障的处理情况以及重大设备故障,统一调度、指挥各个发射台站的维护和管理。管理网络化监控系统结构见图 8-17。

网络化监控系统按照"有人留守,无人值班"的思路来设计,在现场控制部分,需要采集现场设备的多种数据,如:

①广播电视发射机的工况参数;

②供电线路的工况参数;

③辅助发电设备-柴油机的工况参数;

④空调设备、照明设备、安防设备的参数。

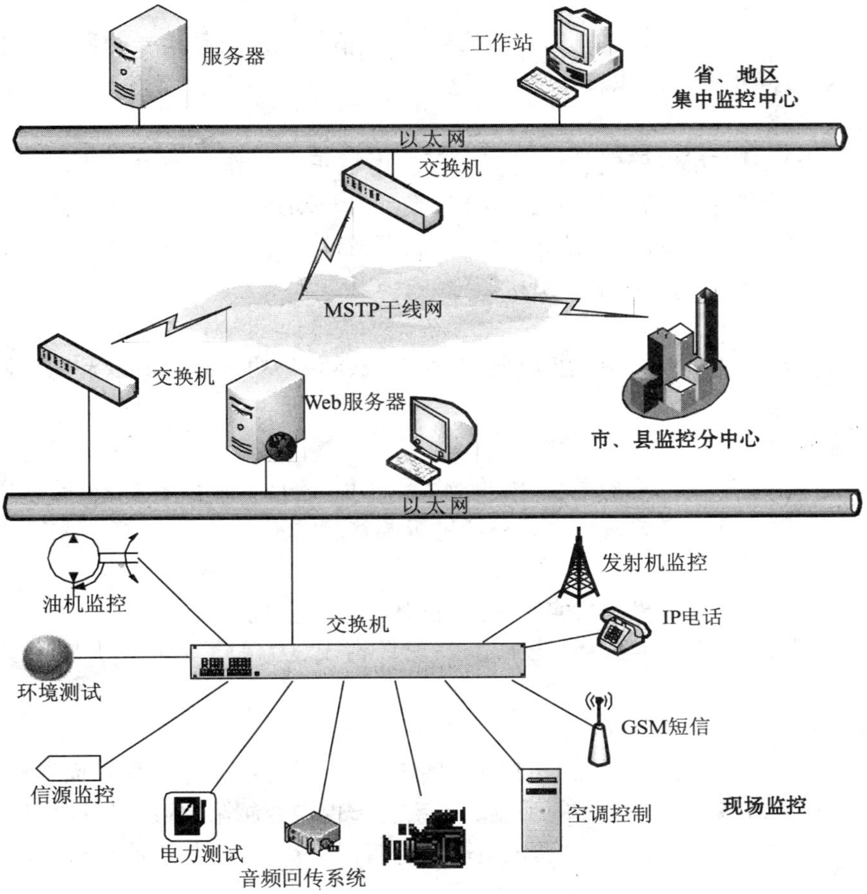

图 8－17　网络化监控系统网络拓扑图

同时,还要实现控制功能,如:

①发射机主备倒换或 N＋1 倒换,起停控制;

②市电－柴油发电机供电自动切换,起停控制;

③摄像头、现场设备的远程遥控。

当出现问题时,除了进行现场控制外,还要通过通信网络进行报警。

网络化监控系统可以采用 B/S 和 C/S 结合的构架。对于现场监控,采用 C/S 的方式,可以节省资源,实现实时性的控制。在监控中心,用 B/S 的方式,维护简单、使用方便。

系统的主要功能有以下 7 个。

1. 发射机监控

发射机监控主要监控发射机的运行参数和系统的工作状态、天线的工作状态。实时采集的数据送到分中心监控主机,根据采集的参数对发射机的状态进行判定以及进行必要的控制。控制主要有开关机、复位、故障报警以及处理。

2. 信号源监控

信号源监控主要监控发射机的音频信号、视频信号以及射频信号的质量。控制包括主备的切换、故障报警等。

3. 油机监控

柴油发动机是在市电停电的情况下保证发射机正常工作的动力系统。油机监控是监控柴油发动机设备的运转情况,当停电时,发动机自动运转,来电时自动停机。油机监控的参数有:燃油油位、油压、电池、转速、水温、润滑油油压、启动电池电压、发电电压、电流、频率等。控制包括远程控制发电机起停、故障复位。

4. 电力监控

电力监控用于监测市电的三相电压、三相电流、频率、功率的数值以及稳压器的输出状态。

5. 环境测试

环境测试主要采集机房的温度、湿度、烟雾照度、是否有水浸等参数,保障机房处于安全工作的条件之下。必要时可启动空调进行调整。

6. 视频监控系统

视频监控系统是通过摄像机实时采集机房的图像,实现视频监控。通过远程控制云台的运动,实现镜头的推、拉、摇,更好了解现场情况,为保障安全播出提供更完善的手段。

7. IP 电话/GSM 短信

IP 电话提供了一种通信手段,可以在网络的支持下实现语音通信。而 GSM 短信则提供了一种对管理人员实时报警的手段。当系统出现参数越限、状态异常时以及一些需要管理人员处理的情况时,系统自动发出短信到管理人员的手机,说明出现的状态,以便及时解决问题。

8.4.2 现场监控设计

根据系统的监控功能要求,现场监控主要有以下几个内容。

1. 发射机监控

可以采用本章介绍的任何一种监控方式:PC 工控机方式的监控、PLC 方式的监控、PAC 方式的监控。这里不再详细说明。

2. 视频监控

视频监控需要的设备有摄像机、云台解码器、图像处理服务器等。

图像处理服务器配备有图像采集和编码硬件,将完成以下功能:

①实时采集摄像机的图像数据并进行压缩;

②实时录像的处理、存储;

③以 TCP/IP 协议的方式,通过光缆将采集的图像信息送到监控中心。

3. 状态参数监控

状态参数的采集可以采用第 4 章介绍的方法,采集温度、湿度、水浸、烟雾、门禁以及电压、电流等模拟信号与开关量信号,用数字量输出的方法进行远程遥控。

对于现场监控,主要考虑的问题是需要设置的图像监控数目、需要云台控制的图像数目、模拟量输入的数目、数字量输入的数目、数字量输出的数目、通信的方式等等。当这些问题一旦确定,系统的框架设计就完成了。

现场控制的基本结构见图8-18。

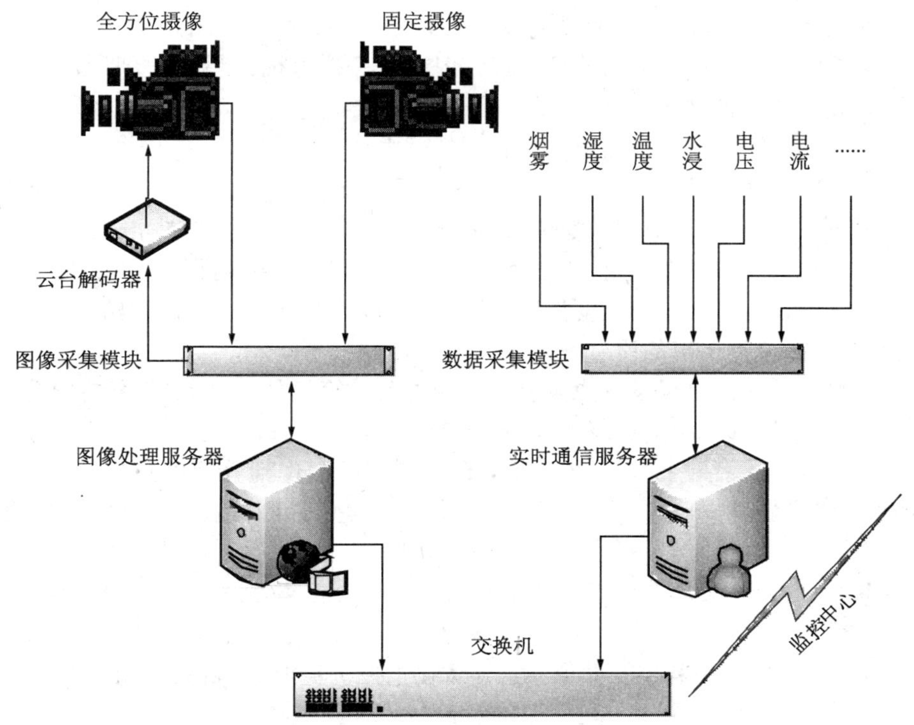

图8-18 现场监控结构

8.4.3 网络管理

网络管理可以定义为网络资源的管理,以达到高水平、有效率的服务。网络管理系统(NMS)包括采集网络设备数据的工具;存储数据的工具;网络的分析和预测、配置和控制网络设备的工具以及性能和规划管理工具。网络管理有以下几种类型。

1. LAN/WAN 管理

NMS 起初是为管理局域网(LAN)而发展起来的,现在已经发展到各种网络包括广域网(WAN)和互联网。使用NMS可以配置网络的设备(如对路由器进行配置)、监控故障并报警、测试网络性能、监控设备(如计算机磁盘空间)和应用状态。SNMP(Simple Network Management Protocol)是一个主要的网络管理组件。

2. 电信网络管理(Telecom Network Management)

电信网络为消费者和企业提供各种通信服务。在电信企业中使用多种协议进行网络管理,并提供监控和配置各种设备的手段。包括从电话交换到微波链接,以及卫星地面站等等。其管理包括网络优化、自动测试、故障处理等。电信的NMS由各种软件模块组成,构成一个运行支持系统(OSS, Operational Support System)。

3. 广播网络(Broadcast Networks)

电视、无线和数据广播网络是一个信息产生、发送和传输的系统。现在广播网络已经和计算机LAN/WAN技术密不可分,其运行和基础设施都需要LAN/WAN的支持,同时广播网络也有电信网络的一些特点。这说明基于网络的广播电视监控网络也需要网络管理。有些部门,如卫星电视网络以及新的卫星无线网络和数据广播网络,已经使用了网络管理系统。这里讲的网络管理虽然针对的是广播电视,但基本原理和方法同样也适用于卫星和有线电视网络。

网络化广播电视监控系统需要网络管理的理由如下:

①由于数字电视的进入,广播电视领域正在发生变化。广播电视发射台将很快有数字电视频道,可能会出现高清HD频道、标清SD频道以及模拟电视频道共存的情况,另外还有有线电视、数据广播,各种广播及电视播出方式使系统运行的复杂性大大增加。由此要求系统的运行有统一的调度指挥中心,从节目的编排、播出到工程的支持,这样可以减少费用,提高节目播出的质量。

②由于目前的广播电视设备愈来愈依赖软件和计算机技术,同时设备本身集成了图形用户接口GUIs(Graphical User Interface)、串行通信接口、LAN接口以及内置了简单网络管理协议SNMP,广播电视中心以及发射台从节目的制作到分发以及各种基础设施都愈来愈依赖局域网LAN和广域网WAN,因此传统的故障诊断方法经常不能排除故障,解决系统出现的问题。

③目前,发射台一般都有多个独立的监控系统,包括:发射机台站监控、卫星接收和上行监控、电力系统监控、火灾监控、门禁系统等等。这些系统都有特定状态及终端配置。许多都用PC机做为监控的设备。这导致在主控机房中PC机数量的大量增加。

以上的情况说明,目前的广播电视监控存在以下问题:

- 不多的技术人员要面对大量被监控的设备。
- 许多设备需要进行远程遥控操作。
- 系统运行愈来愈复杂。
- 出现问题时进行故障诊断和采取正确的行动愈来愈困难。
- 系统运行效率存在问题。

要解决这些问题,就需要采用网络管理工具。网络管理工具可以提供以下功能:

- 提供对设备的控制、配置、状态监测、报警管理以及故障诊断。
- 可以从主控中心或分中心对多个站点的设备进行监控。
- 把当前的不同类型的监控进行集成,提供统一管理的监控系统,扩大监控范围。
- 提供附加的系统管理功能,如:日志管理和用户管理;资源管理;带宽分配/日程管理/流量管理/ PSIP数据广播。
- 实时的状态报警,包括:事件回顾和日志;图形显示;系统设备的地理、物理流程和逻辑视图;声、光、电、短信、电话以及E-Mail报警。
- 系统的兼容性和扩展性。
- 数据分析和报表:趋势分析、统计分析。
- 智能化的基于规则的故障分析和问题求解步骤。
- 自动化的设备配置。

- 设备的自动发现。
- 符合工业标准的开放体系结构。
- 为第三方提供软件接口。
- 安全机制：对访问的控制，根据需要对用户或用户组给赋予不同的系统访问权限。

广播电视网络是一种系统的伸缩性比较大的网络，这个特点导致网管系统必须具有很强的灵活性才能适应各种各样的广播电视发射台的情况。也就是说，网管系统的硬件和软件都应该具有可选择性和可配置性，才能适应特定的情况，同时用户也可以根据系统的增长进行扩充。

网络化的广播电视监控系统是一个分级的分布结构，网管也要考虑这一点。在发射台这一级可以采用独立的结构，网络管理集中在本地网络的管理之上。分中心可以监控管理多个发射台，具有更大的分布性。

在广播电视领域，把设备用网络管理系统进行管理，可能面临以下困难：

①网管的设备接口是一个需要解决的问题。由于广播电视设备的类型很多，监控的接口可能有以下几种：

- SNMP 网络接口。
- 串行接口：多种电气标准：RS－232，RS－422，RS－485；多种协议：IEEE－488。
- GPI：Contact closures，TTL。
- 模拟接口。

多种接口造成了管理的困难。

②有些设备可能不支持 SNMP 设备，如：

- 主控切换开关。
- 磁带录像机。
- 视频服务器。
- 字符发生器和图形系统。
- 测试设备。
- 演播室－发射机连接设备。
- 发射机。
- 卫星接收和上行系统。
- 摄像和后期制作。
- 供电、发电机、UPS 和 HVAC。
- 防火、烟雾、监测、电梯、门禁等。

管理这些设备需要各种接口和驱动，非常复杂。

③网络管理系统需要考虑的另外一个问题是对已经存在的监控系统进行集成。这些系统包括：

- 发射机遥控系统。
- 卫星接收和上行控制系统。
- ENG 微波接收控制系统。
- 路由开关器件控制。
- 视频监控。

- 远程测试设备。
- HVAC 控制系统。
- 防火和门禁系统。

对于设备的网管问题，只要设备支持 SNMP 接口，其集成到网络管理系统就比较容易。现在许多设备都支持 SNMP，包括：

- 基于计算机的系统（与操作系统有关）。
- 网络设备：路由器、网桥、网关等。
- 新的广播电视设备：DTV 编码器、PSIP 发生器、数据封装器、数据服务器、视频服务器、转码器、测试设备、自动化系统。
- 提供 SNMP 代理的设备。

对于不支持 SNMP 的设备，网络管理系统应该以简捷、有效和费用不大的方式提供开发和配置各种设备驱动以及专用协议的工具。一个解决办法是采用计算机构成一个 SNMP 代理，实现网络管理，见图 8－19。SNMP 代理通过自动化系统设备服务器采集设备的状态信息，然后通过通信网络将信息传送给文件服务器和客户工作站。自动化系统设备服务器到设备之间的接口是 RS－422 串行通信接口。自动化系统设备服务器对不支持 SNMP 的设备进行管理。这种方式可能存在的问题是，很多设备只有一个串行口，如果设备本身正在使用该串口，则网络管理就无法使用。可以通过扩展串口的方式解决这个问题，但要注意不能影响原系统的工作。

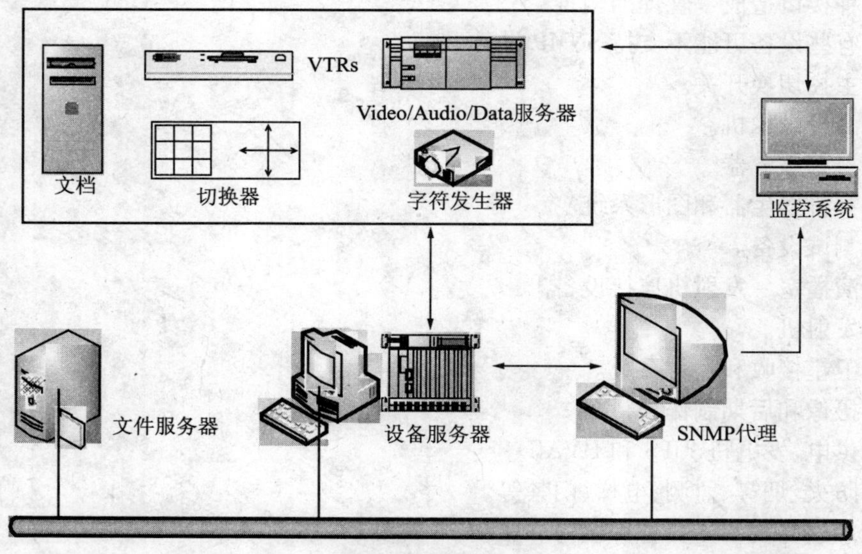

图 8－19　不支持 SNMP 的设备管理方式

8.4.4　监控软件结构

监控软件从整体上看，可以分成上位机软件和现场控制器软件两大部分。

1. 上位机软件

上位机软件要求具有以下功能。

(1)遥测功能

• 实时显示各个广播电视发射台站设备运行状态图。
• 实时监控数据的采集与处理。
• 监控数据的实时数据趋势图。

(2)遥控功能

• 广播电视发射机的遥控。
• 现场设备的遥控。
• 现场摄像头的推、拉、遥等操作。

(3)遥信功能

• 广播电视发射机控制开关状态。
• 遥控后的设备变位情况。

(4)遥调功能

• 设备参数的远程遥控调整。
• 动作参数阈值的调整。

(5)遥视功能

• 随时查看各个广播电视发射台站视频监控图像。
• 画面的分割和循环显示。

(6)管理功能

• 系统安全和多级操作人权限管理,使用系统人员的身份确认、密码管理等。
• 运行日志:值班人员;操作过程记录;数据采集记录等信息。
• 遥测实时数据查询。
• 遥信实时数据查询。
• 数据库管理。
• 监控硬盘录像的管理。
• 监控历史数据查询。
• 报警事件实时打印和召唤打印。
• 事件顺序记录和事故追忆。
• 定时和召唤报表-遥控操作。

上位机软件是运行在监控主机和服务器端的程序,其功能复杂,具有一定的开发难度。

2. 现场控制器软件

根据控制分散的原则,现场控制器需要以下任务:

• 监控对象工况参数的采集。
• 阈值判断,报警处理。
• 按照设定程序自动控制现场设备。
• 接收远程命令进行现场控制。
• 通信功能。与上位机通信,工况参数、设备状态上传。

现场控制器软件的设计可以参见本章第3节的内容,这里不再赘述。

思考题与习题

1. 对广播电视发射机进行电流采样和电压采样时应该注意哪些问题？设计一个接口电路的原理图，将图8-1电压采样电路的输出连接到单片机。

2. 什么是干接点，什么是湿节点？设计一个开关量输入电路，读入发射机开关机开关的状态，并用汇编语言写出处理程序（8088/8086汇编语言或51系列单片机汇编语言）。

3. 画出基于PC的广播电视发射机监控系统的基本结构，并说明个部分的工作过程。

4. 现场控制器可以采用那些方法进行设计？用你熟悉的方式给出一种现场控制器的设计方框图，并说明各部分的原理及设计考虑。

5. 什么是PLC和PAC？在监控系统中采用PAC能够完成那些任务？

6. 说明基于PAC控制器的软件开发的大体思路，并对不同方法编写软件的难易程度进行比较说明。

7. 画出基于PAC的广播电视发射机监控系统的基本结构，并说明个部分的工作过程。

8. 通过查阅资料，用PAC控制器设计一个监控三相供电线路参数的现场控制器。要求监测三相电压、三相电流、三相功率、功率因数等参数，当监控结果超出预定值时，发出报警信息。同时给出跳闸控制信号，并检查跳闸是否成功。应该完成硬件框图、软件流程的设计，电量采集以及GSM短信收发部分可以采用商品化的模块。报警信息、控制过程和控制结果通过GSM短信发送到管理人员的手机中。

9. 画出基于网络的广播电视发射机监控系统拓扑结构，并说明各部分的功能。

10. 以处于高山上的广播电视发射台的视频监控为例，通过查阅资料，设计一个视频监控系统的框图，要求有3个固定的监控（摄像头不动），3个可远程遥控的摄像头。说明各部分的功能以及考虑采用的通信链路。

第 9 章

智能监控技术

广播电视系统是一个非常复杂的系统,对系统运行的安全性和可靠性的要求非常高。复杂系统运行安全保障的研究方向是加强系统的智能性,从事后维修向预测维修方向发展。也就是要求设计监控系统时采用智能监控技术,建立和发展智能监测和故障诊断系统,能够事先发现故障的苗头,在线解决系统出现的问题,防范恶意干扰和攻击。

从信息处理的角度看,智能监控系统是一个智能信息处理系统。监控的过程涉及获取被监控对象的状态信息;将获得的信息通过通信网络传输到控制中心;对获得的信息进行分析加工;利用系统存储的知识作出决策,对被控对象进行控制。整个过程就是一个信息的获取、传输、加工、应用的过程。

智能监控技术是在信息处理的各个环节中应用了智能信息处理方法进行监控系统设计的一种技术。智能计算(Computational intelligence)是智能信息处理的核心技术。智能计算目前没有统一的定义。概括地讲,可以认为:智能计算就是利用求解问题提供的数字材料,借鉴自然界(生物界)规律的启迪,模仿其原理,设计出的求解问题的算法。所采用的技术目前有:人工神经网络技术、模糊计算技术、进化计算以及群集智能技术,等等。

采用智能计算的方法对监控系统所获得的数据进行信息挖掘、分析、处理是智能监控系统一个主要的信息处理手段,也是目前智能控制技术的研究热点。由于篇幅所限,本书不展开讨论相关的内容,只简要介绍一下我们在这方面所做的与广播电视监控技术相关的一点工作。

9.1　模糊计算

模糊计算通常采用的理论方法是模糊理论、粗糙集理论。模糊计算为复杂系统的分析提供了一种有用的方法和工具。本节介绍粗糙集理论在系统分析、故障诊断中的应用。

在监控系统中,如何对监控系统获得的大量数据进行处理、分析、归纳、分类是一个值得研究的问题,尤其是对不完整、不精确数据或定性定量的数据进行分析、推理,发现其中的关系,找出其中的规律已经成为智能信息处理中的重要课题,粗糙集为解决这个问题提供了一个思路。

粗糙集理论(Rough Set Theory)是波兰科学家 Z. Pawlak 于 1982 年提出的一种数据分析理论,是一种处理模糊和不确定知识的数学工具,其主要思想就是在保持分类能力不变的前提下,通过知识约简,导出问题的决策分类规则。它从新的角度对知识进行了定义,把知识看成是关于论域的划分。这一理论无需任何附加信息或者先验知识,就能有效地分析和处理不精确、不完整和不一致的各种不完备数据,并从中发现隐含的知识,揭示潜在的规律。

9.1.1 粗糙集基本概念

粗糙集的理论基础是集合的分类。为了说明粗糙集的基本概念与其他集合概念之间的区别,我们首先回顾一下集合、模糊集合等相关概念。

1. 集合、模糊集合和隶属函数

经典集合理论中,对于一个对象是否属于一个集合是确定的,即对象 X 或者属于或者不属于该集合。如:一个大于 6 的数构成的集合 U 可以表示成: $U=\{x \mid x>6\}$。因此,经典结合具有非此即彼的性质。

人们对客观世界的认识在主观上有一定的不确定性,或模糊性。如:对天气冷热、雨量大小、人的胖瘦,日常的说法都没有绝对的量化标准,具有一定的不确定性。为了描述这种不确定性, L. A. Zadeh 博士在 1965 年发表了 Fuzzy Set 论文,提出了模糊集合的概念,用隶属度函数对模糊现象进行定量表示。

模糊集合定义:如果 U 是对象 x 的集合,则 U 的模糊集合 A 表示为:

$$A=\{(x,\mu_A(x)) \mid x\in U\}$$

$\mu_A(x)$ 称为模糊集合 A 的隶属函数,其值称为特征值或隶属度;U 称为论域或域。

隶属函数的性质:

- 模糊集合定义为对象 x 和其隶属度的有序对;
- 隶属函数的值在 0 和 1 之间;
- 确定隶属度具有主观性。

采用隶属度函数的概念,经典集合也可以用隶属度函数进行表示:

$$\mu_A=\begin{cases}1 & \text{如果 } x\in U\\ 0 & \text{如果 } x\notin U\end{cases}$$

这样,就把经典集合和模糊集合的表示方法统一起来。

集合中的论域 U 有两种形式:离散形式和连续形式。离散形式在论域中的对象是可数的;而连续形式在论域中的对象是不可数的。如:以 x 表示课程的集合,某人对课程的喜好可以表示成一个模糊集合。

$$C=\{(\text{物理},0.8),(\text{数学},0.9),(\text{英语},0.7),(\text{电路},0.6)\}$$

再如,令 $X=R+$ 为人类年龄的集合,模糊集合 $B=$“年龄在 50 岁左右”则表示为:

$$B=\{x,\mu_B(x) \mid x\in X\}$$

式中: $\mu_B(x)=\dfrac{1}{1+\left(\dfrac{x-50}{10}\right)^4}$

模糊集合可以用公式表示: $A=\begin{cases}\sum_{x_i\in X}\mu_A(x_i)/x_i & X\text{ 为离散对象集合}\\ \int_X\mu_A(x_i)/x & X\text{ 为连续对象集合}\end{cases}$

其中：$\sum$ 与 $\int$ 为模糊集合的表示符号。

用公式表示方法，上述例子可以表示成：

$$C = 0.8/\text{物理} + 0.9/\text{数学} + 0.7/\text{英语} + 0.6/\text{电路}$$

$$B = \int_{R^+} \frac{1}{1 + \left(\frac{x-50}{10}\right)^4} / x$$

2. 知识表示

在粗糙集中，知识表达系统可以表示为一个四元组：

$$S = < U, A, V, f >$$

其中：U 是由所感兴趣的对象组成的非空有限集合，称 U 为论域（Universe）；

A 是属性 a 的集合，$a: U \to V_a$；

V_a 属性 a 的取值集合，$V = \bigcup_{a \in A} V_a$；

$f: U \times A \to V$ 是信息函数，为每个属性赋予一个值。

$$\forall a \in A, x \in U, f(x,a) \in V_a$$

如果 $S = <U,A,V,f>$ 是一个知识表达系统，并且满足：$A = C \cup D, C \cap D = \varnothing$。$C$ 是条件属性集，D 是决策属性集，具有条件属性和决策属性的知识表达系统称为决策表。

决策表是一类特殊而重要的知识表达系统，论域中的对象根据条件属性的不同，被划分到具有不同决策属性的决策类中。决策表可以看作是定义的一族等价关系。表9－1是不同类型继电器的主要技术指标，也可以看成一个决策表。

表9－1　不同类型继电器主要技术指标

ID	振动等级 X1	冲击等级 X2	最大动作时间 X3	触点组数 X4	介质绝缘电压 X5	继电器类型 Y
1	1	1	≥5	2	500	普通不密封　Y1
2	1	1	≥5	4	1000	普通不密封　Y1
3	2	1	≥5	4	300	普通密封　Y1
4	2	1	≥5	6	500	普通密封　Y1
5	4	2	<5	2	150	磁保持　Y2
6	3	1	<5	2	500	磁保持　Y2
7	1	1	<5	2	300	舌簧　Y3
8	2	1	<5	2	150	舌簧　Y3
9	5	3	<5	–	1000	固态　Y4
10	5	3	<5	–	1000	固态　Y4

9.1.2 用粗糙集分析监控数据

在智能监控中,需要根据系统采集的数据进行分析推理,判断系统的状态。对于常规的阈值型监控,作出判断比较简单,只要超出设定的阈值,就发出报警信号或给出控制动作。对于复杂的情况,如多个监控信号报警,要确定准确的故障原因、地点往往就不那么容易了。在设计一个监控系统时,系统的故障分析和故障诊断是系统设计的一个难点。

故障诊断的过程可以划分为四个主要的环节:①信号获取;②信号分析处理;③工况识别;④故障诊断。

在基于专家控制系统的故障诊断中,故障诊断经常采用的推理方法是基于规则的推理。如何从故障数据中归纳出故障诊断推理规则,即:如何获取推理的知识,这是一个公认的难题,也是专家控制系统设计的瓶颈。

为了获得智能处理的规则,需要系统设计者对被监控对象作出深入的研究,常用的方法是:①通过和专家交谈,分析常见的故障现象及处理方法,整理出相关的诊断规则;②查找设计规范,分析系统运行原理,作为系统进行分析推理的约束条件,判断故障的可能原因;③从监控数据中挖掘知识,提炼出故障诊断规则。从监控数据中提取故障诊断规则的方法越来越受到研究者的重视,因为它克服了其他方法中可能存在的主观不确定因素,往往更能表征系统本身的特征以及容易发生的故障。粗糙集理论从监控数据中提取故障诊断规则提供了一个有力的工具。

用粗糙集分析监控数据,其步骤如下:

①根据监测结果,把故障现象和监控数据归纳成一个决策表;决策表的形式同表9-1。

②对表中的数据进行离散化,分成不同的等级。因为粗糙集处理的是离散的数据,因此需要对连续的数据给予适当的离散分级。

③约简属性:从实际问题中得到的知识表达系统中,属性可能存在冗余。消除这些属性,并不损害知识表达系统中蕴涵的信息。在粗糙集中,去除冗余属性称为约简。经过约简以后,得到不含多余属性并能保证分类正确的最小条件属性集。约简方法主要有基于正域的方法和基于区分矩阵的方法。

④提取分类规则:对知识表达系统进行属性约简以后,就可以从中提取决策规则。这些规则可以作为故障诊断的决策依据。

9.1.3 决策规则的知识表示及推理

知识表示是人工智能研究的一个重要方面。对于一个实际的智能监控系统来说,知识表示的好坏直接影响到推理机的设计,也关系到系统运行效率。因为推理方法以知识表示为基础,两者相辅相成。

在专家控制系统中的知识表示方法有:谓词逻辑表示、框架表示、语意网络表示、产生式表示等等。在实用的专家控制系统中较多地采用了产生式的知识表示方法。这是因为产生式直观,符合人类推理分析的习惯。产生式一般取如下形式:

IF Condition THEN Conclusion

从这个一般形式可以看出,产生式实际上是一种基于规则的知识表示方法。对于智能监控系统来说,决策规则实际上就是一种产生式。属性就是前提条件,决策结果就是结论。当然实际的产生式的前提条件可能不止一个,多个条件之间可以用逻辑关系“与”、“或”来组织,其结论也可以有多种决策结果。

在明确了产生式和决策规则之间的逻辑关系以后,因为决策表可以看作是定义的一族等价关系,得到的决策规则可以很方便地用关系数据库来表示。关系数据库是目前常用的数据库,如:SQL Server;Oracle 等等。关系数据库是采用关系模型作为数据的组织方式,其数据结构是一张二维表,描述了现实世界中实体与实体之间的各种关系。用关系数据库表示决策规则的方法如下:

①把条件属性定义为条件属性字段名;

②把决策属性定义为决策属性字段名;

③定义条件属性之间的逻辑关系以及条件属性和决策属性之间的逻辑关系;

④把条件属性和决策属性归结为一个关系数据库的表格;

⑤把条件属性之间的逻辑关系以及条件属性和决策属性之间的逻辑关系归结为一个规则字典。

通过这种方法,决策规则集合变成了关系数据库中的一个表格,表格中条件属性和决策属性之间的逻辑关系通过规则字典来体现。每条决策规则变成了一条数据记录。

用关系数据库表示决策规则,要把条件属性和决策属性用关系数据库中的字段来表示,每个决策规则用一条记录来表示。但是,关系数据库中的数据是确定值,而决策规则中的条件属性往往是一个取值范围,需要变通处理。表 9 - 1 决策表在关系数据库中的表示方法如表 9 - 2 所示。

表 9 - 2　决策规则在关系数据库中的表示方法

NO	MinX1	MaxX1	MinX3	MaxX3	Y
1	-1	-1	5	-1	Y1
2	-1	2	-1	5	Y3
3	3	4	-1	5	Y2
4	5	-1	-1	5	Y4

表 9 - 2 中, NO 表示决策规则序号;Y 表示决策的继电器类型;MinX1 表示属性 X1 的最小值;MaxX1 表示属性 X1 的最大值;MinX3 表示属性 X3 的最小值;MaxX3 表示属性 X3 的最大值。为了表示条件属性的取值范围,把条件属性分解为最大值和最小值两个字段,填写相应的数值。 -1 表示该项对于决策没有影响。

这种知识表示的优点是:

①知识表示能力强大,可以表示出复杂的大型系统中的知识关系。由于关系数据库的字段类型丰富,字段个数不受限制,可以方便地表达出复杂的逻辑关系。

②系统扩展容易。采用这种知识表示方式实现的推理机可以很容易实现系统的扩展,推理机的能力随着推理记录的增加不断增强。系统扩充的同时并不需要修改专家控制系统程序,真正实现了程序与数据的无关性,符合面向对象的程序设计思想。

③可以利用关系数据库管理系统的功能，专家控制系统构造容易、方便。

④推理机的设计简单方便。

在进行故障分析诊断时，对给定的故障数据进行必要的数据处理，推理机就可以在规则库中进行推理分析。可以使用关系数据库中的 SQL 语言检索符合条件的决策规则，进行相应的推理。可以从前提（给定的设计条件）推导出目标（决策），这是正向推理；也可以从目标推导出前提，这是反向推理。

9.1.4 用粗糙集进行发射机故障诊断的实例

这个实例给出了用区分矩阵的方法提取决策规则，对广播电视发射机进行故障诊断的方法。

1. 决策规则提取算法

决策表的区分矩阵是一个|U|×|U|矩阵，定义为：

$$d_{ij} = \{a \in C \mid a(x_i) \neq a(x_j)\};i,j = 1,2,\Lambda,\mid U\mid$$

如果进一步考虑决策属性的差异，可以定义决策表的相对区分矩阵 $\bar{M}_D$ 如下：

$$m_{ij} = \{a \in C \mid a(x_i) \neq a(x_j) \wedge d_i \neq d_j\} \quad i,j = 1,2,\Lambda,\mid U\mid$$

由相对区分矩阵可以定义相对区分函数 f_D。相对区分函数 f_D 是 m 个布尔变量 a_1^*，a_2^*，Λ，a_m^* 的布尔函数，其中：a_1^*，a_2^*，Λ，a_m^* 对应于属性 a_1，a_2，Λ，a_m。f_D 定义为：

$$f_D(a_1^*,a_2^*,\Lambda,a_m^*) = \wedge \{\vee c_{ij}^* \mid 1 \leqslant j \leqslant i \leqslant \mid U\mid, c_{ij} \neq 0\}$$

其中：$c_{ij}^* = \{a^* \mid a \in c_{ij}\}$

利用区分函数可以对属性进行约简。区分函数 f_D 任何一行 f_{Di} 可以写成以下一般形式：

$$f_{Di}(a_1^*,a_2^*,\Lambda,a_m^*) = (a_1^* \vee a_2^* \vee \Lambda \vee a_m^*) \wedge (a_1^* \vee a_2^* \vee \Lambda \vee a_m^*) \wedge \Lambda \wedge (a_1^* \vee a_2^* \vee \Lambda \vee a_m^*)$$

化简该式可以求出属性的约简，但时间的开销比较大。

考虑到实际的相对区分矩阵中的元素可能只包含较少的属性以及布尔代数的吸收律，$a_1^* \wedge (a_1^* \vee a_2^*) = a_1^*$，如果 f_{Di} 中的一项只包含一个 a_1^*，那么可以得到：

$$f_{Di}(a_1^*,a_2^*,\Lambda,a_m^*) = (a_1^*) \wedge (a_1^* \vee a_2^* \vee \Lambda \vee a_m^*) \wedge \Lambda \wedge (a_1^* \vee a_2^* \vee \Lambda \vee a_m^*) = a_1^*$$

注意到 $f_D = f_{D1} \wedge f_{D2} \wedge \Lambda \wedge f_{D|U|}$，因此所有含有 a_1^* 项都会被吸收。同理，如果某一项的最简形式为 $a_i \vee a_j$，那么，所有包含 $a_i \vee a_j$ 的项都会被吸收。利用这个特点，可以对属性进行约简。约简后的相对区分矩阵 $\bar{M}_D$ 中保留了对于决策来讲是重要的属性，同时记录了当决策属性值相异时，属性值是否相异。如果属性值相异，则说明该属性值对于决策来说是重要的。由此，构造决策属性值矩阵 D，进行属性值的约简。利用约简后的属性和属性值提取决策规则必定是最简的决策规则。根据这个思想，设计出以下决策规则抽取算法（*DREA*）。

***DREA* 算法**

输入：决策表 $S = (U,A,V,f)$，$A = CYD$，$CID = \varnothing$，C、D 分别为条件属性集和决策属性集；$a_i \in C$，$i = 1,2,\Lambda,p$；d_i，$d_j \in D$ 。

输出:最简决策规则集合 DR。

初始化:$\overline{M}_{|d_i|\times(|U|-|d_i|)}$ 的元素 $m_{ij}=0$;$i=1,2,\Lambda|d|$;$j=1,2,\Lambda,(|U|-|d|)$,$|d_i|$表示具有相同 d_i 属性值的对象的个数;$|U|$表示论域中全体对象的个数。$Rd_i=\varnothing$,Rd_i 是决策 d_i 对应的精简属性集合。

Step1 构造相对区分矩阵 $\overline{M}_{|d_i|\times(|U|-|d_i|)}$。为了便于计算,把原始的决策表中有相同 d_i 值的对象数据放在一起,所有对象按照 d_i 值的顺序依次重新排列,然后使用以下算法构造 d_i 对应的相对区分矩阵 $\overline{M}_{|d_i|\times(|U|-|d_i|)}$。

```
for i: =1 to |d_i|  do
begin
k: =1;
for j: = 1 to |U|  do           //循环所有决策属性值相异的属性;
  begin
  if  d_j≠d_i then
    for q: =1 to p do           //p:属性的个数;
      if(a_q)_i≠(a_q)_j then m_ik = m_ik ∨ a_q;//如果属性值 d_j 的每个属性(a_q)_j 和属性
                                    值 d_i 的每个属性(a_q)_i 相异,则加入相对区分矩阵
    k: =k +1;
  end;
end;
```

对于有$|d_i|$个决策属性值的决策表,需要使用该算法生成$|d_i|$个相对区分矩阵 $\overline{M}_{|d_i|\times(|U|-|d_i|)}$。

Step2 对每个相对区分矩阵 $\overline{M}_{|d_i|\times(|U|-|d_i|)}$,利用以下算法寻找相对区分矩阵中只有一个属性的元素进行约简。

```
for k: =1 to |d_i|  do          //循环处理所有的行
begin
for j: =1 to (|U| - |d_i|)do          //检查行的每一列
if |m_kj| =1 then
          //|m_kj|表示决策区分矩阵中属性的个数,如果 m_kj中只有的一个属性
begin
for p: =1 to |d_i| do
    for q: =1 to (|U| - |d_i|)do
        if m_kj in m_pq then m_pq←0; //如果 m_kj在属性 m_pq中,则删除
        Rd_i←m_kj;         // 将属性加入到结果集合 Rd_i 中
    end;
end;
```

Step3 经过 *Step*2,如果相对区分矩阵 $\overline{M}\neq0$,则在 $\overline{M}$ 中查找$|m_{ij}|=2$ 的元素,其形式为:$a_i^*\vee a_j^*$,分别计算所有相同项 $a_i^*\vee a_j^*$ 中各属性的数目,取数目最大的作为约简结果加入集合,并删除区分矩阵 $\overline{M}$ 中的所有包含该项的元素。这时,结果集合中的项有 $a_k^*\wedge(a_l^*\vee a_j^*)$的形式。如果决策区分矩阵 $\overline{M}\neq0$,则在 d_{ij}中继续查找$|m_{ij}|=3$ 的元素,依此

类推,直至 $\bar{M}=0$。

Step4 得到约简属性的集合 $Rd_i, i=1,2,\Lambda,k.\ k=|d_i|$ 是决策表中决策属性值的数目。从 $\bar{M}$ 中删除约简掉的属性。

Step5 对应 $\bar{M}$ 生成决策属性值矩阵 D。D_i 与 $\bar{M}_{|d_i|\times(|U|-|d_i|)}$ 维数相同,其元素是 $\bar{M}_{|d_i|\times(|U|-|d_i|)}$ 中的属性对应的属性值。

Step6 决策属性值约简及推理规则的提取。应用下列算法求取推理规则。DR^i 是从 Rd_i 对应的 $\bar{M}_{|d_i|\times(|U|-|d_i|)}$ 中提取的规则集合。D_i 的元素用 d_{nj} 表示。

$DR^i \leftarrow \varnothing$

q: = 1;

for n: = 1 *to k do* ;循环处理决策规则 D_i 中的推理规则

begin

repeat:

for j: = 1 *to* $|U|-|d_i|$ *do* //|处理 $\bar{M}_{|d_i|\times(|U|-|d_i|)}$ 一行

begin

if $|m_{nj}|=q$ *then* //$|m_{nj}|$表示相对区分矩阵 $\bar{M}_{|d_i|\times(|U|-|d_i|)}$ 中属性的个数

for p: = 1 *to* $(|U|-|d_i|)$ *do* //循环处理一行中的所有列

begin

if (m_{nj}*in* m_{np}) *then* $m_{np}\leftarrow 0$; //如果 m_{nj} 在属性 d_{np} 中,则删除 m_{np}

$DR_n^i \leftarrow DR_n^i \wedge (m_{np}=d_{np})$; //将属性及属性值加入到规则集合 DR_i 中

end;

end;

for j: = 1 *to* $(|U|-|d_i|)$ *do*

if $m_{nj}\neq 0$ *then*

q: = *q* + 1 *goto repeat*; //如果 $\bar{M}_{|d_i|\times(|U|-|d_i|)}$ 的一行不全部为0,继续查找

for j: = *n* + 1 *to k do* //删除余下的各行中包含规则的元素

for p: = 1 *to* $|d_i|$ *do*

if $m_{ip}=d_{np}$ *in* DR_n^i *then* $m_{ip}\leftarrow 0$; //删除所有相同的规则

end;

在以上算法中,在 $q\geqslant 2$ 时,需要取相同属性值最多的作为结果进行约简并加入规则集合 DR_i 中,并删除决策属性值矩阵中的所有包含该项的元素,这时属性和属性值为:$(m_{ip}=d_{ip})\wedge(m_{iq}=d_{iq})$的形式。如果决策区分矩阵 $\bar{M}_{|d_i|\times(|U|-|d_i|)}\neq 0$,则在 m_{nj} 中继续查找$|m_{nj}|=3$ 的元素,依此类推,直至 $\bar{M}_{|d_i|\times(|U|-|d_i|)}=0$。

此步骤由决策集合 Rd_i 分别生成 k 个决策集合 DR^k。

Step7 由 DR^k 输出所有规则。

Step8 停止。

2. 决策规则提取实例

(1)广播电视发射机原理

常用的双通道广播电视发射机的原理框图见图 9-1。

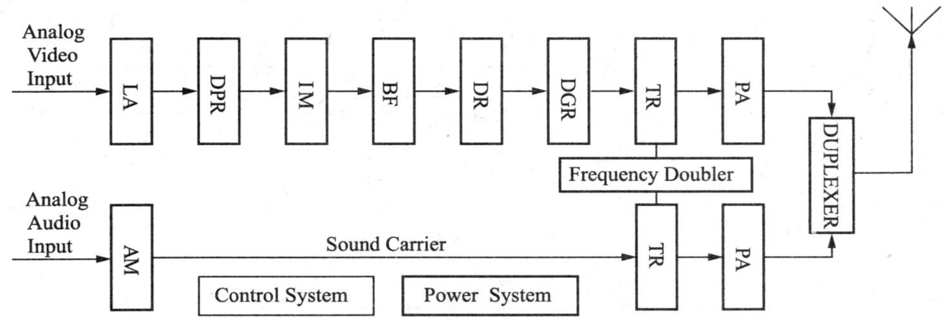

图 9－1　双通道广播电视发射机的原理框图

图中，LA：钳位放大器；DPR：微分相位校正器；IM：图像调制器；BF：边带滤波器；DR：延时校正器；DGR：微分增益校正器；TR：变频器；PA：功率放大器；AM：伴音调制器。

电视发射机常见的故障可以分成三大类：①电控系统故障；②通道系统故障；③电源系统故障。广播电视发射机是一个复杂的电子系统，故障诊断是十分复杂的。电视发射机的故障现象千差万别，故障的原因各种各样。从现象去判断分析原因，找出故障部位是比较困难的。举例来说，电控系统的故障现象类型十多种之多，每种现象又有数目不等的故障原因，不同的故障原因有可能表现出类似的故障现象。为了进行故障诊断，需要从故障数据中抽取推理规则。在这里使用 *DREA* 算法进行规则的提取。

（2）故障决策表

设系统中有 M 种故障，$S=(S_1,S_2,\Lambda,S_M)$ 为故障信号集合，S_i 表示一个故障信号。当故障 S_i 发生时，其故障原因可能有 d 种，用 $D_i(i=1,2,\Lambda,d)$ 表示。状态信号 X 与故障原因 $D_i(i=1,2,\Lambda,d)$ 有函数关系：$D_i=f(X)$。

为了解释算法的应用，以表 9－3 表示的“输出功率”故障为例进行说明。表中的参数已经根据粗糙集的需要进行了分级，为了简单，这里对数据分了三个等级。“1”表示监测的数据低于正常值；“2” 表示监测的数据为正常值；“3” 表示监测的数据高于正常值。

表 9－3　输出功率故障时系统监测数据表

ID	x_1	x_2	x_3	x_4	x_5	x_6	x_7	x_8	x_9	x_{10}	x_{11}	x_{12}	D
1	1	1	2	2	2	2	2	2	2	2	2	2	D_1
2	3	3	2	2	2	2	2	2	2	2	2	2	D_1
3	1	2	1	2	2	2	2	2	2	2	2	2	D_2
4	3	2	3	2	2	2	2	2	2	2	2	2	D_2
5	1	2	2	2	2	2	2	2	2	2	2	2	D_3
6	3	2	2	2	2	2	2	2	2	2	2	2	D_3
7	1	2	2	1	1	1	2	2	2	2	2	2	D_4

续表

ID	x_1	x_2	x_3	x_4	x_5	x_6	x_7	x_8	x_9	x_{10}	x_{11}	x_{12}	D
8	3	2	2	3	3	3	2	2	2	2	2	2	D_4
9	1	2	2	1	2	2	2	2	2	2	2	2	D_5
10	3	2	2	3	2	2	2	2	2	2	2	2	D_5
11	1	2	2	1	2	2	1	2	2	2	2	2	D_6
12	3	2	2	3	2	2	3	2	2	2	2	2	D_6
13	1	2	2	1	2	2	2	2	2	2	2	2	D_7
14	3	2	2	3	2	2	2	2	2	2	2	2	D_7
15	2	2	2	2	2	2	2	1	1	2	2	2	D_8
16	2	2	2	2	2	2	2	3	3	2	2	2	D_8
17	2	2	2	2	2	2	2	1	2	2	2	2	D_9
18	2	2	2	2	2	2	2	3	2	2	2	2	D_9
19	2	2	2	2	2	2	2	2	2	1	1	2	D_{10}
20	2	2	2	2	2	2	2	2	2	3	3	2	D_{10}
21	2	2	2	2	2	3	3	2	2	1	2	2	D_{11}
22	2	2	2	2	2	3	3	2	2	3	2	2	D_{11}
23	2	2	2	2	2	2	2	2	2	2	2	1	D_{12}
24	2	2	2	2	2	2	2	2	2	2	2	3	D_{12}
25	2	2	2	2	2	2	2	2	2	2	2	2	D_{13}

表中：x_1：发射单元输出信号；x_2：24V 电源监测信号；x_3：发射单元工作电流；x_4：校正单元输出信号；x_5：调制单元输出；x_6：视频信号；x_7：伴音中频信号；x_8：功放末级工作点；x_9：功放末级单元监测点信号；x_{10}：功放前级工作点；x_{11}：功放前级单元监测点信号；x_{12}：功放前级输出信号；D_1：24V 电源故障；D_2：发射单元电路故障；D_3：输出电缆断线；D_4：输入信号电路故障；D_5：调制电路故障；D_6：伴音调制器故障；D_7：校正单元保护电路故障；D_8：25kV 电源偏离正常值；D_9：功放末级功率管失效；D_{10}：6～12V 直流电源故障；D_{11}：功放前级功率管失效；D_{12}：输入电缆故障；D_{13}：环行器故障。

（3）规则提取

使用本文的算法从表 9－3 中提取规则的过程如下：

Step1 构造区分矩阵 $\overline{M}_{|d_i|\times(|U|-|d_i|)}$。这里共有 13 个决策属性和 25 个样本，根据决策属性值的数目，应该有 12 个 $\overline{M}_{2\times 23}$ 矩阵和 1 个 $\overline{M}_{1\times 24}$ 矩阵。以 D_6 为例，D_6 的 $\overline{M}_{2\times 23}$ 见表 9－4。

表 9－4 决策属性 D_6 的相对区分矩阵

	1	2	3	4	5	6	7	8	9	10	13	14	15	16	17	18	19	20	21	22	23	24	25
11	x_2, x_4, x_7	x_1, x_2 x_4 x_7	x_3 x_4 x_7	x_1 x_3 x_4 x_7	x_4 x_7	x_1 x_4 x_7	x_5 x_6 x_7	x_1 x_4 x_5 x_6 x_7	x_7	x_1 x_4 x_7	x_7	x_1 x_4 x_7	x_1 x_4 x_7 x_8 x_9	x_1 x_4 x_7 x_8 x_9	x_1 x_4 x_7 x_8	x_1 x_4 x_7 x_8	x_1 x_4 x_7 x_{10} x_{11}	x_1 x_4 x_7 x_{10} x_{11}	x_1 x_4 x_6 x_7 x_{10}	x_1 x_4 x_6 x_7 x_{10}	x_1 x_4 x_7 x_{12}	x_1 x_4 x_7 x_{12}	x_1 x_4 x_7
12	x_1 x_4, x_7	x_2, x_4, x_7	x_1 x_3 x_4 x_7	x_3 x_4 x_7	x_1 x_4 x_7	x_4 x_7	x_1 x_4 x_5 x_6 x_7	x_5 x_6 x_7	x_1 x_4 x_7	x_7	x_1 x_4 x_7	x_7	x_1 x_4 x_7 x_8 x_9	x_1 x_4 x_7 x_8 x_9	x_1 x_4 x_7 x_8	x_1 x_4 x_7 x_8	x_1 x_4 x_7 x_{10} x_{11}	x_1 x_4 x_7 x_{10} x_{11}	x_1 x_4 x_6 x_{10}	x_1 x_4 x_6 x_{10}	x_1 x_4 x_7 x_{12}	x_1 x_4 x_7 x_{12}	x_1 x_4 x_7

Step2 在矩阵中寻找只有一个属性的元素。元素(11,9)、(11,13)、(12,10)和(12,14)只有一个属性 x_7，吸收所有包含 x_7 的元素，$Rd_6 \leftarrow x_7$，删除 x_7。

Step3 继续寻找有2个、3个及4个属性的元素。这里有两个元素(12,21)和(12,22)有4个属性——$x_1x_4x_6x_{10}$，$Rd_6^2 \leftarrow x_1x_4x_6x_{10}$并删除(12,21)和(12,22)。现在，$\bar{M}=0$ 转 Step4。

Step4 $Rd_6 = x_7 \wedge (x_1 \vee x_4 \vee x_6 \vee x_{10})$ 是约简的集合。$Rd_6^1 = x_7 \wedge x_1$，$Rd_6^2 = x_7 \wedge x_4$，$Rd_6^3 = x_7 \wedge x_6$，$Rd_4^4 = x_6 \wedge x_{10}$。

Step5 构造决策属性值矩阵 D。由于有4条规则，应该有4个决策属性矩阵 D_6^i。这里仅以对应 $Rd_4^1 = x_7 \wedge x_1$ 规则的矩阵 D_6^1 为例进行说明。简化的相对区分属性矩阵 D_6^1 见表9－5，这个表是根据规则，删除了属性 x_1 和 x_7 之外的所有属性得到的。

表 9－5 决策属性 D_6^1 的相对区分矩阵

	1	2	3	4	5	6	7	8	9	10	13	14	15	16	17	18	19	20	21	22	23	24	25
11	x_7	x_1, x_7	x_7	x_1 x_7	x_7	x_1 x_7	x_7	x_1 x_7	x_7	x_1 x_7	x_7	x_1 x_7	x_1 x_7	x_1 x_7	x_1 x_7	x_1 x_7	x_1 x_7	x_1 x_7	x_1 x_7	x_1 x_7	x_1 x_7	x_1 x_7	x_1 x_7
12	x_1 x_7	x_7	x_1 x_7	x_7	x_1 x_7	x_7	x_1 x_7	x_7	x_1 x_7	x_7	x_1 x_7	x_7	x_1 x_7	x_1 x_7	x_1 x_7	x_1 x_7	x_1 x_7	x_1 x_7	x_1	x_1	x_1 x_7	x_1 x_7	x_1 x_7

对应表9－3的决策属性值矩阵见表9－6。

表 9－6 决策属性值

	1	2	3	4	5	6	7	8	9	10	13	14	15	16	17	18	19	20	21	22	23	24	25
11	1	1, 1	1	1, 1	1	1, 1	, 1	1, 1	, 1	1, 1	, 1	1, 1	1, 1	1, 1	1, 1	1, 1	1, 1	1, 1	1, 1	1, 1	1, 1	1, 1	1, 1
12	3 3	3	3 3	3	3 3	3	3 3	3	3 3	3	3 3	3	3 3	3 3	3 3	3 3	3 3	3 3	3	3	3 3	3 3	3 3

Step6 在表 9－6 中，元素(11，1)只有一个属性 x_7，因此所有包含 x_7 的元素被吸收。x_7 的属性值是 1，因此有 $DR_6^1 \leftarrow x_7 = 1$。对第二行，有几个只有一个属性的元素，如：(12，2)，(12，21)，所有的元素被这两个元素吸收，该行为空。对应的属性值为 $x_7 = 3$ 和 $x_1 = 3$，因此，$DR_6^1 \leftarrow (x_1 = 3) \wedge (x_7 = 3)$。

Step7 输出所有的决策规则(这里仅以 DR_6^1 为例)：

$$DR_6^1: if\ x_7 = 1 \Rightarrow D_6 \qquad if(x_1 = 3) \wedge (x_7 = 3) \Rightarrow D_6$$

Step8 停机。

9.2 故障分析的进化计算与群集智能

9.2.1 故障诊断的故障树分析

故障树分析(Fault Tree Analysis，FAT)和故障树综合(Fault Tree Synthesis，FTS)最早是应用于美国航天和核工业作为分析系统安全性的工具。现在已经发展成为一种分析大型复杂系统安全性、可靠性以及进行故障诊断的强有力工具，广泛应用于核电站、化学工业、发电厂以及电力系统。

故障树综合就是构建故障树，一般由人工完成。一种方法是：从顶事件开始，自上而下用“与门”或者“或门”从门的输出到门的输入进行树的构造。输入事件再次用“与门”或者“或门”进行扩展，直至基本的输入事件。另外一种方法是：对元件定义一个小的故障树单元。故障树由这些小单元来构建。由于单元可以重复使用，因此提高了建树的效率。手工建树费时费力，因此出现了自动构建故障树的尝试。

常见的故障树建树方法分成两类，一类是演绎法，另一类是综合法。演绎法是手动建树的方法。综合法是一种自动化的建树方法。综合法自 1973 年由 Fusself 提出以后，陆续出现了一些建树方法。

下面介绍根据数据挖掘思想，应用群集智能中的蚁群算法构造故障树的方法。

9.2.2 蚁群算法及基于蚁群算法构造故障树的基本思想

蚁群算法是由意大利学者 M. Dorigo 根据蚂蚁觅食原理设计提出的一种群体智能算法。M. Dorigo 等人看到了蚁群搜索食物的过程与著名的旅行商问题(TSP)之间的相似性：蚂蚁搜索食物通过个体之间的信息交流与协作，最终找到从蚁穴到食物源的最短路径。通过人工模拟这个过程成功解决了 TSP 问题。

蚁群算法应用于聚类的想法来源于蚂蚁搬运蚂蚁的尸体并把它们放成堆。蚂蚁在搬运尸体的过程中，通过简单的动作，彼此之间并没有协商，但却有效地把尸体聚集在一起。这种现象促使人们思考并设计出在缺乏中心控制和先验信息情况下进行聚类的算法。

Deneubourg 等提出了一个基于代理的模型用来解释蚂蚁是如何对死蚂蚁进行归堆的。P. M. Kanade 等对算法进行了改进，将蚂蚁算法和模糊 C 均值算法结合起来。S. Schockaerat 等将蚂蚁算法和模糊规则结合起来。在这个模型中，一个蚂蚁执行任务的概率与一个确定的激励和响应阈值相关。

基于蚁群算法的故障树构造算法，是基于这样的认识：故障诊断是从故障征兆空间到故障类别空间的映射过程。蚂蚁对食物聚类的结果是把食物分成了不同种类的食物堆。这个结果与把系统故障顶事件分成到第一级故障子事件相当。在食物堆中,放置一定数量的蚂蚁,蚂蚁选择食物属性项,爬行的过程构成了路径。路径的节点就是食物(故障)属性项。每个蚂蚁都独立构造自己的路径。不考虑各个路径中属性项的连接顺序,如果多数蚂蚁选择的路径有相同的属性项,说明这些属性项就是代表故障子类的特征属性,特征属性对应的值就是故障的输入。建树过程达到了故障树的底层,分类树的一个分支构造已经完成。如果蚂蚁选择的属性项比较分散,说明在子类中对食物的分类还比较粗糙,应该进一步细分。修改分类准则进一步聚类。对聚类结果,再次让蚂蚁构造路径。依此类推,直至达到故障树的输入。

9.2.3 故障树构造算法

1. 基于蚁群算法的聚类算法

为了方便叙述,先给出以下定义。

- 对象:用矢量 X 表示的故障数据。
- 平均矢量 $\bar{X}$:$\bar{X}$ 也是一个对象,定义为 l 个对象的平均矢量,即:

$$\bar{X}=(\bar{x},\bar{x}_2,\Lambda,\bar{x}_m)\text{,其中:}\bar{x}_i=\sum_{j=1}^{l}x_{ij}/l,(i=1,2,\Lambda,m)$$

- 蚂蚁状态:蚂蚁如果携带了一个对象,就称它处于负载状态;否则为无载状态。
- 堆:两个以上的对象处于同一个格子里面,称为堆。堆用 $\bar{X}$ 表示。
- 对象 a 和对象 b 之间的归一化欧氏距离 d 为:$d=\dfrac{1}{d_{\max}}\sqrt{\left[\dfrac{1}{X_m}\sum_{i=1}^{m}(x_{ai}-x_{bi})^2\right]}$,其中:$X_m$ 是矢量 X 的特征属性的数目。
- 格子的阈值 χ:$\chi=\dfrac{n^2}{n^2+k_0^2}$,其中:$n$ 表示格子周围对象的数目。k_0 是一个常数。
- 拾起阈值函数:$\varepsilon=\left(\dfrac{d}{k_2+d}\right)^2$,$k_2$ 是一个常数。
- 放下阈值函数:$\delta=\left(\dfrac{k_1}{k_1+d}\right)^2$,$k_1$ 是一个常数。
- 放下概率:$P_d=\chi\cdot\delta$
- 拾起概率:$P_p=(1-\chi)\cdot\varepsilon$
- 信息素权重函数:$W(\tau)=\left(1+\dfrac{\tau}{\delta\tau}\right)^{\beta}$
- 从格子 i 到格子 k 转换概率:$P_{ik}=\dfrac{W(\tau_i)w(\Delta_i)}{\sum_{i/k}W(\tau_i)w(\Delta_i)}$,其中:$\sum_{i/k}$ 表示对格子 i 的周围求和。$w(\Delta_i)$ 是权重因子;Δ_i 表示蚂蚁步伐的改变。

蚁群聚类算法 ACCA

输入:对象总数 n

输出:类别数目 K

初始化:对象被随机放置在具有 $m\times m$ 格子的超环面的 2D 板上,每个格子不多于一个对象。$m^2=4n$。

• 数目为 $n/3$ 蚂蚁随机分布在板子上。

• 设定最大循环次数为 $Imax$；$I=0$

Step1 $I=I+1$，如果 $I>Imax$，转 Step9。

Step2 对所有的蚂蚁，计算：格子 r 的对象数目；计算：$d,\chi,\varepsilon,P_p,P_d$。

Step3 如果蚂蚁是无载状态，并且格子里有一个对象 X，如果 $P_p>P_{po}$，那么拾起对象 X；转 Step6。

Step4 如果蚂蚁是负载状态，并且格子是空的，如果 $P_d>P_{do}$，则放下对象 X；转 Step6。

Step5 如果蚂蚁是负载状态，并且格子里有一个对象 X，那么计算 d。如果 $d<d_0$，则把对象 X 放在格子中，计算 $\bar{X},X=\bar{X}$。

Step6 计算 $W(s),P_{ik}$，蚂蚁移动到没有被其他蚂蚁占据的格子 k；计算格子 k 周围的对象数目。增加格子 k 的信息素 $\tau_k,\tau_k=\tau_k+(\eta+(n/a))$，其中：$\eta,a$ 是一个常数。

Step7 把所有格子的信息素减少 $\sigma,\tau_r=\tau_r-\sigma$，其中：$\sigma$ 是一个常量。

Step8 转移到 Step1。

Step9 输出堆的个数，即类别数目 K。

Step10 停机。

类别数目是由算法自动决定的。但其中参数的设置对类别数有影响。如：对象的归一化欧氏距离常数 d_0 愈大，类别数愈少。因此，算法中的常数要通过实验确定。

2. 故障树树枝生成算法

为了说明故障树的生成方法，首先给出以下定义。

(1)项：项是一个三元组 <属性，算子，值>。如：<电压 =5V>是一个项。

(2)条件：条件是两个或两个以上的项进行“与”或者进行“或”的逻辑组合。

如：*term*1 *AND term*2 *AND*Λ，或者：*term*1 *OR term*2 *OR* Λ 都是一个条件。

(3)规则：规则是一个形式为“如果 <条件>那么 <结论>”的语句。

在故障诊断中，规则可以用故障树来等价表示。

(4)项的被选择概率：令 $term_{ij}$ 是一个形式为 $a_i=V_{ij}$ 的项，其中：a_i 是第 i 个属性，V_{ij} 是 a_i 的值域中的第 j 个值。$term_{ij}$ 被选择的概率为：

$$P_{ij}(t)=\frac{\tau_{ij}(t)\eta_{ij}}{\sum_{i}^{|a|}\sum_{j}^{|b_i|}\tau_{ij}(t)\eta_{ij}}\forall i\in A$$

其中：

η_{ij} 是 $term_{ij}$ 的启发函数的值，和讨论问题相关；

$\tau_{ij}(t)$ 在时间 t 属性的信息素的数量；

$|a|$ 是属性的总数；

$|b_i|$ 是属性 i 的值域中所有取值的总数目；

A 是没有被蚂蚁使用的属性集合。

η_{ij} 是属性的故障诊断能力的度量，其值愈大，被蚂蚁选择的可能性愈大。对于一个给定的问题，这个值和蚂蚁构建路径的过程无关。可以离线计算，以减少计算时间。

(5)信息素：$\tau_{ij}(t)$的定义为：$\tau_{ij}(t) = \dfrac{1}{\sum_{i=1}^{|a|} |b_i|}$；在初始化时所有的项具有相同的信息素。

(6)启发函数的值 η_{ij}：$\eta_{ij} = spt_a(W)$；$spt_a(W) = |W^{(U/a)^-}|/|U|$。其中：$U$ 是训练样本集合，$|U|$表示 U 的样本数目。W 是子集，$W \subseteq U$，$W^{(U/a)^-}$是 W 的下近似。$spt_a(w)$是 W 关于属性 a 的支持度。

构造故障树分支算法 CFTBA

输入：蚁群聚类算法 ACCA 输出的聚类数 K 及对象集合

输出：表示故障树分支的路径列表 $LoopList[I,J,k]$

初始化：

- 蚂蚁总数：Ant_Number
- 样本阈值 d_0；P_{ij}的阈值 P_{min}
- $k=0$，项的队列 $LoopList[I,J,k] \leftarrow 0$，$(k=1,2,\Lambda,Ant\_Number)$

Step1 将所有的项标记为"*unused*"；$k=k+1$，如果 $k > Ant\_Number$，转 Step6。

Step2 计算所有带"*unused*"标记的 $term_{ij}$对应的 P_{ij}。

Step3 如果所有带"*unused*"标记的 $term_{ij}$对应的 $\max P_{ij} > P_{min}$，那么执行 Step4，否则转 Step5。

Step4 把 $\max P_{ij}$对应的 $term_{ij}$加入路径列表 $LoopList[I,J,k]$中，将 $term_{ij}$标记为"*used*"，转 Step3。

Step5 更新 Ant_k 路径的信息素。转 Step1。

Step6 对于 $k=1$ *to* Ant_Number，如果不考虑 $term_{ij}$的顺序，$LoopList[I,J,k]$中的 $term_{ij}$完全相同，则 $Flag \leftarrow T$，否则 $Flag \leftarrow F$。

Step7 如果 $Flag = T$，返回 $Flag$ 及 $LoopList[I,J,k]$；否则，返回 $Flag$。

Step8 停机。

算法说明：

(1)算法输出 $Flag = T$，说明故障树分支已经生成到叶节点。用 $LoopList[I,J,k]$中的 $term_{ij}$组成条件并画出对应的故障树。条件为：

$$IF\ a_1 = V_{1j}\ \ AND\ a_2 = V_{2j}\ \ AND \Lambda\ ANDa_m = V_{mj}$$

(2)算法的输出为 $Flag = F$，说明该级不是故障树的叶节点。应该修改聚类准则进一步划分类别。即：修改对象的归一化欧氏距离常数 d_0，使 $d_0 = d_0 - \Delta d_0$，Δd_0 为一个常数。重新聚类。

3. 故障树生成算法

构造故障树算法 *CFTA*

输入：对象总数 n

输出：构造的故障树

初始化：$i=0$，$N(i,j)=0$

Step1 $i=i+1$；调用蚁群聚类算法 *ACCA*。

Step2 根据 *ACCA* 返回的类别数 $K(i)$，生成节点列表 $N(i,j)$，$(j=1,2,\Lambda,K(i))$从

上到下生成第 i 级故障树。

Step3 对于节点列表 $N(i,j)$ 中的每一个节点，把 *ACCA* 的输出作为构造故障树分支算法 *CFTBA* 的输入，调用 *CFTBA*。

Step4 如果 CFTBA 返回标志为 $Flag = T$，根据 $LoopList[I,J,k]$ 中的“项”形成条件：$IF\ a_1 = v_{1j}\quad AND\ a_2 = V_{2j}\quad AND \Lambda\ AND\ a_m = V_{mj}$， 将这个节点从节点列表 $N(i,j)$ 中删除。

Step5 如果 $N(i,j)$ 为空，转 Step7，否则，执行 Step6。

Step6 对于所有 *CFTBA* 返回的标志 $Flag = F$ 的节点，进一步进行聚类。对于节点列表 $N(i,j)$ 中的每一个节点，令：$i = i + 1, d_0 = d_0 - \Delta d_0$；调用蚁群聚类算法 *ACCA*。根据每个节点调用 *ACCA* 返回的类别数 $K(i)$，生成节点列表 $N(i,j)$，$(j = 1, 2, \Lambda, K(i))$ 并生成该节点的故障树分支。转 Step3。

Step7 输出故障树。

Step8 停机。

思考题与习题

1. 什么是智能计算？请举一例说明智能计算的方法。
2. 举例说明什么是模糊集？什么是粗糙集？什么是决策表？
3. 用粗糙集分析监控数据有哪些特点？
4. 查阅资料，写一篇关于进化计算在故障诊断领域应用的综述论文。

主要参考文献

[1] 陈德泽:《我国广播电视监测事业发展回顾与展望》,《广播与电视技术》,2004.8

[2] 齐立欣、李晓东:《全国有线广播电视监测网系统》,《广播与电视技术》,2003.3

[3] Linear Products Burr-Brown IC Data Book. Burr-Brown Corporation,1996

[4] Analog Devices Inc DataSheet,1994

[5] 马建明:《数据采集与处理技术》,西安:西安交通大学出版社,2005.9

[6] 张丕灶、张建安、张海樱、王亚坤、杨元华:《全固态脉宽调制中波发射机》,厦门:厦门大学出版社,2005.4

[7] 张国雄、金篆芷:《测控电路》,北京:机械工业出版社,2004.2

[8] 孙宝元、杨宝清:《传感器及其应用手册》,北京:机械工业出版社,2004.4

[9] 胡述初、王澧华:《调频发送设备》,北京:广播电视部干部司教育处,1984.12

[10] FM-1C1 1kW Solid-State FM Broadcast Transmitters User MANUAL, Broadcast Electronics

[11] 张丕灶、刘轶轩、张建安、张海樱等:《全固态中波发送系统调整与维修》,厦门:厦门大学出版社,2007.7

[12] 尹勇、李宇:《PCI 总线设备开发宝典》,北京:北京航空航天大学出版社,2005.2

[13] PCI Special Interest Group. PCI Local Bus Specification Rev. 2.1,Jun. 1,1995

[14] 北京华控公司:《“HK-CAN30B 非智能隔离型 CAN 总线通讯板”用户手册》,2006

[15] 阳宪惠:《工业数据通信与控制网络》,北京:清华大学出版社,2003.6

[16] Delphi 7.0 on-line help document.

[17] 求是科技:《Delphi 7 程序设计与开发技术大全》,北京:人民邮电出版社,2004.11

[18] 夏东涛等译:《MS-DOS 设备驱动程序剖析与实现》,北京科海培训中心资料

[19] Microsoft Corporation,Windows 2000 Driver Design Guide,2000

[20] Windows 2000 Driver Development Kit(DDK)documentation

[21] 武安河、邰铭、于洪涛:《Windows 2000/XP WDM 设备驱动程序开发》,北京:电子工业出版社,2003.4

[22] http://www.myftp.com.cn/DB/sjky1/200806/393153.html

[23] 周明天、汪文勇:《TCP/IP 网络原理与技术》,北京:清华大学出版社,1993

[24] Peter T. Davis,Craig R. McGuffin,Wireless Local Area Ntworks Technology,Issues,and Strategies,McGraw-Hill,Inc. 1995

[25] 杨卫东:《网络系统集成与工程设计》,北京:科学出版社,2005.10

[26] 陈国顺、宋新民、马峻:《网络化测控技术》,北京:电子工业出版社,2006.9

[27] 架振欢、刘军、王保山:《Web 服务器开发技术》,北京:人民邮电出版社,2007.5

[28] 摩托罗拉工程学院:《GPRS 网络技术》,北京:电子工业出版社,2005.6

[29] 李海峰、陈莉:《中央广播电视发射台播出自动化系统》,[J]《广播与电视技术》,1998.2

[30] 蒋济生:《硬盘播出系统控制的解决方案》,[J]《有线电视技术》,2004.20

[31] 田黎红、秦静:《硬盘播出系统中的存储技术》,[J]《中国有线电视》,2007(19/20)

[32] 杨力、王卫中、许锐:《广乐有线广播电视台数字播控系统的设计》,[J]《电视技术》,2001.2

[33] 黄军忠、魏敏、王成文等:《广西电视台总控数字矩阵系统的设计》,[J]《现代电视技术》,2007.12

[34] 王宏、欧艳龙:《中型电视台数字硬盘播出系统设计及设备选型》,[J]《电视技术》,2007 年第 31 卷第 3 期

[35] 合肥永达励图数码技术有限公司:《Ela. NET 网络自动播出系统技术说明书》

[36] 周建明、陈欢、杨毅、杨震、林华:《基于 C/S 和 B/S 结构的硬盘播出控制系统》,[J]《现代电视技术》,2007.9

[37] 张鲁平:《网络化进程中的智能化总控系统的技术发展和方案解析》,北京北大方正电子有限公司网站

[38] 王宝印、张屹:《电视调频发射机计算机实时监控系统的设计与实现》:[J]《广播与电视技术》,2003.1

[39] 严贫志、温常明:《单片机控制多套广播节目自动循环监听及发射机故障监测和远程报警系统》,《声屏世界》,2007.10

[40] 朱日荣、曹兵、覃友坚:《广西广播电视发射台远程网络智能化监控系统》,《广播与电视技术》,2008.4

[41] Zhou Chunlai, Li Zhigang, (2005), "The Approach of Concept Designing of the Products Based on Ant Clustering", Proceedings of 2005 ICIA, pp392-395, Hongkong

[42] Zhou Chunlai, Li Zhigang, An Algorithm of Constructing Fault Tree Based on Ant Colony Algorithm, ICME2006, SCIENCE PRESS, ISBN 7-03-018064-X

[43] 周春来、赵成安:《基于嵌入式 Web 的发射机远程监控系统》,《控制工程》,2008.5

[44] 周春来、李志刚、孟跃进、孟庆龙:《决策规则获取算法及规则表示》,《计算机工程与应用》,2007.4

[45] Zhou Chunlai etc. The Algorithm of Fault Diagnosis of Broadcasting TV Transmitters based on Rough Set, Proceedings of ICRMS2007, Beijing, China, Aug. 22-26, 2007

[46] Zhou Chunlai etc. Fault Diagnosis of TV Transmitters Based on Fuzzy Petri Nets, Computational Engineering in Systems Applications, pp2003-2009, 2006IMACS, IEEE Catalog Number: 06EX1583, Oct 2006

[47] Zhou Chunlai, Li Zhigang, Meng Yuejin, Meng Qinglong, A Data Mining Algorithm Based on Rough Set Theory, Proceedings of 2004 International Conference on Information Acquisition, 2004. 6, HeFei, China, pages 413 - 416